普通高等教育"十一五"国家级规划教材

21世纪高职高专信息类专业系列教材

模拟电子技术 第3版

MONI DIANZI JISHU

主　编　卢庆林

副主编　贺天柱　吉武庆

主　审　任德齐

重庆大学出版社

内容提要

本书是普通高等教育"十一五"国家级规划教材。全书内容包括:绪论、半导体二极管及其应用、半导体三极管及其基本放大电路、场效应管及其基本电路、多级放大电路和集成运算放大器、负反馈放大电路、集成运算放大器的应用电路、正弦波振荡电路、功率放大器、直流稳压电源、模拟电子实验计算机仿真等。书中除每节附有复习与讨论题之外,每章后还有大量的自我检测题,书后配有自我检测题与习题参考答案,本书还配有电子教案,供教师参考。

本书内容简明、文字精练、注重实际,并充分反映了国家级教改专业多年来教学改革与实践的成果。

本书可作为高职高专院校的电子、电气、通信、计算机、自动化和机电类相近专业的教材,也可供从事电子技术的工程技术人员和业余爱好者参考。

图书在版编目(CIP)数据

模拟电子技术/卢庆林主编.—3版.—重庆:
重庆大学出版社,2008.8(2022.8重印)
(21世纪高职高专信息类专业系列教材)
ISBN 978-7-5624-2162-7

Ⅰ.模… Ⅱ.卢… Ⅲ.模拟电路—电子技术—高等学校:
技术学校—教材 Ⅳ.TN710

中国版本图书馆CIP数据核字(2008)第025924号

21世纪高职高专信息类专业系列教材
模拟电子技术(第3版)
主 编 卢庆林
副主编 贺天柱 吉武庆
主 审 任德齐
责任编辑:肖顺杰 姚正坤 版式设计:肖顺杰
责任校对:夏 宇 责任印制:赵 晟
*
重庆大学出版社出版发行
出版人:饶帮华
社址:重庆市沙坪坝区大学城西路21号
邮编:401331
电话:(023) 88617190 88617185(中小学)
传真:(023) 88617186 88617166
网址:http://www.cqup.com.cn
邮箱:fxk@cqup.com.cn(营销中心)
全国新华书店经销
POD:重庆新生代彩印技术有限公司
*
开本:787mm×1092mm 1/16 印张:16.5 字数:412千
2008年8月第3版 2022年8月第14次印刷
ISBN 978-7-5624-2162-7 定价:39.00元

系列教材编委会名单

主任单位

重庆电子科技职业学院

副主任单位

武汉职业技术学院

邢台职业技术学院

陕西工业职业技术学院

贵州大学职业技术学院

编委(以姓氏笔画为序)

才大颖	王晓敏	王兆奇	王柏林
刘真祥	刘业厚	刘建华	朱新才
李传义	吕何新	张学礼	张明清
张　洪	张中洲	张国勋	张西怀
李永平	杨滨生	林训超	赵月望
涂湘循	唐德洲	徐民鹰	曹建林
程迪祥	樊流梧	黎省三	

系列教材参编学校

（排名不分先后）

武汉职业技术学院
重庆电子科技职业学院
重庆电子职业技术学院
陕西工业职业技术学院
邢台职业技术学院
贵州大学职业技术学院
河南职业技术学院
三门峡职业技术学院
湖南工业职业技术学院
昆明大学
广西机电职业技术学院
成都电子机械高等专科学校
昆明冶金高等专科学校
珠海职业培训学院
广东交通职业技术学院
浙江省树人大学
江西工业职业技术学院
成都航空职业技术学院
辽宁机电职业技术学校
北京信息职业技术学院
徐州交通职业技术学院
重庆大学职业技术学院
重庆邮电学院
重庆科技学院
重庆职工大学
西南大学
长沙航空职业技术学院
番禺职业技术学院
江苏淮安信息职业技术学院

总 序

当今世界,科学技术的发展日新月异。在这空前的技术发展进程中,电子信息技术以其独特的渗透力和亲和力,正在迅速地改变着我们周围的一切。利用现代电子信息技术来改变我们的生活与学习,改造传统的各行各业,已成为当今社会人们的共识。

教育在我国社会主义建设发展进程中所具有的战略地位和基础作用已被越来越多的人所认识。职业技术教育、特别是高等职业技术教育在近 20 年来得到了长足的发展,"高等教育法"、"职业教育法"的颁布与实施,使我国高等职业教育步入了法制轨道,国家与社会的进步与发展,需要高等职业教育,技术的进步与发展,也需要高等职业教育,高等职业教育成为世界教育发展的共同趋势。

在我们国内,高等职业教育毕竟是一种新型的教育类型,发展历史还不太长,在教育观念、教育体制、教育结构、人才培养模式、教育内容、教学方法、教材、教法诸方面,有不少问题需要研究与探索。重庆大学出版社从促进高等职业教育发展战略的角度,于 1999 年邀请国内三十余所长期开办电子信息类专业的学校,开展对电子信息类高职、高专教材的开发研讨。与会学校有独立设置的职业技术学院、高等专科学校、职业大学、普通高校中的职业技术学院、多年试办高职班的重点中专学校。大家一致认为,我国高等职业教育的教材建设非常薄弱,基本上没有自己的教材,从而导致针对性、适应性差。从电子信息类专业角度看,缺乏成体系的系统教材,从而导致不同层次教材的交叉重复现象严重;再者,现行教材中缺乏对新技术、新工艺、新产品相关内容的介绍。因此,开发适应新世纪高等职业技术教育的教材就成为当务之急,它总的原则应该是:根据培养应用型、技能型人才的目标,从职业岗位对专业知识的需要来确定教材的知识深度及范围,坚持"必须、够用"的原则;同时注意知识的应用价值在教材中的科学体现,力求构筑具有高职教育特色的理论知识体系;基本概念、基本原理以讲明为度,同时将一些内容相近的部分进行合并。另外，针对高职教育培养技能型、现场型人才的目标，把训练职业能力的实践技能体系方面的内容，与理论知识体系有机地结合起来，力求在这方面有所突破。根据教育部在高职高专教材建设方面采用先解决有无问题，再解决提高与系统性问题的原则，我们在一开始就力求站在一个较高起点上，先从电子信息类教材开发做起，然后再进一步开发其他专业大类的应用型高职教材。

经过近一年的努力，高职高专信息类专业系列教材就要与大家见面了。本系列教材的编写原则、编写体例均是根据教育部高职、高专培养目标并由参与系列教材编写的全国三十余所相关院校经过数次研讨、反复论证确定的。尽管我们对它报有较高的期望，但这毕竟是一个新生事物，是一种尝试，成功与否，还需要经过教学实践来检验。无论如何，既然已经起步，这条路我们会一直走下去。为了我们共同的高职教育事业，欢迎大家在使用过程中，指出它的不足，以利于我们今后的工作。

编 委 会
2000 年 7 月

第3版前言

本书自2000年8月第1版发行以来，已重印多次。2001年荣获“第五届全国大学出版社优秀畅销书”一等奖。2003年2月进行了全面修订，2006年被教育部确定为“普通高等教育‘十一五’国家级规划教材”。

为了更好地适应高职高专教育发展的新要求，更加适应当今电子技术系统集成化、设计自动化、用户专用化和测试智能化的发展现状，本教材又在原修订版的基础上进行了补充和完善，并以全新的版本奉献给广大读者。

全书内容包括：绪论、半导体二极管及其应用电路、半导体三极管及其基本放大电路、场效应管及其基本电路、多级放大电路和集成运算放大器、负反馈放大电路、集成运算放大器的应用电路、正弦波振荡电路、功率放大器、直流稳压电源、模拟电子实验计算机仿真等，书中配有自我检测题与习题，书后配有自我检测题的参考答案。

本书体系与内容是国家级教改专业多年来教学改革与实践的结晶，它是吸收了当前一些教材改革中的成功经验而形成的，为高职学生搭建一个掌握新知识和软硬件工具的技术基础平台。本书主要有如下特色：

1. 与高职学生的知识、能力结构相适应。结合教学对象实际，以应用为目的，删繁就简，更加突出“实用性、技能性、应用性”，突出高职教学特点。

2. 改革教学方法。将课堂讲授、课内交流讨论、课后自我检测等环节有机结合，灵活运用多种教学方法，充分调动学生学习积极性和主动性，提高教学效果。

3. 方便教学、自学和复习。书中每章前均有导读，将每一章的知识点、重难点、教学与学习基本要求等逐一列出，开宗明义，便于学习过程中对照检查。书中每节都有课堂复习与讨论题，每章都有大量的、针对性很强的自我检测题，题型避免简单问答式、叙述式，而多为技能型、解决问题型。通过题型丰富、精心设计的自我检测题（单选题、判断题、填空题和计算分析题），方便自检、自测和组题，更易检查学习效果和方便教学组织与考核。

4. 在内容上做到清楚、准确、简洁，通俗易懂。选用大量典型例题或实例，分散难点，在如何入门上下大功夫，增强可读性。以集成电路应用为主并力求书中所列举的器件是市场上最常用器件和反映新技术的器件。

5. 利用电子设计自动化（EDA）仿真软件进行复杂实验的研究与开发，突出以学生为中心的开放模式是改革传统教学模式的有效途径，通过实例分析和实验结果对比，方便、快捷地掌握在实践中广泛应用而在做硬件实验中效果不佳的电路性能、应用和测试方法。编写了14个综合性、应用性很强的仿真实验实例，通过验证型、测试型、设计型、纠错型和创新型等不同形式的针对性训练，突出应用能力、创新能力和计算机能力的培养。

6. 备有配套电子教案（请需要者在重庆大学出版社的教材资源网下载，网址：http：www.cqup.net），方便教师授课和交流。

7. 多年来的教学实践表明，本书较好地解决了师生普遍反映的"模电难教、模电难学"的问题，将"看不见、摸不着、抓不住"变为"看得见、摸得着、抓得住、可检验、可测量"。

本书由卢庆林任主编，贺天柱和吉武庆任副主编。其中，吉武庆编写第1、2、8章；贺天柱编写第3、5、9章；卢庆林编写绪论、第4、6、7章以及附录，并负责全书的组织、修改和定稿工作。

本书在编写与修订过程中得到兄弟院校师生的关心和支持，他们提出了许多宝贵意见和建议，在此表示衷心的感谢。电子技术发展日新月异，教学改革任重道远。书中不妥之处，恳请读者给予批评指正，不胜感激。

编　者

2008年3月

第2版前言

本书自2000年8月第1版发行以来，已重印多次。电子技术的发展日新月异，已经呈现出系统集成化、设计自动化、用户专用化和测试智能化的发展态势，为适应新世纪技术发展的需要，进一步提高教材编写质量，本书以修订版奉献给广大读者。

本书修订是参照重庆大学出版社2001年8月召开的“21世纪高职高专信息类专业系列教材修订会”基本精神，并考虑面向21世纪教学改革的要求而组织修订的。

本书修订过程中，主要突出了以下内容：

1. 结合高职高专教学对象的实际，部分内容降低了难度，重新编写、改写或增删了相当一部分内容，进一步强化工程实用性、针对性，突出高职特色。

2. 对本书全部内容，包括文字、图、表、公式等重新润色、加工和重新绘图，做到精炼、准确和严谨。

3. 原书第八章（功放）和第九章（直流电源）重新进行了编写，第六章（运放应用）也进行了大幅度的改写。

4. 各章后都新增了自我检测题，每章新增加了两到三个典型例题或实例，删掉了过于繁难的习题，新增了许多针对性习题，更容易组织教学。

5. 加强EDA技术（即运用EWB电子教学软件）在电子实训中的应用，通过验证型、测试型、设计型、纠错型和创新型等不同形式的针对性训练，培养学生电子电路的分析、应用和创新能力。新增附录“电子电路仿真软件 Electronics Workbench 使用”内容，并新增14个仿真实验实训项目。

参加本书编写、修订工作的有卢庆林（编写修订绪论、第四、六、七、八章），冯守汉（编写修订第一、二章），陈燕秀（编写修订第三章），贺天柱（编写修订第五、九章和全书各章自我检测题），贠莹（编写修订第十章和附录）等同志。卢庆林任主编，负责全书的组织、修改和定稿工作。

本书由任德齐老师主审。任德齐老师对书稿进行了认真、仔细的审阅后，提出了许多宝贵意见和具体修改建议，编者在此表示衷心的感谢。

编　者

2002 年 5 月

第1版前言

本书是21世纪高职高专信息类专业系列教材，根据教育部高职高专培养目标和对本课程的基本要求，结合全国高等职业技术教育信息类专业系列教材研讨会的精神编写而成，经系列教材编委会审定。

电子技术是目前发展最快的学科之一。分为“模拟电子技术”和“数字电子技术”，它们均是学习其他有关课程的基础。

在编写本书过程中，强化了以下几方面内容：

(1)教材内容与高职学生的知识、能力结构相适应，重点突出职业特色，加强工程针对性、实用性。

(2)在内容阐述方面，力求简明扼要，通俗易懂。强化理论知识与实践的结合，以应用为目的，以大量的应用实例说明问题，突出高职教学特色。

(3)全书贯彻以集成电路应用为主的指导思想，以适应电子技术发展的现状和需要。对集成电路内部的分析不作要求。书上列举的器件，力求是目前国内市场上常用的、反映新技术的器件。

(4)在保证基本概念、基本原理和基本分析方法“必须、够用”的基础上，大幅度减少数理论证和数学推导。力求做到由浅入深、由易到难、循序渐进，在如何入门上下大功夫。分散难点，选用有代表性的例题、习题，增强可读性。

(5)提出了本课程的综合实训要求和若干类型不一、应用不同的参考性实训方案，既拓宽了知识面，强化了学生的工程意识，也可供各校根据具体条件灵活选用。

全书共分十章，内容包括：半导体器件，基本放大电路，场效应管放大电路，集成运算放大器，负反馈放大电路，集成运算放大器的应用电路，波形发生器，功率放大器，直流稳压电源，晶闸管及其应用等。最后结合高职教育的特点，提出了本课程的综合实训要求和若干参考性的实训方案。各章后均有小结、思考题与习题，书末有部分习题的参考答案。本书绪论、第四、六、七章、综合实训由卢庆林编写；第一、二章由冯守汉编写；第五、八章由蒋正萍编写；第三章由陈燕秀编写；第九章由王文杰编写；第十章由贠莹编写。卢庆林负责全书的组织、修改和定稿工作，任德齐副教授担任主审，为全书提出了很重要的修改意见。

本书适用于高职高专、成教信息类专业，也可供从事电子技术工作的工程技术人员和业余爱好者学习参考。

电子技术发展日新月异，教学改革任重道远。由于编者学识有限，书中不妥之处在所难免，敬请读者批评指正。

编　者

2000 年 5 月

目 录

0 绪 论

说到电子技术,人们总会联想到电子信息的各个领域:广播电视、通信、计算机、网络、自动控制、家用电器等。当你打开不论多么复杂或简单的设备,它的内部组成总离不开"电子线路"。电子线路是由各种各样的电子元器件和单元电路构成的各种用途的功能模块、装置和应用系统,而电子技术就是研究电子线路原理和应用的一种实用工程技术,在自动控制、无线电通信、计算机等许多方面都有广泛的应用。

0.1 课程概述

模拟电子技术是现代信息技术的基础,模拟信号是自然界最基本的一种电信号。当大家听音响和看电视的时候,会遇到音频信号和视频信号;通信和移动通信传播的基本信号是语音信号;各种控制系统工作时,需要传感器检测和变换,如温度、压力等各种物理信号,都属于模拟信号这个范畴。

在当前这个"数字化时代",大家格外青睐"数字信号和数字信号处理"。对于数字化的处理器和控制器来说,它的"两端"即"输入和输出"依然离不开"模拟信号",即 A/D(模拟/数字)转换以前的微弱信号检测和放大,以及 D/A(数字/模拟)转换以后的功率输出或发送。"数字化"一般是指系统中间的"信号处理部分",一个电子信息系统"两头是模拟,中间是数字",模拟部分还是电子信息系统"基本的"和"相当重要"的组成部分。

电子技术"巧在数字、难在模拟"。目前模拟方面的人才缺乏,企业对"模电"教学和教改呼声很高。这一方面反映"模电"教学对动手能力和实践应用要求比较高,也反映了该课程体系和教学改革以及人才培养的缺陷和不足,造成大学教育与社会需求有所脱节。这也是本教材的职责和任务,力求为"模电"教学改革和人才培养做一些力所能及的工作。

"模拟电子技术"是高职电气信息、电子信息类相关专业的一门实践性强、技能性强、时代性强的重要技术基础课和平台课程。近年来,由于电子技术在各个技术领域的广泛渗透,本课程也成为其他专业的重要学习内容。其显著特点是十分强调"动手能力"和工程素质培养。

一些人沿用先修课中习惯的概念和方法来学习模拟电子技术,遇到了不少困难,十分苦恼。原因在于不了解课程自身的特点,虽然"模拟电子技术"也是以数学、物理、电路等课程为基础,但是在处理问题时又与这些课程有明显不同,学习方法也有区别。为尽快适应本课程学习,先介绍一下课程特点、学习方法及基本要求。

0.2 课程特点

电子技术是一门发展很快、应用很广、实践性很强的技术学科。与基础课比较,数学、物理、电路等课程的理论性很强,而电子技术却更强调理论与实际的结合,它着眼于解决错综复杂的问题,就必然产生相应的一套方法与概念。

首先,本课程具有不同于数学等学科的一些工程分析方法。例如,为了突出主要矛盾、简化实际问题,经常采用近似的方法。如果不理解这种方法的实际意义,不愿做必要的近似忽略,片面追求数学上的"严密",那么必然会使问题复杂化,甚至无从解决。而且,由于电子器件性能的分散性和实际电路中各种因素的影响,任何严格的计算都不可能得到与实际完全相符的精确结果,因此过分苛求"严密"计算也是不必要的。又如,为了在一定条件下实现矛盾的转化(如将非线性器件转化成线性电路,或将复杂的线性网络转化为简单的电压源),经常采用等效的方法,为直观形象地分析全局,确定工作状态或研究变化趋势,经常用图解的方法。这样一些工程实际中常用的方法,初学者常常不习惯、不适应,不能很好掌握。实际的电子电路都不能靠单纯理论分析来解决问题,最后解决问题的决定性步骤是实验调整。很显然,电子技术所采用的"定性分析、定量估算、实验调整"相结合的分析方法对许多人来说是陌生的。

其次,本课程具有不同于电路基础等学科的一些特有概念。例如,电路中基本上只讨论线性元件和电路,而电子技术则主要与非线性器件打交道。如果不加分析地搬用某些电路原理(如欧姆定律)就会引起错误。又如,电路课中对直流电路和交流电路是分开研究的,而模拟电子电路却几乎是交、直流共存于同一电路之中,既有直流通路,又有交流通路,它们既互相联系,又互相区别。这就带来了分析上的复杂性。再如,电路课中对受控源的研究不太多,而电子技术中经常遇到受控源,而且有时要研究有关电路的单向化问题;电路课中研究网络输出对于输入的依赖关系时,不涉及输出对于输入的反作用,而实际的电子电路却几乎都带有这样或那样的反馈,从而构成了学习中的又一个难点。

最后,由于电子技术发展迅速,应用广泛,因而内容庞杂繁多。具体表现:器件种类多,电路形式多,概念方法多。初学者普遍感到所学零散,又千变万化,理不出头绪。

针对这样的课程特点,如果不相应的改进学习方法,要学好电子技术是很困难的。

0.3 学习方法

学习本课程宜在以下几个环节下工夫:

(1)抓基本概念　弄清基本概念是进行分析计算和实验调整的前提,是学好本课程的关键。要学会定性分析,避免用所谓的严密数学推导掩盖问题的物理本质。

(2)抓规律,抓联系　电子技术内容繁多,总结归纳十分重要;否则,会稀里糊涂一大片,造成问题一大堆或者根本提不出任何问题。对每个章节都要抓住问题是怎么提的、有什么矛盾、如何解决、又如何进一步改进发展,从而在脑子里形成一条清晰的线索。要注意,重要的不是具体的、个别的知识,不是各种电路的简单罗列,而是解决问题的一般方法和彼此的内在联系。如此才能举一反三,触类旁通,才能在不同的条件下灵活运用所学知识。

(3)抓理论联系实际　实验研究在本课程中有着特殊地位,它不但可以验证并巩固所学理论、丰富扩展知识,而且可以培养解决实际问题的能力。善用计算机这一学习工具,做一些电子技术仿真实验,可以大大提高实验实训效果。

(4)抓课后练习　与其他课程一样,要把做各种各样的练习题作为一个不可缺少的重要环节。它对于巩固概念、启发思考、熟练运算、暴露学习中的问题和不足是极其必要的。做完一道题,都要回头想一想,体会一下这道题的意图,总结自己做题中的收获。若是抱着任务观点,为做题而做题,做完就算,是达不到预期效果的。

(5)抓项目训练　根据课程核心知识,选择若干类型不一、应用不同、由易到难的实用项目训练课题,在教师指导下独立进行查阅资料、选择方案、设计电路、组织实验、PCB设计到电路制作与调试、撰写报告等环节,系统进行电子电路工程训练,并独立自主地将其做出“产品”来。以理论教学为开端,以实践训练为重心,以消化吸收、制作产品为目的,达到学用一致。

0.4　基本要求

本课程的任务是使学生获得电子器件的应用知识、电子电路的基本概念、原理与基本分析方法和应用技术,培养一定的分析和解决问题的能力,为直接应用和学习后续课程打下良好基础。通过课程的各个教学环节,掌握以下教学内容:

(1)器件方面

①掌握常用半导体器件的基本原理、特性和主要参数,并能合理选择与正确使用。

②了解集成电路的结构和工作原理,掌握其主要性能和使用方法。

(2)电路方面

①熟练掌握共射与共集放大器、差动放大器、基本运算放大器的电路结构、工作原理和性能,能够定性和定量分析。

②掌握功率放大器、振荡器、整流器、稳压器以及由集成运算放大器组成的某些功能电路的电路组成、工作原理、性能和应用,能定性分析。

③熟练掌握放大器中的负反馈、振荡器中的正反馈,会判别反馈的类型和组态,并定性分析它对放大器性能的影响。

④了解放大器的频率特性。

(3)分析方法方面

①放大电路的近似计算法,能估算静态工作点和放大倍数。

②微变等效电路分析法,能求放大倍数、输入和输出电阻。

③放大电路的图解分析法,能确定静态工作点、分析波形失真,估算最大不失真输出幅值等。

(4)基本技能方面

通过实验实训和项目训练课能达到:熟悉一般实验中常用的电子仪器,如示波器、信号发生器、交流毫伏表、直流稳压电源等的正确使用方法;了解常用电子器件和电路的主要参数和技术指标的测量调试方法;具有编写实验报告的能力。

具有查阅电子器件和集成电路手册的初步能力。

初步掌握阅读和分析电子电路原理图的方法等。

1 半导体二极管及其应用

本章知识点：

(1)半导体的基本知识。

(2)半导体二极管的结构、符号、主要特性和主要参数，以及识别与检测方法。

(3)半导体二极管的基本应用。

(4)特殊二极管。

本章难点：

(1)半导体的基本知识。

(2)半导体二极管内部的物理过程。

(3)半导体二极管的应用。

学习要求：

(1)了解有关半导体的基本知识。

(2)掌握半导体二极管的结构、符号、主要特性和主要参数，以及识别与检测方法。

(3)了解半导体二极管内部的物理过程。

(4)掌握半导体二极管的基本应用电路。

(5)了解几种特殊的二极管及其应用。

1.1 半导体的基础知识

自然界的各种物质，根据其导电能力可分为导体、绝缘体和半导体三大类。通常将电阻率小于 10^{-3} Ω · cm 的物质称为导体，如铜、铁、铝等金属材料都是良好的导体；电阻率大于 10^9 Ω · cm 的物质一般称为绝缘体，如橡胶、塑料等；所谓半导体，是指导电能力介于导体和绝缘体之间的物质，常用的半导体材料有硅(Si)和锗(Ge)等。

硅(Si)和锗(Ge)的原子最外层都有 4 个价电子。当它们形成晶体时，每个原子最外层的价电子，不仅受到自身原子核的束缚，同时还受到相邻原子核的吸引，于是形成两个相邻的原子共有的一对价电子，称为共价键。因此，在半导体晶体中，每个原子都受到周围共价键的束缚，半导体的导电能力受到温度、光照、掺杂多少的影响。通常，半导体有纯净半导体和杂质半导体之分，纯净半导体又称为本征半导体。

1.1.1 半导体的主要特性

1)本征半导体

本征半导体在不受外界激发及在绝对零度时($T=0$ K)不导电,但当受到阳光照射或温度升高时,将有少数价电子获得足够的能量,从而克服共价键的束缚成为自由电子;并在原来共价键的位置留下一空位,称为空穴。自由电子和空穴像一对孪生姐妹一样相伴而生,被称为半导体的两种载流子。因此,本征半导体会在两种载流子的作用下导电,这种产生电子-空穴对的过程称为本征激发,如图 1.1 所示。

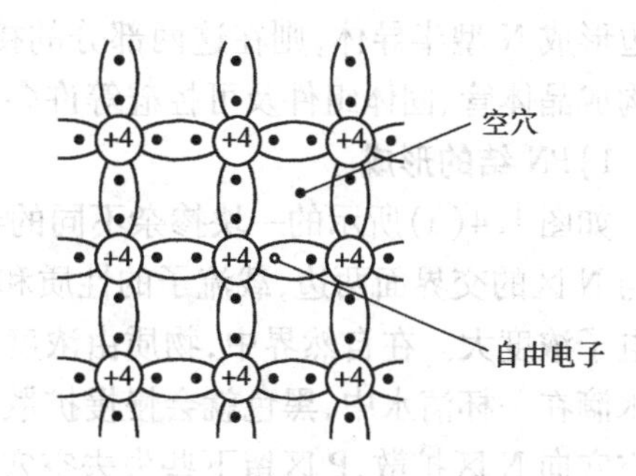

图 1.1 本征激发产生电子空穴对示意图

2)杂质半导体

在本征半导体中,有选择地掺入少量其他元素,会使其导电性能发生显著变化。这些少量元素统称为杂质,掺入杂质的半导体称为杂质半导体。根据掺入的杂质不同,有 N 型半导体和 P 型半导体两种。

(1)N 型半导体　在本征硅(或锗)中掺入少量的五价元素,如磷、砷、锑等,就得到 N 型半导体。这时,杂质原子替代了晶格中的某些硅原子,它以 4 个价电子和周围 4 个硅原子组成共价键,而多出 1 个价电子只能位于共价键之外,如图 1.2 所示;另外,还有少数的电子-空穴对。所以,当掺入五价元素时,自由电子是多子,空穴是少子。

(2)P 型半导体　在本征硅(或锗)中掺入少量的三价元素,如硼、铝、铟等,就得到 P 型半导体。这时杂质原子替代了晶格中的某些硅原子,它的 3 个价电子和相邻的 4 个硅原子组成共价键时,只有 3 个共价键是完整的,第 4 个共价键因缺少 1 个价电子而出现 1 个空位,如图 1.3 所示。同样,在 P 型半导体中存在着少数电子-空穴对,当掺入三价元素时,空穴是多子,自由电子是少子。

在以上两种杂质半导体中,尽管掺入的杂质浓度很小,但通常由杂质原子提供的载流子数却远大于本征载流子数,所以杂质半导体的导电能力比本征半导体要大得多。

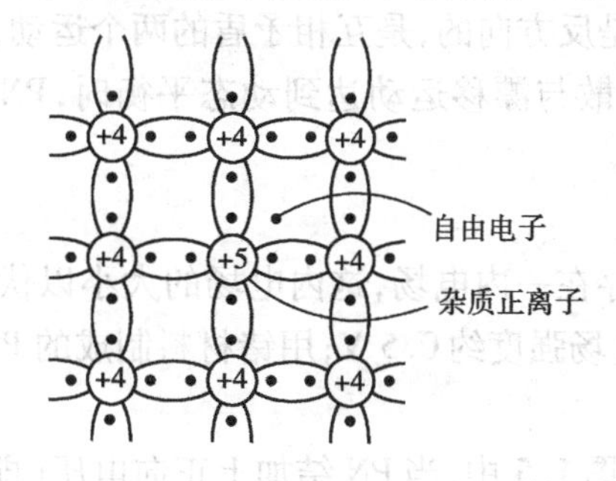

图 1.2 N 型半导体结构示意图

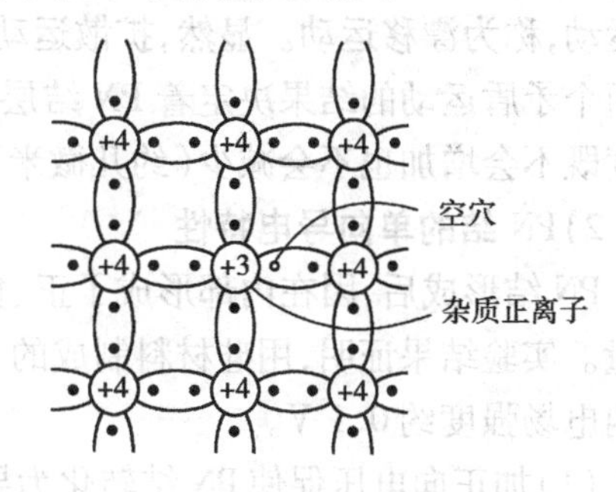

图 1.3 P 型半导体结构示意图

1.1.2 PN结

如果在一块纯净半导体(也称本征半导体)上用掺杂工艺,使其一边形成P型半导体,另一边形成N型半导体,则在这两部分的接触面上就会形成一个特殊的薄层,即PN结。PN结是构成晶体管、固体组件及可控硅等许多半导体器件的基础。

1)PN结的形成

如图1.4(a)所示的一块掺杂不同的半导体,把P型部分叫P区,N型部分叫N区。在P区与N区的交界面两边,载流子的性质和浓度都不同,交界处P区一侧空穴浓度大,而N区一侧电子浓度大。在自然界中,物质由浓度大的地方向浓度小的地方运动称为扩散运动,如把黑墨水滴在一杯清水中,黑色就会慢慢扩散开来,在PN结中载流子的扩散运动也是如此。P区的空穴向N区扩散,P区留下些失去空穴的杂质原子,成为带负电荷的负离子;而N区的电子向P区扩散,在N区留下失去电子的杂质原子,成为带正电性的正离子。由于离子质量较大不能移动,随着扩散进行,在P区和N区和交界处两边,就形成了P区一侧为负离子,而N区一侧为正离子的很狭窄的离子电荷区,称为PN结。

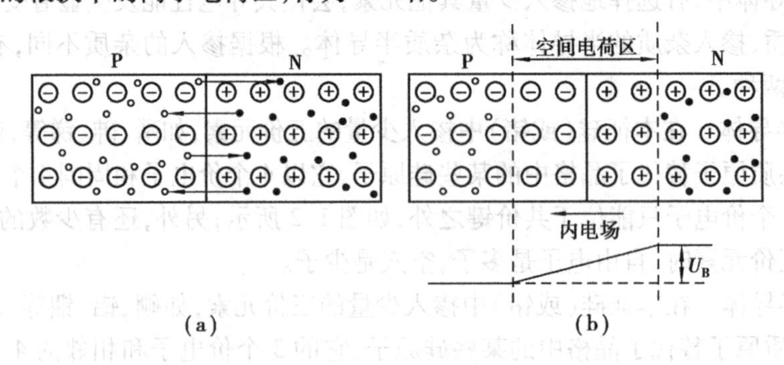

图1.4 PN结的形成过程

(a)载流子的扩散运动 (b)动态平衡的PN结

一旦产生了PN结薄层,在PN结内部就建立了一个电场,电场方向由正离子指向负离子,如图1.4(b)所示。PN结内电场的建立,一方面,阻止扩散运动的进行,另一方面使少数载流子在电场作用下作定向运动,即空穴移向P区,电子移向N区。载流子在内电场作用下的定向运动,称为漂移运动。显然,扩散运动和漂移运动是反方向的,是互相矛盾的两个运动,正是这两个矛盾运动的结果决定着PN结层的厚薄,当扩散与漂移运动达到动态平衡时,PN结的厚度既不会增加也不会减少(约几微米至几十微米)。

2)PN结的单向导电特性

PN结形成后,因在内部形成了正、负离子区,而存在一内电场,这内电场的大小以伏[特]衡量。实验结果证明,用硅材料制成的PN结,其内电场强度约0.5 V;用锗材料制成的PN结,其内电场强度约0.1 V。

(1)加正向电压促使PN结转化为导通状态　在图1.5中,当PN结加上正向电压(即外部电压正极接P区,负极接N区)时,外电场与内电场方向相反,削弱了内电场,在外电场力的作用下,使P区的空穴和N区的电子(即多数载流子)分别从PN结两边进入结内,中和掉部分正负离子,使离子形成的电荷区变窄,内电场强度变弱。从而破坏了原来扩散与漂移运动的动态平衡关系，扩散运动增强，多数载流子在外电场力的驱动下源源不断地通过 PN 结，形成了较大的扩散电流；同时电源还不断地向半导体提供空穴和电子，使电流得以维持，该电流称为正向电流。由此可见，PN 结加正向电压时便导通，呈现很小的电阻，好像导体一样。

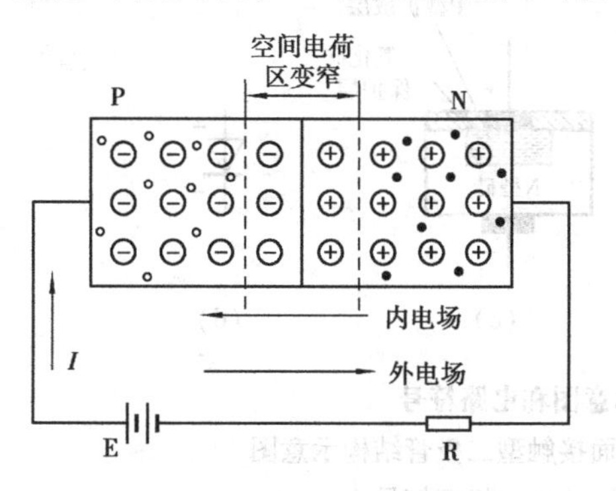

图 1.5　PN 结正向偏置导通

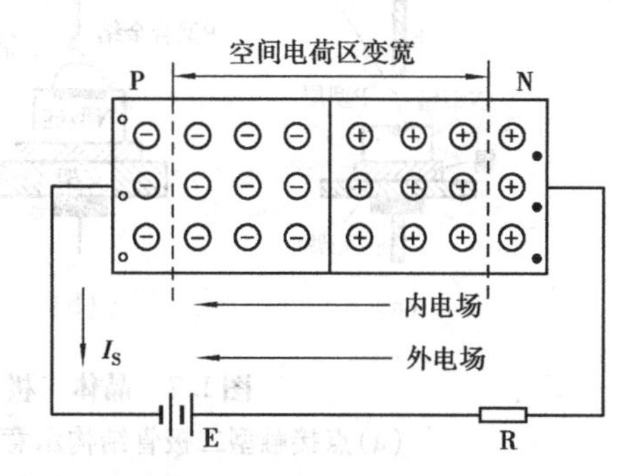

图 1.6　PN 结反向偏置截止

(2)加反向电压促使 PN 结转化为截止状态　如图 1.6 所示，给 PN 结加反向电压(即外电压正极接 N 区，负极接 P 区)时，这时外电场与内电场方向一致。在外电场作用下，N 区内的部分电子被推向电源正端中和掉，而 P 区内的部分空穴被移向电源负极中和掉，结果使 PN 结原有的正、负离子层加宽，内电场增强。这也破坏了原有的扩散与漂移运动的动态平衡关系，使扩散运动更难进行。但少数载流子形成的漂移运动得到增强，形成了漂移电流，称为反向漏电流。由于少数载流子数目有限，在正常情况下，反向漏电流是很小的。硅材料制成的 PN 结反向漏电流小于 1 μA，锗材料制成的 PN 结反向漏电流小于 1 mA。值得注意的是，随着温度升高，热激发运动加剧，少数载流子数目增加，反向漏电流也随之增大。可见，PN 结加反向电压时便截止，呈现出很大的电阻，好像绝缘体一样。

综上分析可以得出这样的结论，PN 结具有单向导电性能。

复习与讨论题

(1)何谓本征半导体、P 型半导体和 N 型半导体？

(2)何谓 PN 结的正向偏置和反向偏置？何谓 PN 结的单向导电性？

(3)PN 结两端存在内电场(即有电位差)，将二极管短路后是否有电流流过？

1.2　半导体二极管

1.2.1　二极管的结构

晶体二极管是由 PN 结加上电极引线和管壳构成的，其结构示意图和电路符号分别如图 1.7(a)、(b)、(c)、(d)所示。符号中接到 P 型区的引线称为正极(或阳极)，接到 N 型区的引线称为负极(或阴极)。

二极管按内部结构不同可分为点接触型、面接触型及平面型，点接触型二极管是将一根很细的金属触丝(如三价元素铝)和一块半导体(如锗)熔接后做出相应的电极引线，再外加管壳密封而成。点接触型二极管的极间电容很小,不能承受高的反向电压和大的电流,往往用来作小电流整流、高频检波及开关管。

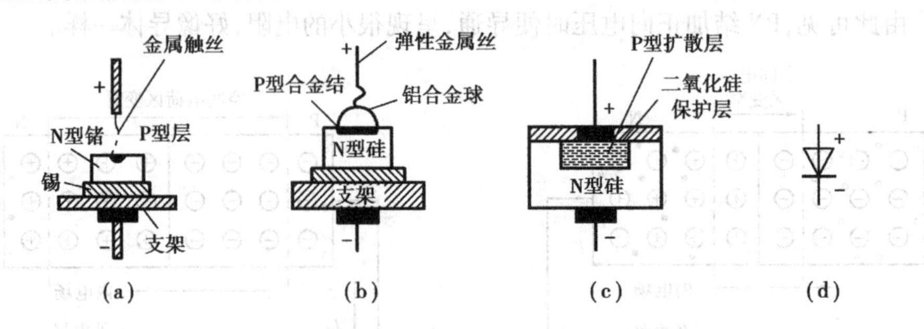

图1.7 晶体二极管结构示意图和电路符号

(a)点接触型二极管结构示意图 (b)面接触型二极管结构示意图

(c)平面型二极管结构示意图 (d)二极管符号

面接触型二极管的PN结面积大,可承受较大的电流,但极间电容也大。这类器件适用于整流,而不宜用于高频电路中。

平面型二极管的PN结形成的过程大致是这样的:先在N型硅片的氧化膜上,用光刻的方法刻出一个窗口,然后进行高浓度的硼扩散,获得P型硅。这样,在N型硅和P型硅之间便形成了PN结。

晶体二极管按材料分,可分为硅二极管、锗二极管和砷化镓二极管等;按结构以及PN结面积大小来分,可分为点接触型、面接触型二极管;按用途分,可分为整流管、稳压管、开关管、发光管、光电管、变容管、阻尼管等;按封装形式分,有塑封及金属封等二极管;按功率分,有大功率、中功率及小功率等二极管。

1.2.2 二极管的主要特性

半导体二极管的核心是PN结,它的特性就是PN结的特性——单向导电性。常利用伏安特性曲线来形象地描述二极管的单向导电性。若以电压为横坐标,电流为纵坐标,用作图法把电压、电流的对应值以平滑的曲线连接起来,就构成二极管的伏安特性曲线,如图1.8所示(图中虚线为锗管的伏安特性,实线为硅管的伏安特性)。

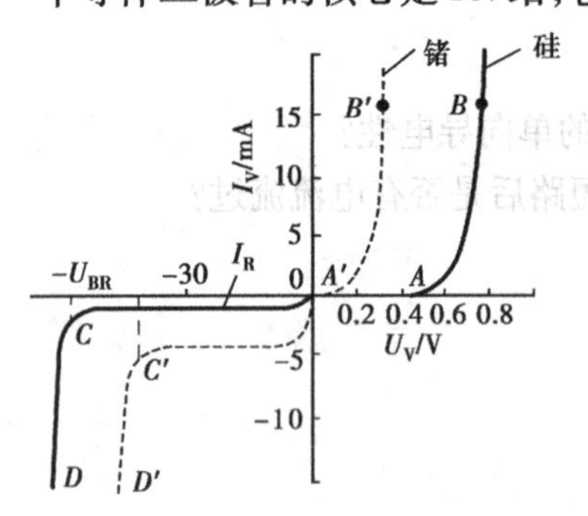

图1.8 二极管伏安特性曲线

下面以图1.8为例,来说明二极管的伏安特性。

1)正向特性

二极管两端加正向电压时,就产生正向电流,当正向电压较小时,外电场不足以克服内电场对载流子扩散的阻力,此时二极管的正向电阻还很大,正向电流极小(几乎为零),这一部分称为死区(如图1.8中OA、OA'段)。相应的A'和A点的电压称为死区电压或门槛电压(也称阈值电压),硅管约为0.5 V,锗管约为0.1 V。

当外加正向电压超过死区电压,内部电场被大大削弱,二极管的正向电阻变得很小,于是正向电流增长很快,如图 1.8 中 AB、$A'B'$段,二极管呈现很小电阻而处于导通状态。特别要指出的是,一旦二极管正向导通之后,流过二极管的正向电流增加很快,而二极管两端的正向电压降(称管压降)却变化甚微,硅管维持在 0.6~0.8 V,锗管维持在 0.15~0.25 V,即其伏安特性呈非线性特征。

2)反向特性

当加反向电压后,外电场与 PN 结内电场方向相同,有利于少数载流子通过 PN 结,形成反向漏电流。在开始很大范围内,二极管相当于非常大的电阻,形成的反向漏电流很小,且不随反向电压的变化而变化。此时的电流也称之为反向饱和电流 I_S(见图 1.8 中 OC、OC'段)。

当外加电压在一定范围时,反向漏电流基本不随电压变化而变化,这是因为正常情况下,少数载流子的数目是有限的,即使电压值升高,也不能使载流子的数目增加。所以,反向漏电流又称为反向饱和电流。反向漏电流大,说明管子的单向导电性能差。但随着温度升高,反向漏电流还要增大许多倍,这是在实际应用中要关注的问题。

3)反向击穿电压

当反向电压增大并超过某一值时,内外电场叠加的结果形成很强大的电场力,能够把共价键中的电子强制拉出,使少数载流子的数量急剧增加,破坏了原子的结构,使反向漏电流突然猛增,这一现象称为反向击穿(如图 1.8 中 CD、$C'D'$段)。此时对应的电压称为反向击穿电压,用 U_{BR}表示。

4)温度对二极管特性的影响

半导体除具有光敏特性外,还具有热敏特性,因此二极管对温度也有一定的敏感性。当温度升高时,扩散运动加强,正向电流增大,正向特性向左移动;此时本征激发的少子数目迅速增加,反向电流剧增,反向特性向下移动。温度对二极管特性影响的规律是:在室温附近,温度每升高 1 ℃,正向压降减小 2~2.5 mV;温度每升高 10 ℃,反向电流约增大 1 倍。

利用 PN 结的特性,可以制作多种不同功能的晶体二极管,例如普通二极管、稳压二极管、变容二极管、光电二极管等。其中,具有单向导电特性的普通二极管应用最广。

1.2.3 二极管的主要参数

器件参数是定量描述器件性能质量和安全工作范围的重要数据,也是合理选择和正确使用器件的依据。参数一般可以从产品手册中查到,也可以通过直接测量得到。下面介绍晶体二极管的主要参数及其意义。

1)最大整流电流 I_F

最大整流电流是指二极管长期运行时,允许通过的最大正向平均电流。因为,电流通过 PN 结时要引起管子发热。电流太大,发热量超过限度,就会使 PN 结烧坏。例如 2AP1 最大整流电流为 16 mA。

2)反向击穿电压 U_B

反向击穿电压是指反向击穿时的电压值。击穿时,反向电流剧增,使二极管的单向导电性被破坏,甚至会因过热而烧坏。一般手册上给出的最高反向工作电压约为击穿电压的一半,以确保管子安全工作。例如 2AP1 最高反向工作电压规定为 20 V,而实际反向击穿电压可大于 40 V。

3)反向饱和电流 I_S

在室温下,二极管未击穿时的反向电流称为反向饱和电流。该电流越小,二极管的单向导电性能就越好。由于温度升高,反向电流会急剧增加,因而在使用二极管时要注意环境温度的影响。

4)最高工作频率 F_M

最高工作频率是指二极管具有良好的单向导电性的工作频率,它一般由二极管的工艺结构决定。

除了上述主要参数外,还有一些参数,如直流电阻 R_D 等。二极管的参数是正确使用二极管的依据。一般半导体器件手册中都给出不同型号管子的参数,在使用时,应特别注意不要超过最大整流电流和最高反向工作电压,否则管子容易损坏。需要指出,由于器件参数分散性较大,手册中给出的一般为典型值,必要时应通过实际测量得到准确值。另外,还应注意参数的测试条件,当运用条件不同时,应考虑其影响。

复习与讨论题

(1)给二极管两端加上正向电压,二极管是否一定导通?为什么?

(2)如果把一只没有涂漆的玻璃壳封装小功率二极管的两端用微安电流表短接,当用光线照射二极管时,电流表是否有指示?

(3)当温度升高时,二极管的反向漏电流怎样变化?为什么?而二极管的正向压降又怎样变化?

1.3 二极管电路的分析与应用

1.3.1 理想二极管

二极管的伏安特性具有非线性,这给二极管应用电路的分析带来一定的困难。为了便于分析,常在一定的条件下,用线性元件所构成的电路来近似模拟二极管的特性,并用之取代电路中的二极管。这种能够模拟二极管特性的电路称为二极管的等效电路,也称为二极管的等效模型。常用的二极管等效电路模型有以下几种:

1)理想模型

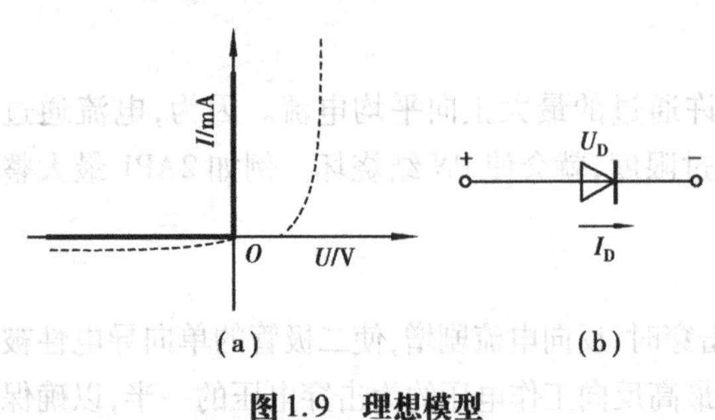

图1.9 理想模型

(a)U-I 特性 (b)等效电路

图1.9(a)表示理想二极管的 U-I 特性,其中的虚线表示实际二极管的 U-I 特性,实线表示的为理想的特性曲线;图1.9(b)为它的等效电路。由图(a)可见,在正向偏置时,其管压降 $U_D=0$ V;而当二极管处于反向偏置时,认为它的电阻为无穷大,电流为0。在实际的电路中,当电源电压远比二极管的管压降大时,利用此法来近似分析是可行的。

2)恒压降模型

恒压降模型如图 1.10 所示,其基本思想是当二极管导通后,其管压降 U_D 认为是恒定的,且不随电流而变,典型值为 $U_D = 0.7$ V(硅管),如是锗管用0.3 V代替。不过,这只有当二极管的电流 I_D 近似等于或大于 1 mA 时才是正确的。该模型提供了合理的近似,因此应用也较广。

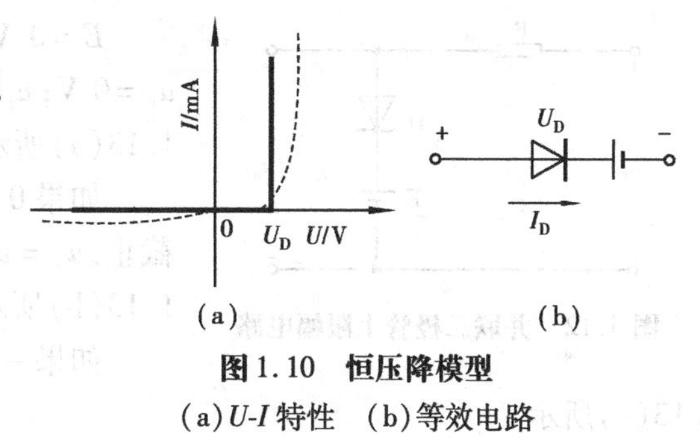

图 1.10 恒压降模型
(a)U-I 特性 (b)等效电路

1.3.2 二极管的应用电路

在各种电子电路中,二极管是使用和应用最频繁的器件之一。它具有结构简单、体积小、价格低、反向耐压高、工作频率高和使用方便等特点。二极管基本应用电路有开关与整流电路、限幅电路等。

1)单相半波整流电路

单相半波整流电路如图 1.11(a)所示,它是最简单的整流电路,由变压器 T、晶体二极管 D 及负载电阻 R_L 组成。假定负载是纯电阻,二极管为理想二极管(即认为二极管的正向电阻为零,反向电阻为无穷大),且忽略变压器的内阻。

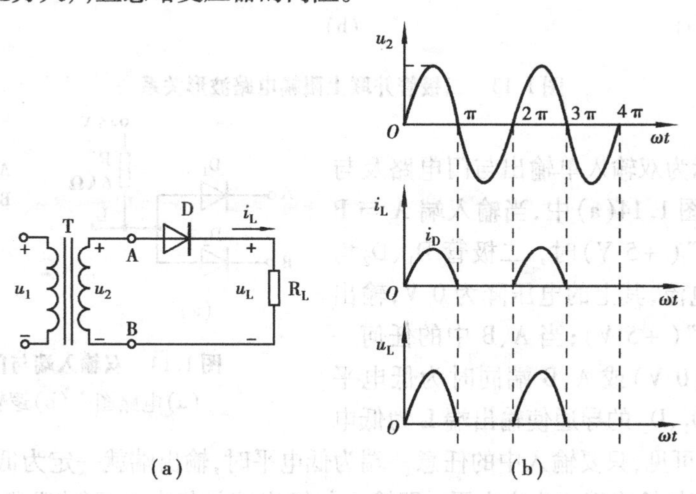

图 1.11 单相半波整流电路
(a)单相半波整流电路 (b)输入输出波形

在单相半波整流电路中,流过负载电阻的电压 u_L 以及电流 i_L 的波形如图 1.11(b)所示。整流把双向交流电变为单向脉动交流电。脉动交流电中虽然含有较大的直流成分,但由于脉动成分仍较大,所以还不能直接用作直流电。通常,在输出端并接电容以滤除交流分量,从而使输出电压中的脉动成分大大减小而比较接近于直流电。

2)限幅电路

当输入信号电压在一定范围内变化时, 输出电压随输入电压变化而相应变化; 而当输入电压超出该范围时, 输出电压保持不变,这就是如图 1.12 所示的限幅电路。

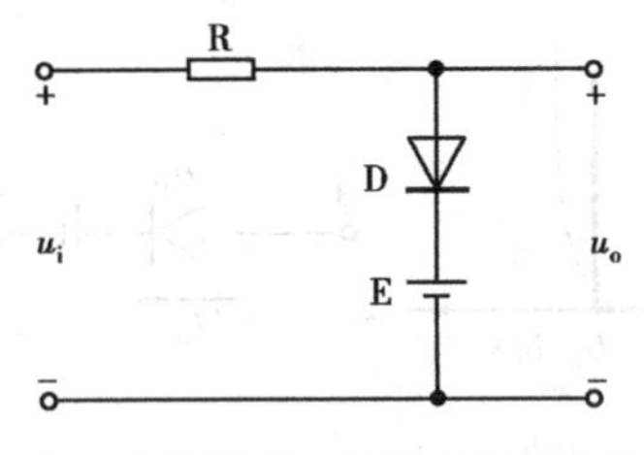

图 1.12 并联二极管上限幅电路

$E=0$ V，限幅电平为 0 V。$u_i>0$ 时，二极管导通，$u_o=0$ V；$u_i<0$ V，二极管截止，$u_o=u_i$。波形如图 1.13(a)所示。

如果 $0<E<U_m$，则限幅电平为 $+E$。$u_i<E$，二极管截止，$u_o=u_i$；$u_i>E$，二极管导通，$u_o=E$。波形图如图 1.13(b)所示。

如果 $-U_m<E<0$，则限幅电平为 $-E$，波形图如图 1.13(c)所示。

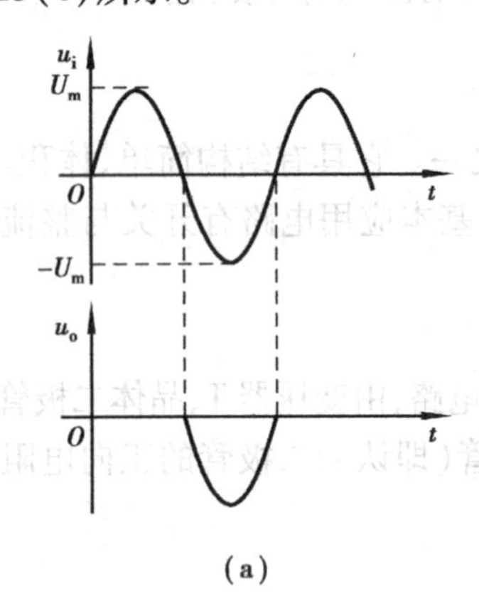

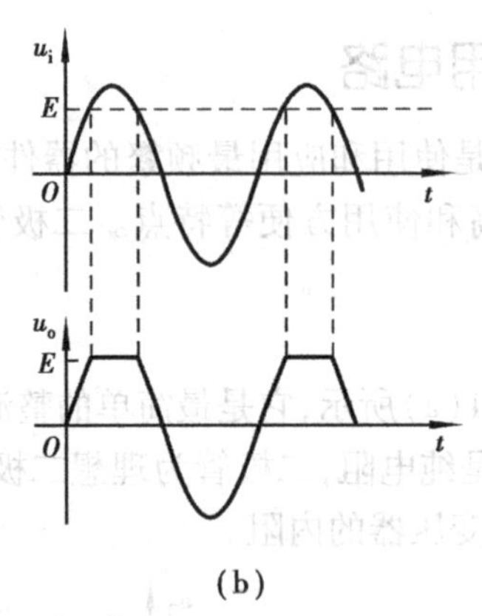

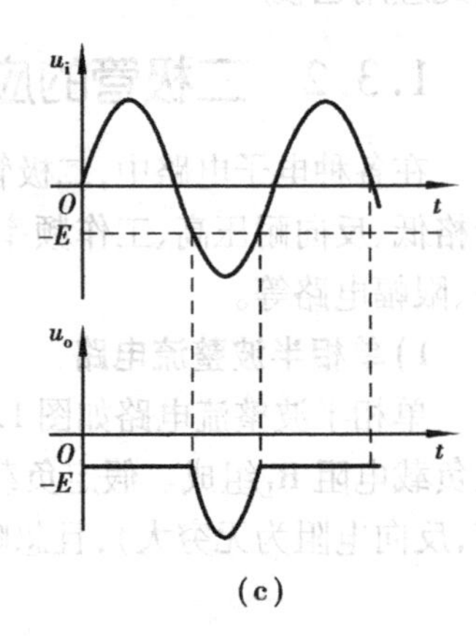

图 1.13 二极管并联上限幅电路波形关系

3) 门电路

图 1.14 所示为双输入单输出与门电路及与门逻辑符号。在图 1.14(a)中，当输入端 A 与 B 同时为高电平“1”(+5 V)时，二极管 D_1、D_2 均截止，R 中没有电流，其上的电压降为 0 V，输出端 L 为高电平“1”(+5 V)；当 A、B 中的任何一端为低电平“0”(0 V)或 A、B 端同时为低电平“0”时，二极管 D_1、D_2 的导通使输出端 L 为低电平“0”(0.7 V)。可见，只要输入中的任意一端为低电平时，输出端就一定为低电平；只有当输入端均为高电平时，输出端才为高电平，即输入与输出信号状态满足“与”逻辑关系。能够实现“与”逻辑关系的电路称为“与门”。

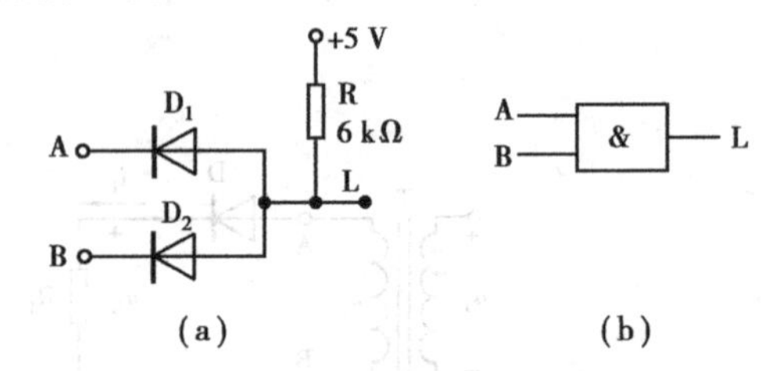

图 1.14 双输入端与门原理图
(a)电路图 (b)逻辑符号

复习与讨论题

(1)简述二极管电路分析中有哪些基本模型，各模型的主要特点是什么？

(2)说明直流电阻 R_D 和交流电阻 r_D 的区别及应用条件。

(3)现有两只稳压管，它们的稳定电压分别为 6 V 和 8 V，正向导通电压为 0.7 V。若将它们串联，则可得到几种稳压值，各为多少？若将它们并联，则又可得到几种稳压值，各为多少？

1.4　特殊二极管

前面主要讨论了普通二极管，下面再介绍一些特殊用途的二极管，如稳压二极管、发光二极管、光电二极管。

1.4.1　稳压二极管

1）稳压特性

稳压二极管的伏安特性曲线及图形符号如图1.15所示。它的正向特性曲线与普通二极管相似，而反向击穿特性曲线很陡。在正常情况下，稳压管工作在反向击穿区，由于曲线很陡，反向电流在很大范围内变化时，端电压变化很小，因而具有稳压作用。

2）基本参数

①稳定电压 U_Z。稳定电压指在规定的测试电流下，稳压管工作在击穿区时的稳定电压。由于制造工艺的原因，同一型号的稳压管的 U_Z 分散性很大。

②稳定电流 I_Z。稳定电流是指稳压管在稳定电压时的工作电流，其范围在 I_{Zmin} ~ I_{Zmax} 之间。

③最小稳定电流 I_{Zmin}。最小稳定电流是指稳压管进入反向击穿区时的转折点电流。

④最大稳定电流 I_{Zmax}。最大稳定电流是指稳压管长期工作时允许通过的最大反向电流，其工作电流应小于 I_{Zmax}。

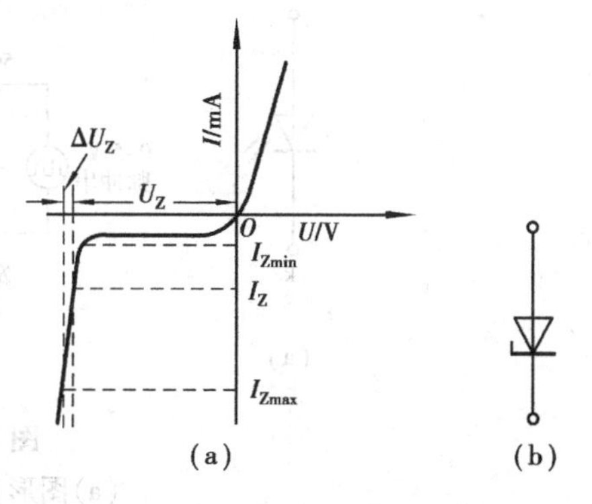

图1.15　稳压管的伏安特性曲线、图形符号

(a)伏安特性曲线　(b)图形符号

⑤最大耗散功率 P_M。最大耗散功率是指管子工作时允许承受的最大功率，其值为 $P_M = I_{Zmax} \cdot U_Z$。

⑥动态电阻 r_Z。动态电阻被定义为 $r_Z = \Delta U_Z / \Delta I_Z$，指稳压管两端电压变化与电流变化之比值。这个数值随工作电流不同而改变。r_Z 越小，表明稳压性能越好。

3）稳压电路

由稳压二极管构成的简单稳压电路如图1.16所示，其应用条件是要求输出电流较小。图中R为限流电阻。该电路能在输入电压 U_I 和负载 R_L 在一定范围内变化时，均可保持输出电压基本不变。

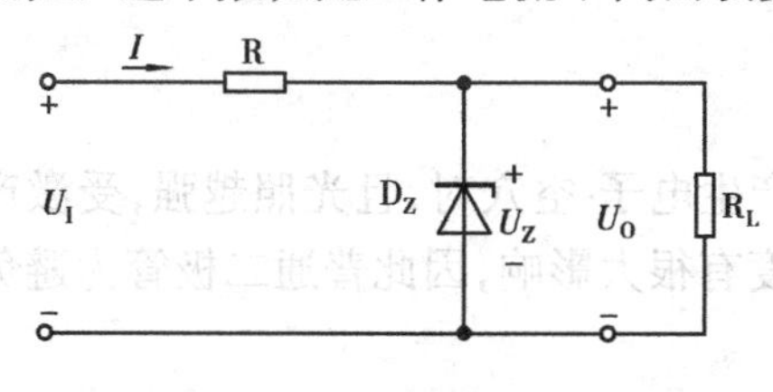

图1.16　简单稳压电路

稳压管稳压的原理实际上是利用稳压管在反向击穿时电流可在较大范围内变动但击穿电压却基本不变的特点而实现的。当输入电压变化时，输入电流将随之变化，稳压管中的电流也将随之同步变化，结果输出电压基本不变；当负载电阻变化时，输出电流将随之变化，但稳压管中的电流却随之作反向变化，结果仍是输出电压基本不变。

1.4.2 发光二极管

发光二极管(简称 LED)是一种能把电能转换成光能的特殊器件。这种二极管不仅具有普通二极管的正、反向特性,而且当给管子施加正向偏压时,管子还会发出可见光和不可见光(即电致发光)。这是因为,二极管的 PN 结在加上正向偏压时,N 区电子和 P 区空穴都穿过 PN 结,若在运动中复合,就有能量释放出来。由硅、锗半导体材料制成的 PN 结,主要以热的形式释放出载流子复合时的能量;而由磷、砷、镓等化合物(如磷化镓、砷化镓、磷砷化镓等)半导体材料制成的 PN 结,则是以光的形式释放出载流子复合时的能量。

目前应用的,有红、黄、绿、蓝、紫等颜色的发光二极管。此外,还有变色发光二极管,即当通过二极管的电流改变时,发光颜色也随之改变。图 1.17(a)所示为发光二极管的图形符号。

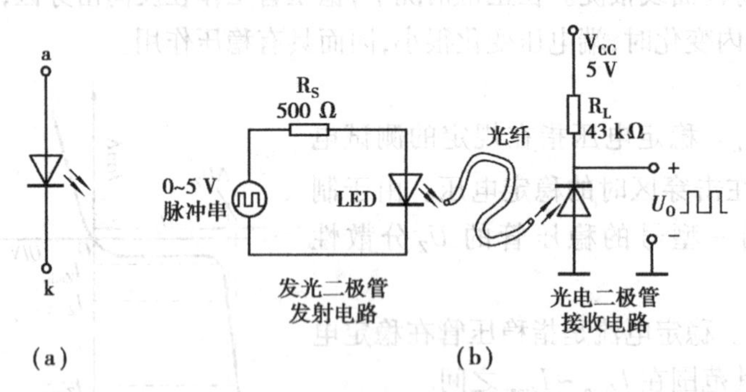

图 1.17 发光二极管

(a)图形符号 (b)光电传输系统

发光二极管常用来作为显示器件,除单个使用外,也常做成七段式或矩阵式器件。发光二极管的另一个重要的用途是,先将电信号变为光信号,并通过光缆传输,然后再用光电二极管接收,又再现电信号。图 1.17(b)所示为由发光二极管发射电路、光缆以及光电二极管接收电路组成的光电传输系统。在发射端,一个 0 ~5 V 的脉冲信号通过 500 Ω 的电阻作用于发光二极管(LED),这个驱动电路可使 LED 产生一数字光信号,并作用于光缆。由 LED 发出的光约有 20% 耦合到光缆。在接收端,传送的光中,约有 80% 耦合到光电二极管,以致在接收电路的输出端复原为 0 ~5 V 电压的脉冲信号。

1.4.3 光电二极管

半导体具有光敏特性,即半导体在受到光照时,会产生电子-空穴对,且光照越强,受激产生的电子-空穴对的数量越多。这对半导体中少子的浓度有很大影响,因此普通二极管为避免光照对其反向截止特性的影响,其外壳都是不透光的。

利用二极管的光敏特性,可将其制成一种特殊二极管——光敏二极管。光敏二极管又称光电二极管(见图 1.18),是利用半导体的光敏特性制造的光接收器件,即把光信号转化为电信号的一种器件。为了便于接受光照,光电二极管的管壳上有一个玻璃窗口,让光线透过窗口照射到 PN 结的光敏区。光电二极管的主要特点是其反向电流与光照度成正比。

在许多实际应用中,例如路灯自动控制、红外遥控(接收)、光定位系统和光纤通信系统等

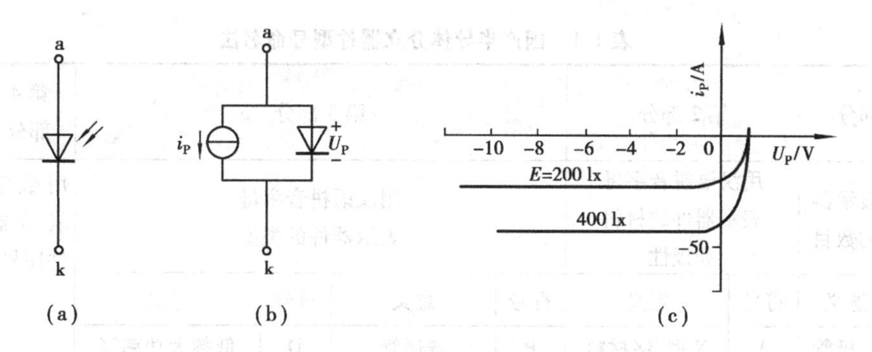

图 1.18 光电二极管

(a)图形符号 (b)等效电路 (c)特性曲线

都要用到光电转换电路。由光电二极管构成的简单光电转换电路如图 1.19 所示。电路中,实际的输入信号是光信号,而不是电压 U。首先光信号的变化将引起光电二极管中载流子(少子)的变化,引入电压 U 的作用就是将该变化转化为相应的电流或电压的变化,同时还使光电二极管处于反偏状态。因为正偏状态下,光电二极管本身有较大的正向导通电流(与光信号无关),而受光信号控制的电流却很小,从而无法得到正常的有用输出信号。

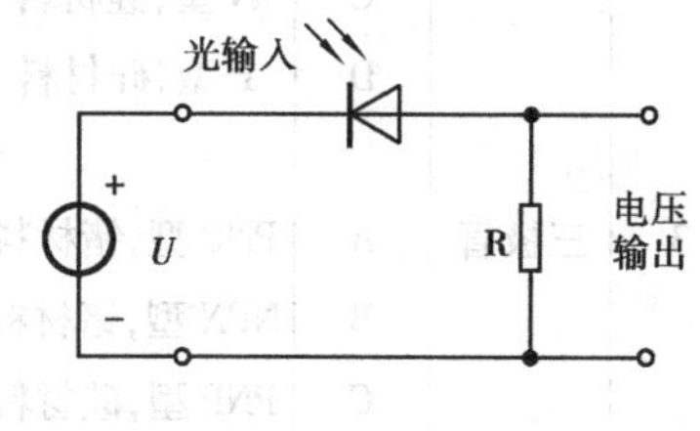

图 1.19 光电转换电路

复习与讨论题

(1)二极管在正向接法时是否有稳压作用?如果有稳压作用,稳压值是多少?

(2)把稳压值分别为 6 V 和 9 V 的两个稳压管串接,可以获得几种稳压值?请画出电路图说明。

(3)一只 6 V 稳压二极管和一只耐压 50 V 的普通整流管外型完全一样,外壳上又无任何文字符号,你怎样利用万用表判定出哪只是稳压二极管?

1.5 二极管的型号与检测

二极管的参数是正确使用二极管的依据,一般半导体器件手册中都给出了不同型号管子的参数。在使用时,应特别注意不要超过最大的整流电压和最高反向工作电压,否则管子容易损坏。同时,应熟练掌握二极管的识别及检测的方法。

1.5.1 二极管的型号及参数选录

国产二极管的型号由 5 个部分组成,其组成部分的符号及其意义见表 1.1。如 2AP9,“2”表示电极数为 2,“A”表示 N 型锗材料,“P”表示普通管,“9”表示序号。

表 1.1 国产半导体分立器件型号命名法

第 1 部分		第 2 部分		第 3 部分				第 4 部分	第 5 部分
用数字表示器件电极的数目		用汉语拼音字母表示器件的材料和极性		用汉语拼音字母表示器件的类型				用数字表示器件序号	用汉语拼音表示规格的区别代号
符号	意义	符号	意义	符号	意义	符号	意义		
2	二极管	A	N 型,锗材料	P	普通管	D	低频大功率管 (f_m <3 MHz, P_C ≥1 W)		
		B	P 型,锗材料	V	微波管				
		C	N 型,硅材料	W	稳压管				
		D	P 型,硅材料	C	参量管	A	高频大功率管 (f_m ≥3 MHz, P_C ≥1 W)		
				Z	整流管				
3	三极管	A	PNP 型,锗材料	L	整流堆				
		B	NPN 型,锗材料	S	隧道管	T	半导体闸流管(可控硅整流器)		
		C	PNP 型,硅材料	N	阻尼管				
		D	NPN 型,硅材料	U	光电器件	Y	体效应器件		
		E	化合物材料	K	开关管	B	雪崩管		
				X	低频小功率管 (f_m <3 MHz, P_C <1 W)	J	阶跃恢复管		
						CS	场效应器件		
						BT	半导体特殊器件		
				G	高频小功率管 (f_m ≥3 MHz, P_C <1 W)	FH	复合管		
						PIN	PIN 型管		
						JG	激光器件		

表 1.2 分别列出了常用半导体二极管的主要参数。

表 1.2 部分半导体二极管参数

(1)部分常用检波二极管参数

参数 / 型号	最大整流电流/mA	正向电流/mA	正向压降(在左栏电流值下)/V	反向击穿电压/V	最高反向工作电压/V	反向电流/μA	零偏压电容/pF	反向恢复时间/ns
2AP9	≤16	≥2.5	≤1	≥40	20	≤250	≤1	150
2AP7		≥5		≥150	100			
2AP11	≤25	≥10	≤1		≤10	≤250	≤1	40
2AP17	≤15	≥10			≤100			

(2)部分整流二极管参数

参数 / 型号	最大整流电流/mA	正向电流/mA	正向压降(在左栏电流值下)/V	反向击穿电压/V	最高反向工作电压/V	反向电流/μA	零偏压电容/pF	反向恢复时间/ns
2CZ52B ⋮ 2CZ52H	2	0.1	≤1		25 ⋮ 600			同2AP普通二极管
2CZ53B ⋮ 2CZ53M	6	0.3	≤1		50 ⋮ 1 000			
2CZ54B ⋮ 2CZ54M	10	0.5	≤1		50 ⋮ 1 000			
2CZ55B ⋮ 2CZ55M	20	1	≤1		50 ⋮ 1 000			
2CZ56B	65	3	≤0.8		25			

(3)常用稳压二极管的主要参数

测试条件	工作电流为稳定电流	稳定电压下	环境温度<50 ℃		稳定电流下	稳定电流下	环境温度<10 ℃
参数 / 型号	稳定电压/V	稳定电流/mA	最大稳定电流/mA	反向漏电流/μA	动态电阻/Ω	电压温度系数/10^{-4}/℃	最大耗散功率/W
2CW51	2.5~3.5	10	71	≤5	≤60	≥-9	0.25
2CW52	3.2~4.5		55	≤2	≤70	≥-8	
2CW53	4~5.8		41	≤1	≤50	-6~4	
2CW54	5.5~6.5		38		≤30	-3~5	
2CW56	7~8.8		27	≤0.5	≤15	≤7	
2CW57	8.5~9.8	5	26		≤20	≤8	
2CW59	10~11.8		20		≤30	≤9	
2CW60	11.5~12.5		19		≤40	≤9	
2CW103	4~5.8	50	165	≤1	≤20	-6~4	1
2CW110	11.5~12.5	20	76	≤0.5	≤20	≤9	
2CW113	16~19	10	52	≤0.5	≤40	≤11	
2CW1A	5	30	240		≤20		1
2CW6C	15	30	70		≤8		1
2CW7C	6.0~6.5	10	30		≤10	0.05	0.2

1.5.2 二极管的识别与检测

1)普通二极管的检测

包括检波二极管、整流二极管、阻尼二极管、开关二极管、续流二极管都是由一个PN结构成的半导体器件,具有单向导电特性。用万用表检测其正、反向电阻值,可以判别出二极管的电极,还可估测出二极管是否损坏。

(1)极性的识别方法　常用二极管的外壳上均印有型号和标记,标记箭头的方向为阴极。有的二极管只有一个色点或色环,有色的一端为阴极。有些二极管也用二极管专用符号来表示P极(正极)或N极(负极),也有采用符号标志为"P"、"N"来确定二极管极性的。发光二极管的正负极可从引脚长短来识别,长脚为正,短脚为负。

(2)二极管的检测　当二极管外壳标志不清楚时,可以用万用表来判断。一般硅管正向电阻为几千欧,锗管正向电阻为几百Ω;反向电阻为几百kΩ。将万用表置于$R\times100\ \Omega$或$R\times1\ \text{k}\Omega$档($R\times1\ \Omega$档电流太大,用$R\times10\ \text{k}\Omega$档电压太高,都易损坏管子),如图1.20所示,将万用表的两只表笔分别接触二极管的两个电极,若测出的电阻约为几十、几百或几kΩ,此时电阻值小,则黑表笔所接触的电极为二极管的正极,红表笔所接触的是二极管的负极。

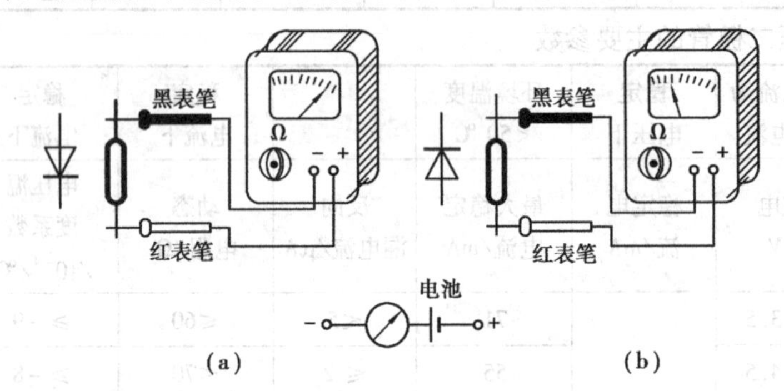

图1.20　万用表简易测试二极管示意图

(a)电阻小　(b)电阻大

若二极管正、反向电阻相差不大,为劣质管;正、反向电阻都是无穷大或为零,则二极管内部断路或短路。

若用数字式万用表去测二极管时,红表笔接二极管的正极,黑表笔接二极管的负极,此时测得的阻值才是二极管的正向导通阻值,这与指针式万用表的表笔接法刚好相反。

2)稳压二极管的识别及检测

从外形上看,金属封装稳压二极管管体的正极一端为平面形,负极一端为半圆面形;塑封稳压二极管管体上印有彩色标记的一端为负极,另一端为正极。对标志不清楚的稳压二极管,也可以用万用表判别其极性,测量的方法与普通二极管相同,即用万用表$R\times1\ \text{k}\Omega$档,将两表笔分别接稳压二极管的两个电极,测出一个结果后,再对调两表笔进行测量。在两次测量结果中,阻值较小那一次,黑表笔接的是稳压二极管的正极,红表笔接的是稳压二极管的负极。

若测得稳压二极管的正、反向电阻均很小或均为无穷大,则说明该二极管已击穿或开路损坏。

复习与讨论题

(1)试说明2CZ52B、2CW52符号的含义并列出其主要参数值。

(2)用万用表测量二极管的正向电阻时,用$R\times1$ kΩ档和$R\times100$ Ω档测量出来的结果是否一样?为什么?

(3)能否将1.5 V的干电池以正向接法接到二极管两端?为什么?

本章小结

(1)本章所介绍的器件知识为模拟电子技术的基础。

(2)纯净的半导体称为本征半导体,在常温下,其中的导电载流子(电子-空穴对)很少,但随着温度的上升其数目会增加,导电能力增强。

(3)掺入三价元素形成的P型半导体和掺入五价元素形成的N型半导体的特性,其中重点理解杂质、温度对半导体特性的影响。通过这一部分的学习有助于理解三极管和场效应管的工作原理,有助于理解直接耦合多级放大电路中温度漂移现象。

(4)PN结在形成过程中其内电场逐渐建立,最终达到空穴和电子扩散运动的动态平衡,在外加电压作用下,PN结的宽度和内电场的强度会发生变化,从而表现出单向导电性。PN结加正向电压(要大于其内电场,硅管为0.5 V,锗管为0.1 V)便导通,像导体一样;加反向电压时截止,像绝缘体一样,但存在一反向漏电流,硅材料反向漏电流的值较小(约1 μA以下)锗材料较大(约1 mA以下),反向电流对温度影响敏感。

(5)半导体二极管在不同的外加电压作用下,会产生不同的电流,并对应于三个工作区:正向特性区、反向特性区和反向击穿区。其中要理解工程估算中二极管的导通电压以及和理想二极管的不同。根据不同区域内二极管的特性,掌握二极管分类、参数与典型应用。

(6)二极管是具有一个PN结的半导体元件,其电特性与PN结相同。在正向导通时,它两端的正向压降为:硅管约0.6~0.7 V,锗管约0.2~0.3 V。

自我检测题与习题

一、单选题

1. 在PN结外加正向电压时,扩散电流(　　)漂移电流;当PN结外加反向电压时,扩散电流(　　)漂移电流。

　A. 小于,大于　　B. 大于,小于　　C. 大于,大于　　D. 小于,小于

2. 杂质半导体中,多数载流子的浓度主要取决于(　　)。

　A. 温度　　B. 掺杂工艺　　C. 掺杂浓度　　D. 晶体缺陷

3. 在室温附近,温度升高,杂质半导体中(　　)浓度明显增加。

　A. 载流子　　B. 多数载流子　　C. 少数载流子　　D. 杂质

4. PN结加反向电压时,其空间电荷区(　　)。

A. 变窄 B. 变宽 C. 不变 D. 不一定

5. 下列符号中表示发光二极管的为(　　)。

A. B. C. D.

6. 从二极管伏安特性曲线可以看出,二极管两端压降大于(　　)时处于正偏导通状态。

A. 0 V B. 死区电压 C. 反向击穿电压 D. 正向压降

7. 硅管正偏导通时,其管压降约为(　　)。

A. 0.1 V B. 0.2 V C. 0.5 V D. 0.7 V

8. 在 25 ℃时,某二极管的死区电压 $U_{th} \approx 0.5$ V,反向饱和电流 $I_S \approx 0.1$ pA,那么在 35 ℃时,下列哪组数据可能正确:(　　)。

A. $U_{th} \approx 0.525$ V, $I_S \approx 0.05$ pA B. $U_{th} \approx 0.525$ V, $I_S \approx 0.2$ pA

C. $U_{th} \approx 0.475$ V, $I_S \approx 0.05$ pA D. $U_{th} \approx 0.475$ V, $I_S \approx 0.2$ pA

9. 用模拟指针式万用表的电阻档测量二极管正向电阻,所测电阻是二极管的(　　)电阻,由于不同量程时通过二极管的电流(　　),所测得正向电阻阻值(　　)。

A. 直流,相同,相同 B. 交流,相同,相同 C. 直流,不同,不同 D. 交流,不同,不同

10. 杂质半导体中,(　　)的浓度对温度敏感。

A. 少子 B. 多子 C. 杂质离子 D. 空穴

11. 当温度升高时,二极管正向特性和反向特性曲线分别(　　)。

A. 左移,下移 B. 右移,上移 C. 左移,上移 D. 右移,下移

12. 稳压二极管工作于正常稳压状态时,其反向电流应满足(　　)。

A. $I_D = 0$ B. $I_D < I_Z$ 且 $I_D > I_{ZM}$ C. $I_Z > I_D > I_{ZM}$ D. $I_Z < I_D < I_{ZM}$

13. 稳压管的工作是利用伏安特性中的(　　)。

A. 正向特性 B. 反向特性 C. 反向击穿特性 D. 单向导电性

14. 光电二极管应在________下工作。

A. 正向电压 B. 反向电压 C. 反向击穿 D. 正向导通

15. 某简单稳压电路要求稳定电压为 8 V,而仅有 7.3 V 硅稳压管 D_Z 一只,二极管(硅管)D 一只,可采用 D_Z 与 D 串联接入电路(　　)。

A. D 正偏, D_Z 反偏 B. D 反偏, D_Z 反偏

C. D 正偏, D_Z 正偏 D. D 反偏, D_Z 正偏

16. 用万用表 $R \times 1$ kΩ 电阻档测某一个二极管时,发现其正、反电阻均近于 1 000 kΩ,这说明该二极管(　　)。

A. 短路 B. 完好 C. 开路 D. 无法判断

二、判断题(正确的在括号画"√",错误的画"×")

1. 因为 N 型半导体的多子是自由电子,所以它带负电。(　　)

2. 二极管在工作电流大于最大整流电流 I_F 时会损坏。(　　)

3. 二极管在工作频率大于最高工作频率 f_M 时会损坏。(　　)

4. 二极管在反向电压超过最高反向工作电压 U_{RM} 时会损坏。（　）

5. PN 结在无光照、无外加电压时，结电流为零。（　）

6. 稳压管正常稳压时，应工作在正向导通区域。（　）

7. 如果在 N 型半导体中掺入足够量的三价元素，可将其改型为 P 型半导体。（　）

8. 二极管击穿后立即烧毁。（　）

9. 二极管在反向电压小于反向击穿电压时，反向电流极小；当反向电压大于反向击穿电压后，反向电流会迅速增大。（　）

10. 将一块 P 型半导体和一块 N 型半导体结合在一起便形成了 PN 结。（　）

11. 用万用表测某晶体二极管的正向电阻时，插在万用表标有"+"号插孔中的测试棒（通常是红色棒）所连接的二极管的管脚是二极管的正极，另一电极是负极。（　）

12. 普通二极管的正向伏安特性也具有稳压作用。（　）

13. 用指针式万用表测二极管的反向电阻时，黑表棒应接二极管的正极，红表棒应接二极管的负极。（　）

14. 在半导体内部，只有电子是载流子。（　）

15. 当温度升高时，二极管的反向漏电流增大，而二极管的正向压降减小。（　）

三、填空题

1. 当温度升高时，由于二极管内部少数载流子浓度________，因而少子漂移而形成的反向电流________，二极管反向伏安特性曲线________移。

2. 发光二极管能将________信号转换为________信号，它工作时需加________偏置电压。

3. PN 结在________时导通，________时截止，这种特性称为________。

4. 纯净的具有晶体结构的半导体称为________，采用一定的工艺掺杂后的半导体称为________。

5. 本征半导体掺入微量的五价元素，则形成________型半导体，其多子为________，少子为________。

6. 构成稳压管稳压电路时，与稳压管串接适当数值的________方能实现稳压。

7. 温度升高时，二极管的导通电压________，反向饱和电流________。

8. 二极管反向击穿分电击穿和热击穿两种情况，其中________是可逆的，而________会损坏二极管。

9. 二极管 P 区接电位________端，N 区接电位________端，称正向偏置，二极管导通；反之，称反向偏置，二极管截止，所以二极管具有________性。

10. 普通二极管工作时，通常要避免工作于________，而稳压管通常工作于________。

11. PN 结的内电场对载流子的扩散运动起________作用，对漂移运动起________作用。

12. 在 PN 结形成过程中，载流子扩散运动是________作用下产生的，漂移运动是________作用下产生的。

13. 发光二极管通以______就会发光。光电二极管的______随光照强度的增加而上升。

14. 光电二极管能将______信号转换为______信号，它工作时需加______偏置电压。

15. PN结正偏是指P区电位________N区电位。

16. 二极管按PN结面积大小的不同分为点接触型和面接触型，________型二极管适用于高频、小电流的场合，________型二极管适用于低频、大电流的场合。

17. 半导体中有________和________两种载流子参与导电，其中________带正电，而________带负电。

18. 硅管的导通电压比锗管的________，反向饱和电流比锗管的________。

19. 在本征半导体中掺入________价元素得N型半导体，掺入________价元素则得P型半导体。

20. 半导体稳压管的稳压功能是利用PN结的________特性来实现的。

四、计算分析题

1. 二极管电路如题图1.1所示，判断图中二极管是导通还是截止，并确定各电路的输出电压 U_o。设二极管的导通压降为0.7 V。

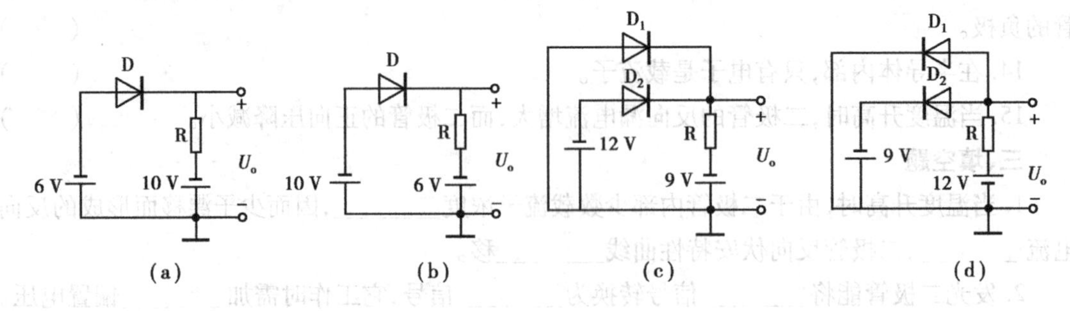

题图1.1

2. 二极管双向限幅电路如题图1.2所示，设 $u_i = 10\sin\omega t$ V，二极管为理想器件，试画出输出 u_i 和 u_o 的波形。

3. 电路如题图1.3(a)所示，其输入电压 u_{i1} 和 u_{i2}6 的6 波形如题图1.3(b)所示，设二极管导通电压可忽略。试画出输出电压 u_o 的波形，并标出幅值。

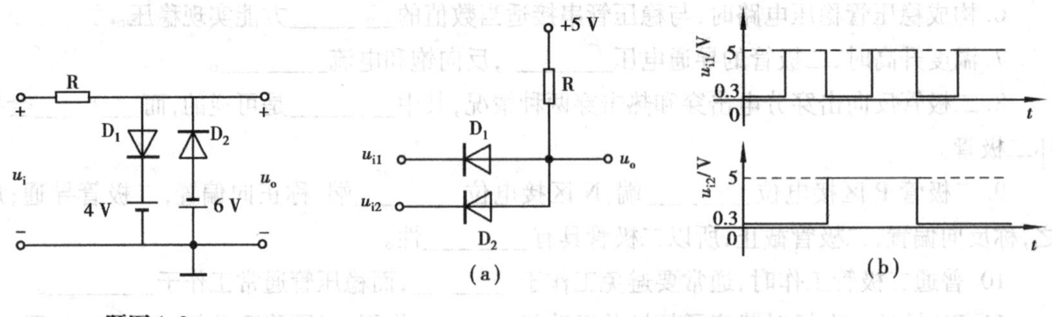

题图1.2 题图1.3

4. 电路如题图1.4所示，试估算流过二极管的电流和A点的电位。设二极管的正向压降为0.7 V。

5. 电路如题图1.5所示，试估算流过二极管的电流和A点的电位。设二极管的正向压降为0.7 V。

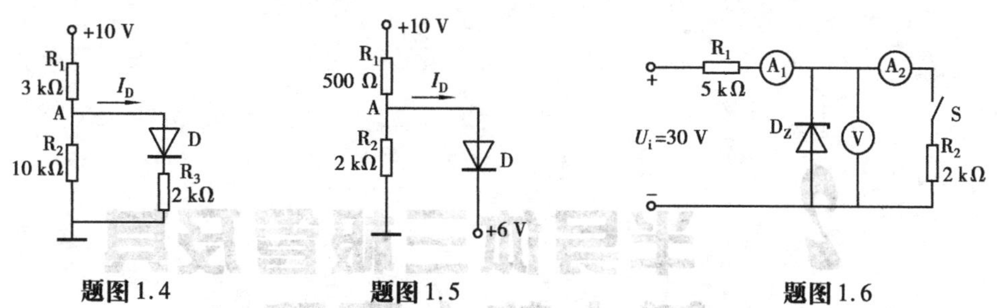

题图 1.4　　题图 1.5　　题图 1.6

6. 在题图 1.6 所示电路中，稳压管的稳定电压 U_Z = 12 V，图中电压表流过的电流忽略不计，试求：

①当开关 S 闭合时，电压表 V 和电流表 A_1、A_2 的读数分别为多少？

②当开关 S 断开时，电压表 V 和电流表 A_1、A_2 的读数分别为多少？

7. 电路如题图 1.7(a)、(b)所示，稳压管的稳定电压 U_Z = 4 V，R 的取值合适，u_I的波形如题图 1.7(c)所示。试分别画出 u_{o1} 和 u_{o2}的波形。

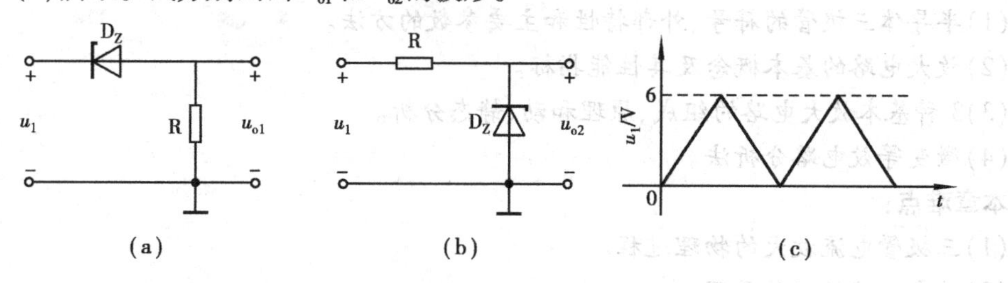

题图 1.7

2 半导体三极管及其基本放大电路

本章知识点：

(1)半导体三极管的符号、外部特性和主要参数的方法。

(2)放大电路的基本概念及其性能指标。

(3)3 种基本放大电路的组成、原理和动、静态分析。

(4)微变等效电路分析法。

本章难点：

(1)三极管电流放大的物理过程。

(2)放大电路的工作原理。

(3)共射、共集和共基三种基本放大电路的图解分析和动态性能指标估算。

学习要求：

(1)掌握半导体三极管的符号、主要特性和主要参数的方法。

(2)了解半导体三极管内部载流子运动的规律。

(3)了解放大器主要性能指标的定义。

(4)掌握共射和共集放大电路的组成、原理和动、静态分析。

(5)了解静态工作点稳定电路的改进和动、静态分析。

(6)掌握微变等效电路分析法求放大电路的动态性能指标。

(7)了解共基电路的分析。

2.1 半导体三极管

半导体三极管根据其结构和工作原理的不同，可以分为双极型和单极型两种。双极型半导体三极管(简称 BJT)，又称为双极型晶体三极管或三极管、晶体管等。之所以称为双极型管，是因为它由空穴和自由电子两种载流子参与导电。而单极型半导体三极管只有一种载流子导电。

2.1.1　三极管的结构、符号和分类

三极管的构成是在一块半导体上用掺入不同杂质的方法制成两个紧挨着的 PN 结,并引出 3 个电极。按 PN 结的组合方式不同,可将其分为 NPN 型管和 PNP 型管,如图 2.1(a)、(b)所示。因此,三极管有 3 个区:发射区——发射载流子的区域;基区——载流子传输的区域;集电区——收集载流子的区域。各区引出的电极依次为发射极(e 极)、基极(b 极)和集电极(c 极)。同时在 3 个区的两个交界处形成两个 PN 结,发射区与基区之间形成的 PN 结称为发射结,集电区与基区之间形成的 PN 结称为集电结。三极管的符号如图 2.1(a)、(b)所示,符号中的箭头方向也表示发射结正向偏置时的电流方向。

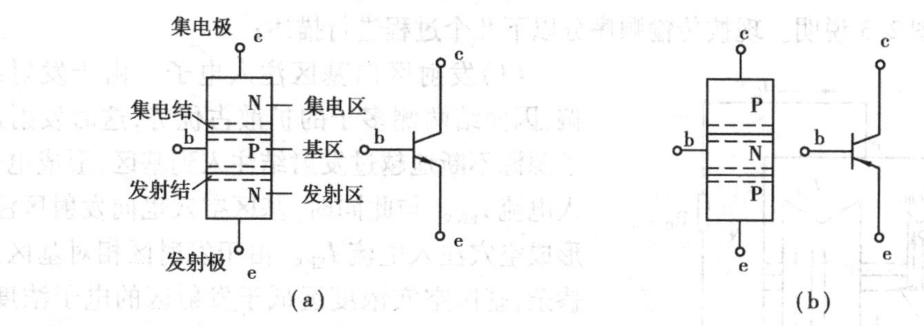

图 2.1　三极管的组成与符号

(a)NPN 型　(b)PNP 型

半导体三极管种类非常多。按照结构工艺分类,有 PNP 和 NPN 型;按照制造材料分类,有锗管和硅管;按照工作频率分类,有低频管和高频管。一般低频管用以处理频率在 3 MHz 以下的电路中,高频管的工作频率可以达到几百 MHz;按照允许耗散的功率大小分类,有小功率管和大功率管。一般小功率管的额定功耗在 1 W 以下,而大功率管的额定功耗可达几十瓦以上。

2.1.2　三极管的电流放大作用

1)三极管具有电流放大作用的条件

为使三极管具有电流放大作用,在制造过程中必须满足实现放大的内部结构条件,即:

①发射区掺杂浓度远大于基区的掺杂浓度,以便于有足够的载流子供“发射”。

②基区很薄,掺杂浓度很低,以减少载流子在基区的复合机会,这是三极管具有放大作用的关键所在。

③集电区比发射区体积大且掺杂少,以利于收集载流子。

三极管要实现放大作用还必须满足一定的外部条件:发射结加正向电压,集电结加反向电压。即发射结正偏,集电结反偏。如图 2.2 所示,其中 V 为三极管,V_{CC}为集电极电源电压,V_{BB}为基极电源电压,两类管子外部电路所接电源极性正好相反;R_B为基极电阻,R_C为集电极电阻。若以发射极电压为参考电压,则三极管发射结正偏。集电结反偏这个外部条件也可用电压关系来表示:对于 NPN 型,$U_C > U_B > U_E$;对于 PNP 型,$U_E > U_B > U_C$。

2)三极管内部载流子的运动

以 NPN 管为例,当晶体管处在发射结正偏、集电结反偏的放大状态下,三极管内载流子的

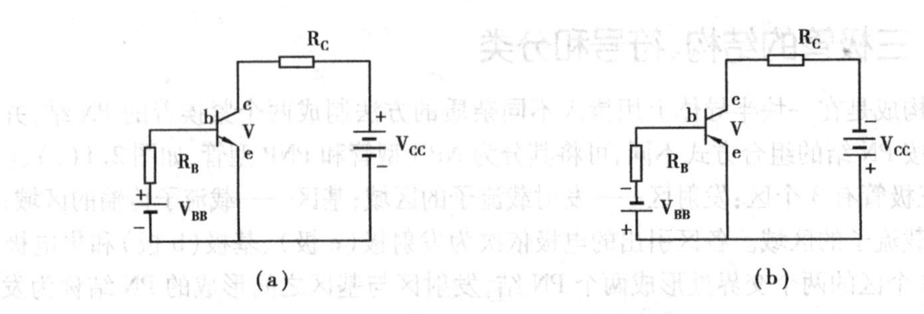

图 2.2 三极管电源的接法

(a) NPN 型 (b) PNP 型

运动情况可用图 2.3 说明。现按传输顺序分以下几个过程进行描述：

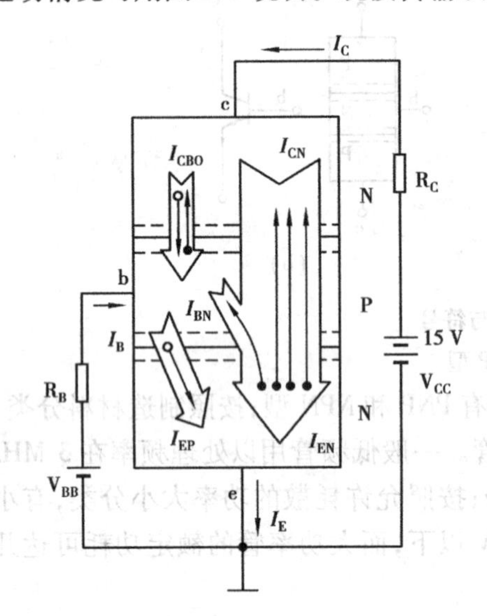

图 2.3 三极管内部载流子的运动情况

(1)发射区向基区注入电子 由于发射结正偏，因而结两侧多子的扩散占优势，这时发射区电子源源不断地越过发射结注入到基区，形成电子注入电流 I_{EN}。与此同时，基区空穴也向发射区注入，形成空穴注入电流 I_{EP}。由于发射区相对基区是重掺杂，基区空穴浓度远低于发射区的电子浓度，满足 $I_{EP} \ll I_{EN}$，因此，发射极电流 $I_E \approx I_{EN}$，其方向与电子注入方向相反。

(2)电子在基区的扩散与复合 注入基区的电子，成为基区中的少子，它在发射结处浓度最大，而在集电结处浓度最小(因集电结反偏，电子浓度近似为零)。因此，在基区中形成了电子的浓度差，在该浓度差作用下，注入基区的电子将继续向集电结扩散。在扩散过程中，扩散电子会与基区中的空穴相遇，使部分电子因复合而失去。但由于基区很薄且空穴浓度又低，所以被复合的电子数极少，而绝大部分电子都能扩散到集电结边沿。基区中与电子复合的空穴由基极电源提供，形成基区复合电流 I_{BN}，它是基极电流 I_B 的主要部分。

(3)扩散到集电结的电子被集电区收集 由于集电结反偏，在结内形成了较强的电场，因而，使扩散到集电结边沿的电子在该电场作用下漂移到集电区，形成集电区的收集电流 I_{CN}。该电流是构成集电极电流 I_C 的主要部分。另外，集电区和基区的少子在集电结反向电压作用下，向对方漂移形成集电结反向饱和电流 I_{CBO}，并流过集电极和基极支路，构成 I_C、I_B 的另一部分电流。

3)电流分配关系及电流放大作用

由以上分析可知，晶体管 3 个电极上的电流与内部载流子传输形成的电流之间有如下关系：

$$\begin{cases} I_C = I_{CN} + I_{CBO} \\ I_B = I_{BN} - I_{CBO} \\ I_E = I_{CN} + I_{BN} \end{cases} \tag{2.1}$$

由式(2.1)可得

$$I_E = I_B + I_C \tag{2.2}$$

式(2.7)表明,在发射结正偏、集电结反偏的条件下,三极管3个电极上的电流不是孤立的,它们能够反映发射的载流子在基区扩散与复合的比例关系。这一比例关系主要由基区宽度、掺杂浓度等因素决定,管子做好后,这一比例关系就基本确定了;反之,一旦知道了这个比例关系,就不难得到三极管3个电极电流之间的关系,从而为定量分析三极管电路提供方便。

为了反映扩散到集电区的电流 I_{CN} 与基区复合电流 I_{BN} 之间的比例关系,定义共发射极直流电流放大系数为:

$$\bar{\beta} = \frac{I_{CN}}{I_{BN}} = \frac{I_C - I_{CBO}}{I_B + I_{CBO}} \tag{2.3}$$

其含义是:基区每复合一个电子,则有 $\bar{\beta}$ 个电子扩散到集电区去。$\bar{\beta}$ 值一般在20~200。

确定了 $\bar{\beta}$ 值之后,因式(2.1)、式(2.3)中 I_{CBO} 的集电结反向饱和电流很小,在忽略其影响时,则有式(2.4),该式是今后电路分析中常用的关系式。

$$\begin{aligned} I_C &= \bar{\beta} I_B \\ I_E &\approx (1 + \bar{\beta}) I_B \end{aligned} \tag{2.4}$$

把集电极电流的变化量与基极电流的变化量之比,定义为三极管的共发射极交流电流放大系数 β,其表达式为:

$$\beta = \frac{\Delta I_C}{\Delta I_B} \tag{2.5}$$

通常取 $\beta \approx \bar{\beta}$。

由以上分析可知,集电极电流 I_C 主要来源于发射极电流 I_E(I_C 受 I_E 控制),而同集电极外电路几乎无关,只要加到集电结上的反向电压能够把从基区扩散到集电结附近的电子吸引到集电区即可。这就是三极管的电流控制作用,三极管的电流放大作用也是以此为基础的。

2.1.3 三极管的特性曲线

三极管的特性曲线是指各极电压与电流之间的关系曲线,它是三极管内部载流子运动的外部表现。从使用角度来看,外部特性显得更为重要。由于三极管有3个电极,它的伏安特性曲线比二极管更复杂一些,工程上常用到的是它的输入特性和输出特性。由于三极管的共射接法应用最广,故常以NPN管共射接法为例来分析三极管的特性曲线。可以用图2.4所示电路逐点测出输入特性和输出特性。

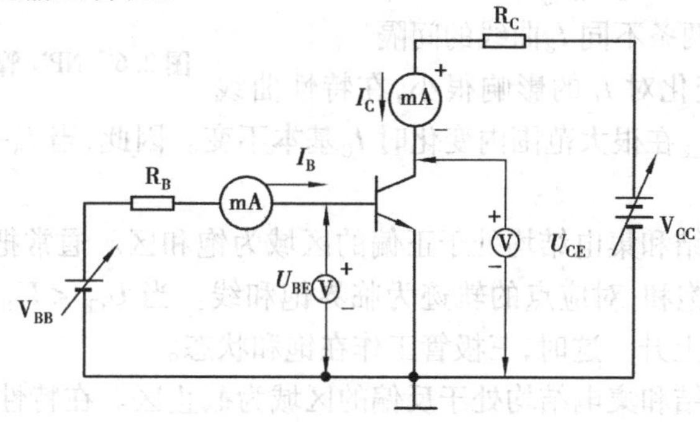

图2.4 三极管特性曲线的测试电路

1）共发射极输入特性曲线

共发射极输入特性测量电路如图2.4所示。共射输入特性曲线是以U_{CE}为参变量时，I_B与U_{BE}间的关系曲线，即

$$i_B = f(u_{BE})\,U_{CE=常数}$$

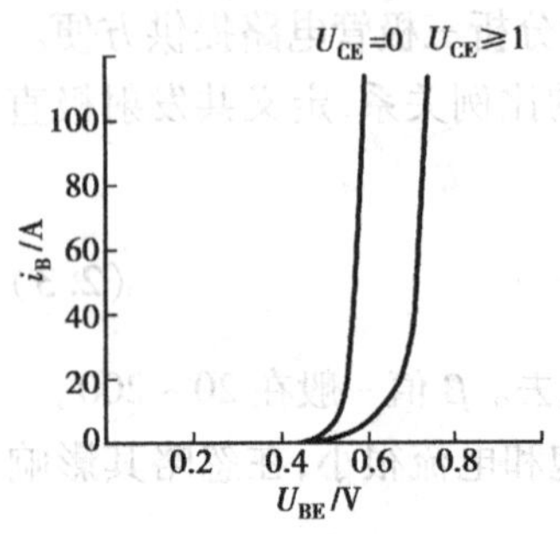

图2.5 三极管的输入特性曲线

典型的共发射极输入特性曲线如图2.5所示。

由图2.5可知：

①当$U_{CE}=0$时，从输入端看进去，相当于两个PN结并联且正向偏置，此时的特性曲线类似于二极管的正向伏安特性曲线。

②当$U_{CE}\geqslant1$ V时，从图中可见，$U_{CE}\geqslant1$ V的曲线比$U_{CE}=0$ V时的曲线稍向右移，不同的U_{CE}有不同的输入特性曲线，但当$U_{CE}>1$ V以后，曲线基本保持不变。图中还说明，三极管发射结也有一个导通电压，对于硅管约为0.6～0.7 V，锗管约为0.2 ～0.3 V。

2）共发射极输出特性曲线

由测量电路图2.4中的输出回路可写出三极管输出特性的函数式。共射输出特性曲线是以I_B为参变量时，I_C与U_{CE}间的关系曲线，即

$$I_C = f(U_{CE})_{I_B=常数}$$

固定一个I_B值，可得到一条输出特性曲线；改变I_B值，可得到一族输出特性曲线。典型的共射输出特性曲线如图2.6所示。由图可见，输出特性可以划分为3个区域，对应于3种工作状态。

现对这3个区域分别讨论如下：

（1）放大区　发射结正偏、集电结反偏时的工作区域为放大区。由图2.6可以看出，在放大区有以下两个特点：

基极电流I_B对集电极电流I_C有很强的控制作用，即I_B有很小的变化量ΔI_B时，I_C就会有很大的变化量ΔI_C。为此，可用共发射极交流电流放大系数β来表示这种控制能力。

$$\beta = \left.\frac{\Delta I_C}{\Delta I_B}\right|_{\Delta U_{BE}=0}$$

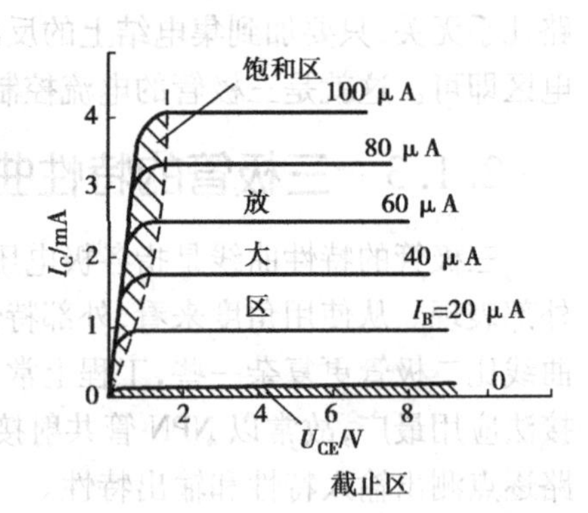

图2.6 NPN管共发射极输出特性曲线

反映在特性曲线上，为两条不同I_B曲线的间隔。

另一方面，U_{CE}的变化对I_C的影响很小，在特性曲线上表现为，I_B一定，而U_{CE}在很大范围内变化时I_C基本不变。因此，当I_B一定时，集电极电流具有恒流特性。

（2）饱和区　发射结和集电结均处于正偏的区域为饱和区。通常把$U_{CE}=U_{BE}$（即集电结零偏）的情况称为临界饱和，对应点的轨迹为临界饱和线。当$U_{CE}<U_{BE}$时，I_C与I_B不成比例，它随U_{CE}的增加而迅速上升。这时，三极管工作在饱和状态。

（3）截止区　发射结和集电结均处于反偏的区域为截止区。在特性曲线上，通常把$I_B=0$以下的区域称为截止区。当$I_B=0$时，$I_C=I_{CEO}$，由于穿透电流I_{CEO}很小，输出特性曲线是一条

几乎与横轴重合的直线。

综上所述，对于 NPN 型三极管，工作于放大区时，$U_C > U_B > U_E$；工作于截止区时，$U_C > U_E > U_B$；工作于饱和区时，$U_B > U_C > U_E$。

2.1.4 三极管的主要参数及其温度影响

三极管的参数是表征管子性能和安全应用范围的物理量，是正确使用和合理选择三极管的依据。三极管的参数较多，这里只介绍主要的几个。

1）电流放大系数

电流放大系数的大小反映了三极管放大能力的强弱。

（1）共发射极交流电流放大系数 β β 指集电极电流变化量与基极电流变化量之比，其大小体现了共射接法时，三极管的放大能力。即

$$\beta = \left.\frac{\Delta I_C}{\Delta I_B}\right|_{U_{CE}=\text{常数}}$$

（2）共发射极直流电流放大系数 $\bar{\beta}$ $\bar{\beta}$ 为三极管集电极电流与基极电流之比，即

$$\bar{\beta} = \frac{I_C}{I_B}$$

因 $\bar{\beta}$ 与 β 的值几乎相等，故在应用中不再区分，均用 β 表示。

2）极间反向电流

（1）集电极-基极间的反向电流 I_{CBO} I_{CBO} 是指发射极开路时，集电极-基极间的反向电流，也称集电结反向饱和电流。温度升高时，I_{CBO} 急剧增大，温度每升高 10 ℃，I_{CBO} 增大一倍。选管时，应选 I_{CBO} 小且 I_{CBO} 受温度影响小的三极管。

（2）集电极-发射极间的反向电流 I_{CEO} I_{CEO} 是指基极开路时，集电极-发射极间的反向电流，也称集电结穿透电流。它反映了三极管的稳定性，其值越小，受温度影响也越小，三极管的工作就越稳定。

3）极限参数

三极管的极限参数是指在使用时不得超过的极限值，以此保证三极管的安全工作。

（1）集电极最大允许电流 I_{CM} 集电极电流 I_C 过大时，β 将明显下降，I_{CM} 为 β 下降到规定允许值（一般为额定值的 1/2 ~ 2/3）时的集电极电流。使用中，若 $I_C > I_{CM}$，三极管不一定会损坏，但 β 明显下降。

（2）集电极最大允许功率损耗 P_{CM} 管子工作时，U_{CE} 的大部分降在集电结上，因此集电极功率损耗 $P_C = U_{CE}I_C$，近似为集电结功耗，它将使集电结温度升高而使三极管发热致使管子损坏。工作时的 P_C 必须小于 P_{CM}。

（3）反向击穿电压 $U_{(BR)CEO}$、$U_{(BR)CBO}$、$U_{(BR)EBO}$ $U_{(BR)CEO}$ 为基极开路时集电结不致击穿，施加在集电极-发射极之间允许的最高反向电压；$U_{(BR)CBO}$ 为发射极开路时集电结不致击穿，施加在集电极-基极之间允许的最高反向电压；$U_{(BR)EBO}$ 为集电极开路时发射结不致击穿，施加在发射极-基极之间允许的最高反向电压。

它们之间的关系为 $U_{(BR)CEO} > U_{(BR)CBO} > U_{(BR)EBO}$。通常 $U_{(BR)CEO}$ 为几十伏，$U_{(BR)EBO}$ 为数伏到几十伏。

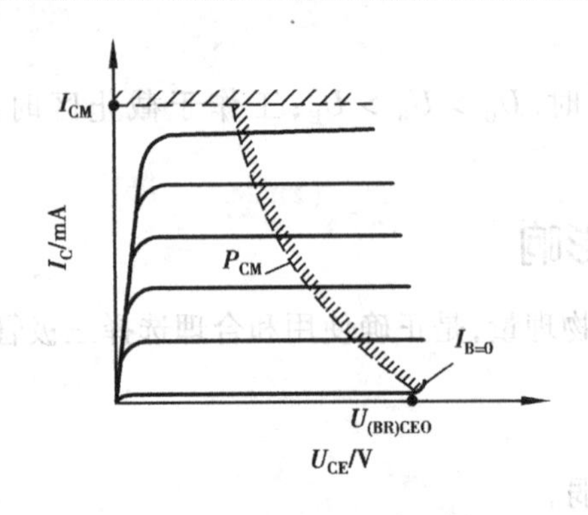

图 2.7 三极管的安全工作区

根据 3 个极限参数 I_{CM}、P_{CM}、$U_{(BR)CEO}$可以确定三极管的安全工作区,如图 2.7 所示。三极管工作时,必须保证工作在安全区内,并留有一定的余量。

4) 温度对三极管的特性与参数的影响

(1) 温度对 U_{BE}的影响　三极管的输入特性曲线与二极管的正向特性曲线相似,温度升高,曲线左移,如图 2.8(a)所示。在 i_B相同的条件下,输入特性随温度升高而左移,使 U_{BE}减小。温度每升高 1 ℃,U_{BE}就减小 2 ~2.5 mV。

(2) 温度对 I_{CBO}的影响　I_{CBO}是由少数载流子形成的。当温度上升时,少数载流子增加,故 I_{CBO}也上升。其变化规律是,温度每上升 10 ℃,I_{CBO}约上升 1 倍。I_{CEO}随温度变化规律大致与 I_{CBO}相同。在输出特性曲线上,温度上升,曲线上移,如图2.8(b)所示。

(3) 温度对 β 的影响　温度升高,输出特性各条曲线之间的间隔增大,如图 2.8(b)所示,温度每升高 1 ℃,β 约增大 0.5% ~1%。

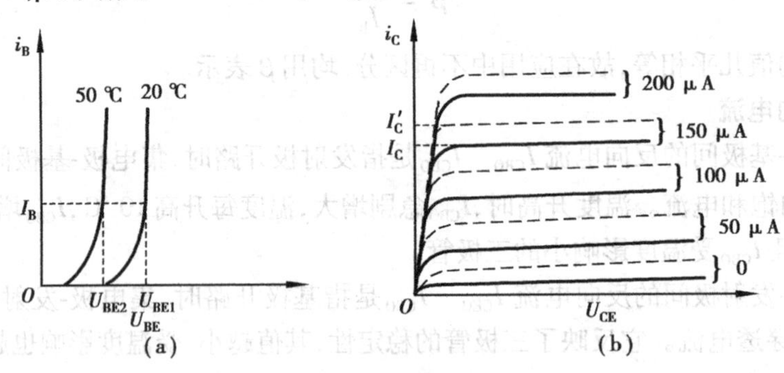

图 2.8 温度对三极管特性的影响

(a) 温度对输入特性的影响　(b) 温度对输出特性的影响

综上所述,温度对 U_{BE}、I_{CBO}、β 的影响, 均将使 I_C随温度上升而增加, 这将严重影响三极管的工作状态。

复习与讨论题

(1) 若把三极管的集电极和发射极对调使用,三极管会损坏吗? 为什么?

(2) 试说明三极管输入和输出特性的主要特点。

(3) 温度对三极管的特性有何影响?

2.2 放大电路基础

三极管的一个基本应用就是构成放大电路。放大器在电子技术中有着广泛的应用,是现代通信、自动控制、电子测量、生物电子等设备中不可缺少的组成部分。所谓放大,是在保持信号不失真的前提下，使其由小变大、由弱变强。放大器涉及的问题很多，这些问题将在后续章节中逐一讨论。本节主要说明小信号放大电路的基本概念及组成原理，简要介绍放大电路的性能指标。

2.2.1　放大电路的基本概念

基本放大电路是放大电路中最基本的结构，是构成复杂放大电路的基本单元。它利用半导体三极管输入电流控制输出电流的特性，实现信号的放大。放大电路的结构示意图见图2.9。左边是输入端，外接信号源，u_i、i_i分别为输入电压和输入电流；右边是输出端，外接负载，u_o、i_o分别为输出电压和输出电流。其中，信号源提供放大电路的输入信号，它具有一定的内阻；放大电路由三极管、场效应管、集成电路等具有放大作用的有源器件组成，它能将输入信号进行放大，得到输出信号；负载接在放大电路的输出端，是耗能器件，如扬声器等，大多数情况下可以等效为一个电阻。放大电路从表面上看是将小信号变为大信号，实质上，放大的过程是实现能量转换的过程。

常见的音响放大器就是一个典型的放大电路，其示意图如图2.10所示。

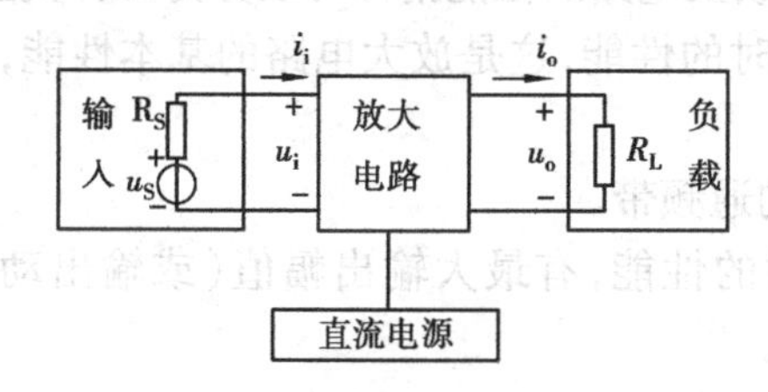

图2.9　放大电路的结构示意图

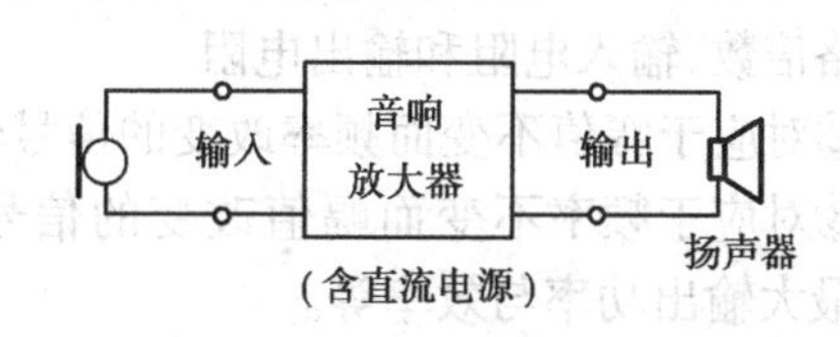

图2.10　音响放大器示意图

其中，传声器（话筒）是一个声-电转换器件，它把声波转换成微弱的电信号，并作为音响放大器的输入信号；该信号经过音响放大器中放大电路的放大，在其输出端得到很强的电信号；扬声器（喇叭）是一个电-声转换器件，它接在音响放大器的输出端，把放大后的电信号还原为较强的声波。此外，放大电路都需要直流电源，以提供电路所需要的能量。

最基本的放大电路可以由三极管构成，三极管有3个电极，因此三极管对小信号实现放大作用时在电路中可有3种不同的连接方式（或称3种组态），即共（发）射极接法、共集电极接法和共基极接法。这3种接法分别以发射极、集电极、基极作为输入回路和输出回路的公共端，而构成不同的放大电路。如图2.11所示（以NPN管为例）。

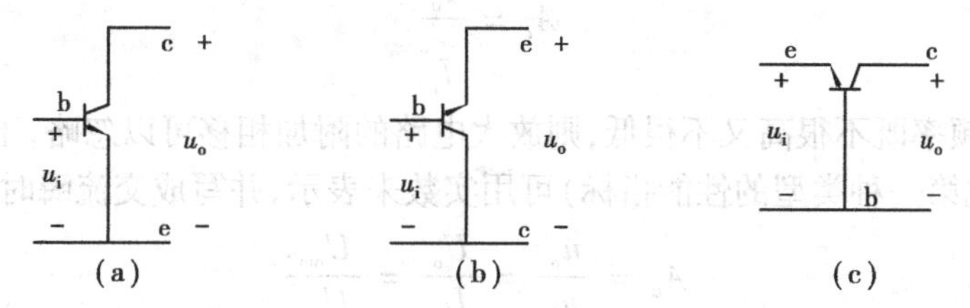

图2.11　放大电路中三极管的3种连接方法

(a)共(发)射极电路　(b)共集电极电路　(c)共基极电路

这3种放大电路具有以下特点：

①放大微弱信号，输出电压或电流在幅度上得到了放大，输出信号的能量得到了加强。

②输出信号的能量实际上是由直流电源提供的，只是经过三极管的控制，使之转换成信号能量，提供给负载。

2.2.2 放大电路的主要性能指标

放大电路的性能指标是为了衡量它的性能优劣而引入的。这里仍以音响放大器为例来说明。首先，希望输出幅度和功率大一些，即要求放大电路输出信号的幅度和功率都要比输入信号的幅度大；其次，希望音响放大器输出的声音信号不走调，即输出信号的波形与输入信号的波形一致，这就叫不失真，而如果二者的波形存在差异，则输出信号就产生了失真；此外，还有最大能输出多少功率等。这些都是衡量放大电路性能的指标。

放大器的性能指标可以通过测试得到。应当指出，实际待放大的输入信号一般来说都是很复杂的，不便于测量和比较。为了分析和测试的方便，输入信号一般采用正弦信号（纯交流信号）作为标准测试信号。

由于测试用的正弦信号有两个主要参数，一个是幅值，另一个是频率。因此，通过这两个参数的配合，可以定出放大电路的主要性能指标。放大电路的性能指标可以分为3种类型：

①对应于一个幅值已定、频率已定的信号输入时的性能，这是放大电路的基本性能，有放大电路倍数、输入电阻和输出电阻。

②对应于幅值不变而频率改变的信号输入时的通频带。

③对应于频率不变而幅值改变的信号输入时的性能，有最大输出幅值（或输出动态范围）、最大输出功率与效率等。

1）放大倍数

放大倍数是衡量放大电路放大能力的指标，它定义为输出信号与输入信号的比值。由于信号有电压和电流两种形式，所以放大倍数（增益）也有电压放大倍数和电流放大倍数两种常用形式。

电压放大倍数：

$$\dot{A}_u = \frac{\dot{U}_o}{\dot{U}_i} \tag{2.6}$$

电流放大倍数：

$$\dot{A}_i = \frac{\dot{I}_o}{\dot{I}_i} \tag{2.7}$$

如果信号的频率既不很高又不很低，则放大电路的附加相移可以忽略，于是上述两种放大倍数（也包括其他第一种类型的性能指标）可用实数来表示，并写成交流瞬时值或幅值之比：

$$A_u = \frac{u_o}{u_i} = \frac{U_o}{U_i} = \frac{U_{om}}{U_{im}} \tag{2.8}$$

$$A_i = \frac{i_o}{i_i} = \frac{I_o}{I_i} = \frac{I_{om}}{I_{im}} \tag{2.9}$$

其中以电压放大倍数A_u用得最多，它表示电路对电压信号的放大能力。一般信号源总是存在一定的内阻R_S，所以放大器的实际输入电压U_i必然小于U_s，不难得到源电压放大倍数A_{us}亦小

于 A_u。

$$A_{us} = \frac{R_i}{R_i + R_s} A_u \tag{2.10}$$

2）输入电阻 R_i

输入电阻 R_i就是向放大电路的输入端看进去的等效电阻。由于放大电路与信号源相接时，输入电压为 u_i，输入电流为 i_i，故对于信号源而言，放大电路的输入端就相当于一个负载电阻，即输入电阻 R_i：

$$R_i = \frac{u_i}{i_i} = \frac{U_i}{I_i} \tag{2.11}$$

3）输出电阻 R_o

输出电阻 R_o就是向放大电路的输出端看进去的等效电阻。对于负载电阻 R_L来说，放大电路的输出就是 R_L的信号源。根据戴维南定理可知，输出电阻 R_o的定义式为：

$$R_o = \left.\frac{u_o}{i_o}\right|_{U_i=0、R_L\to\infty} = \left.\frac{U_o}{I_o}\right|_{U_i=0、R_L\to\infty} \tag{2.12}$$

显然，从输出端看放大电路，它相当于一个带内阻的电压源，这个内阻就是放大电路的输出电阻 R_o，放大电路的开路输出电压 u'_o就是电压源的源电压。R_o越小，接上负载 R_L后输出电压下降越小，说明放大电路带负载能力强。因此，输出电阻反映了放大电路带负载能力的强弱。

4）通频带 f_{BW}

由于放大电路中不可避免地存在电抗元件（如耦合电容或结电容等），因此，当改变输入信号的频率时，放大电路的放大倍数会发生变化，输出波形的相位也会发生变化。一般情况下，放大电路只适用于放大一个特定频率范围的信号，当信号频率太高或太低时，放大倍数都大幅度下降，如图 2.12 所示。

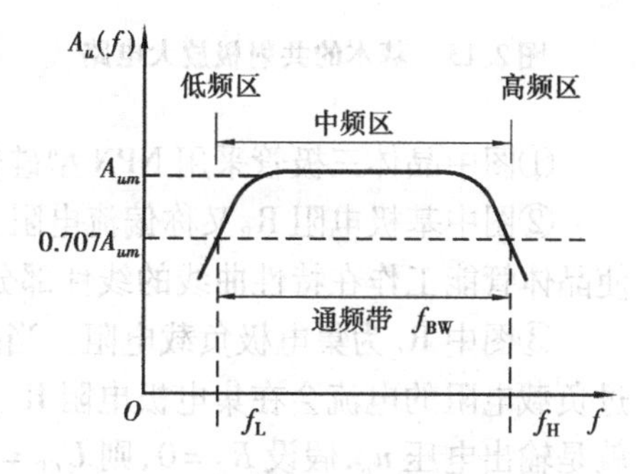

图 2.12 放大电路的频率响应特性

当信号频率 f 升高使电压放大倍数的模 $|\dot{A}_u|$下降为中频时电压放大倍数的模 $|\dot{A}_{um}|$的 $1/\sqrt{2}$（约等于 0.7）倍时，这个频率称为上限截止频率，用 f_H 表示。同样，使电压放大倍数的模 $|\dot{A}_u|$下降为 $|\dot{A}_{um}|$的 $1/\sqrt{2}$倍的低频信号频率称为下限截止频率，用 f_L表示。将 f_H与 f_L之间形成的频带称为通频带或带宽，用 f_{Bw}表示，即

$$f_{Bw} = f_H - f_L \tag{2.13}$$

显然，通频带越宽，表明放大电路对信号频率的适应能力越强。对于音响放大器来说，通频带宽意味着可以将原乐曲中丰富的高、低音都能完美地表现出来。当然，通频带也不是越宽越好，能满足要求即可。

复习与讨论题

（1）如何理解放大的过程是实现能量转换的过程？

(2)放大电路的主要性能指标有哪几类？包括哪些指标？

(3)通过实践,掌握放大电路电压放大倍数、输入电阻及输出电阻的测量方法。

2.3 共射基本放大电路

基本放大器通常是指由一个晶体管构成的单级放大器。根据输入、输出回路公共端所接的电极不同,有共射极、共集电极和共基极 3 种基本(组态)放大器。下面先介绍常用的共射极基本放大电路的一般组成及原理。

2.3.1 电路组成、各元器件名称和作用

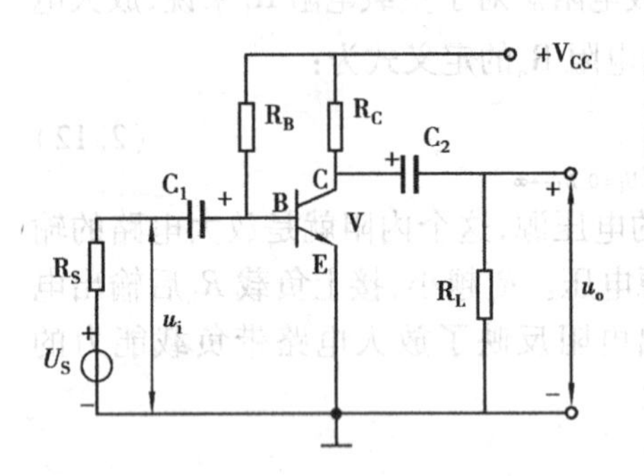

图 2.13 基本的共射极放大电路

共射极放大电路如图 2.13 所示。图中采用固定偏流电路将晶体管偏置在放大状态,V_{CC}为直流电源,R_B为基极偏置电阻,R_C为集电极负载电阻。输入信号通过电容C_1加到基极输入端,放大后的信号经电容C_2由集电极输出给负载R_L。因为放大器的分析通常采用稳态法,所以一般情况下是以正弦波作为放大器的基本输入信号,图中用内阻为R_S的正弦电压源U_S为放大器提供输入电压u_i。电容C_1、C_2称为隔直电容或耦合电容,按这种方式连接的放大器,通常称为阻容耦合放大器。

下面分析基本放大电路中各元件的作用:

①图中晶体三极管采用 NPN 型硅管,是放大电路的核心,具有电流放大作用,使$I_C=\beta I_B$。

②图中基极电阻R_B又称偏流电阻,它和电源V_{CC}一起给基极提供一个合适的基极直流I_B,使晶体管能工作在特性曲线的线性部分。

③图中R_C为集电极负载电阻。当晶体管的集电极电流受基极电流控制而发生变化时,流过负载电阻的电流会在集电极电阻R_C上产生电压变化,从而引起U_{CE}的变化,这个变化的电压就是输出电压u_o,假设$R_C=0$,则$U_{CE}=V_{CC}$,当I_C变化时,U_{CE}无法变化,因而就没有交流电压传送给负载R_L。

④图中耦合电容C_1、C_2起到一个"隔直导交"的作用,它把信号源与放大电路之间、放大电路与负载之间的直流隔开。在图 2.13 所示电路中,C_1的左边、C_2的右边只有交流而无直流,中间部分为交直流共存。耦合电容一般多采用电解电容器。在使用时,应注意它的极性与加在它两端的工作电压极性相一致,正极接高电位,负极接低电位。

2.3.2 工作原理

任何放大电路都是由两大部分组成的。一是直流通路,其作用是为三极管处在放大状态提供发射结正向偏压和集电结反向偏压,即为静态工作情况;二是交流通路,其作用是把交流信号输入放大后输出,由具有"隔直通交"功能的电容器和变压器等元件完成。

1)直流通路

当$u_i=0$时,放大电路中没有交流信号,只有直流成分,称为静态工作状态,可用直流通路

进行分析。如图2.14(a)所示,这时耦合电容C_1、C_2视为开路即可,其中基极电流I_B,集电极电流I_C及集电极、发射极间电压U_{CE}等直流成分,可用I_{BQ}、I_{CQ}、U_{CEQ}表示。它们在三极管特性曲线上可确定一个点,称为静态工作点,用Q表示,如图2.14(b)所示。

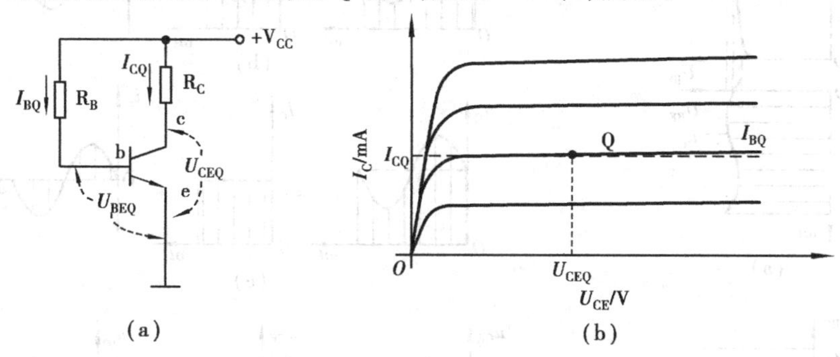

图2.14　静态工作情况

(a)直流通路　(b)静态工作点示意图

2)交流通路

输入端加上正弦交流信号电压u_i时,放大电路的工作状态称为动态。这时电路中既有直流成分,亦有交流成分,各极的电流和电压都是在静态值的基础上再叠加交流分量。

在分析电路动态性能时,一般只关心电路中的交流成分,这时用交流通路来研究交流量及放大电路的动态性能。所谓交流通路,就是交流电流流通的途径,在画法上遵循两条原则:

①将原理图中的耦合电容C_1、C_2视为短路。

②电源V_{CC}的内阻很小,对交流信号视为短路。如图2.15所示。

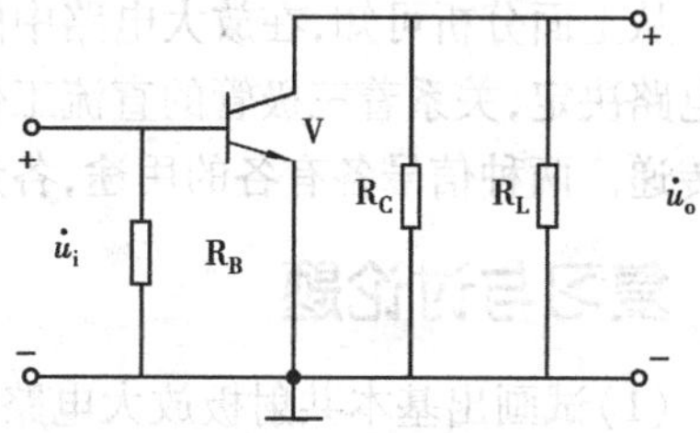

图2.15　放大电路的交流通路图

3)放大原理分析

在图2.13所示的共射放大电路中,由于设计了静态工作点,三极管便具有了直流量I_B、I_C、U_{CE}。当三极管基极加入交流信号u_i时,就在基极上产生了信号电流i_b,它叠加在直流I_B之上,如图2.16(a)、(b)所示。设计时,取$I_B > i_b$,则总的基极电流i_B始终是单方向,只有大小变化,没有正负极性变化。

由于$i_c = \beta i_b$,i_c跟随i_b变化,实际上集电极总电流i_C也是两个电流的合成:一个是直流工作电流$I_C(I_C = \beta I_B)$,另一个是交流电流$i_c(i_c = \beta i_b)$即$i_C = I_C + i_c$,如图2.16(c)所示。

同理,三极管C-E间的电压u_{CE}也是由交直流两部分组成的,如图2.16(d)、(e)所示。当集电极电流I_C的瞬时值增加时,集电极R_C两端的电压降也随之增加,所以三极管的管压降u_{CE}的瞬时值反而减小;相反,当i_C瞬时值减小时,u_{CE}的瞬时值将增加。可见,从相位上来看,i_C和u_{CE}之间正好相差180°,即相位相反。

最后,u_{CE}的变化分量u_{ce}经耦合电容C_2传送到输出端,成为放大后的输出交流电压u_O,而u_{CE}的直流分量被电容C_2隔离,如图2.16(e)。从图中看到,输出电压$u_O = u_{ce}$和输入电压u_i是同频率正弦交流电压,但幅度放大了许多倍,同时两者的相位恰好相反。

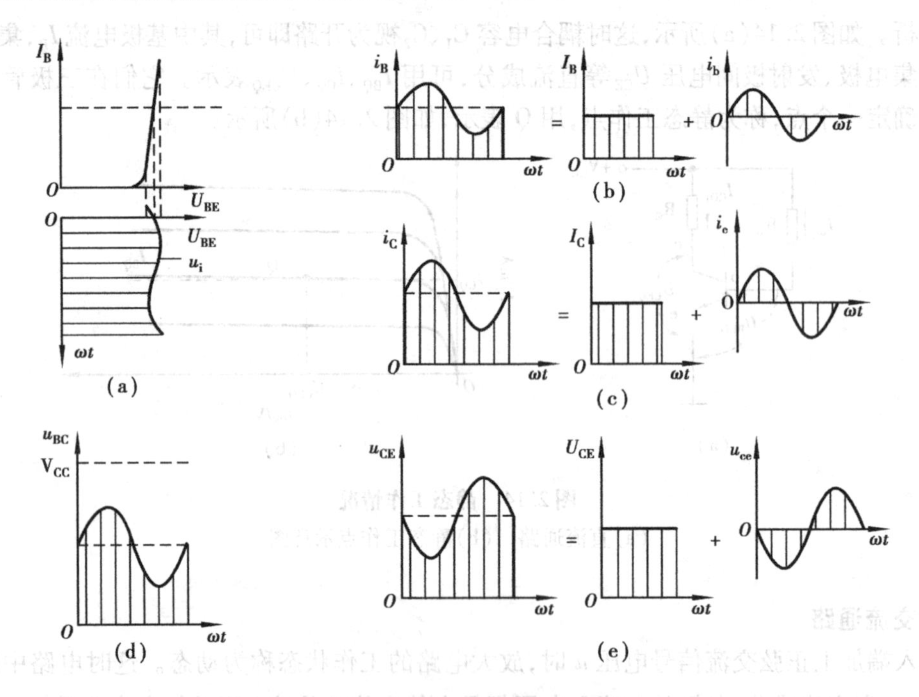

图 2.16 放大电路的各极间波形

从上面分析可知，在放大电路中同时存在直流分量和交流分量两种成分，直流量由直流偏置电路决定，关系着三极管的直流工作状态；交流量代表着交流信号的变化情况，沿着交流通路传递。两种信号各有各的用途，各走各的等效通路，不可混为一谈。

复习与讨论题

(1)试画出基本共射极放大电路的电路图，并指出图中各元件的作用。

(2)共发射极放大器中集电极电阻 R_C起的作用是什么？

(3)简述基本共射极放大电路是如何对输入信号进行放大的。

2.4 放大电路的分析方法

放大电路的分析主要有两个方面：一是分析放大电路的直流工作状态，计算放大电路中三极管的偏置电压和电流(U_{BE}、I_B、I_C和 U_{CE})值，并判断三极管是否工作在放大状态。I_B、I_C和 U_{CE}在三极管特性曲线上可确定一个点，称为静态工作点，通常用 Q 表示，因此也称为静态分析；二是分析放大电路的交流性能指标，计算 U_{omax}、A_u、R_i、R_o等指标，通常被称为动态分析。

2.4.1 共射基本放大电路的静态分析

1)共射基本放大电路静态工作点估算方法

共射基本放大电路的静态分析，是指根据直流通路求解电压和电流(U_{BEQ}、I_{BQ}、I_{CQ}和 U_{CEQ})与元件参数(R_B、R_C、V_{CC}、β 等)之间的关系。可以由已知元件参数求解。

如图 2.14(a)所示直流偏置电路中，直流通路有两个回路，一是由电源—基极—发射极组成,此回路的U_{BEQ}通常为已知值(硅管取0.6~0.7 V、锗管取0.2~0.3 V);另一个回路由电源—集电极—发射极组成,此回路的U_{CEQ}及I_{CQ}均为未知数,通常从第一个回路开始求解。

在图2.13电路中,取$U_{BE}=0.6$ V,已知$V_{CC}=20$ V、$R_B=470$ kΩ、$R_C=6$ kΩ、$\beta=50$。求I_{BQ}、I_{CQ}和U_{CEQ}。

解:(1)求I_{BQ}

由V_{CC}—R_B—基极—发射极—地组成的回路可得

$$I_{BQ}R_B + U_{BEQ} = V_{CC} \tag{2.14}$$

故

$$I_{BQ} = \frac{V_{CC} - U_{BEQ}}{R_B} \approx \frac{V_{CC}}{R_B} = \frac{20\ \text{V}}{470\ \text{k}\Omega} = 43\ \mu\text{A}$$

(2)求I_C

$$I_{CQ} = \beta I_{BQ} = 50 \times 43\ \mu\text{A} = 2.15\ \text{mA}$$

(3)求U_{CE}

由V_{CC}—R_C—集电极—射极—地组成的回路可得

$$I_{CQ}R_C + U_{CEQ} = V_{CC} \tag{2.15}$$

$$U_{CEQ} = V_{CC} - I_{CQ}R_C = 20\ \text{V} - 2.15\ \text{mA} \times 6\ \text{k}\Omega = 7.1\ \text{V}$$

故可求得该电路的$I_{BQ}=43\ \mu$A、$I_{CQ}=2.15$ mA及$U_{CEQ}=7.1$ V。

2)共射基本放大电路静态工作点图解法

也可在三极管的特性曲线上直接用作图的方法来确定静态工作点及分析放大电路的工作情况,这种分析方法称为特性曲线图解法,简称图解法。图解法既可作静态分析,也可作动态分析。下面仍以图2.13所示电路为例介绍静态工作点图解法。在分析静态值时,只需研究直流通路,图2.13所示放大电路的直流通路如图2.17(a)所示。设图2.13中各元件参数值分别为:$V_{CC}=12$ V、$R_B=300$ kΩ、$R_C=4$ kΩ、$R_L=4$ kΩ。用图解法分析电路的步骤如下:

对于输入回路,根据公式(2.14),基极偏流I_B可由简单计算求得:

$$I_{BQ} = \frac{V_{CC} - U_{BEQ}}{R_B} \approx \frac{V_{CC}}{R_B} = \frac{12\ \text{V}}{300\ \text{k}\Omega} = 40\ \mu\text{A}$$

由于$I_B=40\ \mu$A,因此在伏安特性曲线中就是对应于$i_B=I_B=40\ \mu$A的那一条输出特性曲线,如图2.17(b)所示。

对于输出回路,可列出如下方程:

$$U_{CEQ} = V_{CC} - I_{CQ}R_C$$

上式表示i_C与u_{CE}的关系为平面内的一条直线,该直线和两个坐标轴的交点为M(V_{CC}、0)、N(0、V_{CC}/R_C),在图中电路所给参数的条件下,交点为M(12 V、0 mA)和N(0 V、3 mA),连接M、N两点的直线MN,直线MN的斜率为($-1/R_C$),它是由三极管的直流负载电阻——集电极电阻R_C决定的,且此直线方程表示放大电路输出回路中电压和电流的直流量之间的关系,所以直线MN称为直流负载线。

由于直流通路的输入部分和输出性部分实际上是串联在一起构成一个整体,其直流电流I_C和直流电压U_{CE}必须同时满足这两部分的伏安特性,因此,直流负载线与$i_B=I_B=40\ \mu$A那一条输出特性曲线的交点Q,就是静态工作点,如图2.17(b)所示。Q点所对应的电流、电压值就是静态值I_{CQ}、U_{CEQ}。由该图可以认为$I_{CQ}\approx1.3$ mA、$U_{CEQ}=6.5$ V。另外,已求得静态值

$I_{BQ}=40\ \mu A$，而静态值 U_{BEQ} 的大小，可近似认为 $U_{BEQ}=0.7\ V$，或由输入特性曲线来确定。

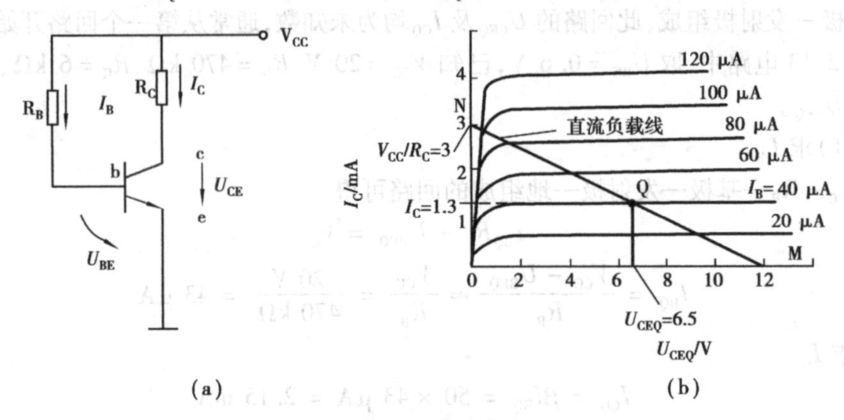

图 2.17 放大电路的静态工作图解

(a)直流通路 (b)图解分析

2.4.2 共射基本放大电路的动态图解分析

1）交流负载线

在输入信号作用下，放大电路处于动态工作情况，电流和电压在静态的直流分量基础上，同时产生了交流分量。对于交流分量，就要采用图 2.18(a)所示的交流通路进行分析。由图 2.18(a)可见，集电极交流电流 i_C 流过 R_C 与 R_L 并联后的等效电阻 R_L'，即 $R_L'=R_C/\!/R_L$。显然，R_L' 为输出回路中交流通路的负载电阻，因此称为放大电路的交流负载电阻。设图 2.18(a)中各元件参数值分别为：$V_{CC}=12\ V$、$R_B=300\ k\Omega$、$R_C=4\ k\Omega$、$R_L=4\ k\Omega$；按该图所示的元件参数，$R_L'=2\ k\Omega$。

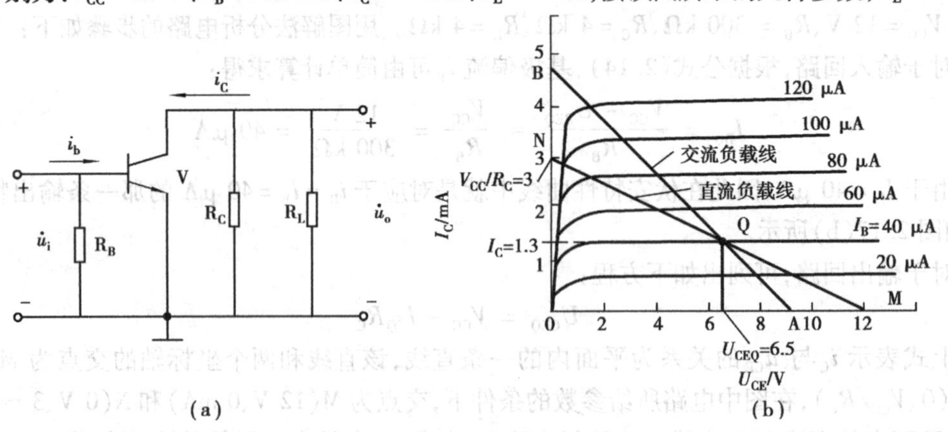

图 2.18 放大电路的动态工作图解

(a)交流通路 (b)图解分析

根据图 2.18(a)中 i_c 与 $u_{ce}=u_o$ 的标定方向与极性，有

$$u_{ce}=-i_cR_L'$$

而 $u_{ce}=u_{CE}-U_{CE}$，$i_c=i_C-I_C$，代入上式可得

$$u_{CE}-U_{CE}=-(i_C-I_C)R_L' \tag{2.16}$$

式(2.16)表明，动态时 i_C 与 u_{CE} 的关系仍为一直线，该直线的斜率为 $(-1/R_L')$，它由交流

负载电阻 R'_L决定。式(2.16)还表明,这条直线通过工作点 Q(U_{CE}、I_C)。因为当输入信号 u_i的瞬时值为零时,这一时刻电路相当于无信号输入,此时放大电路应工作在静态工作点上,但这一时刻又是动态过程中的一个点。因此,只要过 Q 点作一斜率为($-1/R'_L$)的直线,就代表了由交流通路得到的负载线,称它为交流负载线,如图 2.18(b)中的直线 AB。不难理解,Q 点是交流负载线与直流负载线的交点。

由式(2.16)可得到交流负载线与两坐标轴的交点:A($U_{CE}+I_CR'_L$,0)、B(0,I_C+U_{CE}/R'_L)。因此,在作出直流负载线并确定 Q 点后,交流负载线可以这样作出:由 Q 点对应的 U_{CE}再增加 $I_CR'_L$,就得到 A 点,连接 Q、A 两点的直线就是交流负载线。按所给出的参数,$R'_L=2\ \text{k}\Omega$,而由于 $I_C=1.3\ \text{mA}$、$U_{CE}=6.5\ \text{V}$,则 $U_{CE}+I_CR'_L=9.2\ \text{V}$,即 A 点坐标为(9.2 V、0 mA),于是连接 Q、A 并延长交纵轴于 B,就得到图 2.18(b)所示的交流负载线 AB。

应当指出,在输入信号的作用下,i_C和 u_{CE}都随着 i_B变化而变化,此时工作点 Q 将沿着交流负载线(而不是直流负载线)移动,成为动态工作点,所以交流负载线是动态工作移动的轨迹,它反映了交、直流共存的情况。此外,若负载开路,则 $R'_L=R_C$,说明交、直流负载线重合;若接上负载,因 $R'_L<R_C$,说明交流负载线比直流负载线要陡。注意,这个结论只对阻容耦合放大电路才成立。

2)电压和电流的波形

在确定静态工作点和交流负载线的基础上,利用图解法可以画出有关电压和电流的波形。

一般 u_i为辐值很小的正弦输入信号,假设 $u_i=0.02\sin\omega t$ V,由此可在输入特性曲线上得到 i_B的波形。当 u_i加到放大电路的输入端时,u_{BE}就在静态值 U_{BE}(U_{BE}可由 $I_B=40\ \mu\text{A}$ 在输入特性曲线上定出)的基础上叠加了一个交流电压 $u_i=u_{be}$,如图 2.19(a)中曲线①,于是在输入特性曲线上由 u_{BE}的波形逐点画出 i_B的波形,如图中的曲线②。由图可见,对应于幅

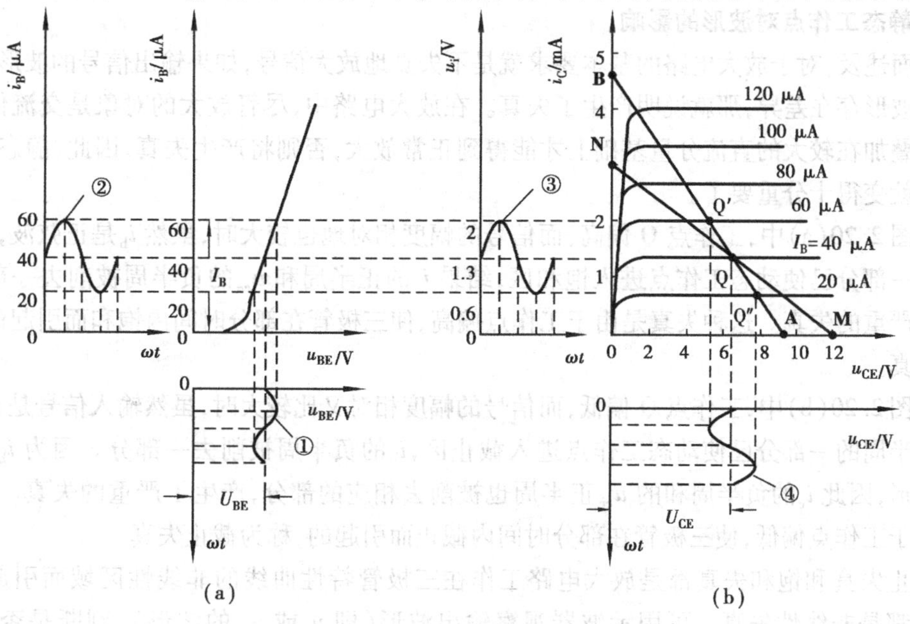

图 2.19　动态工作图解

(a)由输入特性求 i_B　(b)由输出特性求 i_C、u_{CE}

值为0.02 V的输入电压，i_B将在60 μA与20 μA（40 ± 20 μA）之间变动，即 $i_B = (40 + 20\sin\omega t)\mu A$。

在输出特性曲线上，根据i_B的变动情况，决定动态工作点沿交流负载线AB的移动范围，从而得到i_C和u_{CE}的波形。对应于$i_B = 60\ \mu A$的一条输出特性曲线与AB的交点为Q′，对应于$i_B = 20\ \mu A$的一条输出特性曲线与AB的交点为Q″，如图2.19(b)所示。当i_B随u_i变化时，动态工作点将沿交流负载线在Q′和Q″之间移动，故此时放大电路工作在交流负载线的Q′Q″段。直线段Q′Q″是工作点移动的轨迹，称为动态工作范围。于是由图2.19(b)可见，在u_i正半周，i_B先由静态值40 μA增大到最大值60 μA，动态工作点由Q移至Q′，相应的i_C由$I_C = 1.3$ mA增大到最大值2.0 mA，而u_{CE}则由$U_{CE} = 6.5$ V减小到最小值5.3 V；然后i_B由60 μA减小到静态值40 μA，动态工作点由Q′返回到Q，相应的i_C、u_{CE}也各自回到静态值。在u_i负半周，其变化规律恰好与正半周时相反，动态工作点先由Q移至Q″，再由Q″返回到Q。这样，就可以得到对应于i_B的i_C与u_{CE}的波形，如图2.19(b)中曲线③、④所示。u_{CE}中交流量u_{ce}的波形就是输出电压u_o的波形。由图可知，

$$i_C = (1.3 + 0.7\sin\omega t)\text{mA}$$

$$u_{CE} = (6.5 - 1.2\sin\omega t)\text{V}$$

$$u_o = -1.2\sin\omega t\ \text{V}$$

由以上的分析可以看到，u_o与u_i的波形一致，但幅度却大得多，说明输入信号被不失真地放大了。此外，u_o与u_i变化方向相反，对于单一频率的正弦信号而言，这意味着u_o与u_i的相位相反，或相位差为180°，这种现象称为“反相”或“倒相”。共射放大电路的倒相作用是它的一个很重要的特点。

3）静态工作点对波形的影响

前面述及，对于放大电路的基本要求就是不失真地放大信号，如果输出信号的波形与输入信号的波形存在差异，那就说明产生了失真。在放大电路中，尽管放大的对象是交流信号，但它只有叠加在较大的直流分量基础上才能得到正常放大，否则将产生失真，因此，静态工作点的选择就变得十分重要了。

在图2.20(a)中，工作点Q偏高，而信号的幅度相对地也较大时，虽然i_b是正弦波，但其正半周的一部分已使动态工作点进入饱和区，结果i_c的正半周和u_{ce}的负半周被削去一部分，也就产生严重的失真。这种失真是由于工作点偏高，使三极管在部分时间内饱和而引起的，称为饱和失真。

在图2.20(b)中，工作点Q偏低，而信号的幅度相对又比较大时，虽然输入信号是正弦波，但其负半周的一部分已使动态工作点进入截止区，i_b的负半周被削去一部分。因为i_b已是失真的波形，因此i_c的负半周和的u_{ce}正半周也被削去相应的部分，产生了严重的失真。这种失真是由于工作点偏低，使三极管在部分时间内截止而引起的，称为截止失真。

截止失真和饱和失真都是放大电路工作在三极管特性曲线的非线性区域而引起的，所以它们都是非线性失真。可用示波器观察输出波形（即u_o或u_{ce}的波形），判断是否产生截止失真或饱和失真。对于NPN管组成的电路，如果输出波形顶部被削去一部分，则产生截止失真；如果底部被削去一部分，则产生饱和失真。而PNP管组成的电路，其失真波形恰恰

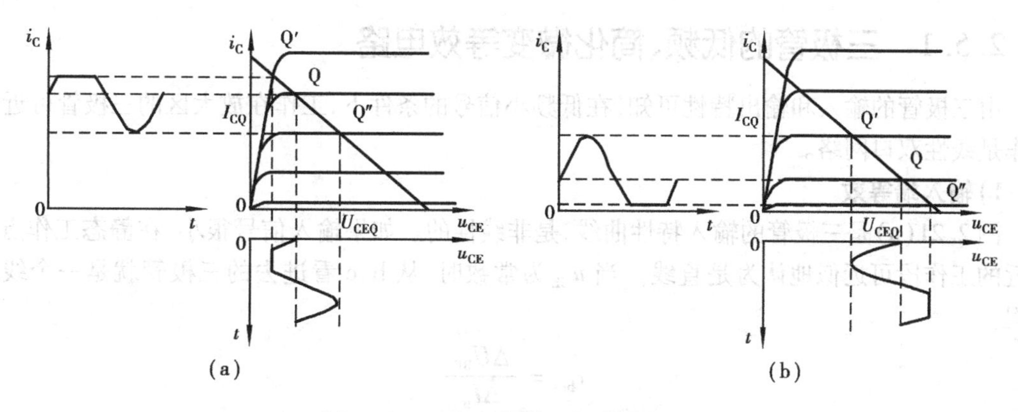

图 2.20　工作点选择不当引起的失真

(a)饱和失真　(b)截止失真

与上述情况相反。

为了避免产生截止失真，就应该抬高 Q 点位置，使在正弦信号全周期内管子均工作在放大区而离开截止区，即满足 $I_B>0$。为了避免产生饱和失真，就要降低 Q 点位置，使在使在正弦信号全周期内管子工作在放大区而离开饱和区，即满足 $u_{CE}>U_{CE(sat)}$。

在电路的设计和调试工作中经常需要调整工作点，因此必须了解电路参数（如 R_B、R_C、V_{CC} 和 β）对 Q 点的影响，它可从分析电路参数变化时 I_B 和直流负载线如何变化得到，改变 R_B 是常用的调整工作点的方法。

复习与讨论题

(1)共射基本放大电路的分析主要包括几个方面？主要确定哪些主要指标？

(2)共射基本放大电路中为何设立静态工作点？静态工作点的高、低对电路有何影响？

(3)共射基本放大电路的静态分析方法有静态工作点估算方法和静态工作点图解法，比较这两种方法各有什么特点？

2.5　微变等效电路法

在低频小信号的条件下，三极管在工作点附近的动态特性可近似地看成是线性的，即其电压、电流的交流量之间的关系基本上是线性的，此时具有非线性特性的三极管可用一线性电路（即线性双口网络）来代替，称之为微变等效电路。微变等效电路也称为小信号等效电路。当三极管用微变等效电路来代替时，整个放大电路就变成一个线性电路，此时利用线性电路的分析方法，便可对放大电路进行动态分析，求出它的主要性能指标，这种方法就是微变等效电路分析法。

显然，微变等效电路法只能用于放大电路的动态分析，不能用于静态分析。但微变等效电路的某些参数与直流工作点密切相关，因此作动态分析前，一般总要先对放大电路作静态分析。

2.5.1 三极管的低频、简化微变等效电路

由三极管的输入和输出特性可知，在低频小信号的条件下，工作在放大区的三极管可近似看作是线性双口网络。

1）输入端等效

图2.21(a)是三极管的输入特性曲线，是非线性的。如果输入信号很小，在静态工作点Q附近的工作段可近似地认为是直线。当u_{CE}为常数时，从b、e看进去的三极管就是一个线性电阻。

$$r_{be} = \frac{\Delta U_{BE}}{\Delta I_B}$$

低频小功率晶体管的输入电阻常用下式计算：

$$r_{be} = 300\ \Omega + (1 + \beta)\frac{26\ \mathrm{mV}}{I_E} \tag{2.17}$$

式中，I_E为射极静态电流（单位为mA）。

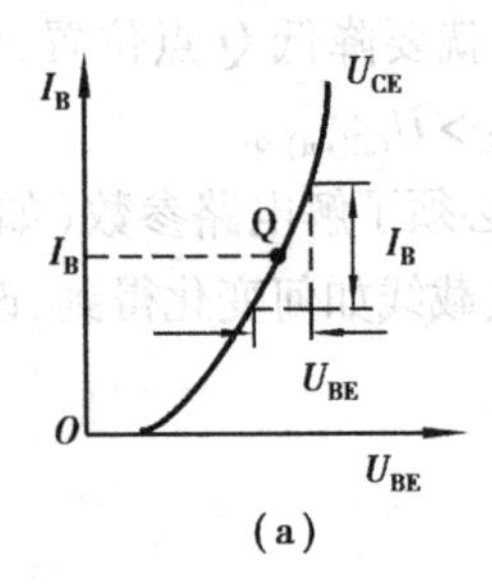

(a)

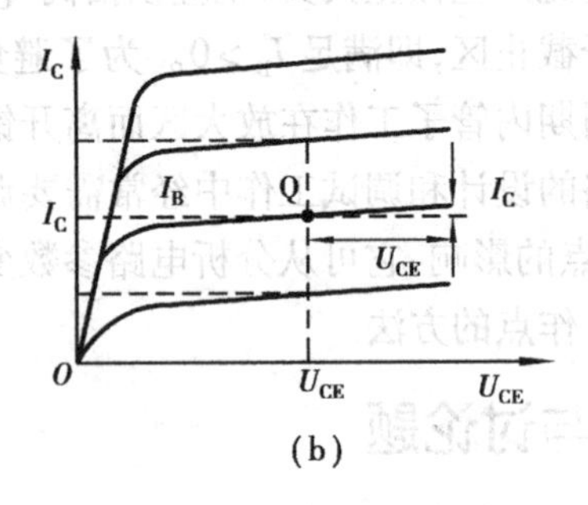

(b)

图2.21 三极管特性曲线

(a)输入端微变等效 (b)输出端微变等效

2）输出端等效

图2.21(b)是三极管的输出特性曲线族，若动态是在小范围内，特性曲线不但互相平行、间隔均匀，且与U_{CE}轴线平行。当U_{CE}为常数时，从输出端c、e极看，三极管就成了一个受控电流源，则

$$\Delta I_C = \beta \Delta I_B$$

由上述方法得到的晶体管微变等效电路如图2.22所示。

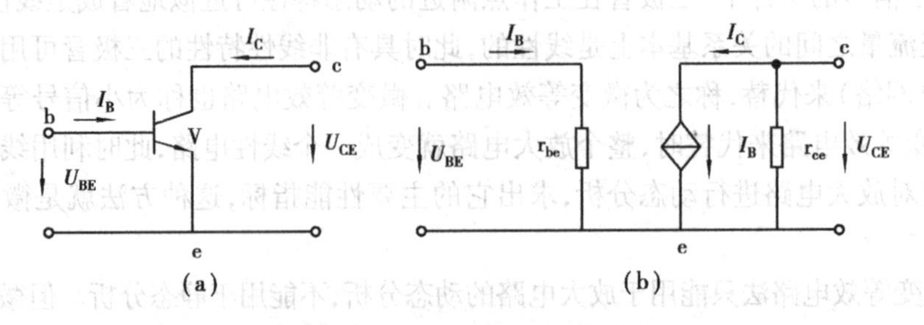

图2.22 晶体三极管及微变等效

(a)晶体三极管 (b)晶体三极管的微变等效

2.5.2　放大电路的微变等效电路分析

下面仍以图2.13所示的共射基本放大电路为例进行分析。

1)画出放大电路的小信号等效电路

先画出放大电路的交流通路,再用简化的微变等效电路来代替其中的三极管,标出电压的极性和电流的方向,就得到放大电路的微变等效电路。如图2.23所示。

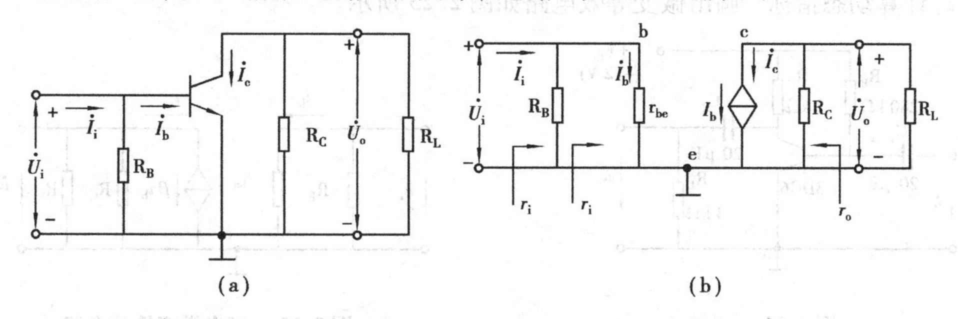

图2.23　基本放大电路的交流通路及微变等效电路

(a)交流通路　(b)微变等效电路

2)用微变等效电路求动态指标

根据放大电路的小信号等效电路,用解线性电路的方法求出放大电路的性能指标,如A_u、r_i、r_o等。下面仍以图2.13所示的共射基本放大电路为例进行分析。

(1)电压放大倍数　设在图2.23中输入为正弦信号。当负载开路时,则有

$$\dot{U}_i = \dot{I}_b r_{be}$$

$$\dot{U}_o = -\dot{I}_c R'_L = -\beta \dot{I}_b R'_L$$

$$A_u = \frac{\dot{U}_o}{\dot{U}_i} = -\beta R'_L / r_{be}$$

$$R'_L = R_L \,/\!/\, R_C \tag{2.18}$$

$$A_u = -\frac{\beta R_c}{r_{be}} \tag{2.19}$$

(2)输入电阻r_i　是指电路的动态输入电阻,由图2.23(b)中可看出

$$R_i = \frac{\dot{U}_i}{\dot{I}_i} = R_B \,/\!/\, r_{be} \approx r_{be} \tag{2.20}$$

(3)输出电阻r_o　是由输出端向放大电路内部看到的动态电阻,因r_{ce}远大于R_C,所以

$$R_o = r_{ce} \,/\!/\, R_C \approx R_C \tag{2.21}$$

例2.1　在图2.24所示电路中,$\beta=50$、$U_{BE}=0.7\ V$,试求:

(1)静态工作点参数I_{BQ}、I_{CQ}、U_{CEQ}、U_o值。

(2)计算动态指标A_u、r_i、r_o的值。

解 (1)求静态工作点参数

$$I_{BQ}=\frac{U_{CC}-0.7}{R_B}=\frac{12\ \text{V}-0.7\ \text{V}}{280\times10^3\ \Omega}\approx0.04\ \text{mA}=40\ \mu\text{A}$$

$$I_{CQ}=\beta I_{BQ}=50\times0.04\times10^{-3}\text{A}=2\ \text{mA}$$

$$U_{CEQ}=U_{CC}-I_{CQ}R_C=12\ \text{V}-2\times10^{-3}\ \text{A}\times3\times10^3\ \Omega=6\ \text{V}$$

(2)计算动态指标　画出微变等效电路如图 2.25 所示。

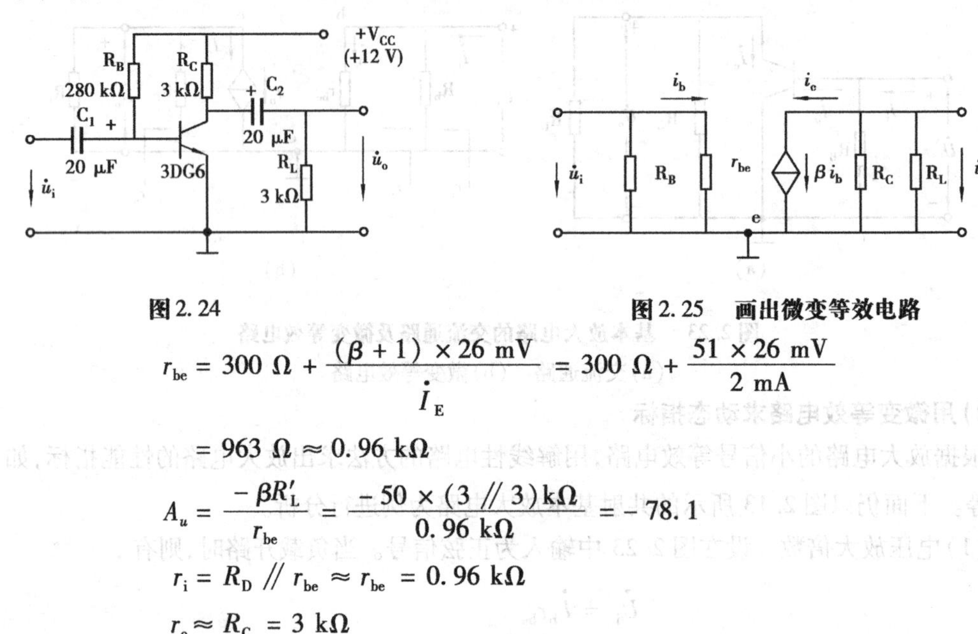

图 2.24　　　　图 2.25　画出微变等效电路

$$r_{be}=300\ \Omega+\frac{(\beta+1)\times26\ \text{mV}}{\dot{I}_E}=300\ \Omega+\frac{51\times26\ \text{mV}}{2\ \text{mA}}$$

$$=963\ \Omega\approx0.96\ \text{k}\Omega$$

$$A_u=\frac{-\beta R'_L}{r_{be}}=\frac{-50\times(3\ /\!/\ 3)\text{k}\Omega}{0.96\ \text{k}\Omega}=-78.1$$

$$r_i=R_D\ /\!/\ r_{be}\approx r_{be}=0.96\ \text{k}\Omega$$

$$r_o\approx R_C=3\ \text{k}\Omega$$

复习与讨论题

(1)在什么条件下才可以用一个线性等效电路来代替三极管?

(2)利用微变等效电路分析单级放大电路的步骤是什么?为什么可以将与交流量无关的电路元件不画入等效电路?

(3)为什么说输入、输出电阻也是放大电路的重要指标?

2.6　静态工作点稳定电路

2.6.1　静态工作点稳定电路的组成和原理

在以上所述共射极基本放大电路中,V_{CC}和R_B一定,U_B基本固定不变,故也称固定偏置电路,在这种电路中,由于晶体管参数β、I_{CBO}等随温度而变,而I_{CQ}又与这些参数有关,因此当温度发生变化时,导致I_{CQ}的变化,使静态工作点不稳定。如在温度升高时,三极管特性曲线膨胀上移,Q 点升高,使静态工作点不稳定。为了稳定静态工作点,可采用静态工作点稳定电路,也称分压式偏置电路。

首先，分压式偏置电路与固定偏置电路的区别是，三极管的发射结电压 U_{BE} 取得方式不同，而集电结反偏电压供给电路是完全一致的，如图2.26所示。分压式的基极偏置电阻有 R_{B1} 和 R_{B2}，供给发射结的 V_{CC} 是经 R_{B1} 和 R_{B2} 分压后，再从 R_{B2} 上取得上正下负的电压加到发射结上的，故称为分压式。其中 R_{B1} 叫上偏流电阻，R_{B2} 叫下偏流电阻。由于 R_{B2} 与发射结并联，通常采用调节 R_{B1} 来改变 I_B。

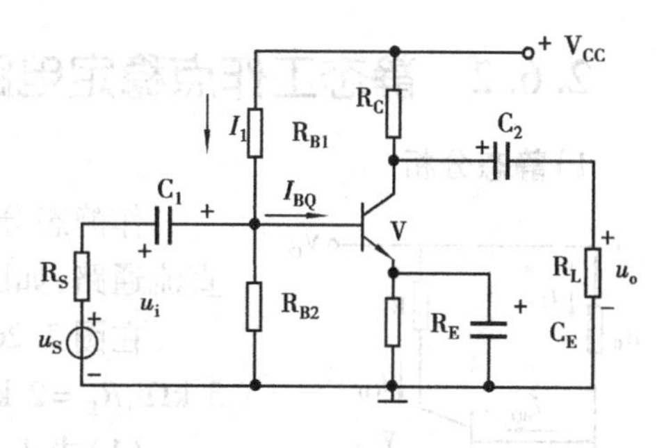

图2.26 分压式电流负反馈偏置电路

其次，在分压式偏置电路发射极串入一电阻 R_E，串入 R_E 后有什么作用以及 R_E 会不会影响发射结正偏和集电结反偏的设置呢？下面对该电路进行分析。

在图2.26中，首先由 R_{B1} 和 R_{B2} 分压，R_{B2} 上的电压为 U_B，上正下负，发射结和 R_E 串联后并接在 R_{B2} 两端，$U_{BE}=U_B-U_E$，U_E 是 R_E 上的压降，发射结仍然获得正向偏压，只是比无 R_E 时小。加 R_E 后，若要使 U_{BE} 保持原值不变，只需把 R_{B1} 减小即可。因此，增加发射极电阻 R_E 后不会影响发射结获得正偏压集电结获得反偏压。

R_E 在放大电路中有什么作用呢？正确理解 R_E 的作用，对学好放大电路是非常重要的。发射极电阻 R_E 可以使放大电路的直流工作状态(也称直流工作点)不受或少受温度升高的影响，因为当温度升高时，热激发产生的少数载流子会成倍增加，三极管的穿透电流 I_{ceo} 增大，对于无 R_E 电阻的直流偏置电会产生以下反应：温度 $T\uparrow\rightarrow I_{ceo}\uparrow\rightarrow I_C\uparrow\rightarrow U_{CE}\downarrow(=U_{CC}-I_C R_C)$，$U_{CE}$ 减少使得集电结反偏电压变小。可见，虽然直流偏置电路的参数(电源、电阻、管子)不变，只是温度升高，偏置电压跟着变了，这对放大器的工作产生不利影响，如放大倍数减少或产生失真现象等。

图2.26有了 R_E 以后，电路的工作情况便不同了，温度 $T\uparrow\rightarrow I_{ceo}\uparrow\rightarrow I_C(I_E)\uparrow\rightarrow U_E(=I_E R_E)\uparrow\rightarrow U_{BE}(=U_B-U_E)\downarrow\rightarrow I_B\downarrow\rightarrow I_C(I_E)\downarrow$。可见，由于 R_E 的作用，促使发射结正偏压下降，基极电流 I_B 减小，最终使集电极电流 I_C 和发射极电流 I_E 也随之减少。I_C 和 I_E 因温度上升增大，但同时又因 R_E 的负反馈作用而下降，说明 I_C 和 I_E 在工作过程中始终保持动态稳定，从而避免了温度变化产生直流工作点的波动。因此，R_E 可以稳定直流工作点，R_E 越大，负反馈越大，稳定作用越明显。因此，这种电路称为静态工作点稳定电路。

实现上述稳定过程时，必须满足以下两个条件：

①只有 $I_1\gg I_{BQ}$，才能使 $U_{BQ}=V_{CC}R_{B2}/(R_{B1}+R_{B2})$ 基本不变。一般取

$$\text{硅管}\quad I_1=(5\sim 10)I_{BQ}$$

$$\text{锗管}\quad I_1=(10\sim 20)I_{BQ}$$

②当 U_B 太大时，必然导致 U_E 太大，使 U_{CE} 减小，从而减小了放大电路的动态工作范围。因此，U_B 不能选取太大。一般取

$$\text{硅管}\quad U_B=(3\sim 5)\text{V}$$

$$\text{锗管}\quad U_B=(1\sim 3)\text{V}$$

2.6.2 静态工作点稳定电路的分析及改进

1)静态分析

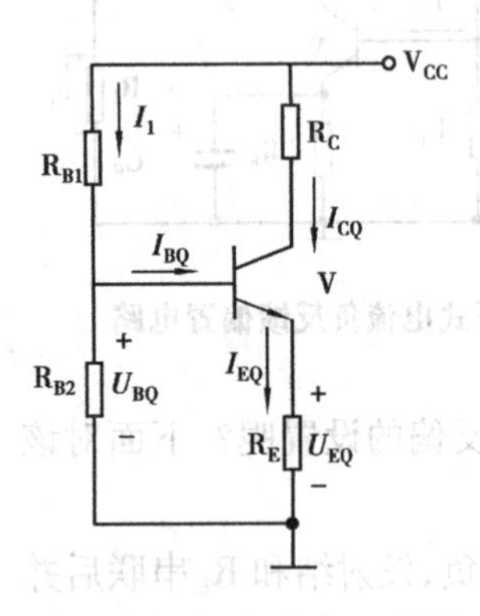

图 2.27 直流通路

作静态分析时,先画出图 2.26 所示的静态工作点稳定电路的直流通路,如图 2.27 所示。

在图 2.26 中,已知 $V_{CC}=15$ V、$R_{B1}=24$ kΩ、$R_{B2}=12$ kΩ、$R_C=3$ kΩ、$R_E=2$ kΩ、$\beta=50$。求 I_C 和 U_{CE}。求解步骤如下:

(1)求 I_E 和 I_C 先忽略 I_B 对基极电位 U_B 的影响,则 U_B 由 R_{B1} 和 R_{B2} 分压决定,则有:

$$U_B=\frac{R_{B2}}{R_{B1}+R_{B2}}V_{CC}=\frac{12\ \text{k}\Omega}{15\ \text{k}\Omega+24\ \text{k}\Omega}\times 15\ \text{V}=5\ \text{V}$$

取 $U_{BE}=0.6$ V,则

$$U_E=U_B-U_{BE}=5\ \text{V}-0.6\ \text{V}=4.4\ \text{V}$$

所以

$$I_E=\frac{U_E}{R_E}=\frac{4.4\ \text{V}}{2\ \text{k}\Omega}=2.2\ \text{mA}$$

工程上取

$$I_C\approx I_E=2.2\ \text{mA}$$

(2)求管压降 U_{CE} 由 V_{CC}—R_C—集电极—发射极—Re—地组成的回路,可得

$$I_CR_C+U_{CE}+I_ER_E=V_{CC}$$

又得

$$U_{CE}=V_{CC}-(I_CR_C+I_ER_E)=15\ \text{V}-2.2\ \text{mA}\times(3+2)\text{k}\Omega=4\ \text{V}$$

以上分析可见,在估算固定偏置电路静态工作点过程中,I_C 和 U_{CE} 随三极管 β 值而变化,说明这类放大电路当电阻参数确定之后,一旦更换了三极管,其直流工作点也跟着改变,或者需要重新调整基极偏流电阻以确保原有直流工作点不变;而分压式电流负反馈偏置电路中三极管的 β 值不参与 I_C 和 U_{CE} 的运算过程,即 I_C 和 U_{CE} 不受 β 值影响,更换不同 β 值的三极管后,直流工作点也能基本不变,所以在实际应用中,分压式电流负反馈偏置电路被广泛采用。虽然,分压式偏置电路能适应不同 β 值的三极管来维持直流工作点的相对稳定,但并不等于电路中三极管的 β 值可随意选择,因为 β 值还会影响到诸如电压放大倍数、输入输出电阻等参数。

2)动态分析

对于交流信号,由于 R_E 两端并接有发射极电容 C_E,等效成交流通路后 R_E 被 C_E 短路,其微变交流等效电路如图 2.28 所示。

(1)电压放大倍数 $\dot{A}_u$ 定义为,输出电压 $\dot{U}_o$ 与输入电压 $\dot{U}_i$ 之比,它是衡量放大器放大能力的指标。即

$$\dot{A}_u=\frac{\dot{U}_o}{\dot{U}_i}$$

由图 2.28 等效电路可得

$$\dot{U}_o=-\dot{I}_CR_L=-\beta\dot{i}_bR_L$$

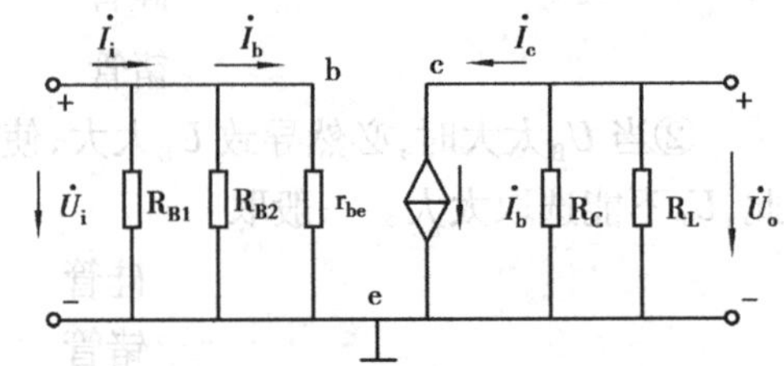

图 2.28 微变交流等效电路

式中，$R_L' = R_C // R_L$ 称为交流总负载电阻。

$$\dot{U}_i = \dot{I}_b r_{be}$$

从而有

$$\dot{A}_u = \frac{-\beta \dot{I}_b R_L'}{\dot{I}_b r_{be}} = -\beta \frac{R_L'}{r_{be}} \tag{2.22}$$

上式说明：

①负号表示共射放大电路的输出电压与输入电压相位相反，即三极管共射接法时 c 极与 b 极相位相反。

②由于 $R_L' < R_C$，当放大器接上负载 R_L 后，其放大倍数将下降。同样，当 $R_C = 0$ 时，输出交流信号被电源短路，根据式(2.18)，则放大倍数为零。可见，从集电极输出时，必须有 R_C。

③射极电阻 R_E 越大，$\dot{A}_u$ 越小。射极电阻在直流通路中有稳定工作点的作用，但会使放大倍数下降。为了同时兼顾，在实际应用中常常把射极电阻一分为二，其中一个并接电容（称为射极旁路电容），使电压放大倍数不致下降太多。

④r_{be} 对 $\dot{A}_u$ 的影响主要体现在直流工作点（I_E）调整是否合理上，三极管仅有正确的直流偏置电路而无合适的工作电流，也会影响 $\dot{A}_u$。

(2)输入电阻 R_i　放大器的输入电阻是指从放大器输入端 AB 两点看进去的等效电阻，即

$$R_i = \frac{\dot{u}_i}{\dot{I}_i}$$

放大器接到信号源上以后，就相当于信号源的负载电阻，R_i 越大表示放大器从信号源（或前一级放大器）索取的电流越小，信号利用率越高，所以 R_i 大小直接关系到信号源（或前一级放大器）的工作情况。

R_i 可以直接从放大器的交流等效电路求取，由于恒流源 βi_b 的内阻为无穷大，往里看的电阻包括 r_{be}、R_{B1} 和 R_{B2}。

$$R_i = r_{be} // R_{B1} // R_{B2} \tag{2.23}$$

(3)输出电阻 R_o　放大器输出端带上负载后，输出电压比不带负载时将有所下降，因此，从放大器输出端往里看，放大器相当于一等效电源 $\dot{U}_o$，其内阻为

$$R_o = \frac{\dot{U}_o}{\dot{I}_o}$$

求 R_o 时，应把负载开路，输入信号短路。由于恒流源 βi_b 内阻视为∞，根据定义，输出电阻不包含负载电阻 R_L，所以图 2.26 的输出电阻是 $R_o = R_C$，即共射放大器的输出电阻等于集电极电阻。

$$R_o = R_C \tag{2.24}$$

3)静态工作点稳定电路的改进

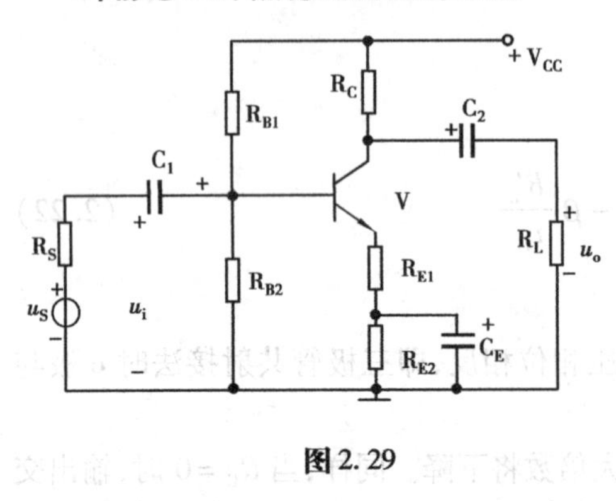

图2.29

通常,希望放大器的输出电阻越低越好,这样能带动更大的负载(指负载电流而不是负载电阻)。

在图2.29的电路中,发射极电阻分为两个R_{E1}和R_{E2},用来稳定直流工作点。而对于交流信号,其中R_{E2}两端并接有电解电容C_E,等效成交流通路后R_{E2}被C_E短路,还有R_{E1}在交流通路中。因此,要注意射极交流等效电阻,并能熟练地进行估算。

复习与讨论题

(1)在放大电路中为何要提出静态工作点的稳定问题?静态工作点的变动会对放大电路的工作有什么样的影响?

(2)什么是偏流和偏置电路?它们在放大电路中有什么样的作用?

(3)画出静态工作点稳定电路,并说明当温度变化或更换三极管时,这种电路能稳定工作点的原理。

2.7 共集电极放大电路与共基极放大电路

放大电路中的三极管有3种基本接法,即共发射极、共集电极和共基极。通常把这3种接法称为3种基本组态,分别简称为共射、共集和共基组态。共射电路在前面已作了详细讨论,下面分别讨论共集电路和共基电路。

2.7.1 共集放大电路

图2.30(a)为共集放大电路,其中R_B为基极偏置电阻。图2.30(b)为其交流通路。由交流通路可见,输入信号加在基极和集电极之间,输出信号从发射极和集电极之间取出,所以集电极是输入、输出回路的公共端,这种电路就是共集电路,由于负载电阻R_L接在发射极上,信号从发射极输出,故又称为“射极输出器”。

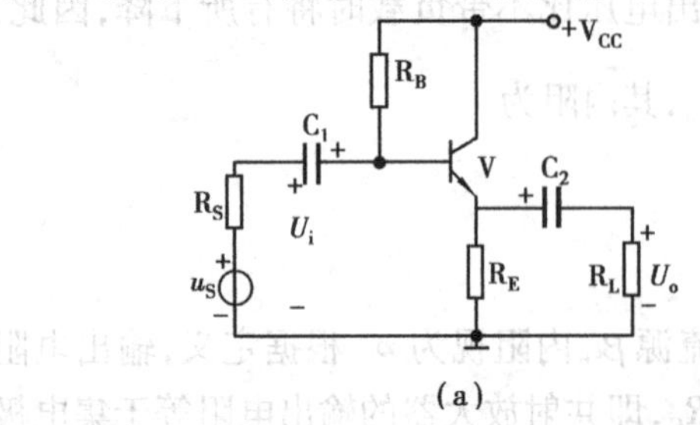

(a)

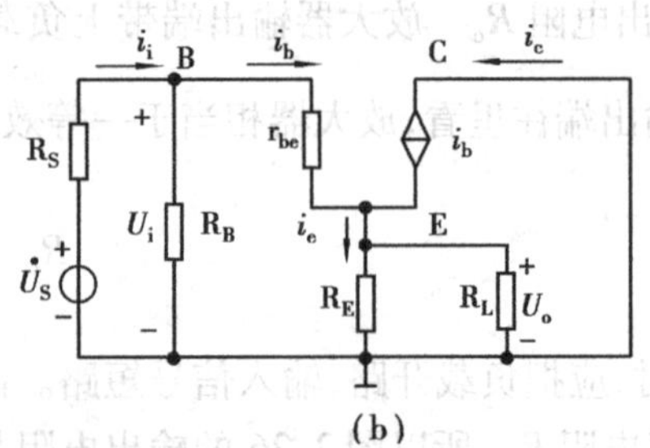

(b)

图2.30 共集放大电路

(a)电路 (b)微变等效电路

射极输出器是具有 R_E 的串联型偏置方式，R_E 有稳定直流工作点的作用。由图可见，交流信号是从射极输出，有：

$$\dot{U}_{be} = \dot{U}_i - \dot{U}_o$$

当负载波动时，输出电压 $\dot{U}_o$ 的变化能在射极电路中通过 U_{BE} 的作用自己调节（称负反馈）而减小波动，其调节过程是：

$$R_L \downarrow \rightarrow \dot{U}_o \downarrow \rightarrow \dot{U}_{be} \uparrow \rightarrow \dot{I}_b \uparrow \rightarrow \dot{I}_e \uparrow \rightarrow \dot{U}_o \uparrow$$

不难看出，射极输出器既有稳定直流工作点的作用，又有稳定输出电压的功能。正是因为它在电子线路中有如此特殊功能，所以被广泛采用。现分析如下：

1）静态分析

射极输出器的电路比较简单，可以不必要画出它的直流通路。由图 2.30(a) 直接列出基极回路的方程式如下：

$$I_B R_B + U_{BE} + I_E R_E = V_{CC}$$

$$I_B = \frac{V_{CC} - U_{BE}}{R_B + (1+\beta) R_E}$$

$$I_C = \beta I_B$$

$$U_{CE} = V_{CC} - I_E R_E \approx V_{CC} - I_C R_E$$

从式中也可由折合概念得到。把从发射极回路折合到基极回路，电流减小到原来的 $1/(1+\beta)$，则电阻应增大 $(1+\beta)$ 倍，即折合后变为 $(1+\beta) R_E$。

2）动态分析

射极输出器的小信号等效电路如图 2.31(a) 所示。

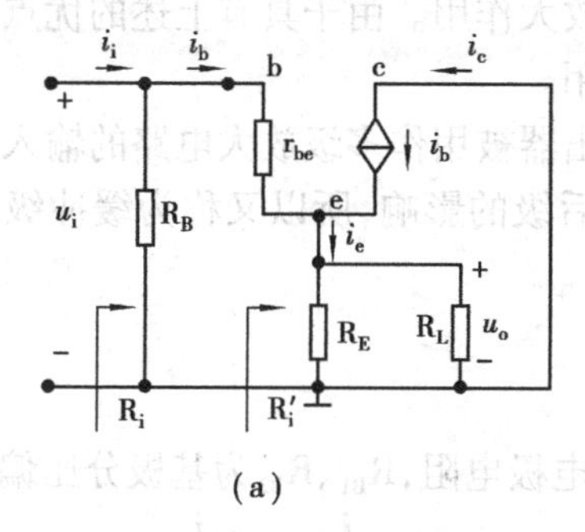

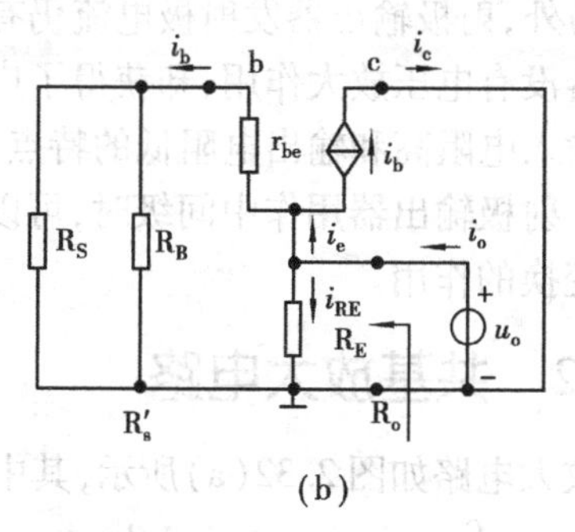

图 2.31 射极输出器的微变等效电路和求 R_o 的等效电路

(a) 微变等效电路 (b) 求 R_o 的等效电路

(1) 电压放大倍数 设 $R_L' = R_E // R_L$，由图 2.31(a) 的输入回路可得

$$u_i = i_b r_{be} + i_e R_L' = i_b [r_{be} + (1+\beta) R_L']$$

又

$$u_o = i_e R_L' = (1+\beta) R_L' i_b$$

因 $\beta \gg 1$，由上述两式可求出电压放大倍数为

$$A_u = \frac{u_o}{u_i} = \frac{(1+\beta) R_L'}{r_{be} + (1+\beta) R_L'} \approx \frac{\beta R_L'}{r_{be} + (1+\beta) R_L'}$$

显然 $A_u < 1$，但由于一般 $\beta R_L' \gg r_{be}$，故 $A_u \approx 1$，即射极输出器的电压放大倍数略小于 1。这

是由于 $u_o = u_i - u_{be}$，u_{be}又比较小，所以 u_o总是略小于 u_i。

由于 $A_u \approx 1$，所以 $u_o \approx u_i$，即 u_o与 u_i幅度相近，相位相同，输出电压跟随输入电压的变化而变化，因此射极输出器又称为射极跟随器。

(2)输入电阻 R_i

$$R'_i = \frac{u_i}{i_b} = r_{be} + (1+\beta)R'_L$$

由于 $u_i = i_b[r_{be} + (1+\beta)R'_L]$，故在图 2.31(a)中，从基极和地之间看进去的等效电阻 R'_i为放大器的输入电阻，则

$$R_i = \frac{u_i}{i_i} = R_B // R'_i = R_B // [r_{be} + (1+\beta)R'_L]$$

考虑到 $\beta \gg 1$，且 $(1+\beta)R'_L \approx \beta R'_L \gg r_{be}$，故

$$R_i \approx R_b // \beta R'_L$$

可见，射极输出器的输入电阻较高，它比共射基本放大电路的输入电阻要大几十到几百倍。

(3)输出电阻 R_o　根据求输出电阻的原则，得到图 2.31(b)所示的求 R_o的等效电路。经计算得 R_o 的表达式为：

$$R_o \approx \frac{r_{be}}{1+\beta}$$

可见，射极输出器的输出电阻是很低的，一般为几 Ω 到几十 Ω。

综上所述，射极输出器的主要特点是：电压放大倍数略小于 1，输出电压与输入电压同相，输入电阻高，输出电阻低。输入电阻高，意味着射极输出器可减小向信号源(或前级)索取的信号电流；输出电阻低，意味着射极输出器带负载能力强，即可减小负载变动对电压放大倍数的影响。另外，射极输出器发射极电流仍有较大的放大作用。由于具有上述的优点，所以尽管射极输出器没有电压放大作用，却获得了广泛的应用。

利用输入电阻高和输出电阻低的特点，射极输出器被用作多级放大电路的输入级、输出级和中间级。射极输出器用作中间级时，可以隔离前后级的影响，所以又称为缓冲级，在这里它起着阻抗变换的作用。

2.7.2 共基放大电路

共基放大电路如图 2.32(a)所示，其中 R_C为集电极电阻，R_{B1}、R_{B2}为基极分压偏置电阻，基

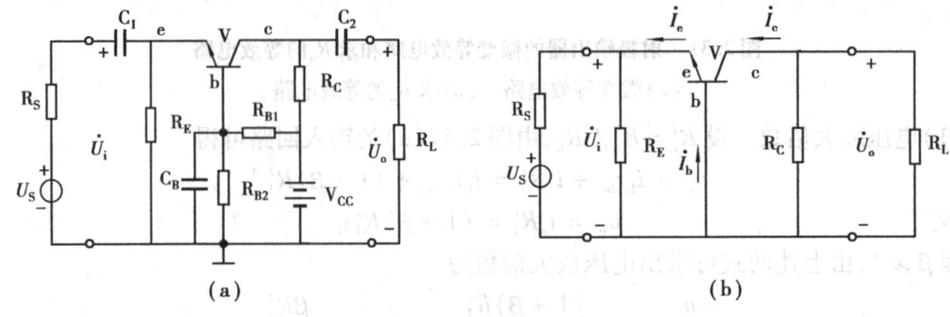

图 2.32　共基极放大电路

(a)共基极放大电路　(b)交流通路

极所接的大电容 C_B保证基极对地交流短路。图 2.32(b)为其交流通路,可以看出,基极是输入、输出回路的公共端,因此是共基放大电路。

1)静态分析

共基放大电路的直流通路与分压式偏置电路的直流通路完全相同,因此工作点的求法也相同。如果忽略 I_{BQ}对 R_{B1}、R_{B2}分压电路中电流的分流作用,则

$$U_B \approx \frac{V_{CC}R_{B2}}{R_{B1}+R_{B2}}$$

$$I_{CQ} \approx I_{EQ} = \frac{U_E}{R_E} = \frac{U_B - U_{BEQ}}{R_E} \approx \frac{V_{CC}R_{B2}}{(R_{B1}+R_{B2})R_E}$$

$$I_{BQ} = \frac{I_{EQ}}{1+\beta}$$

$$U_{CEQ} \approx V_{CC} - I_{CQ}(R_E + R_C)$$

2)动态分析

利用图 2.33 的微变等效电路,可得

$$\dot{U}_o = -\dot{I}_c R'_L = -\beta \dot{I}_b R'_L$$

$$R_L = R_C \,//\, R_L$$

$$\dot{U}_i = -\dot{I}_c r_{be}$$

$$\dot{A}_u = \frac{\dot{U}_o}{\dot{U}_i} = \beta \frac{R'_L}{r_{be}}$$

可见,其电压放大倍数在数值上与共射基本放大电路相同,只差了一个负号。这是由于共基电路的输出电压 u_o与输入电压 u_i同相,而共射电路的 u_o与 u_i反相的缘故。输出电压与输入电压同相(或 $A_u>0$)的放大电路称为同相放大电路,二者反相(或 $A_u<0$)的放大电路称为反相放大电路。

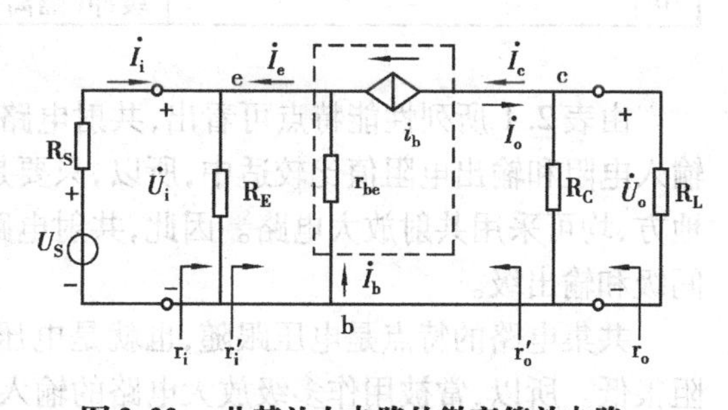

图 2.33 共基放大电路的微变等效电路

(1)输入电阻 R_i 先求图 2.33 中三极管的发射极与基极之间看进去的等效电阻 r'_i,即共基组态时三极管的输入电阻 r_{eb}。

$$r'_i = \frac{u_i}{-i_e} = \frac{-i_b r_{be}}{-i_e} = \frac{r_{be}}{1+\beta} = r_{eb}$$

可见,三极管的共基输入电阻 r_{eb}为共射输入电阻 r_{be}的 $1/(1+\beta)$倍,这是由于共基输入电流 i_e为共射输入电流 i_b的$(1+\beta)$倍的缘故。放大电路的输入电阻为

$$r_i = r_e \,//\, r'_i = R_E \,//\, \frac{r_{be}}{1+\beta} \approx \frac{r_{be}}{1+\beta}$$

上式表明,共基电路的输入电阻很低,一般只有几 Ω 到几十 Ω。

(2)输出电阻 R_o 由图 2.33 不难看出,共基电路的输出电阻

$$R_o = R_C$$

可见，它的输出电阻较高。

应该注意到，共基电路的输入电流 i_e 约等于输出电流 i_c，所以没有电流放大作用。但是，由于共基电路的频率特性好，因此多用于高频和宽频带电路中。

2.7.3 放大电路3种基本组态的比较

共发射极、共集电极和共基极3种基本放大电路的性能各有特点，并且应用场合也有所不同。它们的性能特点如表2.1所示。

表2.1 3种基本放大电路的性能特点

	共发射极电路	共集电极电路	共基极电路
电路形式			
A_u	$-\dfrac{\beta R_L'}{r_{be}}$ （高）	$\dfrac{(1+\beta)R_L'}{r_{be}+(1+\beta)R_L'}$ （低，略小于1）	$\dfrac{\beta R_L'}{r_{be}}$ （高）
r_i	中	高	低
r_o	高	小	高
应用	一般放大，多级放大器的中间级	输入级、输出级或阻抗变换、缓冲（隔离级）	高频放大、宽频带大震荡及恒流电源

由表2.1所列性能特点可看出，共射电路同时具有较大的电压放大倍数和电流放大倍数，输入电阻和输出电阻值比较适中，所以，只要是对输入、输出电阻和频率响应没有特殊要求的地方，均可采用共射放大电路。因此，共射电路被广泛地用作低频电压放大电路的输入级、中间级和输出级。

共集电路的特点是电压跟随，也就是电压放大倍数接近于1，而且输入电阻很高，输出电阻很低。所以，常被用作多级放大电路的输入级、输出级，或作为隔离用的中间级。首先，可以利用它作为量测放大器的输入级，以减小对被测电路的影响，提高量测的精度；其次，如果放大电路输出端是一个变化的负载，那么为了在负载变化时保证放大电路的输出电压基本稳定，要求放大电路具有很低的输出电阻。此时，可以采用射级输出器作为放大电路的输出级。

共基电路的突出特点在于它有很低的输入电阻，使晶体管结电容的影响不显著，因而频率响应得到很大改善。所以，这种接法常常用于宽频带放大器中。另外，由于输出电阻高，共基电路还可以作为恒流源。

复习与讨论题

(1)应按照什么原则来判断放大电路属于哪一种基本组态？三极管共有3个电极，应有6种组合，可是为什么只采用3种？

(2)射极输出器工作特点是什么？它主要应用于什么场合？

(3)共基极电路和共射极电路各有什么特点？它们的输出、输入电压的相位关系是什么？

本章小结

(1)半导体三极管根据其结构和工作原理的不同可以分为双极型和单极型半导体三极管。双极型半导体三极管(简称 BJT),又称为双极型晶体三极管或三极管、晶体管等。

(2)三极管有 PNP 和 NPN 型,三极管在满足实现放大的内部结构和外部条件时,三极管具有电流放大作用。三极管根据偏置条件的不同,有放大、截止、饱和 3 种工作状态。

(3)使用三极管时,应注意三极管的 3 个极限参数 I_{CM}、P_{CM}、$U_{(BR)CEO}$,以确定三极管的工作在安全工作区。同时还要注意温度对 u_{BE}、I_{CBO}、β 等参数的影响,否则将严重影响三极管的工作状态。

(4)一个完整的放大电路通常由原理性元件和技术性元件两大部分组成。原理性元件组成放大电路的基本电路:一是由串联型或分压式完成的直流偏置电路,二是经电容耦合分为共射、共集、共基 3 种接法的交流通路。技术性元件是为完成放大器的特定功能而设置的,这类元件在放大电路中起着“锦上添花”的作用。一般来说,必须会看懂哪些是技术元件;而对其作用一时难于理解的,不必过于苛求。

(5)U_o 与 U_i 的相位关系是,共射反相位,A_u 为负;共集和共基均是同相位,A_u 为正。

(6)具有射极交流电阻的共射和共基放大电路的电压放大倍数计算公式为:

$$\left|A_u\right| = \beta\frac{R'_L}{r_{be} + (1+\beta)R_E}$$

若无射极交流电阻时,令公式中 $R_E=0$ 即可。共集电路的电压放大倍数小于并略等于 1。

(7)放大电路的输入电阻越大,表明放大器从信号源或前级放大器索取的信号电流越小,总希望 R_i大些好。共集电路的 R_i最大,共基电路最小;放大电路的输出电阻 R_o越小,表明负载能力强,总希望 R_o小些好。共集电路的 R_o最小,而共射和共基电路都比较大。

(8)放大电路不但要有正确的直流偏置电路,而且直流工作点设置必须适合,否则会产生失真现象。截止失真发生在输入回路,饱和失真既可发生在输入回路,也可能在输出回路。

(9)耦合电容和射极旁路电容决定着放大器的低频特性,电容越大,f_L越小;结电容和电路分布电容决定着放大器的高频特性,这些电容越小,f_H越高。

自我检测题与习题

一、单选题

1. 测得 NPN 型三极管上各电极对地电位分别为 $V_E=2.1$ V,$V_B=2.8$ V,$V_C=4.4$ V,说明此三极管处在(　　)。

A. 放大区　　B. 饱和区　　C. 截止区　　D. 反向击穿区

2. 工作在放大区的某三极管,如果当 I_B从 12 μA 增大到 22 μA 时,I_C从 1 mA 变为 2 mA,那么它的 β 值约为(　　)。

A. 83　　B. 91　　C. 100　　D. 160

3. 三极管超过(　)所示极限参数时,必定被损坏。

A. 集电极最大允许电流 I_{CM}　B. 集—射极间反向击穿电压 $U_{(BR)CEO}$

C. 集电极最大允许耗散功率 P_{CM}　D. 管子的电流放大倍数 β

4. 若要使三极管具有电流放大能力,必须满足的外部条件是(　　)。

A. 发射结正偏、集电结正偏　B. 发射结反偏、集电结反偏

C. 发射结正偏、集电结反偏　D. 发射结反偏、集电结正偏

5. 基本放大电路中,经过晶体管的信号有(　　)。

A. 直流成分　B. 交流成分　C. 交直流成分均有　D. 无法确定

6. 分压式偏置的共发射极放大电路中,若基极的电位 V_B 过高,电路易出现(　　)。

A. 截止失真　B. 饱和失真　C. 晶体管被烧损　D. 无法确定

7. 基极电流 I_B 的数值较大时,易引起静态工作点 Q 接近(　　)。

A. 截止区　B. 饱和区　C. 放大区　D. 无法确定

8. 电压放大电路首先需要考虑的技术指标是(　　)。

A. 放大电路的电压增益　B. 不失真问题

C. 管子的工作效率　D. 通频带

9. 射极输出器的输出电阻小,说明该电路的(　　)。

A. 带负载能力强　B. 带负载能力差

C. 减轻前级或信号源负荷　D. 电压放大能力强

10. 为了获得电压放大,同时又使得输出与输入电压同相,则应选用(　　)放大电路。

A. 共发射极　B. 共集电极　C. 共基极　D. 共漏极

11. 某放大器输入电压为 10 mV 时,输出电压为 7 V;输入电压为 15 mV 时,输出电压为 6.5 V,则该放大器的电压放大倍数为(　　)。

A. 100　B. 700　C. −100　D. 433

12. 共射极放大电路 A、B 的放大倍数相同,但输入电阻、输出电阻不同,用它们对同一个具有内阻的信号源电压进行放大,在负载开路条件下测得 A 的输出电压小,这说明 A 的(　　)。

A. 输入电阻大　B. 输入电阻小　C. 输出电阻大　D. 输出电阻小

13. 关于放大电路中的静态工作点(简称 Q 点),下列说法中不正确的是(　　)。

A. Q 点要合适　B. Q 点要稳定

C. Q 点可根据直流通路求得　D. Q 点要高

14. 在由 NPN 型管组成的共射电路中,若输出电压波形如下图所示,则产生截止失真的是(　　)。

A.　B.　C.　D.

二、判断题(正确的在括号中画"✓",错误的画"×")

1. 用万用表测试晶体管时,选择欧姆档 $R\times10\ \text{k}\Omega$ 档位。　(　　)

2. 无论在任何情况下,三极管都具有电流放大能力。　(　　)

3. 当三极管的集电极电流大于它的最大允许电流 I_{CM}时,该管必被击穿。 ( )

4. 三极管的集电极和发射极类型相同,因此可以互换使用。 ( )

5. 设置静态工作点的目的是让交流信号叠加在直流量上全部通过放大器。 ( )

6. 分压式偏置共发射极放大电路是一种能够稳定静态工作点的放大器。 ( )

7. 放大电路中的所有电容器,起的作用均为隔直通交。 ( )

8. 微变等效电路中不但有交流量,也存在直流量。 ( )

9. 晶体管的电流放大倍数通常等于放大电路的电压放大倍数。 ( )

10. 射极输出器的电压放大倍数等于1,因此它在放大电路中作用不大。 ( )

11. 放大电路中的输入信号和输出信号的波形总是反相关系。 ( )

12. 共集电极放大电路的输入信号与输出信号是相位差为180°的反相关系。 ( )

13. 若共射放大电路输出波形出现上削波,说明电路出现了饱和失真。 ( )

14. 只有电路在既放大电流又放大电压,才称其有放大作用。 ( )

15. 电路中各电量的交流成分是交流信号源提供的。 ( )

16. 放大电路必须加上合适的直流电源才能正常工作。 ( )

17. 由于放大的对象是变化量,所以当输入信号为直流信号时,任何放大电路的输出都毫无变化。 ( )

18. 只要是共射放大电路,输出电压的底部失真都是饱和失真。 ( )

三、填空题

1. 三极管的内部结构是由________区、________区、________区及________结和________结组成的。

2. 三极管对外引出电极分别是________极、________极和________极。

3. 基本放大电路的三种组态分别是:________放大电路、________放大电路和________放大电路。

4. 放大电路应遵循的基本原则是:________结正偏;________结反偏。

5. 射极输出器具有________恒小于1、接近于1,________和________同相,并具有________高和________低的特点。

6. 共射放大电路的静态工作点设置较低,造成截止失真,其输出波形为削________。

7. 对放大电路来说,人们总是希望电路的输入电阻________越好,因为这可以减轻信号源的负荷;人们又希望放大电路的输出电阻________越好,因为这可以增强放大电路的整个负载能力。

8. 放大电路有两种工作状态,当 $u_i = 0$ 时,电路的状态称为________态;有交流信号 u_i 输入时,放大电路的工作状态称为________态。

9. 在动态情况下,晶体管各极电压、电流均包含________分量和________分量。放大器的输入电阻越________,就越能从前级信号源获得较大的电信号;输出电阻越________,放大器带负载能力就越强。

10. 在题图 2.1 所示电路中,已知 $V_{CC} = 12$ V,晶体管的 $\beta = 100$, $R_B = 100$ kΩ。要求先填文字表达式后再填得数。

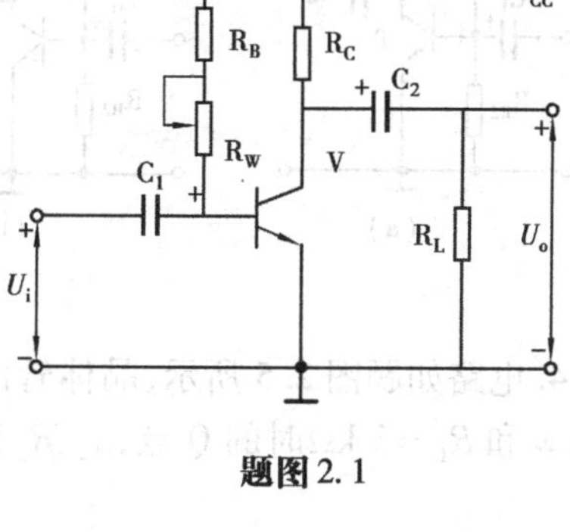

题图 2.1

①当 $U_i = 0$ V 时，测得 $U_{BEQ} = 0.7$ V，若要基极电流 $I_{BQ} = 20$ μA，则 R_B 和 R_W 之和为________ kΩ；而若测得 $U_{CEQ} = 6$ V，则 $R_c =$________ kΩ。

②若测得输入电压有效值 $U_i = 5$ mV 时，输出电压有效值 $U_o = 0.6$ V，则电压放大倍数 $A_u =$________。若负载电阻 R_L 值与 R_C 相等，则带上负载后输出电压有效值 $U_o =$________ V。

11. 已知题图 2.1 所示电路中 $V_{CC} = 12$ V，$R_C = 3$ kΩ，静态管压降 $U_{CEQ} = 6$ V；并在输出端加负载电阻 R_L，其阻值为 3 kΩ。选择一个合适的答案填入空内。

①该电路的最大不失真输出电压有效值 $U_{om} \approx$________；

②当 $U_i = 1$ mV 时，若在不失真的条件下，减小 R_W，则输出电压的幅值将________；

③在 $U_i = 1$ mV 时，将 R_W 调到输出电压最大且刚好不失真，若此时增大输入电压，则输出电压波形将________；

④若发现电路出现饱和失真，则为消除失真，可将________。

四、计算分析题

1. 测得放大电路中 6 只晶体管的直流电位如题图 2.2 所示。在圆圈中画出管子，并分别说明它们是硅管还是锗管。

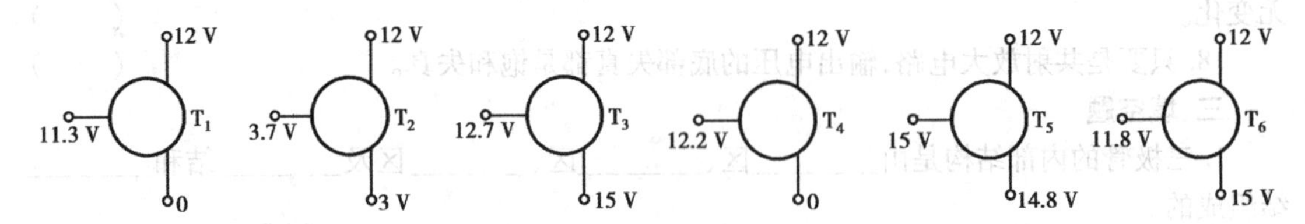

题图 2.2

2. 已知两只晶体管的电流放大系数 β 分别为 50 和 100，现测得放大电路中这两只管子两个电极的电流如题图 2.3 所示。分别求另一电极的电流，标出其实际方向，并在圆圈中画出管子。

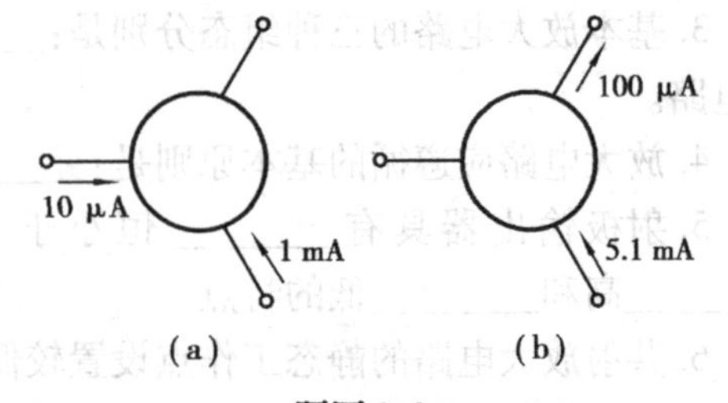

题图 2.3

3. 指出题图 2.4 所示各放大电路能否正常工作，如不能，请校正并加以说明。

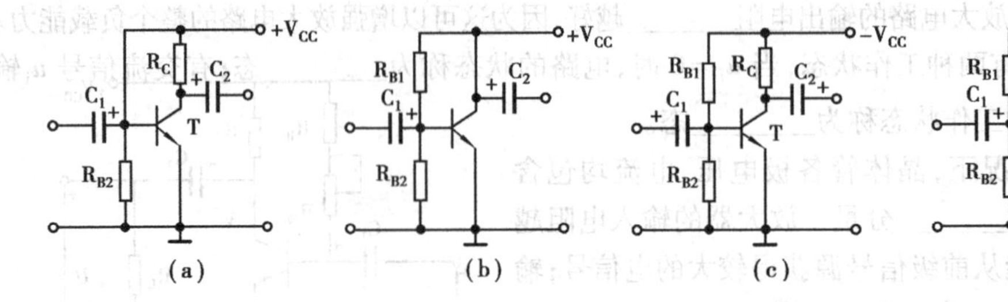

题图 2.4

4. 电路如题图 2.5 所示，晶体管的 $\beta = 80$、$V_{CC} = 15$ V、$R_B = 56$ kΩ、$R_C = 5$ kΩ。分别计算 $R_L = \infty$ 和 $R_L = 3$ kΩ时的 Q 点，A_u、R_i 和 R_o。

5. 已知题图 2.5 所示电路中晶体管的 $\beta=100$、$R_C=3\ \text{k}\Omega$、$r_{be}=1\ \text{k}\Omega$。

①现已测得静态管压降 $U_{CEQ}=6\ \text{V}$，估算 R_B 约为多少 kΩ？

②若测得 u_i 和 u_o 的有效值分别为 1 mV 和100 mV，则负载电阻 R_L 为多少 kΩ？

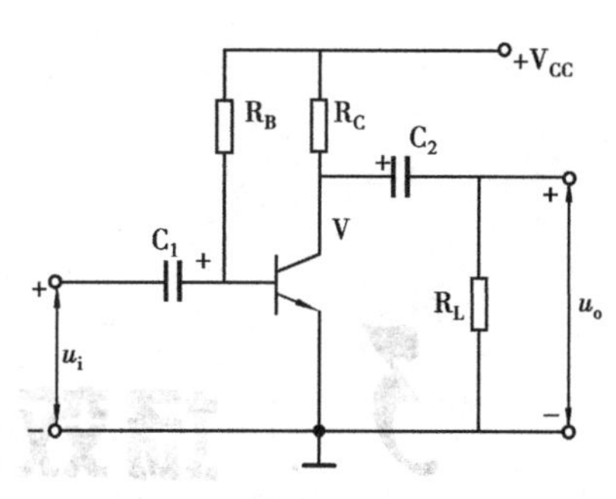

题图 2.5

6. 题图 2.6 中三极管为硅管，$\beta=100$，试求电路中 I_B、I_C、U_{CE}的值，判断三极管工作在什么状态。

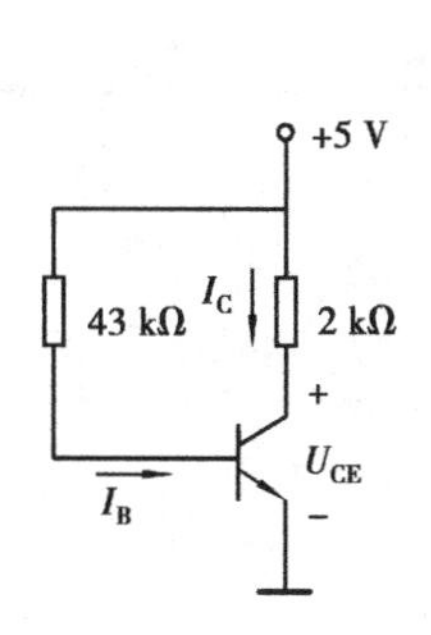

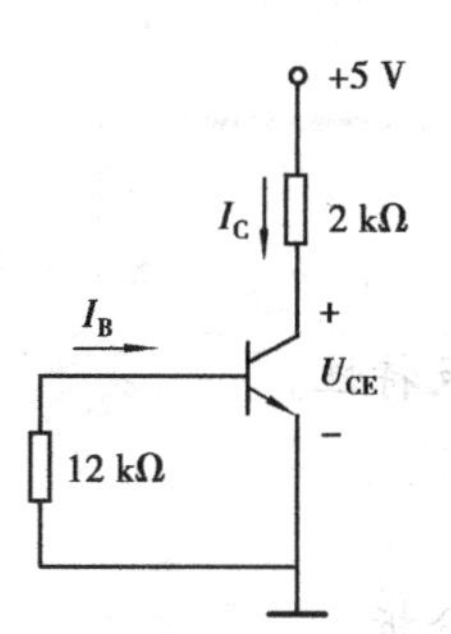

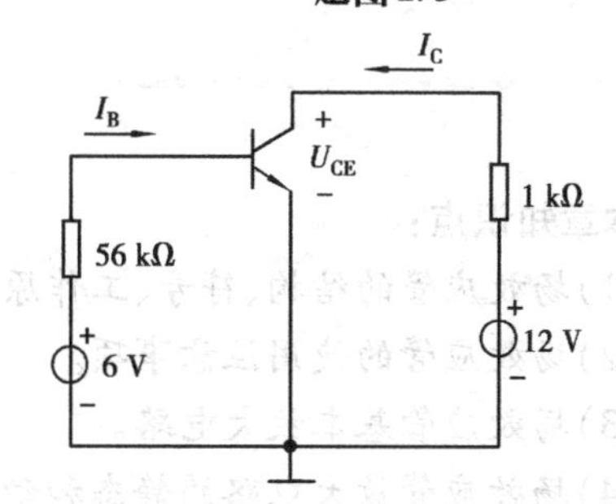

题图 2.6

7. 如题图 2.7 所示分压式偏置放大电路中，已知 $V_{CC}=25\ \text{V}$、$R_C=3.3\ \text{k}\Omega$、$R_{B1}=40\ \text{k}\Omega$、$R_{B2}=10\ \text{k}\Omega$、$R_E=1.5\ \text{k}\Omega$、$\beta=70$。①求静态工作点 I_{BQ}、I_{CQ}和 U_{CEQ}（图中晶体管为硅管）；②画出题图 2.7 所示电路的微变等效电路，并对电路进行动态分析。要求解出电路的电压放大倍数 A_u、电路的输入电阻 R_i及输出电阻 R_o。

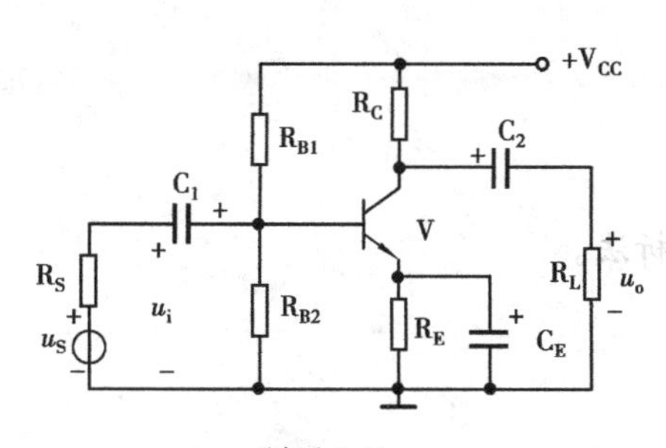

题图 2.7

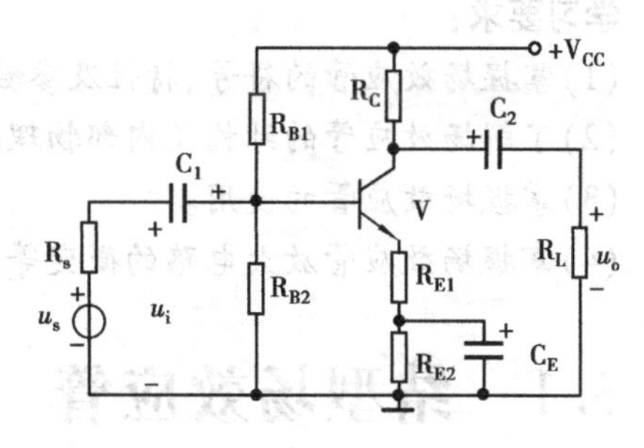

题图 2.8

8. 电路如题图 2.8 所示，晶体管的 $\beta=100$、$V_{CC}=12\ \text{V}$、$R_C=5\ \text{k}\Omega$、$R_{B1}=25\ \text{k}\Omega$、$R_{B2}=5\ \text{k}\Omega$、$R_{E1}=300\ \Omega$、$R_{E2}=1\ \text{k}\Omega$、$R_L=5\ \text{k}\Omega$。①求电路的 Q 点、$A_u$、$R_i$ 和 R_o；②若电容 C_E 开路，则将引起电路的哪些动态参数发生变化？如何变化？

9. 电路如题图 2.9 所示，晶体管的 $\beta=80$、$V_{CC}=15\ \text{V}$、$R_B=200\ \text{k}\Omega$、$R_E=3\ \text{k}\Omega$、$r_{be}=1\ \text{k}\Omega$。

①求出 Q 点；

②分别求出 $R_L=\infty$ 和 $R_L=3\ \text{k}\Omega$ 时电路的 A_u 和 R_i；

③求出 R_o。

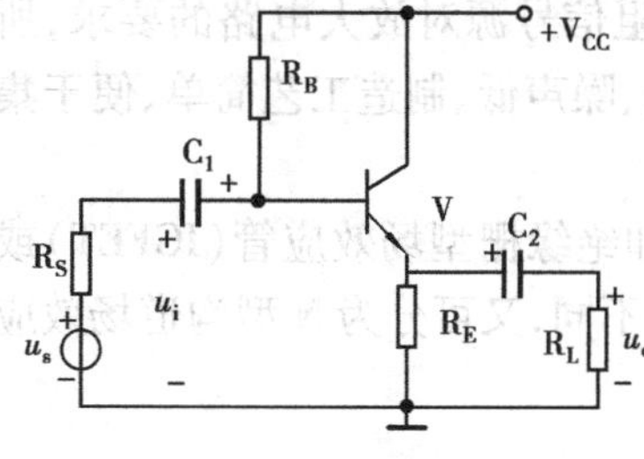

题图 2.9

3 场效应管及其基本电路

本章知识点：

(1)场效应管的结构、符号、工作原理及特性。

(2)场效应管的使用注意事项。

(3)场效应管基本放大电路。

(4)场效应管放大电路的静态和动态分析。

本章难点：

(1)场效应管的工作原理。

(2)场效应管的特性曲线。

(3)场效应管放大电路的分析。

学习要求：

(1)掌握场效应管的符号、特性及参数。

(2)了解场效应管的结构及内部物理过程。

(3)掌握场效应管的使用。

(4)掌握场效应管放大电路的微变等效电路分析法。

3.1 结型场效应管

场效应管(简称 FET)是利用输入电压产生的电场效应来控制输出电流的，所以又称之为电压控制型器件。它工作时只有一种载流子(多数载流子)参与导电，故也叫单极型半导体三极管。因它具有很高的输入电阻(10 MΩ 以上)，能满足高内阻信号源对放大电路的要求，所以是较理想的前置输入级器件。它还具有热稳定性好、功耗低、噪声低、制造工艺简单、便于集成等优点，因而得到了广泛的应用。

根据结构不同，场效应管可以分为结型场效应管(JFET)和绝缘栅型场效应管(IGFET)或称 MOS 型场效应管两大类。根据场效应管制造工艺和材料的不同，又可分为 N 型沟道场效应管和 P 型沟道场效应管。

3.1.1 结型场效应管的结构和工作原理

1)结型场效应管结构

结型场效应管的内部结构如图3.1(a)所示。它是用光刻、扩散等工艺在一块N型半导体的两侧制作两个P型区,形成两个PN结(耗尽层),两个耗尽层的中间形成N型导电沟道。

两侧P区相连接后引出一个电极成为栅极(G),在N型半导体两端分别引出的两个电极——源极(S)和漏极(D)。如果把场效应管和普通三极管相比,则栅极G相当于基极B,漏极D相当于集电极C,源极S相当于发射极E。

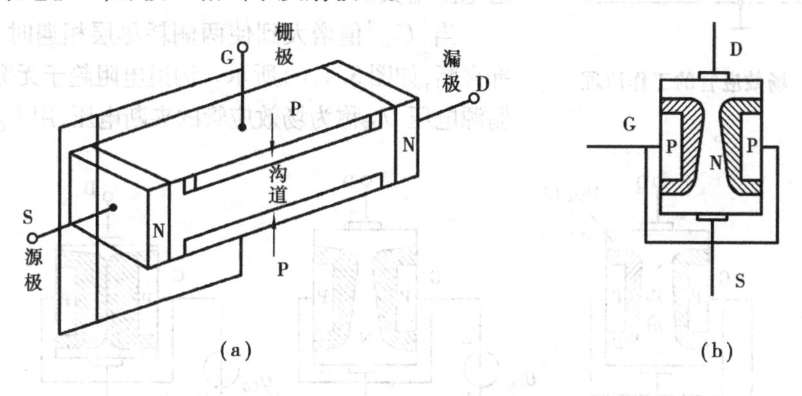

图3.1 N沟道结型场效应管

(a)N沟道内部结构 (b)N沟道示意图

结型场效应管有N沟道和P沟道两种类型。图3.1(b)为N沟道示意图,若中间半导体改用P型材料,两侧是高掺杂的N区,则就成为P沟道结构的结型场效应管了。图3.2为两种类型结型场效应管及其代表符号,图中的箭头都是由P指向N的,这样就可以从栅极上的箭头方向识别是P沟道还是N沟道。

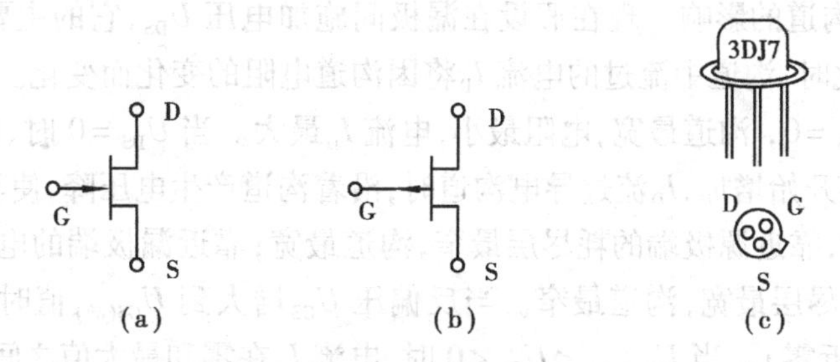

图3.2 结型场效应管符号及外形

(a)N沟道图形符号 (b)P沟道图形符号 (c)结型场效应管外形

2)工作原理

现以N沟道结型场效应管为例讨论外加电场是如何来控制场效应管的电流的。图3.3表示的是结型场效应管施加偏置电压后的接线图。在漏源电压U_{DS}的作用下,N型沟道中的载流子运动,产生沟道电流I_D。为了保证高的输入电阻,通常栅极与源极间加的是反向偏置电压,即$U_{GS} \leqslant 0$,漏源之间加正向电压,即$U_{DS} > 0$。当G、S两极间电压U_{GS}改变时,沟道两侧耗尽层的宽度也随着改变,由于沟道宽度的变化,导致沟道电阻值的改变,从而实现了利用电压

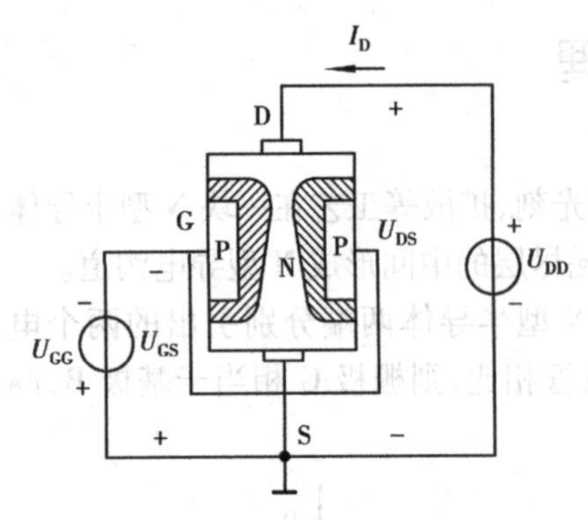

图 3.3 场效应管的工作原理

U_{GS}控制电流 I_D的目的。

(1)U_{GS}对导电沟道的影响 当 $U_{GS}=0$ 时,场效应管两侧的 PN 结均处于零偏置,形成两个耗尽层,如图 3.4(a)所示。此时,耗尽层最薄,导电沟道最宽,沟道电阻最小。

当$|U_{GS}|$值增大时,栅源之间反偏电压增大,PN 结的耗尽层增宽,如图 3.4(b)所示。导致导电沟道变窄,沟道电阻增大。

当$|U_{GS}|$值增大到使两侧耗尽层相遇时,导电沟道全部夹断,如图 3.4(c)所示。沟道电阻趋于无穷大。对应的栅源电压 U_{GS}称为场效应管的夹断电压,用 $U_{GS(off)}$来表示。

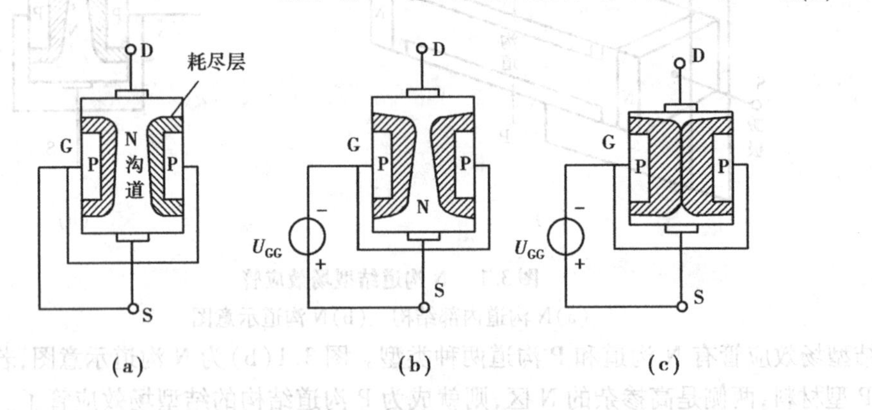

图 3.4 U_{GS}对导电沟道的影响

(a)导电沟道最宽 (b)导电沟道变窄 (c)导电沟道夹断

(2)U_{DS}对导电沟道的影响 现在假设在漏极间施加电压 U_{DS},它的主要作用是形成漏极电流 I_D。当 U_{GS}变化时,沟道中流过的电流 I_D将因沟道电阻的变化而变化。

设栅源电压 $U_{GS}=0$,沟道最宽,电阻最小,电流 I_D最大。当 $U_{DS}=0$ 时、$I_D=0$。当 U_{DS}增加时,漏极电流 I_D从零开始增加,I_D流过导电沟道时,沿着沟道产生电压降,使沟道各点电位不再相等,沟道不再均匀,靠近源极端的耗尽层最窄,沟道最宽;靠近漏极端的电位最高,且与栅极电位差最大,因而耗尽层最宽,沟道最窄。当反偏压 U_{GS}增大到 $U_{GS(off)}$值时,沟道被耗尽层夹断,电流 I_D最小(接近零)。当 $U_{GS(off)}<U_{GS}<0$ 时,电流 I_D在零和最大值之间变化。

由此可见,栅源电压 U_{GS}起着控制漏极电流 I_D大小的作用。场效应管和普通晶体管一样,可以看作是一种受控制电流源,不过它是一种电压控制电流源。

3.1.2 结型场效应管的特性曲线

场效应管的工作性能,也可以用它的伏安特性来表示。下面结合伏安特性,再进一步分析结型场效应管的工作情况。

1)转移特性曲线

转移特性曲线是指在一定漏源电压 U_{DS}作用下,栅极电压 U_{GS}对漏极电流 I_D的控制关系曲

线，即

$$I_D = f(U_{GS})\big|_{U_{GS}=\text{常数}}$$

图3.5为特性曲线测试电路。图3.6为转移特性曲线。

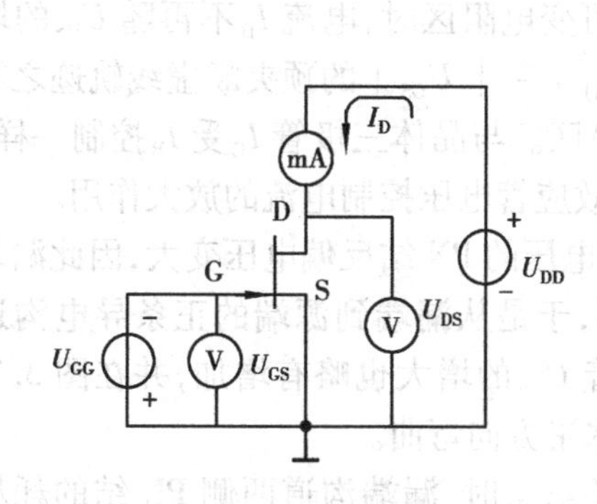

图3.5　场效应管特性测试电路

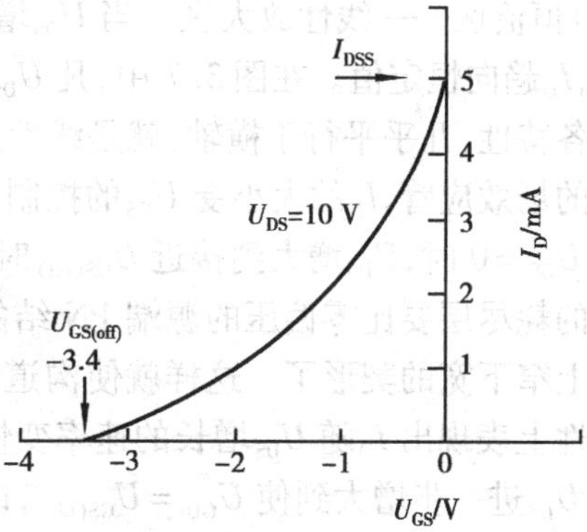

图3.6　转移特性曲线

U_{GS}对I_D的控制作用如下：

当$U_{GS}=0$时，导电沟道最宽，沟道电阻最小。所以，当U_{DS}为某一定值时，漏极电流I_D最大，称为饱和漏极电流，用I_{DSS}表示。

当$U_{GS}=U_{GS(off)}$时，沟道全部夹断，I_D接近于零。

当$|U_{GS}|$值逐渐增大，并在$U_{GS(off)} \leqslant U_{GS} \leqslant 0$的范围内时，PN结上的反向电压也逐渐增大，耗尽层不断加宽，沟道电阻逐渐增大，漏极电流I_D逐渐减小。近似为下式：

$$I_D = I_{DDS}\left(1 - \left|\frac{U_{GS}}{U_{GS(off)}}\right|\right)^2$$

2）输出特性曲线（或漏极特性曲线）

输出特性又称漏极特性，它可以表示栅源电压U_{GS}一定的情况下，漏极电流I_D与漏极电压U_{DS}之间的关系，即

$$I_D = f(U_{GS})\big|_{U_{GS}=\text{常数}}$$

图3.7为某结型场效应管的漏极特性。对照晶体三极管的输出特性，图3.7中的特性也分成3个工作区。

（1）可变电阻区　当U_{GS}不变，U_{DS}由零逐渐增加但其值较小时，I_D随U_{DS}的增加而线性上升，场效应管导电沟道畅通。漏源之间可视为一个线性电阻R_{DS}，这个电阻在U_{DS}较小时，主要由U_{GS}决定，所以此时沟道电阻值近似不变。而对于不同的栅源电压U_{GS}，则有不同的电阻值R_{DS}，随着U_{DS}从零增大，I_D也随之线性增长。故称工作在这个区域的场效应管是导通的，类似于晶体三极管输出特性上的饱和区。

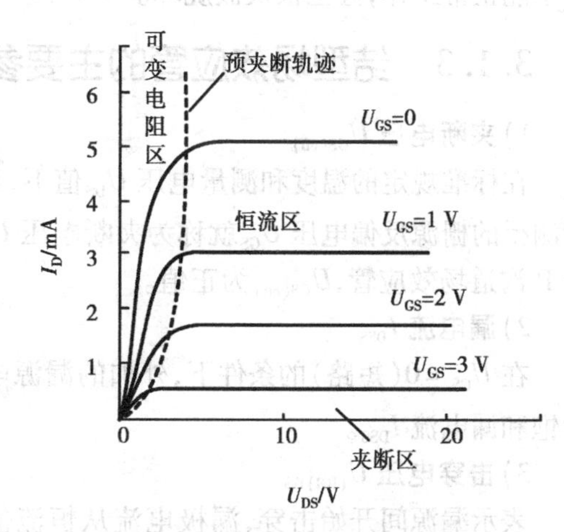

图3.7　结型场效应管的输出特性曲线

(2)夹断区　当 $U_{GS} < U_{GS(off)}$ 时,场效应管的沟道被耗尽层夹断。由于耗尽层电阻极大,故电流 $I_D \approx 0$,即图 3.7 所示特性中靠近横轴的部分。场效应管的夹断区,类似于晶体三极管输出特性上的截止区。

(3)恒流区——线性放大区　当 U_{DS} 增大到脱离可变电阻区时,电流 I_D 不再随 U_{DS} 的增大而增长,I_D 趋向恒定值。在图 3.7 中,凡 $U_{DS} > |U_{GS(off)}| - |U_{GS}|$ 的预夹断虚线轨迹之右边部分的各特性,几乎平行于横轴,就是线性放大(恒流)区。与晶体三极管 I_C 受 I_B 控制一样,该区工作的场效应管,I_D 的大小受 U_{GS} 的控制,表现出场效应管电压控制电流的放大作用。

当 $U_{GS} = 0$ 时,U_{DS} 增大到接近 $U_{GS(off)}$ 时,由于漏端电压的 PN 结反偏电压变大,因此漏端沟道两侧的耗尽层要比零偏压的源端 PN 结的耗尽层厚,于是从漏端到源端的正条导电沟道就变成了上窄下宽的契形了。这样就使沟道电阻也随着 U_{DS} 的增大也略有增加,并在图 3.7 的输出特性上表现出 I_D 随 U_{DS} 增长的速率变慢,曲线向水平方向弯曲。

当 U_{DS} 进一步增大到使 $U_{GD} = U_{GS(off)}$,即 $U_{DS} = -U_{GS(off)}$ 时,漏端沟道两侧 PN 结的耗尽层开始合拢,这种情况称为"预夹断"。如果继续增大 U_{DS},则在漏端将有更多的耗尽层合拢,导致合拢点逐渐往下移,这时漏源间的沟道总电阻明显增大。由于沟道电阻的增大速率与电压 U_{DS} 的上升速率大致相等,所以漏极电流 I_D 不再增长而趋向于恒定,表现在图 3.7 的输出特性上进入了恒流区域,故也称之为电流饱和区。

预夹断后,契形沟道的下部仍为 N 型区,其中自由电子在外电场作用下,可以形成电流 I_D,当电子运动至高阻区时,受到耗尽层内较强电场的作用,从而穿越两边耗尽层间的窄缝,形成连续的电流 I_D。当沟道全夹断时,整条沟道被耗尽层区所占据,缺乏载流子,所以形成不了电流,电流 I_D 又接近于零。

和普通三极管类似,场效应管的恒流特性曲线也是互相平行的,这体现了 U_{GS} 对 I_D 的控制作用。在图 3.7 中,当 $U_{GS} = 0$ 时,$I_D = 5$ mA,而当 $U_{GS} = -1$ V 时,$I_D = 3$ mA。这是由于 $U_{GS} = 0$ 时,未被夹断的导电沟道断面较宽,电阻较小,形成的电流较大;当 $U_{GS} = -1$ V 时,未被夹断的导电沟道断面较窄,电阻较大,形成的电流也就较小。

(4)击穿区　当 U_{DS} 增加到一定值时,漏极电流 I_D 急剧上升,靠近漏极的 PN 结被击穿,管子不能正常工作,甚至很快被烧坏。

3.1.3　结型场效应管的主要参数

1)夹断电压 $U_{GS(off)}$

在标准规定的温度和测量电压 U_{DS} 值下,当漏极电流 I_D 趋向于零(为 10 μA 或 50 μA)时,所测得的栅源反偏电压 U_{GS} 就称为夹断电压 $U_{GS(off)}$。对于 N 沟道场效应管,$U_{GS(off)}$ 为负值;对于 P 沟道场效应管,$U_{GS(off)}$ 为正值。

2)漏电流 I_{DSS}

在 $U_{GS} = 0$(短路)的条件下,外加的漏源电压使场效应管工作于恒流区时的漏极电流,称为饱和漏电流 I_{DSS}。

3)击穿电压 $U_{(BR)DS}$

表示漏源间开始击穿,漏极电流从恒流值急剧上升时的 U_{DS} 值。选用的管子,外加电压 U_{DS} 不允许超过此值。

4）直流输入电阻 R_{GS}

表示栅源间的直流电阻。由于 U_{GS}为反偏电压，所以这个电阻数值很大，一般大于 $10^7\ \Omega$。

5）输出电阻 γ_{DS}

与晶体三极管一样，表示输出特性上某点斜率的倒数。在恒流区，这个数值很大，通常为几十到几百 kΩ。在可变电阻区，沟道畅通，其值很小，当 $U_{GS}=0$ 时，这个电阻被称为场效应管的导通电阻 $\gamma_{DS(on)}$。

6）低频跨导 g_m

在 U_{DS}为规定值的条件下，漏极电流变化量和引起这个变化的栅源电压变化量之比，称为跨导或互导。跨导的单位为 mA/V 或 μA/V，即 mS 或 μS。它表示栅源电压对漏极电流控制能力的大小，数值上还等于转移特性上某点的斜率。可在手册上查得零偏压时的跨导 g_{m0}。

除了以上参数外，场效应管还有最大耗散功率 P_{DM}，极间电容 C_{gs}、C_{gd}等，它们的意义与晶体三极管类似。

复习与讨论题

（1）说明 N 沟道结型场效应管是如何实现 U_{GS}对 I_D的控制作用的。

（2）结型管哪两个管脚可以互换使用，为什么？

（3）为什么结型管的 U_{GS}必须是反偏电压？

3.2　绝缘栅场效应管

在结型场效应管中，栅源间的输入电阻一般为 $10^{+6}\sim10^{+9}\ \Omega$。由于 PN 结反偏时，总有一定的反向电流存在，而且受温度的影响，因此，限制了结型场效应管输入电阻的进一步提高。而绝缘栅型场效应管的栅极与漏极、源极及沟道是绝缘的，输入电阻可高达 $10^{+9}\ \Omega$ 以上。由于这种场效应管是由金属（Metal）、氧化物（Oxide）和半导体（Semiconductor）组成的，故称 MOS 管。目前，应用最广的金属-氧化物-半导体场效应管除输入电阻高外，还具有便于大规模集成化的优点，这种场效应管已成为大规模数字集成电路的结构基础。

MOS 管既有 N 沟道型和 P 沟道型之分，也有增强型和耗尽型之分。当 $U_{GS}=0$ 时，D、S 之间存在导电沟道的，称为耗尽型场效应管；当 $U_{GS}=0$ 时，D、S 之间没有导电沟道，电流 $I_D=0$ 的，则称为增强型场效应管。下面以 N 沟道的这两种 MOS 管为例，作进一步的介绍。

3.2.1　N 沟道增强型绝缘栅场效应管

1）结构和符号

N 沟道增强型 MOS 场效应管的结构如图 3.8(a)所示。MOS 管以一块掺杂浓度较低的 P 型硅片做衬底，在衬底上通过扩散工艺形成两个高掺杂的 N 型区，并引出两个极作为源极 S 和漏极 D，在 P 型硅表面制作一层很薄的二氧化硅（SiO_2）绝缘层，在二氧化硅表面再喷上一层金属铝，引出栅极 G。这种场效应管栅极、源极、漏极之间都是绝缘的，所以称之为绝缘栅场效应管。图 3.8(b)是 N 沟道增强型 MOS 管的符号，箭头的方向表示衬底与沟道间是由 P 指向

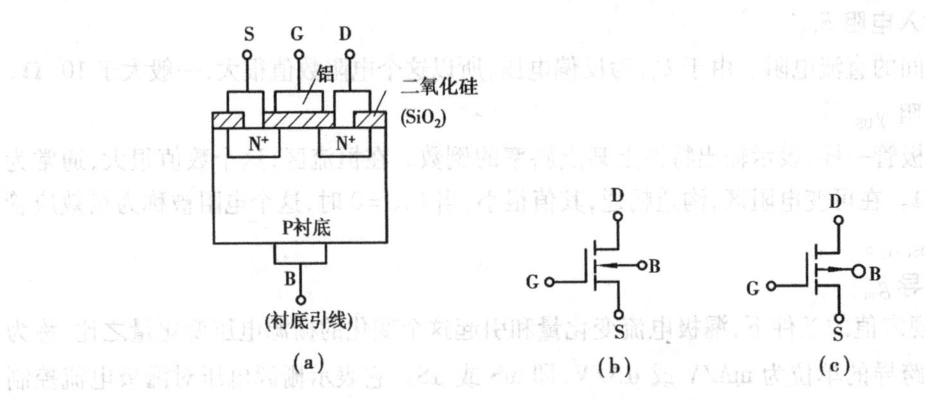

图3.8 MOS管的结构及其图形符号

(a)MOS场效应管的结构 (b)N沟道增强型MOS管的符号

(c)P沟道增强型MOS管的符号

N,即识别出该管为N沟道的;若是P沟道管子,则箭头方向如图3.8(c)所示。

2)工作原理

首先讨论MOS管中感生沟道(反型层)的形成过程。图3.9(a)是N沟道增强型MOS管的工作原理示意图,图3.9(b)是相应的电路图。工作时栅源之间加正向电源电压U_{GS},漏源之间加正向电源电压U_{DS},并且源极与衬底连接,衬底是电路中最低的电位点。

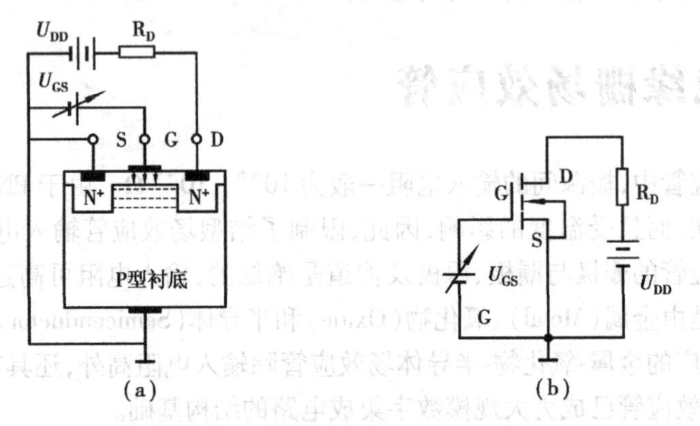

图3.9 N沟道增强型MOS管工作原理

(a)示意图 (b)电路图

当$U_{GS}=0$时,则S、D两极间为一条由半导体N-P-N组成的两个反向串联的PN结,漏极与源极之间没有原始的导电沟道。当U_{DS}加正向电压时,漏极与衬底之间PN结反向偏置,漏极电流$I_D=0$。

当$U_{GS}>0$时,栅极与衬底之间产生了一个垂直于半导体表面、由栅极G指向衬底的电场,这个电场的作用是排斥P型衬底中的空穴而吸引电子到表面层。当U_{GS}增大到一定程度时,绝缘体和P型衬底的交界面附近积累了较多的电子,形成了N型薄层,称为N型反型层。反型层使漏极与源极之间成为一条由电子构成的导电沟道,当加上漏源电压U_{DS}之后,就会有电流I_D流过沟道。通常,将刚刚出现漏极电流I_D时所对应的栅源电压称为开启电压,用$U_{GS(th)}$表示。

当$U_{GS}>U_{GS(th)}$时,随着U_{GS}增大,电场增强,沟道变宽,沟道电阻减小,I_D增大;改变U_{GS}的大小，就可以控制沟道电阻的大小，从而达到控制电流 I_D 的大小。因此，栅源电压 U_{GS} 越高，垂直电场就越强，半导体表面感生的电子就越多，沟道断面就越宽，加上电压 U_{DS} 后形成的电流 I_D 也就越大。与结型场效应管类似，可以通过改变 U_{GS} 大小，达到控制输出电流 I_D 的目的。随着 U_{GS} 的增强，导电性能也跟着增强，故称之为增强型。

3）特性曲线

（1）转移特性曲线　表现为下面函数关系式：

$$I_D = f(U_{GS})|_{U_{GS}=\text{常数}}$$

由图 3.10 所示的转移特性曲线可见，当 $U_{GS} < U_{GS(th)}$ 时，导电沟道没有形成，$I_D = 0$；当 $U_{GS} \geqslant U_{GS(th)}$ 时，开始形成导电沟道，并随着 U_{GS} 的增大，导电沟道变宽，沟道电阻变小，电流 I_D 增大。

（2）输出特性曲线　表现为下面的函数关系式：

$$I_D = f(U_{DS})|_{U_{GS}=\text{常数}}$$

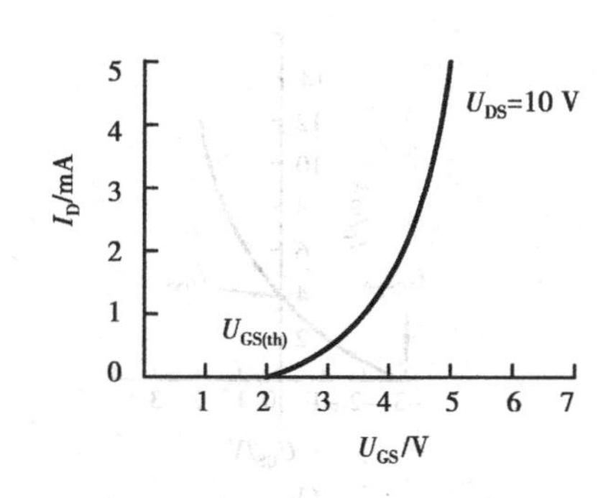

图 3.10　转移特性曲线

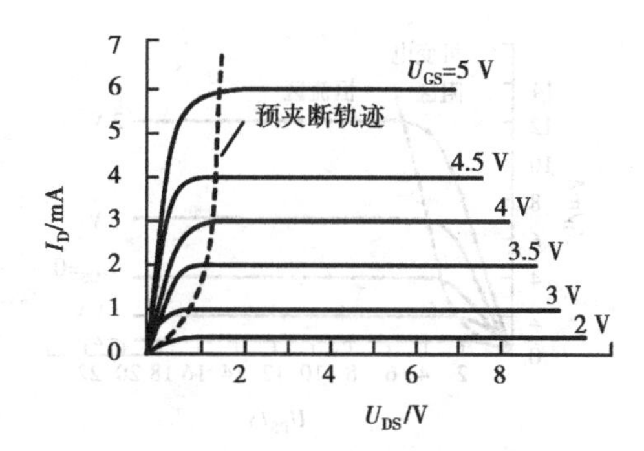

图 3.11　为输出特性曲线

与结型场效应管类似，N 沟道增强型绝缘栅型场效应管的输出特性曲线也分为可变电阻区、恒流区（放大区）、夹断区和击穿区，如图 3.11 所示。其含义与结型场效应管输出特性曲线的几个区相同。

3.2.2　N 沟道耗尽型绝缘栅场效应管

1）结构、符号和工作原理

N 沟道耗尽型 MOS 管的结构如图 3.12（a）所示，图形符号如图 3.12（b）所示。N 沟道耗尽型 MOS 管在制造时，是在二氧化硅绝缘层中掺入了大量的正离子，这些正离子的存在，使得 $U_{GS}=0$ 时，就有垂直电场进入半导体，并吸引自由电子到半导体的表层而形成 N 型导电沟道。

如果在栅源之间加负电压，U_{GS} 所产生的外电场就会削弱正离子所产生的电场，使得沟道变窄，电流 I_D 减小；反之，在栅源之间加正电压，电流 I_D 增加。故这种管子的栅源电压 U_{GS} 可以是正的，也可以是负的。改变 U_{GS}，就可以改变沟道的宽窄，从而控制漏极电流 I_D。

2）特性曲线

（1）输出特性曲线　N 沟道耗尽型 MOS 管的输出特性曲线如图 3.13（a）所示，曲线可分为可变电阻区、恒流区（放大区）、夹断区和击穿区。

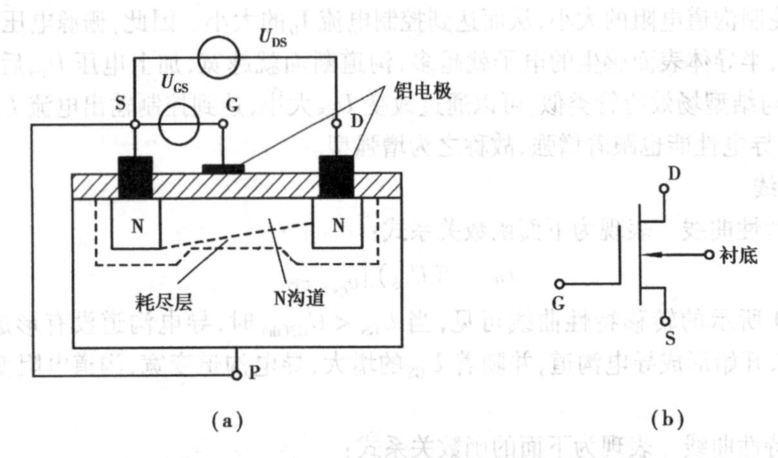

图3.12　N沟道耗尽型MOS管的结构和符号

(a)结构　(b)图形符号

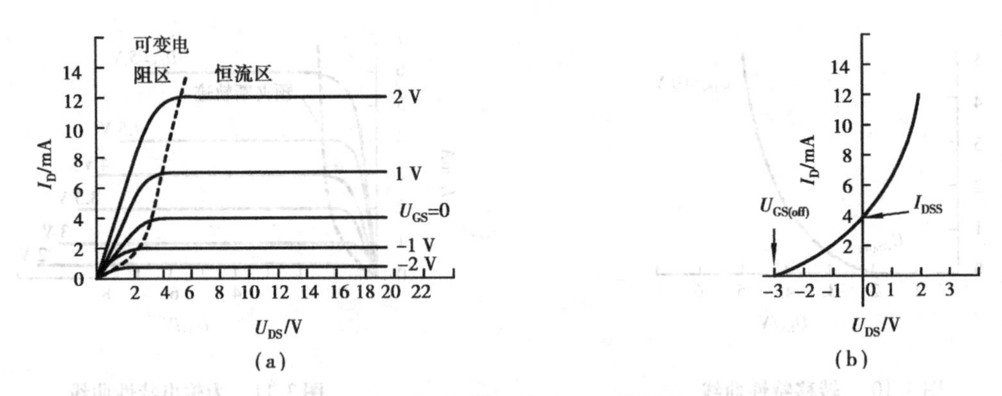

图3.13　N沟道耗尽型MOS管特性

(a)输出特性曲线　(b)转移特性曲线

(2)转移特性曲线　N沟道耗尽型MOS管的转移特性曲线如图3.13(b)所示。从图中可以看出,这种MOS管可正可负,且栅源电压U_{GS}为零时,灵活性较大。

当$U_{GS}=0$时,靠绝缘层中正离子在P型衬底中感应出足够的电子,而形成N型导电沟道,获得一定的I_{DSS}。

当$U_{GS}>0$时,垂直电场增强,导电沟道变宽,电流I_D增大。

当$U_{GS}<0$时,垂直电场减弱,导电沟道变窄,电流I_D减小。

当$U_{GS}=U_{GS(th)}$时,导电沟道全夹断,$I_D=0$。

3.2.3　绝缘栅型场效应管的主要参数及注意事项

1)主要参数

(1)开启电压$U_{GS(th)}$和夹断电压$U_{GS(off)}$　对于增强型管来说,当U_{DS}等于某一定值,使漏极电流I_D等于某一微小电流时,栅源之间所加的电压U_{GS},称为开启电压$U_{GS(th)}$;但对于耗尽型管和结型管来说,它则称为夹断电压$U_{GS(off)}$。

(2)饱和漏极电流I_{DSS}　饱和漏极电流是指工作于饱和区时,耗尽型场效应管在$U_{GS}=0$

时的漏极电流。

(3)低频跨导 g_m(又称低频互导) 低频跨导是指 U_{DS}为某一定值时,漏极电流的微变量和引起这个变化的栅源电压微变量之比,即

$$g_m = \left.\frac{\Delta I_D}{\Delta U_{GS}}\right|_{U_{DS}=\text{常数}}$$

式中,ΔI_D为漏极电流的微变量;ΔU_{GS}为栅源电压微变量。

g_m 反映了 U_{GS}对 I_D 的控制能力,是表征场效应管放大能力的重要参数,单位为[西](S)。g_m 一般为几 mS,它也就是转移特性曲线上工作点处切线的斜率。

(4)直流输入电阻 R_{GS} 直流输入电阻是指漏源间短路时,栅源间的直流电阻值,一般大于 10 ~8 Ω。

(5)漏源击穿电压 $U_{(BR)DS}$ 漏源击穿电压是指漏源间能承受的最大电压,当 U_{DS}值超过 $U_{(BR)DS}$时,栅漏间发生击穿,I_D开始急剧增加。

(6)栅源击穿电压 $U_{(BR)GS}$ 栅源击穿电压是指栅源间所能承受的最大反向电压,U_{GS}值超过此值时,栅源间发生击穿,I_D由零开始急剧增加。

(7)最大耗散功率 P_{DM} 最大耗散功率 $P_{DM} = U_{DS}I_D$,与半导体三极管的 P_{CM}类似,受管子最高工作温度的限制。

2)使用场效应管的注意事项

①在使用场效应管时,要注意漏源电压 U_{DS}、漏源电流 I_D、栅源电压 U_{GS}及耗散功率等值不能超过最大允许值。

②场效应管从结构上看,漏源两极是对称的,可以互相调用。但有些产品制作时已将衬底和源极在内部连在一起,这时漏源两极不能对换用。

③结型场效应管的栅源电压 U_{GS}不能加正向电压,因为它工作在反偏状态。通常,各极在开路状态下保存。

④绝缘栅型场效应管的栅源两极绝不允许悬空,因为栅源两极如果有感应电荷,就很难泄放,电荷积累会使电压升高,而使栅极绝缘层击穿,造成管子损坏。因此,要在栅源间绝对保持直流通路,保存时务必用金属导线将 3 个电极短接起来。在焊接时,烙铁外壳必须接电源地端,并在烙铁断开电源后再焊接栅极,以避免交流感应将栅极击穿,并按 S、D、G 极的顺序焊好之后,再去掉各极的金属短接线。

⑤注意各极电压的极性不能接错。

复习与讨论题

(1)说明 N 沟道增强型绝缘栅场效应管是怎样形成反性层的?

(2)画出 N 沟道增强型绝缘栅场效应管的转移特性,说明开启电压 $U_{GS(th)}$ 的定义。

(3)指出增强型与耗尽型的绝缘栅场效应管的区别,并说明耗尽型绝缘栅场效应管的工作特点。

3.3 场效应管的基本电路

由于场效应管具有输入电阻高和噪声小等突出优点,所以在电子电路的输入极和振荡电

路等需要高阻抗器件的场合都常用到场效应管放大电路。对照晶体三极管的共射、共集及共基电路,场效应管也有共源、共漏及共栅三种基本组态。同样也采用图解法和等效电路法来分析场效应管电路,并注意,场效应管是以电压控制电流源的方式这一特点。

3.3.1 场效应管的直流偏置电路和静态工作点

为了不失真地放大变化信号,场效应管放大电路也必须设置合适的静态工作点。场效应管是电压控制器件,因此它没有偏流,关键是要有合适的栅偏压 U_{GS}。常用的偏置电路有以下两种:

1)自偏压电路

图 3.14 为耗尽型场效应管常用的自偏压电路。当栅源回路接通时,在漏极电源作用下,就有电流 I_D通过,并在源极电阻 R_S上产生静态负栅偏压,通常称为自偏压,其值为:

$$U_{GS} = -I_D R_S$$

适当调整源极电阻 R_S,可以得到合适的静态工作点,通过下列关系式还可以求得工作点上的有关电流和电压:

$$\begin{cases} I_D = I_{DSS}\left(1 - \dfrac{U_{GS}}{U_{GS(off)}}\right)^2 \\ I_D = -\dfrac{1}{R_S}U_{GS} \end{cases}$$

解得 I_D和 U_{GS},及

$$U_{DS} = V_{DD} - I_D(R_D + R_S)$$

2)分压式自偏压电路

图 3.14 还有个缺点,即改变 R_S,电路的栅偏压只能往一个方向变化(该图为负值),不够灵活和方便。改进电路如图 3.15 所示。这个电路的栅源电压除与 R_S有关外,还随电阻 R_{G1}和 R_{G2}的分压比而改变,因此适应性较大。

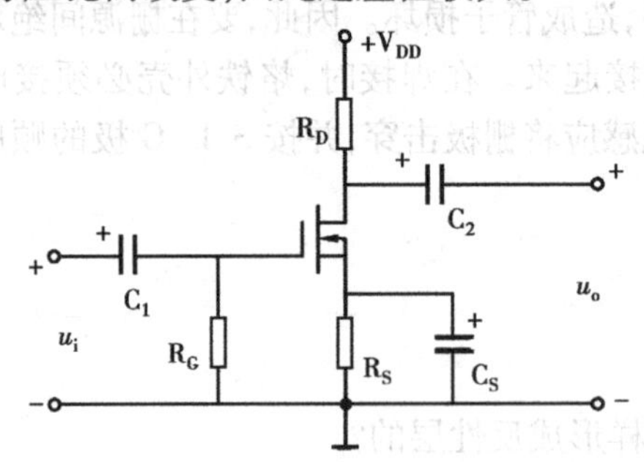

图 3.14 耗尽型场效应管自偏压电路

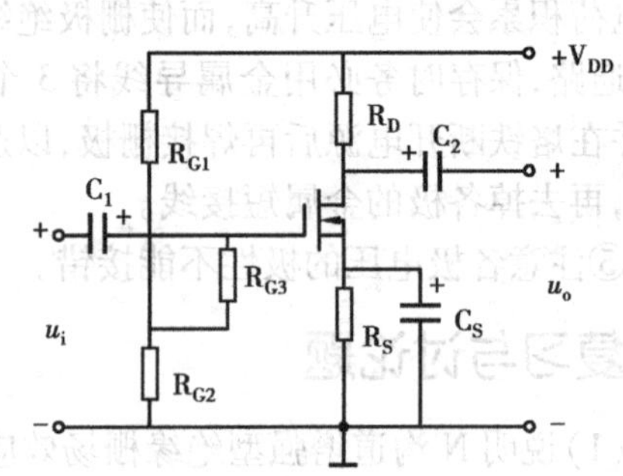

图 3.15 分压式自偏压电路

由图 3.15 可得,

$$U_{GS} = U_G - U_S = \frac{R_{G2}}{R_{G1} + R_{G2}}V_{DD} - I_D R_S$$

适当选择 R_{G1}或 R_{G2}值,就可获得正、负及零 3 种偏压。图中 R_{G3},用以隔离 R_{G1}、R_{G2}对信号的分流作用,以保持高的输入电阻。

3.3.2　场效应管放大电路的等效电路分析

1）场效应管的等效电路

图3.16为场效应管等效电路，与晶体三极管等效电路对比，场效应管输入电阻 r_{GS} 极大，故看成开路而略去。输出端为电压控制电流源 $i_D = g_m u_{GS}$。场效应管的等效电路更为简单，图中略去了受控源的内阻 r_{DS}，并认为它的恒流特性都是理想的。

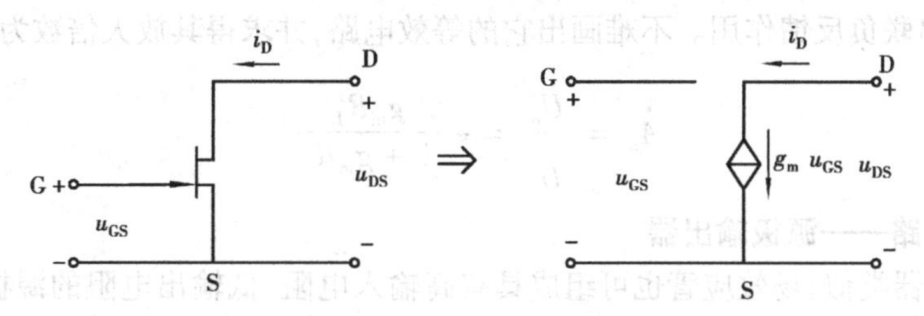

图3.16　场效应管等效电路

2）场效应管共源放大电路

前面介绍的图3.14所示的自偏压电路，就是一种简单的共源极电路。图3.17为它的交流等效电路，由该电路不难求出 $\dot{A}_u$、r_i 及 r_o 3个电路指标。

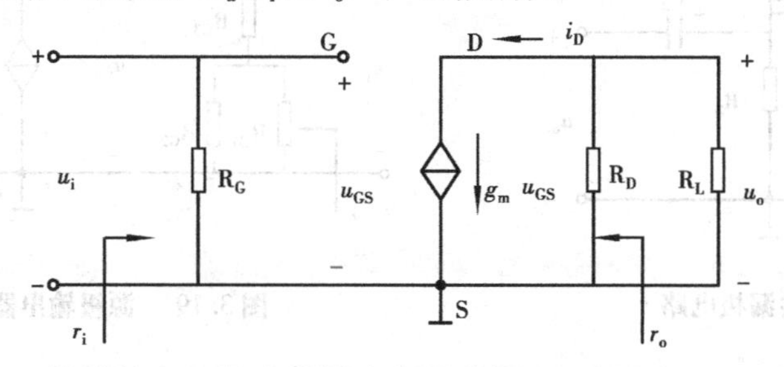

图3.17　共源极电路交流等效电路

（1）电压放大倍数 $\dot{A}_u$　由图3.17可推导出电压放大倍数的表达式：

$$\dot{A}_u = \frac{\dot{U}_o}{\dot{U}_i} = \frac{\dot{I}_D R'_L}{\dot{U}_{GS}} = -\frac{g_m \dot{U}_{GS} R'_L}{\dot{U}_{GS}}$$

即

$$\dot{A}_u = -g_m R'_L$$

其中

$$R'_L = R_D /\!/ R_L^*$$

上式表明，场效应管共源放大电路的放大倍数与跨导 g_m 成正比，且输出电压与输入电压反相。

（2）输入电阻 r_i 和输出电阻 r_o　由图3.17可得输入电阻：

---

* “//”非运算符，但约定俗成表并联，$R'_L = R_D /\!/ R_L$，意即 R'_L 为电阻 R_D 与 R_L 并联时的等效电阻，$R'_L = \frac{R_D R_L}{R_D + R_L}$。以下类似 $X' = X_1 /\!/ X_2$ 并联元器件等效值的表示不再加注。

$$r_i \approx R_G$$

可见，场效应管电路的输入电阻，主要由偏置电阻 R_G 决定，R_G 通常是很大的。

输出电阻为：

$$r_o \approx R_D$$

场效应管共源电路的输出电阻，与共射电路类似，由漏极电阻 R_D 决定。

(3)具有交流电流反馈的共源放大电路　在图 3.15 的共源电路中，若断开旁路电容 C_S，则 R_S 兼有电流串联负反馈作用。不难画出它的等效电路，并求得其放大倍数为：

$$\dot{A}_u = \frac{\dot{U}_o}{\dot{U}_i} = -\frac{g_m R'_L}{1 + g_m R_S}$$

3)共漏极电路——源极输出器

与射极输出器类似，场效应管也可组成具有高输入电阻、低输出电阻的源极输出器，如图 3.18 所示。下面简要分析该电路的性能指标。

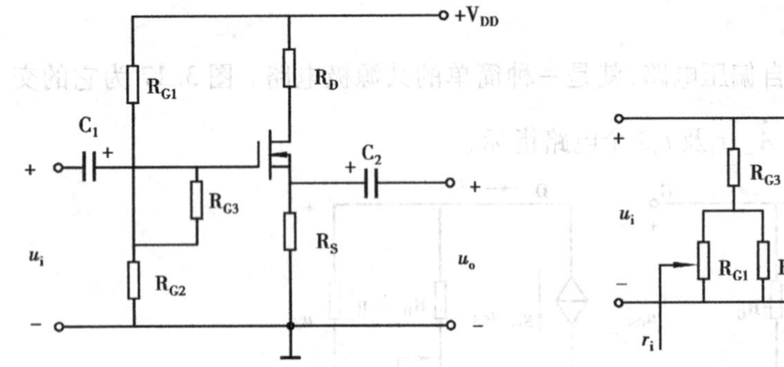

图 3.18　共漏极电路　　**图 3.19　源极输出器等效电路**

(1)电压放大倍数 $\dot{A}_u$　由图 3.19 可推导出电路的电压放大倍数为：

$$\dot{A}_u = \frac{\dot{U}_o}{\dot{U}_i} = \frac{\dot{I}_D R'_L}{\dot{U}_{GS} + \dot{U}_o} = \frac{\dot{U}_{GS} g_m R'_L}{\dot{U}_{GS} + \dot{U}_{GS} g_m R'_L}$$

即

$$\dot{A}_u = \frac{g_m R'_L}{1 + g_m R'_L}$$

设图 3.18 中的场效应管 $g_m = 3\ \text{mS}$、$R_S = 4.7\ \text{k}\Omega$、$R_L = 15\ \text{k}\Omega$，则得：

$$\dot{A}_u = \frac{3\ \text{mS} \times \dfrac{1}{\dfrac{1}{4.7\ \text{k}\Omega} + \dfrac{1}{15\ \text{k}\Omega}}}{1 + 3\ \text{mS} \times \dfrac{1}{\left(\dfrac{1}{4.7\ \text{k}\Omega} + \dfrac{1}{15\ \text{k}\Omega}\right)}} = 0.92$$

可见，与射极输出器一样，源极输出器的电压放大倍数小于 1，输出电压与输入电压同相。

(2)输入电阻 R_i　由图 3.19 可得：

$$R_i = R_{G3} + (R_{G1} /\!/ R_{G2}) \approx R_{G3}$$

(3)输出电阻 R_o　按照求放大电路输出电阻的通用方法,令图 3.18 中的 $U_i=0$(短路),由输出端外加一交流电压 U_o,求出输出电阻为:

$$R_o=R_S//\frac{\dot{U}_o}{\dot{I}_D}$$

其中

$$\frac{\dot{U}_o}{\dot{U}_i}=-\frac{\dot{U}_o}{-g_m\dot{U}_{GS}}=\frac{\dot{U}_o}{-g_m\left(-\dot{U}\right)}=\frac{1}{g_m}$$

则有
$$R_o=R_S//\frac{1}{g_m}$$

场效应管放大电路,除共源、共漏电路外,还有共栅极电路,其电路形式和特点类似于晶体三极管的共基极电路,这里不再赘述。

复习与讨论题

(1)FET 常用的直流偏置电路有哪几种?它们各有什么特点及应用范围?

(2)FET 放大器的静态分析有哪些方法?具体步骤是什么?

(3)如何用微变等效电路分析法求解共源极电路和共漏极电路的电压放大倍数 A_u、R_i 及 R_o?

本章小结

(1)场效应管有结型和绝缘栅型两大类。它是一种高输入电阻的电压控制型器件,利用栅极电压所产生的电场来改变漏源极间导电沟道的宽窄,从而控制输出电流的大小。

(2)结型场效应管有 N 沟道和 P 沟道两种类型,它是利用反偏 PN 结的内建电场大小来改变沟道宽窄的。当 $U_{GS}=0$ 时,输出漏极电流为最大。

场效应管用转移特性来表示输入电压对输出电流的控制性能;用漏极特性的 3 个工作区表示它的输出性能。工作于输出特性的可变电阻区的场效应管可作为压控电阻使用;工作于输出特性的恒流区的场效应管可作为放大器件使用;工作于输出特性的截止区和导通区(可变电阻区欧姆电阻很小)的场效应管可作为开关器件使用。

(3)MOS 管除分为 N 沟道 PMOS 和 P 沟道 NMOS 两大类之外,每类还按 $U_{GS}=0$ 时有无导电沟道存在,又分成耗尽型和增强型两种。耗尽型使用时具有较大的灵活性,实际上可工作于 $U_{GS}=0$、正值及负值 3 种情况。增强型的栅源电压 U_{GS} 的极性与漏源电压 U_{DS} 一致,耗尽型的两者极性通常相反。MOS 场效应管是利用与沟道绝缘的栅极所加电压产生的垂直电场大小来改变沟道宽窄的。

(4)MOS 管(尤其耗尽型)的特性、参数与结型管相似,而增强型的没有夹断电压,只有开启电压 $U_{GS(th)}$,当 $|U_{GS}|>|U_{GS(th)}|$ 时,才有漏极电流 I_D 出现。MOS 管有的栅源电阻极高,这是它的主要特点。此外,使用 MOS 管要注意栅极不可悬空,以免击穿损坏。

(5)场效应管的直流偏置电路有自偏压和分压式两类。场效应管放大电路的工作点电压和电流是否合适，也可以通过测量来判断。测量用电压表必须是高内阻的，对于结型管，测出的电压 U_{GS} 约为夹断电压 $U_{GS(off)}$ 的一半，便可正常工作。测出的 U_{DS} 也约为电源电压 V_{DD} 的一半，便可正常工作。若工作点失常，则可通过改变栅极电阻 R_G 或源极电阻 R_S 使之趋向正常值。

(6)场效应管放大电路也有共源、共漏及共栅3种组态。分析方法与晶体管放大电路类似。考虑到场效应管具有极高的输入电阻以及是一种电压控制电流源这两个特点，它的交流等效电路也相应有些变化(即令 $r_{GS}=\infty$，用 $i_D=g_m u_{GS}$ 取代 $i_c=\beta i_b$。在实际应用中必须注意，场效应管的突出优点是输入电阻极高，不足之处是单级增益较低(g_m 较小)。

自我检测题与习题

一、单选题

1. 题图3.1所示的电路符号代表(　　)管。

A. 耗尽型PMOS　　B. 耗尽型NMOS

C. 增强型PMOS　　D. 增强型NMOS

2. 场效应管本质上是一个(　　)。

A. 电流控制电流源器件　　B. 电流控制电压源器件

C. 电压控制电流源器件　　D. 电压控制电压源器件

3. 已知场效应管的转移特性曲线如题图3.2所示，则此场效应管的类型是(　　)。

A. 增强型PMOS　　B. 增强型NMOS

C. 耗尽型PMOS　　D. 耗尽型NMOS

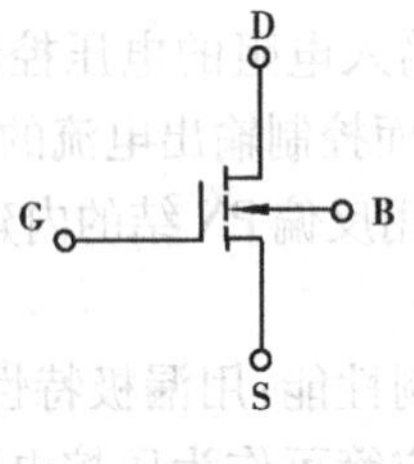

题图3.1

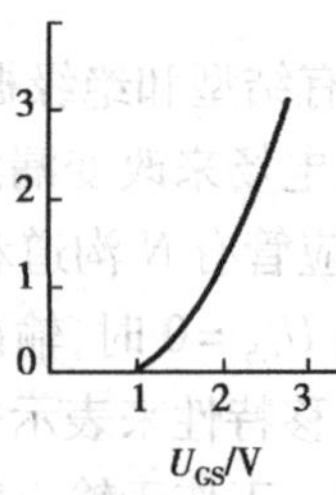

题图3.2

二、判断题(正确的在括号中画"✓"，错误的画"×")

1. 场效应管放大电路和双极型三极管放大电路的小信号等效模型相同。(　　)

2. 结型场效应管外加的栅源电压应使栅源之间的PN结反偏，以保证场效应管的输入电阻很大。(　　)

3. 双极型三极管和场效应管都利用输入电流的变化控制输出电流的变化而起到放大作用。(　　)

4. I_{DSS} 表示工作于饱和区的增强型场效应管在 $u_{GS}=0$ 时的漏极电流。(　　)

5. 开启电压是耗尽型场效应管的参数；夹断电压是增强型场效应管的参数。(　　)

6. 与三极管放大电路相比，场效应管放大电路具有输入电阻很高、噪声低、温度稳定性好等优点。(　　)

三、填空题

1. 场效应管是利用________电压来控制________电流大小的半导体器件。

2. 场效应管具有输入电阻很________、抗干扰能力________等特点。

3. 场效应管是利用________效应，来控制漏极电流大小的半导体器件。

4. 当 $u_{GS}=0$ 时，漏源间存在导电沟道的，称为________型场效应管；漏源间不存在导电沟道的，称为________型场效应管。

四、计算分析题

1. 场效应管放大电路如题图 3.3 所示，各电容对交流的容抗近似为零。①指出该电路采用了何种类型场效应管；②画出放大电路的小信号等效电路；③指出该电路构成何种组态放大电路；④说明 R_{G3} 的作用；⑤指出输出电压与输入电压的相位关系；⑥说明该电路可否用于放大交流电压。

2. 场效应管放大电路如题图 3.4 所示，已知 $g_m=2$ mS、$R_{G3}=5.1$ MΩ、$R_D=20$ kΩ、$R_L=10$ kΩ，各电容对交流的容抗近似为零。①说明图中场效应管的类型；②画出放大电路的交流通路和小信号等效电路；③求 A_u、R_i、R_o。

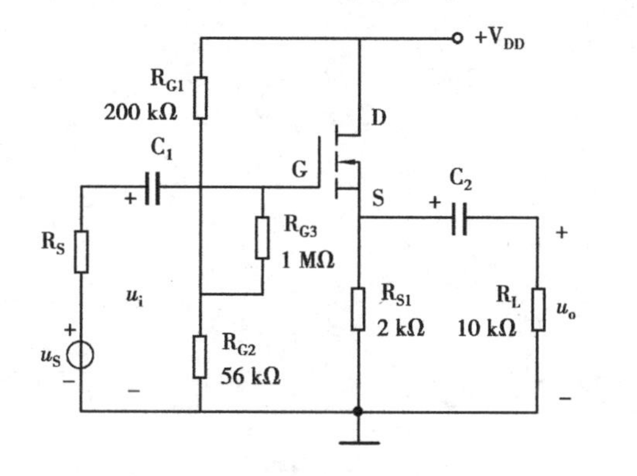

题图 3.3

题图 3.4

3. 试判断题图 3.5 所示各电路能否放大交流电压信号。

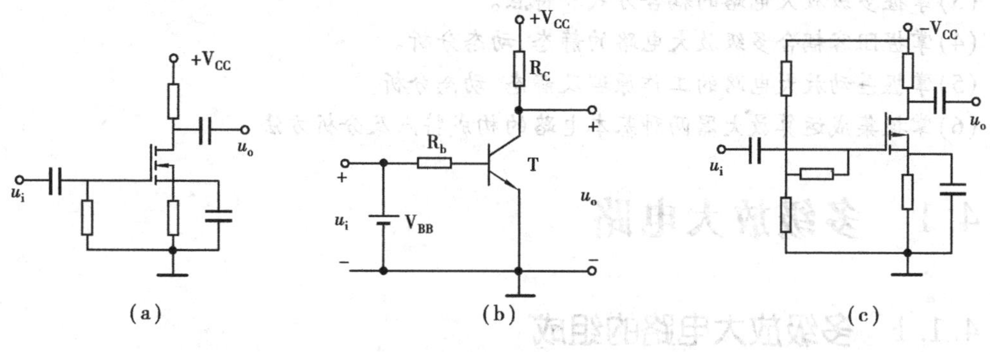

题图 3.5

4　多级放大电路和集成运算放大器

本章知识点：

(1)多级放大电路的耦合方式和特点。

(2)多级放大电路的分析与计算。

(3)放大电路的频率特性。

(4)差动放大电路。

(5)集成运算放大器的基本知识。

(6)集成运算放大器的两种基本电路。

本章难点：

(1)多级放大电路的静态、动态分析。

(2)差动放大电路。

(3)放大电路的频率特性。

学习要求：

(1)了解放大电路的频率特性。

(2)了解集成运算放大器的基本知识。

(3)掌握多级放大电路的耦合方式和特点。

(4)掌握阻容耦合多级放大电路的静态、动态分析。

(5)掌握差动放大电路的工作原理及静态、动态分析。

(6)掌握集成运算放大器两种基本电路的构成特点及分析方法。

4.1　多级放大电路

4.1.1　多级放大电路的组成

1)多级放大电路的组成框图

前面几章讨论的都是由一个三极管(或场效应管)组成的单级放大电路,它的放大倍数一般都较小,通常为几十倍。而在实际应用中,来自现场的输入信号往往比较微弱,需要把这样的信号放大几百倍甚至几千倍,为此需要把若干单级放大电路经过一定的连接方式组成多级放大电路，以满足实际要求。多级放大电路的级数可以是两级、三级甚至更多级，其一般结构如图4.1所示。

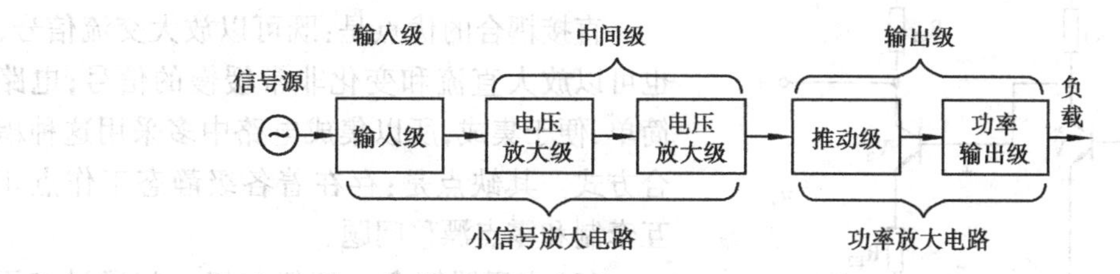

图4.1 多级放大电路的组成框图

多级放大电路的输入级常采用具有高输入电阻的共集放大电路或场效应管放大电路，且器件多采用低噪声管；中间级常采用由若干级共射放大电路组成，主要用作电压放大；输出级主要用作功率放大、输出负载所需要的功率。经过各级电路的放大，多级放大电路就能得到一个足够大的放大倍数。

在多级放大电路中，级与级之间的连接方式称为级间耦合方式。级间耦合时，必须满足：

①耦合后，各级电路仍具有合适的静态工作点。

②保证前级的输出信号能顺利地传输到下一级。

③耦合后，多级放大电路的性能指标必须满足实际要求。

2）多级放大电路的级间耦合方式

在多级放大电路中，常见的级间耦合方式有阻容耦合、直接耦合、变压器耦合和光电耦合等多种形式。

（1）阻容耦合　把放大电路的输出端通过电容接到后级的输入端，这种连接方式称为阻容耦合方式。电路如图4.2所示。

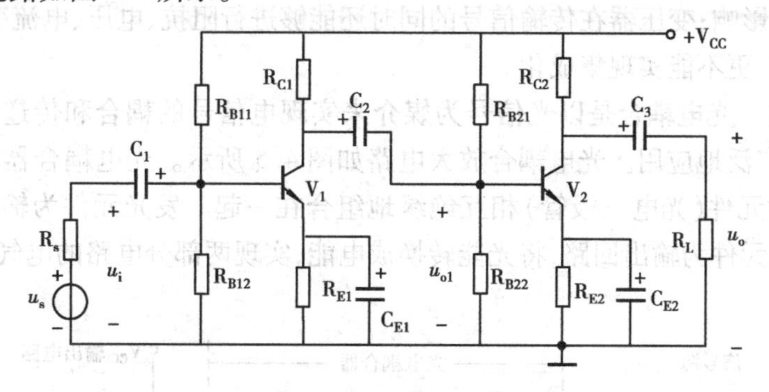

图4.2 两级阻容耦合放大电路

这种耦合方式的优点是：因电容具有“隔直”作用，所以各级电路的静态工作点相互独立，互不影响。这给放大电路的分析、设计和调试带来很大的方便。此外，还具有体积小、重量轻等优点。

其缺点是：因电容对交流信号具有一定的容抗，在信号传输过程中，会受到一定的衰减。尤其对于变化缓慢的信号容抗很大，不便于传输。此外，在集成电路中，制造大容量电容很困难，所以这种耦合方式下的多级放大电路不便于集成化。

（2）直接耦合　为了避免电容对缓慢变化的信号在传输过程中带来的不良影响，也可以

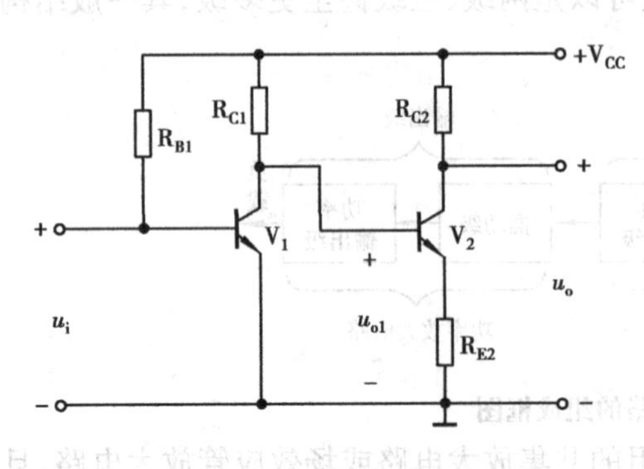

图4.3 直接耦合放大电路

把级与级之间直接用导线连接起来，这种连接方式称为直接耦合，电路如图4.3所示。

直接耦合的优点是：既可以放大交流信号，也可以放大直流和变化非常缓慢的信号；电路简单，便于集成，所以集成电路中多采用这种耦合方式。其缺点是：存在着各级静态工作点相互牵制和零点漂移问题。

(3)变压器耦合　把级与级之间通过变压器连接的方式称为变压器耦合。电路如图4.4所示。

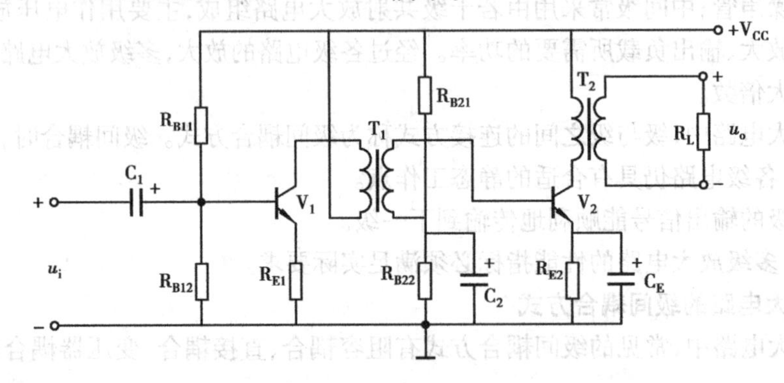

图4.4 变压器耦合放大电路

变压器耦合的优点是：由于变压器不能传输直流信号，且有隔直作用，因此各级静态工作点相互独立，互不影响；变压器在传输信号的同时还能够进行阻抗、电压、电流变换等。其缺点是：体积大且笨重，更不能实现集成化。

(4)光电耦合　光电耦合是以光信号为媒介来实现电信号的耦合和传递，因抗干扰能力强而得到越来越广泛地应用。光电耦合放大电路如图4.5所示。光电耦合器将发光元件（发光二极管）与光敏元件（光电三极管）相互绝缘地组合在一起。发光元件为输入回路，将电能转换成光能；光敏元件为输出回路，将光能转换成电能，实现两部分电路的电气隔离，有效地抑制电干扰。

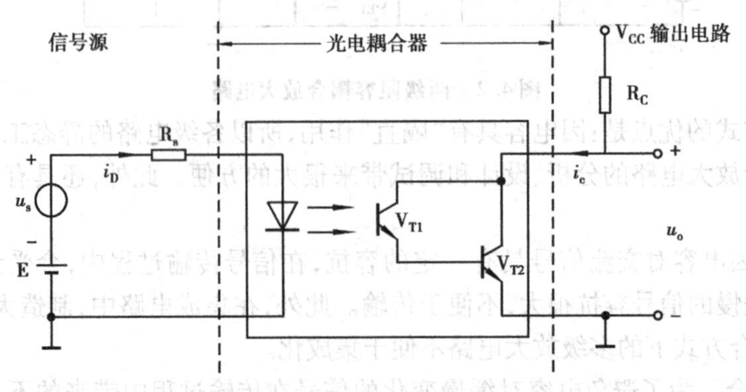

图4.5 光电耦合放大电路

当动态信号为零时，输入回路有静态电流 I_{DQ}，输出回路有静态电流 I_{CQ}，从而确定输出静态管压降 U_{CEQ}，当有动态信号时，随着 i_D 的变化，i_c 将产生线性变化，电阻 R_C 将电流的变化转换为电压的变化，实现电压放大。

4.1.2　多级放大电路的分析

1）静态分析

在图 4.2 所示阻容耦合放大电路中，由于有电容的隔直作用，各级的直流工作状态是互相独立的，彼此没有影响，因而和单级放大电路静态分析完全相同。下面主要进行动态分析。

2）动态分析

（1）电路总电压放大倍数等于各级电压放大倍数的乘积　由图 4.2 可知，第 1 级的输出电压 u_{o1} 就是第 2 级的输入电压，第 2 级的输出电压就是电路的总输出电压 u_o，所以有

$$\dot{A}_u = \frac{\dot{U}_o}{\dot{U}_i} = \frac{\dot{U}_{o1}}{\dot{U}_i} \cdot \frac{\dot{U}_o}{\dot{U}_{o1}} = \dot{A}_{u1} \cdot \dot{A}_{u2}$$

因此，可推广到 n 级放大电路的电压放大倍数为

$$\dot{A}_u = \dot{A}_{u1} \cdot \dot{A}_{u2} \cdots \dot{A}_{un}$$

注意：计算前级的电压放大倍数时，必须把后级的输入电阻考虑到前级的负载电阻之中。如计算第 1 级的电压放大倍数时，其负载电阻就是第 2 级的输入电阻。

（2）电路的输入电阻就是第 1 级放大电路的输入电阻

$$r_{i1} = R_{B11} \,//\, R_{B12} \,//\, r_{be1}$$

（3）电路的输出电阻就是最后一级放大电路的输出电阻

$$r_{o2} = R_{C2}$$

例 4.1　在图 4.6 所示两级组容耦合放大电路中，已知 $V_{CC}=12\ \text{V}$、$R_{B11}=30\ \text{k}\Omega$、$R_{B12}=20\ \text{k}\Omega$、$R_{B21}=15\ \text{k}\Omega$、$R_{B22}=10\ \text{k}\Omega$、$R_{C1}=3\ \text{k}\Omega$、$R_{E1}=3\ \text{k}\Omega$、$R_{C2}=2.5\ \text{k}\Omega$、$R_{E2}=2\ \text{k}\Omega$、$R_L=5\ \text{k}\Omega$、$\beta_1=\beta_2=50$、$U_{BE1}=U_{BE2}=0.7\ \text{V}$。求：

①各级电路的静态值；

②各级电路的电压放大倍数 $\dot{A}_{u1}$、$\dot{A}_{u2}$ 和总电压放大倍数 $\dot{A}_u$；

③各级电路的输入电阻和输出电阻。

解　（1）静态值的估算

第 1 级为

$$U_{B1} = \frac{R_{B12}}{R_{B11}+R_{B12}} V_{CC} = \frac{15\ \text{k}\Omega}{30\ \text{k}\Omega + 15\ \text{k}\Omega} \times 12\ \text{V} = 4\ \text{V}$$

$$I_{C1} \approx I_{E1} = \frac{U_{B1}-U_{BE1}}{R_{E1}} = \frac{4\ \text{V}-0.7\ \text{V}}{3\ \text{k}\Omega} = 1.1\ \text{mA}$$

$$I_{B1} = \frac{I_{C1}}{\beta_1} = \frac{1.1}{50}\ \text{mA} = 22\ \mu\text{A}$$

$$U_{CE1} = V_{CC} - I_{C1}(R_{C1}+R_{E1}) = 12\ \text{V} - 1.1\ \text{mA} \times (3\ \text{k}\Omega + 3\ \text{k}\Omega) = 5.4\ \text{V}$$

第 2 级为

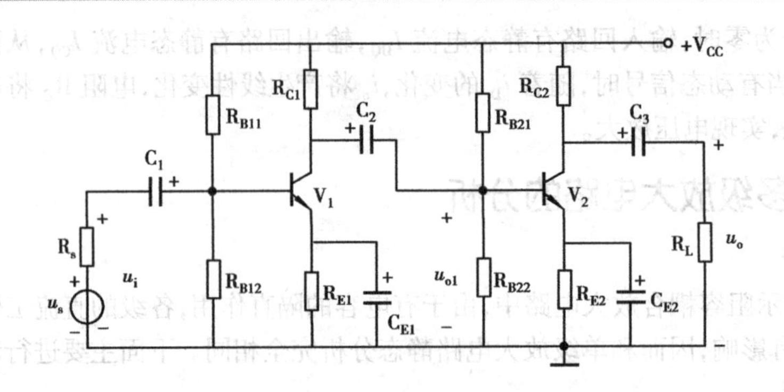

图 4.6 例 4.1 图

$$U_{B2}=\frac{R_{B22}}{R_{B21}+R_{B22}}V_{CC}=\frac{10\ \text{k}\Omega}{20\ \text{k}\Omega+10\ \text{k}\Omega}\times 12\ \text{V}=4\ \text{V}$$

$$I_{C2}\approx I_{E2}=\frac{U_{B2}-U_{BE2}}{R_{E2}}=\frac{4\ \text{V}-0.7\ \text{V}}{2\ \text{k}\Omega}=1.65\ \text{mA}$$

$$I_{B2}=\frac{I_{C2}}{\beta_2}=\frac{1.65}{50}\ \text{mA}=33\ \mu\text{A}$$

$$U_{CE2}=V_{CC}-I_{C2}(R_{C2}+R_{E2})=12\ \text{V}-1.65\ \text{mA}\times(2.5\ \text{k}\Omega+2\ \text{k}\Omega)=4.62\ \text{V}$$

(2)求各级电路的电压放大倍数$\dot{A}_{u1}$、$\dot{A}_{u2}$和总电压放大倍数$\dot{A}_u$ 首先画出电路的微变等效电路。如图 4.7 所示。

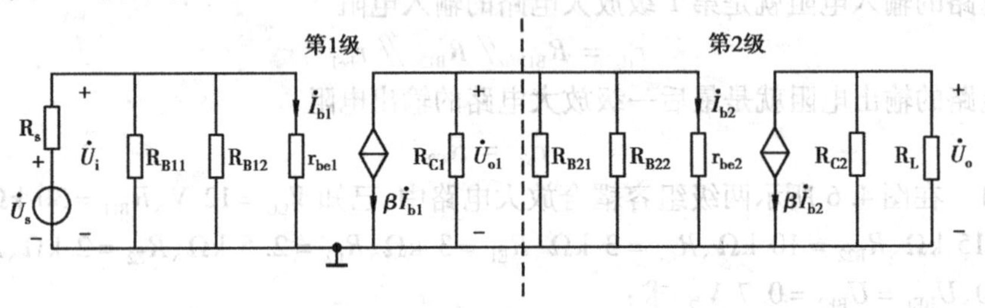

图 4.7 两级放大电路微变等效电路

三极管 V_1 的动态输入电阻为

$$r_{be1}=300\ \Omega+(1+\beta_1)\frac{26\ \text{mV}}{I_{E1}}=300\ \Omega+(1+50)\times\frac{26\ \text{mV}}{1.1\ \text{mA}}=1\ 500\ \Omega=1.5\ \text{k}\Omega$$

三极管 V_2 的动态输入电阻为

$$r_{be2}=300\ \Omega+(1+\beta_2)\frac{26\ \text{mV}}{I_{E2}}=300\ \Omega+(1+50)\times\frac{26\ \text{mV}}{1.65\ \text{mA}}=1\ 100\ \Omega=1.1\ \text{k}\Omega$$

第 2 级输入电阻为

$$R_{i2}=R_{B21}\ /\!/\ R_{B22}\ /\!/\ r_{be2}=20\ \text{k}\Omega\ /\!/\ 10\ \text{k}\Omega\ /\!/\ 1.1\ \text{k}\Omega=0.94\ \text{k}\Omega$$

第 1 级等效负载电阻为

$$R'_{L1}=R_{C1}\ /\!/\ R_{i2}=3\ \text{k}\Omega\ /\!/\ 0.94\ \text{k}\Omega=0.72\ \text{k}\Omega$$

第 2 级等效负载电阻为

$$R'_{L2}=R_{C2}\ /\!/\ R_L=2.5\ \text{k}\Omega\ /\!/\ 5\ \text{k}\Omega=1.67\ \text{k}\Omega$$

第1级电压放大倍数为

$$\dot{A}_{u1} = -\frac{\beta_1 R'_{L1}}{r_{be1}} = -\frac{50 \times 0.72\ \text{k}\Omega}{1.5\ \text{k}\Omega} = -24$$

第2级电压放大倍数为

$$\dot{A}_{u2} = -\frac{\beta_2 R'_{L2}}{r_{be2}} = -\frac{50 \times 1.67\ \text{k}\Omega}{1.1\ \text{k}\Omega} = -76$$

两级总电压放大倍数为

$$\dot{A}_u = \dot{A}_{u1}\dot{A}_{u2} = (-24) \times (-76) = 1\ 824$$

(3)求各级电路的输入电阻和输出电阻

第1级输入电阻为

$$R_{i1} = R_{B11} /\!/ R_{B12} /\!/ r_{be1} = 30\ \text{k}\Omega /\!/ 15\ \text{k}\Omega /\!/ 1.5\ \text{k}\Omega = 1.3\ \text{k}\Omega$$

第2级输入电阻在上面已求出,为 $R_{i2} = 0.94\ \text{k}\Omega$。

第1级输出电阻为

$$R_{o1} = R_{C1} = 3\ \text{k}\Omega$$

第2级输出电阻为

$$R_{o2} = R_{C2} = 2.5\ \text{k}\Omega$$

第2级的输出电阻就是两级放大电路的输出电阻。

复习与讨论题

(1)什么是多级放大电路?为什么要组成多级放大电路?

(2)多级放大电路的级间耦合电路应解决哪些问题?常用的耦合方式有哪些?各有什么特点?

(3)多级放大电路的放大倍数与各级放大倍数有何关系?在计算时应注意什么问题?

4.2　放大电路的频率特性

4.2.1　频率特性描述和几个常用术语

1)频率特性描述

在实验、调试放大电路性能时,输入信号往往用单一频率的正弦信号,而实际应用中,放大器所放大的信号并非单一频率,如语言、音乐信号的频率范围在20 Hz~20 kHz,图像信号的频率范围在0~6 MHz等,即要放大的信号大多是在某一段频率范围内。所以,要求放大电路对信号频率范围内的所有频率都具有相同的放大效果,输出才能不失真地重现输入信号。

由于放大电路中存在电容、电感元件以及晶体管本身的电容效应,它们的电抗值与信号频率有关,这就使放大电路对于不同频率的输入信号有着不同的放大能力,前面分析计算电压放大倍数时,忽略了上述各种电容对放大电路的影响,把电压放大倍数看成是与频率无关的量,这种处理只适用于一定的频率范围(通常为中频)。当信号频率太低或太高时,电压放大倍数

的数值都会显著降低。所以,放大电路的电压放大倍数可以表示为信号频率的函数,即

$$A_u = A_u(f)\angle\varphi(f)$$

式中,$A_u(f)$表示电压放大倍数的模与信号频率的关系,称为幅频特性;而$\varphi(f)$则表示输出电压与输入电压之间的相位差和信号频率的关系,称为相频特性。幅频特性与相频特性总称为放大电路的频率特性或频率响应。

2)单级阻容耦合放大电路的频率特性

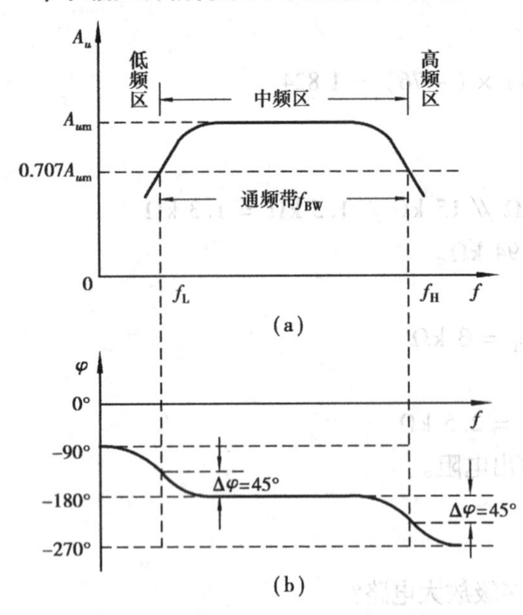

图4.8 单管放大电路的频率响应

(a)幅频特性;(b)相频特性

单级共射放大电路的频率特性如图4.8所示。从特性曲线上可以看出,整个曲线分为低频区、中频区和高频区3部分。

(1)中频区 特性曲线的平坦(中间)部分,该区域电压放大倍数A_{um}和相位差φ不随频率变化,近似为常数。这是由于在中频区范围内,放大电路中的输入输出耦合电容C_1、C_2及旁路电容C_E的容抗很小,均视为短路;晶体管极间电容的容抗很大,可视为开路,它们对信号传输无影响。

(2)低频区(约小于几十Hz) 特性曲线靠近纵轴部分,这时晶体管的极间电容仍呈开路状态,而耦合电容C_1、C_2及旁路电容C_E的容抗随频率下降而增大,不再视为短路,信号通过时有明显衰减,故造成电压放大倍数随频率降低而下降。同时相对于$-180°$产生超前的附加相位差$\Delta\varphi$随之增大,当$f=0$时,φ达$-90°$。

(3)高频区(约大于几十kHz至几百kHz) 这时认为耦合电容、旁路电容呈短路,极间电容不再视为开路,而对信号电流起分流作用,输出电压降低,故电压放大倍数随频率升高而下降。同时产生滞后的附加相位差$\Delta\varphi$,当$f\to\infty$时,φ达$-270°$。

(4)通频带 在中频区之外的低频区和高频区,放大倍数A_{um}都要下降。当放大倍数下降到$A_u=0.707A_{um}$时,所对应的低端频率和高端频率,分别称为放大电路的下限频率f_L和上限频率f_H,其差值称为放大电路的通频带,用f_{BW}表示,即

$$f_{BW}=f_H-f_L$$

通常f_L远小于f_H,所以还可以近似表示为

$$f_{BW}\approx f_H$$

通频带越宽,表明放大电路对不同频率信号的适应能力越强,放大电路的频率特性就越好,其失真就越小。为了不失真地放大信号,要求放大电路的通频带应大于信号的频带,如对于扩音机,其通频带应宽于音频(20 Hz~20 kHz)范围,才能完全不失真地放大声音信号。另外,在一些其他电路中有时也希望通频带尽可能窄,如选频放大电路,以避免干扰和噪声影响。

3)频率失真与线性失真

由于信号在低频段或高频段的放大倍数下降过多,放大后的信号不能重现原来的形状,也就是输出信号产生了失真,这种失真称为放大电路的频率失真。它是由线性的电抗元件引起的,在输出信号中并不产生新的频率成分,仅是原有各频率分量的相对大小和相位发生了变化,故这种失真是一种线性失真。这一点与由于放大电路静态工作点不合适所引起的非线性失真不同,非线性失真要产生新的频率成分。

4.2.2 多级放大电路的频率特性

在分析多级放大电路的频率特性时,可以将每一级放大电路的频率特性单独分析,并考虑后级的输入电阻作为前级的负载,然后将各级放大电路的幅频特性和相频特性分别综合之,即为多级放大电路的频率特性。

多级放大电路的电压放大倍数是各级电压放大倍数的乘积。因此,幅频特性和相频特性分别为

$$20\lg|\dot{A}_u| = 20\lg|\dot{A}_{u1}| + 20\lg|\dot{A}_{u2}| + \cdots + 20\lg|\dot{A}_{un}| = \sum_{i=1}^{n} 20\lg|\dot{A}_{ui}|$$

$$\varphi = \varphi_1 + \varphi_2 + \cdots + \varphi_n = \sum_{i=1}^{n} \varphi_i$$

由上式可知,在绘制多级放大电路的频率特性曲线时,只要将各级对数频率特性在同一横坐标上频率所对应的电压增益相加,即为幅频特性;将相应的相位差相加,即为相频特性。

设有两级放大电路,每级具有相同的频率特性,即每级具有相同的中频区电压放大倍数 A_{um1}、相同的下限频率 f_{L1} 和相同的上限频率 f_{H1},因此可知两级放大电路总的中频区电压增益为

$$20\lg|\dot{A}_{um}| = 20\lg|\dot{A}_{um1}|^2 = 40\lg|\dot{A}_{um1}|$$

多级放大电路的频率特性如图4.9所示。其上、下限频率 f_L 和 f_H 所对应的电压增益,比 $40\lg|\dot{A}_{um1}|$ 下降3 dB(即 $0.707|\dot{A}_{um}|$),而单级的 f_{L1} 和 f_{H1},在两级放大电路的幅频特性叠加后,却下降了6 dB。

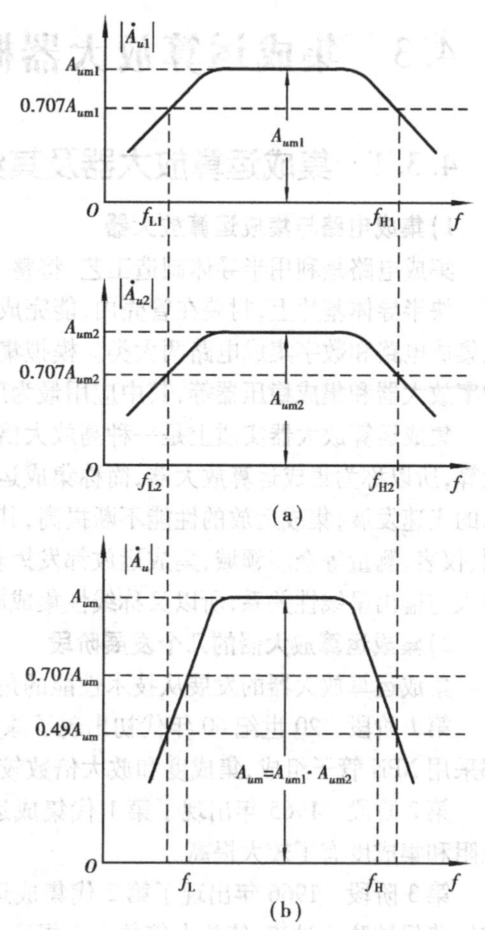

图4.9 多级放大电路的频率特性

(a)两个单级放大电路的通频带

(b)耦合后放大电路的通频带变窄

故两级放大电路的 $f_L > f_{L1}$,而 $f_H < f_{H1}$。因此总的频带宽度 f_{BW} 比单级 f_{BW1} 为窄。多级放

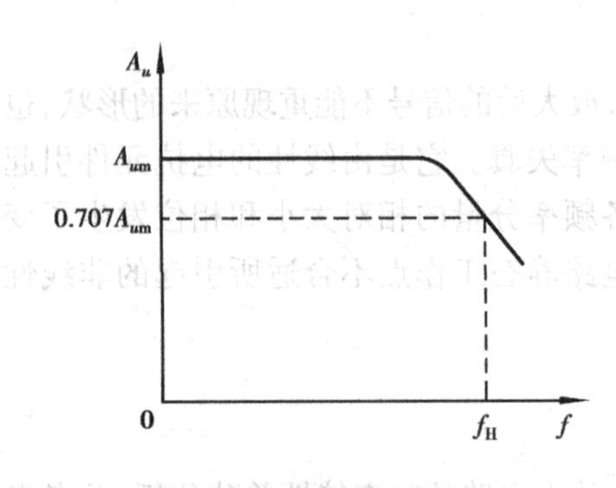

图 4.10 直接耦合放大器的幅频特性

大电路虽然提高了中频区的放大倍数,但通频带变窄了,因此频率特性问题,在多级放大电路中更为突出。

在模拟集成电路中,放大电路采用直接耦合,其频响曲线如图 4.10 所示。通频带为$f_{BW}=f_H$。

复习与讨论题

(1)什么是放大电路的频率特性?什么是幅频特性?什么是相频特性?什么是通频带?

(2)放大电路的高低频响应的好坏主要取决于电路的哪些元件与参数?

(3)多级放大电路的通频带为什么比单级窄?

(4)直接耦合放大电路能否放交流信号?若能,则下限截止频率为多大?

4.3 集成运算放大器概述

4.3.1 集成运算放大器及其结构特点

1)集成电路与集成运算放大器

集成电路是利用半导体制造工艺,将整个电路所含有的元器件及相互连接导线全部制作在一块半导体基片上,封装在管壳内,能完成特定功能的电路块。集成电路按其功能可分为模拟集成电路和数字集成电路两大类。模拟集成电路品种繁多,主要分为集成运算放大器、集成功率放大器和集成稳压器等,其中应用最为广泛的是集成运算放大器。

集成运算放大器实质上是一种高放大倍数、多级直接耦合的放大电路。因最初用于数学运算,所以称为集成运算放大器,简称集成运放。由于习惯,此名称仍沿用至今。随着集成技术的飞速发展,集成运放的性能不断提高,其应用领域远远超出了数学运算的范围。在自动控制、仪表、测量等众多领域,集成运放都发挥着十分重要的作用。集成运放工作在放大区时,其输入与输出呈线性关系,所以又称线性集成电路。

2)集成运算放大器的几个发展阶段

集成运算放大器的发展从技术性能的角度,大致可分为以下几个阶段:

第 1 阶段 20 世纪 60 年代初出现了原始型运放,即"单片集成"运算放大器 μA702,它全部采用 NPN 管子组成,集成度和放大倍数较低。

第 2 阶段 1965 年出现了第 1 代集成运放,如 μA709,它采用了恒流源,放大倍数、输入电阻和集成度有了较大提高。

第 3 阶段 1966 年出现了第 2 代集成运放,如 μA741,它采用了有源器件代替负载电阻和短路保护防止过流,使放大倍数大大提高。

第 4 阶段 1972 年出现了第 3 代集成运放,如 AD508,它的设计考虑了热效应,是一种高精度、低漂移的运放。

第 5 阶段 1973 年出现了第 4 代集成运放,如 HA2900,采用 TTL 管和 MOS 管集成在一起,并采用有效的设计来抑制漂移,是一种漂移小、性能好的运放。

目前,集成运放还在向低漂移、低功耗、高速度、高输入阻抗、高放大倍数和高输出功率等高指标的方向发展。

3)集成运放的结构特点

由于集成工艺的特点,集成运放和由分立元件组成的具有同样功能的电路相比,具有如下特点:

①由于集成工艺不能制作大容量的电容,所以电路结构均采用直接耦合方式。

②为提高集成度(指在单位硅片面积上所集成的元件数)和集成电路性能,一般集成电路的功耗要小,所以集成运放各级的偏置电流通常较小。

③集成运放中的电阻元件,是利用硅半导体材料的体电阻制成的,所以其电阻值范围有一定限制,一般在几十 Ω 到几十 kΩ,太高太低都不易制造。

④在集成电路中,大量使用有源器件组成的有源负载,以获得大电阻,提高放大电路的放大倍数,而且二极管也常用三极管代替。

⑤由于集成电路中所有元件同处在一块硅片上,相互距离非常近,且在同一工艺条件下制造,因此一致性好、对称性好,特别适宜制作对称性要求高的电路,如差动电路和 OCL 电路等。

4.3.2 集成运放的原理框图

集成运放是一种应用极广的集成电路,尽管其类型很多,内部电路也不尽相同,但在组成结构上却大体相同。集成运放的原理框图如图 4.11 所示。

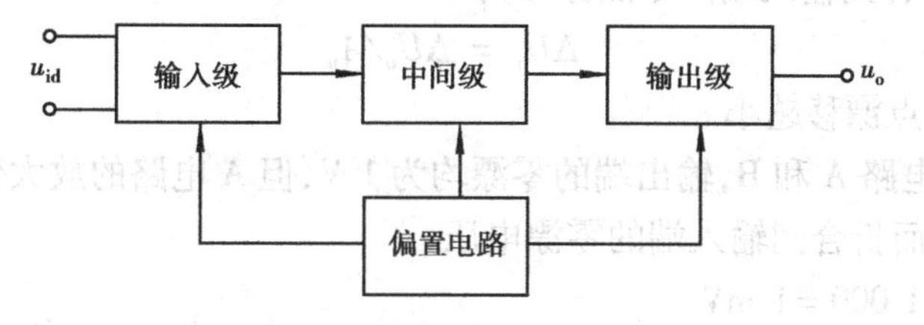

图 4.11 集成运放的原理框图

它由输入级、中间级、输出级和偏置电路 4 个主要部分组成。输入级一般采用差动放大器,以减小零点漂移。它的两个输入端构成整个电路的反相输入端和同相输入端。中间级主要是完成电压放大任务,多采用有源负载的共射放大电路。输出级与负载相连,以降低输出阻抗、提高带负载能力为目的,一般由射极输出器或互补射极输出器组成。偏置电路是向各级提供稳定的静态工作电流。除此之外还有一些辅助电路,如过流保护电路等。

4.3.3 直接耦合放大电路的零点漂移

1)零点漂移

集成运算放大器均采用直接耦合方式,由于级与级之间无隔直(流)电容,因此各级的静态工作点(即 Q 点)相互影响。如前级 Q 点发生变化,则会影响到后面各级的 Q 点。由于各级的放大作用,第 1 级微弱变化的信号将经多级放大器的放大,使输出端产生很大的变化。最常见的是由于环境温度的变化而引起工作点的漂移,称为温漂,它是影响直接耦合放大电路性能的主要因素之一。

当放大器输入端短路($u_i=0$)时,理论上讲,输出端应保持某个固定值不变。然而,实际情况并非如此,输出电压往往偏离初始静态值,出现了缓慢的、无规则的漂移,这种输入电压为零,输出电压偏离零值的现象称为“零点漂移”,简称“零漂”。

实践证明,放大器的级数越多,放大倍数越大,零点漂移越严重。特别是漂移电压的大小可以和有效信号相比时,就无法分辨是有效信号电压还是漂移电压,严重时,漂移电压甚至会淹没掉有效信号,使放大电路无法正常工作。因此,零点漂移问题在直接耦合放大中是一个突出问题,有效地抑制零点漂移显得十分重要。

2)产生零点漂移的原因

对于直接耦合放大器,产生零点漂移的主要原因是三极管的参数 I_{CEO}、U_{BE}、β 随温度的变化而变化。这些因素的变化最终都导致放大电路静态工作点产生偏移。一般来说,温度每变化 1 ℃所造成的影响,相当于在放大管的 b、e 两端接入几毫伏的信号电压。

除温度变化的影响外,电源电压的波动也会引起静态工作点产生变化,以致造成严重的零点漂移。还可能由于电路元件(管子及电阻等)老化,它的参数随使用时间延长而改变,引起零点漂移。

总的来看,温度变化的影响是产生零点漂移的主要原因,因此零点漂移也称为温度漂移。

3)零漂大小的衡量

衡量一个放大器零漂的大小,不能只看输出端漂移电压的大小,还要看放大倍数多大。一般都是将输出漂移电压折合到输入端来衡量,即用 ΔU_o 来表示输出端的漂移电压,A_u 表示电路的放大倍数,则折合到输入端的零点漂移为

$$\Delta U_i = \Delta U_o / A_u$$

ΔU_i 值越小,零点漂移越小。

例如两个放大电路 A 和 B,输出端的零漂均为 1 V,但 A 电路的放大倍数为 1 000,B 电路的放大倍数为 200,而折合到输入端的零漂电压:

A 电路为:1 V/1 000 = 1 mV

B 电路为:1 V/200 = 0.005 V = 5 mV

显然,A 电路的零漂小于 B 电路。也可以说,A 电路的输入信号只要大于 1 mV,则输出信号即大于零漂;而 B 电路则需要输入信号大于 5 mV,输出信号才大于零漂。

4)零点漂移的抑制

为了解决零漂,人们采取了多种措施。如电路元件在安装前要经过认真筛选和老化处理,以确保元件质量和参数的稳定性;采取稳定度高的稳压电源,以减小电源电压波动引起的漂移;利用非线性元件(二极管、三极管、热敏电阻等)进行温度补偿等。但最有效的措施之一是采用差动放大电路。

复习与讨论题

(1)什么是集成电路?什么是集成运算放大器?

(2)集成运放在结构上什么特点?

(3)什么是零点漂移现象,造成零点漂移的主要原因是什么?

(4)集成运放电路中采用什么措施来抑制零点漂移?

4.4　差动放大电路

差动放大电路又称差分放大电路,它的输出电压与两个输入电压之差成正比,由此得名。它是另一类基本放大电路,由于它在电路和性能方面具有很多优点,因而广泛应用于集成电路中。

4.4.1　差动放大电路的组成

典型差动放大电路如图4.12所示。电路在结构上的特点是:左右两半电路完全对称。图中 V_1、V_2 是两个型号和特性相同的晶体管;电路有两个输入信号 u_{i1} 和 u_{i2},分别加到两个晶体管 V_1、V_2 的基极;输出信号 u_o 从两个晶体管的集电极之间取出,这种输出方式称为双端输出。R_E 称为共发射极电阻,可使静态工作点稳定。

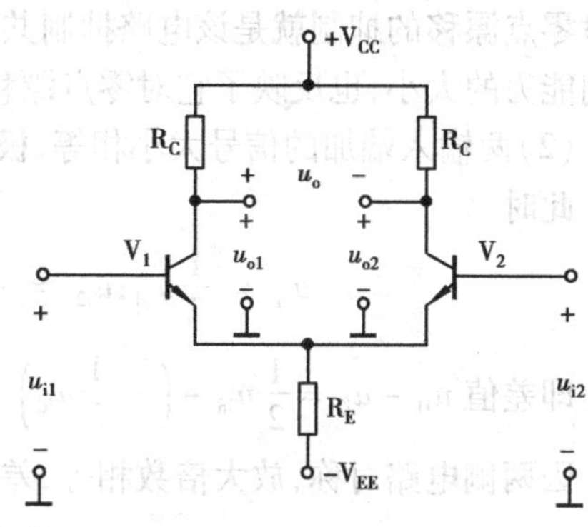

图4.12　典型差动放大电路

4.4.2　差动放大电路的工作原理

1)抑制零点漂移的原理

静态时,$u_{i1}=u_{i2}=0$,此时由负电源 V_{EE} 通过电阻 R_E 和两管发射极提供两管的基极电流。由于电路左右两边的参数对称,两管的集电极电流相等,集电极电位也相等,即

$$I_{C1}=I_{C2}$$
$$U_{C1}=U_{C2}$$

输出电压

$$u_o=U_{C1}-U_{C2}=0$$

当温度变化时,由于电路对称,所引起的两管集电极电流的变化量必然相同。例如,温度升高,两管的集电极电流都会增大,集电极电位都会下降。由于电路是对称的,所以两管的变化量相等。

即

$$\Delta I_{C1}=\Delta I_{C2}$$
$$\Delta U_{C1}=\Delta U_{C2}$$

所以输出电压　$u_o=(U_{C1}+\Delta U_{C1})-(U_{C2}+\Delta U_{C2})=0$

由此可见,温度变化时,尽管两边的集电极电压相应变化,但电路的双端输出电压 u_o 保持为零。

以上分析说明,差动放大电路在零输入时,具有零输出;静态时,温度有变化依然保持零输出,即消除了零点漂移。

2)输入信号分析

在图4.12电路中,输入信号 u_{i1} 和 u_{i2} 有以下3种情况:

(1)两输入端加的信号大小相等、极性相同　这样的输入信号称为共模输入信号,用 u_{ic} 表示。此时 $u_{i1}=u_{i2}=u_{ic}$。

$$u_{o1} = u_{o2} = A_u u_{ic}$$

$$u_o = u_{o1} - u_{o2} = 0$$

共模电压放大倍数(用 A_{uc} 表示)

$$A_{uc} = \frac{u_o}{u_{ic}} = 0$$

这说明,电路对共模输入信号无放大作用,即完全抑制了共模信号。实际上,差动放大电路对零点漂移的抑制就是该电路抑制共模信号的一个特例。所以,差动放大电路对共模信号抑制能力的大小,也反映了它对零点漂移的抑制能力。

(2)两输入端加的信号大小相等、极性相反　这样的输入信号称为差模输入信号,用 u_{id} 表示。此时

$$u_{i1} = \frac{1}{2}u_{id};u_{i2} = -\frac{1}{2}u_{id}(\text{两者大小相等,极性相反})$$

即差值 $u_{i1}-u_{i2}=\frac{1}{2}u_{id}-\left(-\frac{1}{2}u_{id}\right)=u_{id}$。差模输入电压 u_{id} 就是加在两个输入端之间的电压。因两侧电路对称,放大倍数相等,差模电压放大倍数用 A_{ud} 表示,则

$$u_{o1} = A_{ud}u_{i1} \qquad u_{o2} = A_{ud}u_{i2}$$

$$u_o = u_{o1} - u_{o2} = A_{ud}(u_{i1} - u_{i2}) = A_{ud}u_{id}$$

差模电压放大倍数

$$A_{ud} = \frac{u_o}{u_{id}} = A_{ud}$$

可见,差模电压放大倍数等于单管放大电路的电压放大倍数。差动放大电路用多一倍的元件为代价,换来了对零漂的抑制能力。

(3)两个输入信号电压的大小和相对极性是任意的,既非共模,又非差模　这样的输入信号称为一般输入。可以分解为一对共模信号和一对差模信号的组合,即

$$u_{i1} = u_{ic} + u_{id}$$

$$u_{i2} = u_{ic} - u_{id}$$

式中 u_{ic} 为共模信号,u_{id} 为差模信号。u_{i1} 和 u_{i2} 的平均值是共模分量 u_{ic};u_{i1} 和 u_{i2} 的差值是差模分量 u_{id},即

$$u_{ic} = \frac{1}{2}(u_{i1} + u_{i2})$$

$$u_{id} = (u_{i1} - u_{i2})$$

例如 $u_{i1}=10$ mV、$u_{i2}=6$ mV 是两个一般输入信号。则其共模分量 $u_{ic}=8$ mV,其差模分量 $u_{id}=4$ mV。当用 u_{ic} 和 u_{id} 表示两个输入电压时,有

$$u_{i1} = u_{ic} + \frac{1}{2}u_{id}$$

$$u_{i2} = u_{ic} - \frac{1}{2}u_{id}$$

上例中,10 mV 可表示为 8 mV $+\frac{1}{2}\times$4 mV,6 mV 可表示为 8 mV $-\frac{1}{2}\times$4 mV。

3)差动放大电路的功能

差动放大电路的功能是抑制共模信号输出,只放大差模信号。

在共模输入信号的作用下，对于完全对称的差动放大电路来说，由于两管的集电极电位变化量相同，因而输出电压等于零，所以它对共模信号没有放大能力，亦即共模放大倍数为零。

在差模输入信号 u_{id} 作用下，两个输入电压的大小相等，而极性相反，即 $u_{i1} = +\frac{1}{2}u_{id}$，$u_{i2} = -\frac{1}{2}u_{id}$。则 u_{i1} 使 V_1 的集电极电流增大了 ΔI_{c1}，V_1 的集电极电位因而减低了 ΔU_{o1}（负值）；而 u_{i2} 却使 V_2 的集电极电流减小了 ΔI_{C2}，V_2 的集电极电位因而增高了 ΔU_{o2}（正值）。这样，两个集电极电位一增一减，例如 $\Delta U_{o1} = -1\ V$，$\Delta U_{o2} = 1\ V$，因此输出电压为

$$U_o = \Delta U_{o1} - \Delta U_{o2} = -1\ V - 1\ V = -2\ V$$

可见，在差模输入信号的作用下，差动放大电路两集电极之间的输出电压为两管各自输出电压的两倍。

上述分析说明了完全对称的差动放大器具有只放大差动信号的功能。因此，如果有下述两种情况的输入信号：一种是 $u_{i1} = +2\ mV$、$u_{i2} = -2\ mV$；另一种是 $u_{i1} = 10\ mV$、$u_{i2} = 6\ mV$。由于这两种情况的差模输入信号是相同的（都是 4 mV），对于完全对称的差动电路来说，两种情况下的输出电压是相同的。

利用叠加定理可求得输出电压：

$$u_{o1} = A_{uc}u_{ic} + A_{ud}u_{id}$$

$$u_{o2} = A_{uc}u_{ic} - A_{ud}u_{id}$$

$$u_o = u_{o1} - u_{o2} = 2A_{ud}u_{id} = A_{ud}(u_{i1} - u_{i2})$$

上式表明，输出电压的大小仅与输入电压的差值有关，而与信号本身的大小无关，这就是差动放大电路的差值特性。

对于差动放大电路来说，差模信号是有用信号，要求对差模信号有较大的放大倍数；而共模信号是干扰信号，因此对共模信号的放大倍数越小越好。对共模信号的放大倍数越小，就意味着零点漂移越小，抗共模干扰的能力越强，当用作差动放大时，就越能准确、灵敏地反映出信号的偏差值。

在一般情况下，电路不可能绝对对称，$A_{uc} \neq 0$。为了全面衡量差动放大电路放大差模信号和抑制共模信号的能力，引入共模抑制比，以 K_{CMR} 表示。共模抑制比定义为，A_{ud} 与 A_{uc} 之比的绝对值，

即
$$K_{CMR} = \left|\frac{A_{ud}}{A_{uc}}\right|$$

实际中，还常用对数的形式表示共模抑制比，即

$$K_{CMR} = 20\ \lg\left|\frac{A_{ud}}{A_{uc}}\right|\ (dB)$$

若 $A_{uc} = 0$，则 $K_{CMR} \to \infty$，这是理想情况。这个值越大，表示电路对共模信号的抑制能力越好。一般差动放大电路的 K_{CMR} 约为 60 dB，较好的可达 120 dB。

例 4.2　某差动放大器如图 4.12 所示。已知差模电压放大倍数 $A_{ud} = 80$ dB，输入信号中 $u_{i1} = 3.001$ V、$u_{i2} = 2.999$ V。问：①理想情况下（即电路完全对称时）u_o 为多大？②当 $K_{CMR} = 80$ dB 时，u_o 为多大？③当 $K_{CMR} = 100$ dB 时，u_o 为多大？

解：　首先求出差模和共模输入电压

差模输入电压：$u_{id}=u_{i1}-u_{i2}=3.001\ \text{V}-2.999\ \text{V}=2\ \text{mV}$

共模输入电压：$u_{ic}=(u_{i1}+u_{i2})/2=3\ \text{V}$

(1)求理想情况下的 u_o 已知差模电压放大倍数 $A_{ud}=80\ \text{dB}=10^4$，而理想情况下，共模电压放大倍数 $A_{uc}=0$。所以差模输出电压为

$$u_o=A_{ud}u_{id}=10^4\times 2\ \text{mV}=20\ \text{V}$$

(2)求 $K_{CMR}=80\ \text{dB}$ 时的 u_o 由共模抑制比定义可知：$A_{uc}=A_{ud}/K_{CMR}$，用分贝表示时则有

$$A_{uc}(\text{dB})=A_{ud}(\text{dB})-K_{CMR}(\text{dB})$$

所以共模电压放大倍数为 $A_{uc}(\text{dB})=80\ \text{dB}-80\ \text{dB}=0\ \text{dB}$，得 $A_{uc}=1$。

其共模输出电压为 $u_{oc}=A_{uc}u_{ic}=1\times 3\ \text{V}=3\ \text{V}$

所以，在差模和共模信号同时存在的情况下，可利用叠加原理来求总的输出电压。即总的输出电压等于差模输出电压与共模输出电压之和。

$$u_o=A_{ud}u_{id}+A_{uc}u_{ic}=u_{od}+u_{oc}=20\ \text{V}+3\ \text{V}=23\ \text{V}$$

(3)求 $K_{CMR}=100\ \text{dB}$ 时的 u_o

$A_{uc}(\text{dB})=80\ \text{dB}-100\ \text{dB}=-20\ \text{dB}$，得 $A_{uc}=0.1$，则

$$u_{oc}=0.1\times 3\ \text{V}=0.3\ \text{V}$$

所以

$$u_o=u_{od}+u_{oc}=20\ \text{V}+0.3\ \text{V}=20.3\ \text{V}$$

可见，K_{CMR} 越大，抑制共模信号的能力越强，输出电压就越接近于理想值。因此，K_{CMR} 是衡量差动放大器性能的一项重要指标。

4.4.3 差动放大电路的计算

差动放大电路的静态和动态计算方法与基本放大电路基本相同。为了使差动放大电路在静态时，其输入端基本上是零电位，将 R_E 从接地改为接负电源 $-V_{EE}$。由于接入负电源，所以偏置电阻 R_B 可以取消，改为 $-V_{EE}$ 和 R_E 提供基极偏置电流。在一些单电源供电的差放电路中，必须接有基极偏置电阻 R_B，为晶体管提供偏置。

1)静态工作点计算

静态($u_{i1}=u_{i2}=0$)时，$I_{B1Q}=I_{B2Q}=I_{BQ}$、$I_{C1Q}=I_{C2Q}=I_{CQ}$、$U_{C1Q}=U_{C2Q}=U_{CQ}$。在 V_1 的输入回路中基极为零电位。所以有

$$0-(-V_{EE})=U_{BEQ1}+I_ER_E$$

得

$$I_E=\frac{V_{EE}-U_{BEQ1}}{R_E}$$

因此，两管的集电极电流为

$$I_{CQ1}=I_{CQ2}=\frac{1}{2}I_E=\frac{V_{EE}-U_{BEQ}}{2R_E}$$

两管集电极对地电压为

$$U_{CQ1}=V_{CC}-I_{CQ1}R_C$$
$$U_{CQ2}=V_{CC}-I_{CQ2}R_C$$

2）动态指标计算

在差模输入信号 u_{id} 作用下，输出电压可表示为 $u_0 = u_{01} - u_{02} = 2u_{01}$，与单管放大电路相比，输出电压 u_0 是单管输出电压的两倍；而输入电压 $u_{id} = u_{i1} - u_{i2} = 2u_{i1}$，也是单管输入时的两倍。因此，差动电路的电压增益与单管电路相同。

差动放大电路的放大倍数

$$A_{ud} = \frac{u_{od}}{u_{id}} = \frac{u_{o1} - u_{o2}}{u_{i1} - u_{i2}} = \frac{2u_{o1}}{2u_{i1}} = \frac{u_{o1}}{u_{i1}} = A_{ud1} = -\frac{\beta R_c}{r_{be}}$$

可见，双端输入-双端输出时，差动放大电路的放大倍数和单管放大电路的放大倍数相同，实际上是以牺牲一个管子的放大倍数为代价来换取低温漂的效果。

若图 4.12 所示电路中，两集电极之间接有负载电阻 R_L 时，V_1、V_2 管的集电极电位一增一减，且变化量相等，负载电阻 R_L 的中点电位始终不变，为交流零电位，因此，每边电路的交流等效负载电阻 $R_L' = R_c // (R_L/2)$。这时差模电压放大倍数变为

$$A_{ud} = \frac{-\beta R_L'}{r_{be}}$$

差模输入电阻，即从两个输入端看进去的等效电阻为

$$R_{id} = 2r_{be}$$

差模输出电阻为

$$R_0 \approx 2R_C$$

例 4.3　某差动放大器如图 4.12 所示。已知 $V_{CC} = V_{EE} = 12\ \text{V}$、$R_C = 10\ \text{k}\Omega$、$R_E = 20\ \text{k}\Omega$，晶体管 $\beta = 80$、$r_{bb'} = 200\ \Omega$、$U_{BEQ} = 0.6\ \text{V}$，两输出端之间接有负载电阻 20 kΩ，试求：①放大电路的静态工作点；②放大电路的差模电压放大倍数 A_{ud}，差模输入电阻 R_{id} 和输出电阻 R_0。

解　（1）求静态工作点

$$I_{CQ1} = I_{CQ2} = \frac{V_{EE} - U_{BEQ}}{2R_E} = \frac{(12 - 0.6)\ \text{V}}{2 \times 20\ \text{k}\Omega} = 0.285\ \text{mA}$$

$$U_{CQ1} = U_{CQ2} = V_{CC} - I_{CQ1}R_C = 12\ \text{V} - 0.285\ \text{mA} \times 10\ \text{k}\Omega = 9.15\ \text{V}$$

（2）求 A_{ud}，R_{id} 和 R_0

$$r_{be} = r_{bb'} + (1 + \beta)\frac{26\ \text{mV}}{I_{EQ}} = 200\ \Omega + 81 \times \frac{26\ \text{mV}}{0.285\ \text{mA}} = 7.59\ \text{k}\Omega$$

$$A_{ud} = \frac{-\beta R_L'}{r_{be}} = \frac{-80 \times \frac{10 \times 10}{10 + 10}\ \text{k}\Omega}{7.59\ \text{k}\Omega} = -52.7$$

$$R_{id} = 2r_{be} = 2 \times 7.59\ \text{k}\Omega = 15.18\ \text{k}\Omega$$

$$R_0 = 2R_C = 2 \times 10\ \text{k}\Omega = 20\ \text{k}\Omega$$

4.4.4　具有恒流源的差动放大电路

在前面的差放电路中，R_E 越大，抑制温漂的能力越强。但在电源电压一定时，R_E 越大，则 I_{CQ} 越小，放大倍数减小。此外，在集成电路中，不易制作高阻值电阻，因此，既要抑制零漂的能力强，又要使放大倍数不要减小很多，就成为电路最终的改进方向。为此，常采用由晶体管组成的恒流源电路来代替射极电阻 R_E，因恒流源电路动态电阻很大而直流电阻较小。具有恒流

源的差动放大电路如图 4. 13 所示。

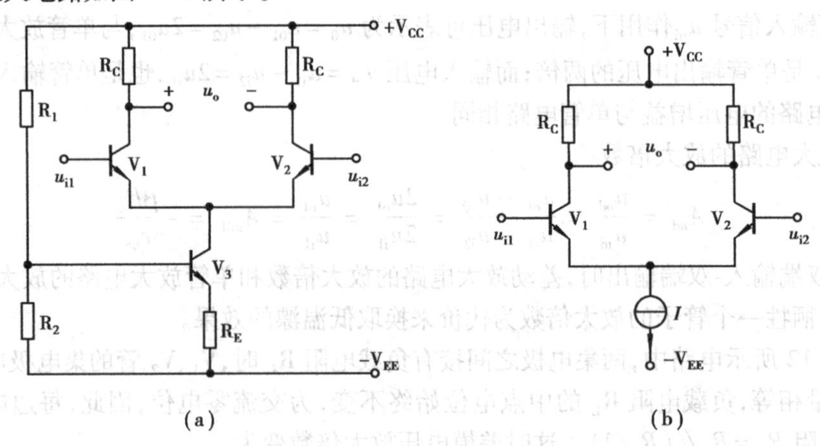

图 4. 13　具有恒流源的差动放大电路

(a)恒流源差放电路　(b)图(a)的简化电路

图中，V_3 管采用分压式偏置电路，无论 V_1、V_2 管有无信号输入，I_{B3} 恒定，I_{C3} 恒定，所以 V_3 称为恒流管。恒流源电路可用恒流源符号表示，如图 4. 13(b)所示。又 $I_{C3}=I_{E3}$，由于 I_{C3} 恒定，I_{E3} 恒定，则 $\Delta I_E\to 0$，这时动态电阻 r_d 为

$$r_d=\frac{\Delta U_{E3}}{\Delta I_{E3}}\to\infty$$

恒流源对动态信号呈现出高达几兆欧的电阻，而直流压降不大，可以不增大 V_{EE}。r_d 相当于 R_E，所以对差模电压放大倍数 A_{ud} 无影响。对共模电压放大倍数 A_{uc} 相当于接了一个无穷大的 R_E，所以 $A_{uc}\to 0$，这时 $K_{CMR}\to\infty$ 。实现了在不增加 V_{EE} 的同时，提高共模抑制比的目的。

4. 4. 5　差动放大电路的输入输出方式

除了前面已经介绍过的双端输入、双端输出的差动放大电路外，在一些实际应用中，有时要求电路输出端有一端接地，此时称为单端输出；有时要求电路的输入端有一端接地，此时称为单端输入。所以，差动放大电路还有以下几种输入输出方式：双端输入-单端输出，单端输入-双端输出，单端输入-单端输出等组合。在实际应用中，可根据信号源和负载的要求，选择适当的工作方式。

1) 双端输入-单端输出

电路如图 4. 14(b)所示。双端输入-单端输出电路的输出 u_o 与输入 u_{i1} 极性(或相位)相反，而与 u_{i2} 极性(或相位)相同。所以 u_{i1} 输入端称为反相输入端，而 u_{i2} 输入端称为同相输入端。双端输入-单端输出方式是集成运算放大器的基本输入输出方式。

单端输出的优点在于它有一端接地，负载电阻 R_L 接在一管集电极和地之间，便于和其他放大电路相连接。但是输出电压仅是一管集电极对地电压，另一管的输出电压没有用上，所以其差模电压放大倍数比双端输出时减少一半，即

$$A_{ud}=-\frac{1}{2}\frac{\beta R_L'}{r_{be}}$$

式中 $R_L'=R_C/\!/R_L$，若信号从 V_2 管的集电极输出，则上式中无负号。

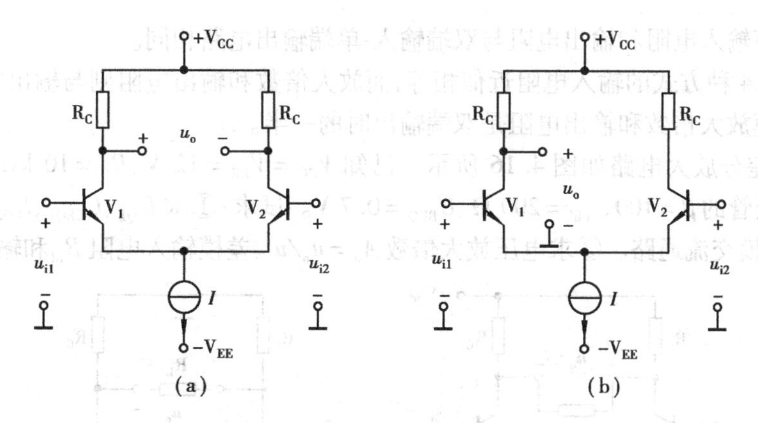

图 4.14　双端输入-双端或单端输出电路

(a)双端输入-双端输出　(b)双端输入-单端输出

因输入回路与双端输入相同,所以其差模信号输入电阻与双入双出接法时相同。而输出电阻近似为一管集电极与地之间的电阻,即

$$R_0 \approx R_C$$

此外,由于两个单管放大电路的输出漂移不能互相抵消,所以单端输出电路的零漂比双端输出时大一些。由于恒流源或射极电阻 R_E 对零点漂移有极强烈的抑制作用,零漂仍然比单管放大电路小得多。所以,单端输出时,仍常采用差动放大电路,而不采用单管放大电路。

2)单端输入-双端输出

电路如图 4.15(a)所示。电路的输入信号只加到放大器的一个输入端,另一个输入端接地。由于两个晶体管发射极电流之和恒定,所以当输入信号使一个晶体管发射极电流改变时,另一个晶体管发射极电流必然随之作相反的变化,情况和双端输入时相同。此时,由于恒流源等效电阻或发射极电阻 R_E 的耦合作用,两个单管放大电路都得到了输入信号的一半,但极性相反,即为差模信号。所以,单端输入属于差模输入。电路特性与双端输入-双端输出时相同。

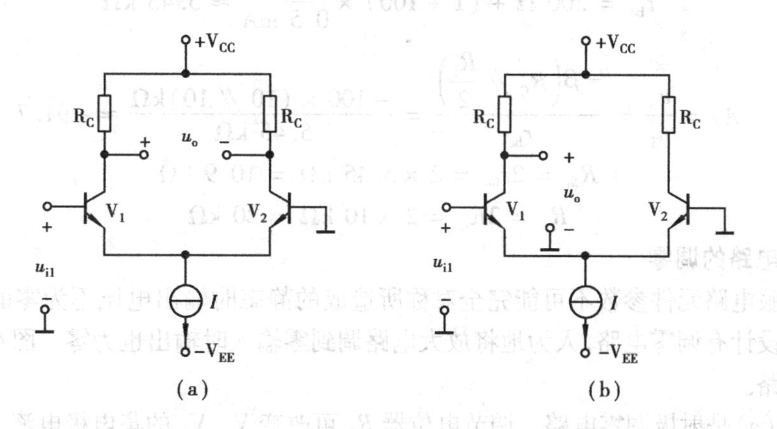

图 4.15　单端输入-双端或单端输出电路

(a)单端输入-双端输出　(b)单端输入-单端输出

3)单端输入-单端输出

电路如图 4.15(b)所示。单端输入差放的差模信号为 u_{i1},共模信号为 $u_{i1}/2$。电路的差模

放大倍数、差模输入电阻和输出电阻与双端输入-单端输出电路相同。

综上所述,4 种方式的输入电阻近似相等,而放大倍数和输出电阻则与输出方式有关。单端输出时,差模放大倍数和输出电阻是双端输出时的一半。

例 4.4 差分放大电路如图 4.16 所示。已知 $V_{CC}=V_{EE}=12\ \text{V}$、$R_C=10\ \text{k}\Omega$、$R_L=20\ \text{k}\Omega$、$I_0=1\ \text{mA}$、三极管的 $\beta=100$、$r_{bb'}=200\ \Omega$、$U_{BEQ}=0.7\ \text{V}$。试求:①求 I_{CQ1}、U_{CEQ1}、I_{CQ2}、U_{CEQ2}。②画出该电路的差模交流通路。③求电压放大倍数 $A_u=u_o/u_i$、差模输入电阻 R_{id} 和输出电阻 R_o。

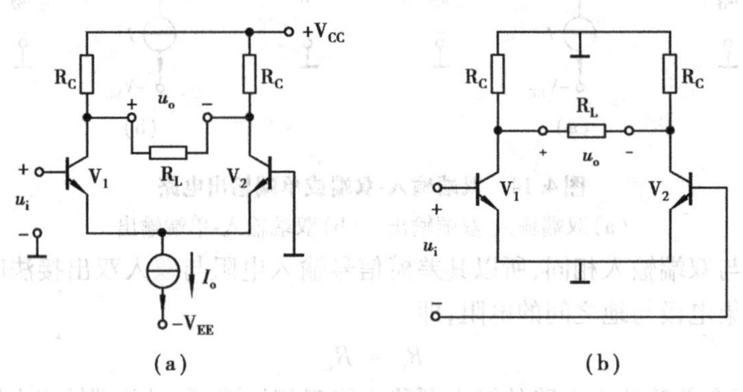

图 4.16

(a)原图 (b)差模交流通路

解 (1)求 I_{CQ1}、U_{CEQ1}、I_{CQ2}、U_{CEQ2}

$$I_{CQ1}=I_{CQ2}=\frac{1}{2}I_0=0.5\ \text{mA}$$

$$U_{CEQ1}=U_{CEQ2}=V_{CC}-I_{CQ1}R_C-U_{EQ}=12\ \text{V}-0.5\ \text{mA}\times 10\ \text{k}\Omega-(-0.7\ \text{V})=7.7\ \text{V}$$

(2)画出差模交流通路 该电路的差模交流通路,如图(b)所示。

(3)求 R_{id} 和 R_o

$$r_{be}=200\ \Omega+(1+100)\times\frac{26\ \text{mV}}{0.5\ \text{mA}}\approx 5.45\ \text{k}\Omega$$

$$A_u=\frac{u_o}{u_i}=\frac{-\beta\left(R_C\ /\!/\ \dfrac{R_L}{2}\right)}{r_{be}}=\frac{-100\times(10\ /\!/\ 10)\text{k}\Omega}{5.45\ \text{k}\Omega}\approx-91.7$$

$$R_{id}=2r_{be}=2\times 5.45\ \text{k}\Omega=10.9\ \text{k}\Omega$$

$$R_o=2R_C=2\times 10\ \text{k}\Omega=20\ \text{k}\Omega$$

4)差放电路的调零

为了克服电路元件参数不可能完全对称所造成的静态时输出电压不为零的现象,在实用的电路中都设计有调零电路,人为地将放大电路调到零输入时输出也为零。图 4.17 是几种常用的调零电路。

图 4.17(a)是射极调零电路。调节电位器 R_P 可改变 V_1、V_2 的集电极电流,使输出电压为零;图 4.17(b)是集电极调零电路。通过改变集电极电阻,使输出电压为零;图 4.17(c)是基极调零电路,调节 R_P 可产生一个适当的输入补偿电压,使输出电压为零。调零电阻的取值为几十 Ω 到几百 Ω 之间。

例 4.5 差分放大电路如图 4.18 所示,已知 $V_{CC}=V_{EE}=12\ \text{V}$、$R_C=R_E=5.1\ \text{k}\Omega$、三极管的

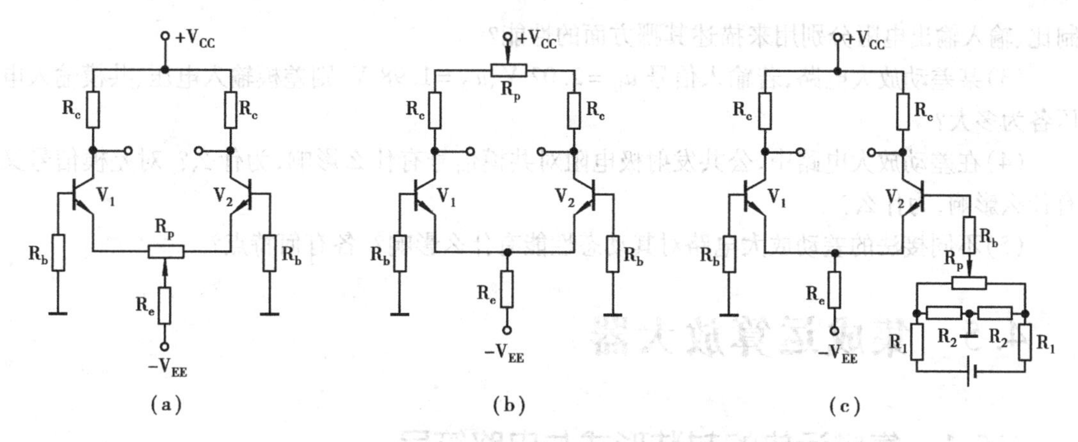

图 4.17　差放的调零电路

(a)射极调零　(b)集电极调零　(c)基极调零

$\beta=100$、$r_{bb'}=200\ \Omega$、$U_{BEQ}=0.7\ \text{V}$，电位器触头位于中间位置，试求：①I_{CQ1}、U_{CQ1}和I_{CQ2}、U_{CQ2}；②差模电压放大倍数$A_{ud}=u_{od}/u_{id}$、差模输入电阻R_{id}和输出电阻R_o；③指出电位器在该电路中的作用。

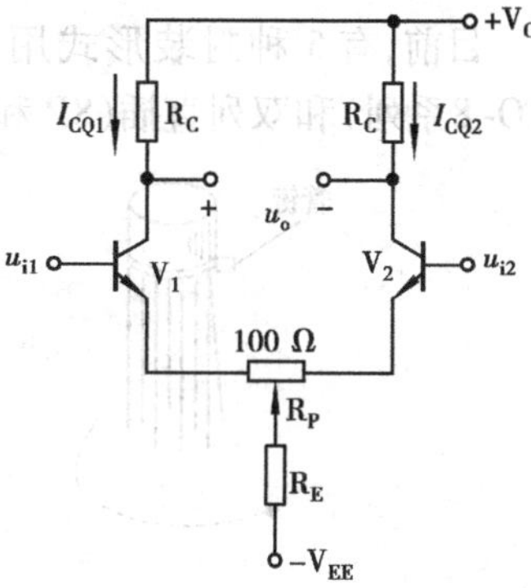

题意分析：差放电路两边达到完全对称一般是不可能的，利用调零电位器可弥补电路不对称所带来的误差。由于R_P的加入，电路指标参数的数值要起变化，但求取的方法是不变的。

图 4.18　例 4.5 图

解　(1)求I_{CQ1}、U_{CQ1}和I_{CQ2}、U_{CQ2}

$$I_{CQ1}=I_{CQ2}\approx\frac{V_{EE}-U_{BEQ}}{\frac{R_P}{2}+2R_E}=\frac{(12-0.7)\text{V}}{50\ \Omega+2\times5.1\ \text{k}\Omega}\approx1.1\ \text{mA}$$

$$U_{CEQ1}=U_{CEQ2}=V_{CC}-I_{CQ1}R_C=12\ \text{V}-0.83\ \text{mA}\times8.2\ \text{k}\Omega=5.2\ \text{V}$$

(2)求A_{ud}、R_{id}、R_o

$$r_{be}=200\ \Omega+(1+100)\times\frac{26\ \text{mV}}{1.1\ \text{mA}}\approx2.59\ \text{k}\Omega$$

$$A_{ud}=\frac{u_{od}}{u_{id}}=\frac{-\beta R_C}{r_{be}+(1+\beta)\frac{R_P}{2}}=\frac{-100\times5.1\ \text{k}\Omega}{2.59\ \text{k}\Omega+101\times50\ \Omega}\approx-67$$

$$R_{id}=2\left[r_{be}+(1+\beta)\frac{R_P}{2}\right]=2(2.59\ \text{k}\Omega+101\times50\ \Omega)\approx15.3\ \text{k}\Omega$$

$$R_o=2R_C=2\times5.1\ \text{k}\Omega=10.2\ \text{k}\Omega$$

(3)调零，使电路在零输入时输出为零。

复习与讨论题

(1)差动放大电路有何特点？差动放大电路如何抑制零点漂移？

(2)什么是差模信号、共模信号？差动放大电路的共模放大倍数、差模放大倍数、共模抑制比、输入输出电阻分别用来描述其哪方面的性能？

(3)某差动放大电路，若输入信号 $u_{i1}=2.02$ V、$u_{i2}=1.98$ V，则差模输入电压、共模输入电压各为多大？

(4)在差动放大电路中，公共发射极电阻对共模信号有什么影响，为什么？对差模信号又有什么影响，为什么？

(5)不同接法的差动放大电路对其动态性能有什么影响？各有何特点？

4.5 集成运算放大器

4.5.1 集成运放的封装形式与电路符号

1)集成运放的封装形式

目前，有5种封装形式用于集成电路。集成运放最常见的封装形式主要是圆形封装(TO-8系列)和双列直插(8P和14P)式，如图4.19所示。

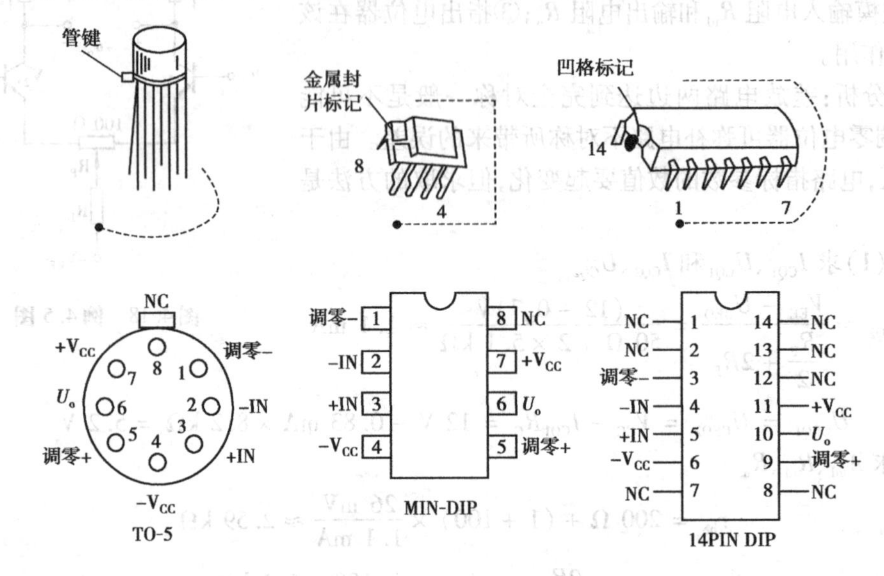

图4.19 集成运放外形结构示意图

2)集成运放的电路符号

集成运放的电路符号如图4.20所示。其中图(a)是新标准中用的符号，图(b)是曾用过的符号。图中“▷”表示信号的传输方向，“∞”表示运放的理想条件。

集成运放有两个输入端，N端称为反相输入端，用“-”表示，说明输入信号由此端加入时，由它产生的输出信号与输入信号相位反相。P端称为同相输入端，用“+”表示，说明输入信号由此端加入时，由它产生的输出信号与输入信号相位相同。

实际集成运放除了两个输入端、一个输出端外，还有两个电源端，此外还有一些附加引出端，如“调零端”、“补偿端”等。但在电路符号中通常只画出输入和输出端，其余各端可不画，因此使用集成运放时应注意引脚功能及接线方式。

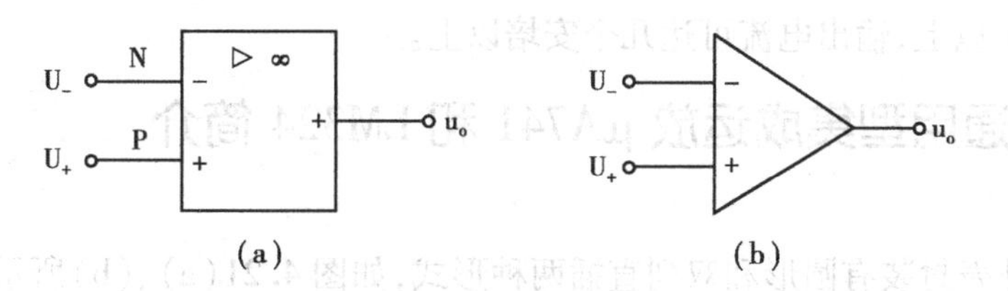

图 4.20　集成运放的电路符号

(a)新符号　(b)旧符号

4.5.2　集成运放的分类

集成运放种类较多,按性能不同可分为通用型和专用型两大类。专用型又有高阻型、低温漂型、高速型、低功耗型、高压大功率型等。

1)通用型运算放大器

通用型运算放大器就是以通用为目的而设计的。这类器件的主要特点是价格低廉、产品量大面广,其性能指标能适合于一般性使用。例如 μA741(单运放),LM358(双运放),LM324(四运放)及以场效应管为输入级的 LF356 都属于此种。它们是目前应用最为广泛的集成运算放大器。

2)高阻型运算放大器

用于测量设备及采样保持电路中。这类运放的特点是差模输入阻抗非常高,输入偏置电流非常小。常见的集成器件有 LF356、LF355、LF347(四运放),以及更高输入阻抗的 CA3130、CA3140 等。

3)低温漂型运算放大器

在精密仪器、弱信号检测等自动控制仪表、精密传感器信号变送器中,总是希望运算放大器的失调电压要小且不随温度的变化而变化。低温漂型运算放大器就是为此而设计的。目前,常用的高精度、低温漂运算放大器有 OP-07、OP-27、AD508、OP177、CF714 及 ICL7650 等。

4)高速型和宽带型运算放大器

在快速 A/D 和 D/A 转换器、视频放大器、高速数据采集测试系统中,要求集成运算放大器的转换速率 S_R 一定要高,单位增益带宽 BW 一定要足够大,而通用型集成运放是不能适合于高速应用的场合的。高速型运算放大器主要特点是具有高的转换速率和宽的频率响应,常见的运放有 LM318、A715、CF2520/2525、AD9620、OP37 等。

5)低功耗型运算放大器

主要运用于空间技术和生物科学研究中,工作于较低电压下,工作电流微弱。随着便携式仪器应用范围的扩大,必须使用低电源电压供电、低功率消耗的集成运放。常用的有 TL-022C、TL-060C、OP22、OP290、CF7612 等。

6)高压大功率型运算放大器

运算放大器的输出电压主要受供电电源的限制。在普通的运算放大器中,输出电压的最大值一般仅几十 V,输出电流仅几十 mA。若要提高输出电压或增大输出电流,集成运放外部必须要加辅助电路。高压大电流集成运放外部不需附加任何电路,即可输出高电压和大电流。例如 D41 的电源电压可达 ±150 V,μA791 的输出电流可达 1 A 等;而 LM12、TP1465 运放的输出功率可达1 W以上，输出电流可达几个安培以上。

4.5.3 通用型集成运放μA741和LM324简介

1) μA741

μA741的外壳封装有圆形和双列直插两种形式，如图4.21(a)、(b)所示。电路的8只管脚序号均按逆时针方向排列；其结构特征是，从凹口或定位销开始依次为1、2、3…、8。各管脚功能如图4.21(c)所示。不同类型运放的外管脚排列是不同的，必须查阅产品手册来确定。

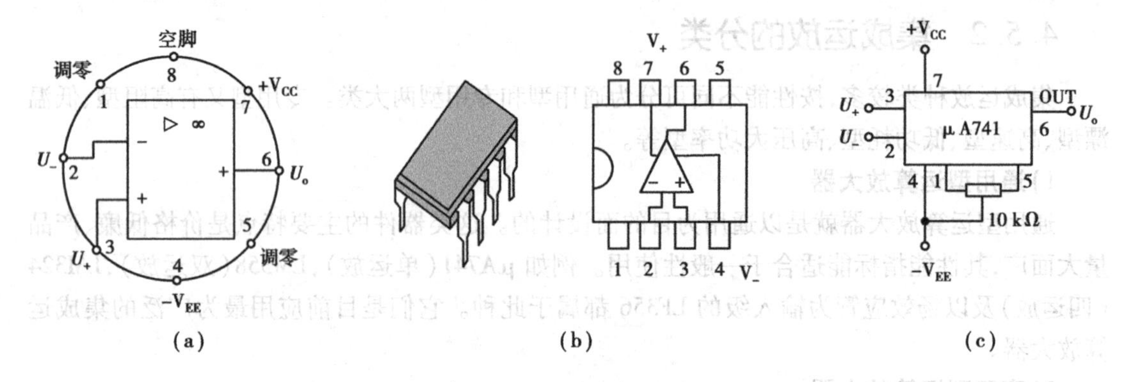

图4.21 μA741管脚排列

(a)圆形 (b)双列直插式 (c)管脚功能

μA741集成运放的各管脚功能如下：

管脚1、4、5为外接调零电位器的3个端子。

管脚2为反相输入端(IN_-)，其电压值标为U_-。

管脚3为同相输入端(IN_+)，其电压值标为U_+。

管脚4为负电源端($-V_{EE}$)。

管脚6为输出端(OUT)，其电压值标为U_o。

管脚7为正电源端($+V_{CC}$)。

管脚8为空脚，常用NC表示。

μA741的电源电压适应范围较宽，为±9 ~ ±18 V($V_{CC}=V_{EE}$)。μA741在零输入时，基本上是零输出，仅在要求很高时才使用调零电位器，不用调零电位器时端子1与端子5应悬空。

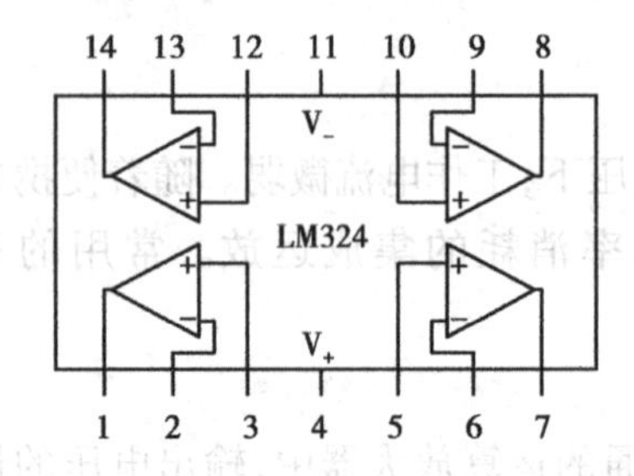

图4.22 LM324管脚排列图(顶视)

2) LM324

LM324是一种单片四运放通用放大器，其管脚排列如图4.22所示。它的内部包含4个形式完全相同的运算放大器，除电源共用外，4个运放相互独立。“V+”，“V-”为正、负电源端，单电源电压范围为3 ~ 30 V，双电源电压范围为±5 ~ ±15 V。LM324四运放电路具有电源电压范围宽、静态功耗小、可单电源使用、价格低廉等优点，因此被广泛应用在各种电路中。

4.5.4 集成运放的主要参数

集成运放的参数,是评价其性能优劣的主要标志,也是正确选择和使用的依据。因此,必须熟悉这些参数的含义和数值范围。

(1)开环差模电压放大倍数 A_{od}　它是指集成运放在开环状态(无外加反馈回路)下,输出不接负载时的直流差模电压放大倍数。即 $A_{od}=u_o/u_{id}$,它体现了集成运放的电压放大能力。A_{do}越大,电路越稳定,运算精度也越高。

通用型集成运放的 A_{od}一般为 60 ~ 140 dB,高质量的集成运放可高达 170 dB 以上。μA741 的 A_{od}典型值约为 106 dB。

(2)最大输出电压 $U_{OP\text{-}P}$　它是指在一定的电源电压下,集成运放的最大不失真输出电压的峰峰值。μA741 的 $U_{OP\text{-}P}$约为 ±13 ~ ±14 V。

(3)差模输入电阻 r_{id}　指差模信号作用下运放的输入电阻。r_{id}的大小反映了集成运放输入端向差模输入信号源索取电流的大小。r_{id}愈大愈好,一般运放的 r_{id}为几百 kΩ 至几 MΩ,μA741 的 r_{id}为 2 MΩ。

(4)输出电阻 r_o　r_o 的大小反映了运放在小信号输出时的负载能力。r_o 愈小带负载的能力愈强。μA741 的 r_o 为 75 Ω。

(5)共模抑制比 K_{CMR}　用来综合衡量运放的放大能力和抗温漂、抗共模干扰的能力,其定义同差动放大电路。K_{CMR}愈大愈好,一般应大于 80 dB。μA741 的 K_{CMR}为 90 dB。

(6)最大差模输入电压 U_{idmax}　它是指集成运放的反相和同相两输入端之间所能承受的最大电压值,超过这个电压值,会使运放的性能显著恶化,甚至可能造成永久性损坏。μA741 的 U_{idmax}为 ±30 V。

(7)最大共模输入电压 U_{icmax}　它是指运放所能承受的最大共模输入电压值,超过这个值时,它的共模抑制比将显著下降,运放工作不正常,失去差模放大能力。μA741 的 U_{icmax}为 ±13 V。

(8)输入失调电压 U_{IO}　一个理想的集成运放,当输入电压为零时,输出电压也应为零(不加调零电位器装置)。但实际上它的差动输入级很难做到完全对称,通常在输入电压为零时,存在一定的输出电压。为了使集成运放的输出电压为零,在输入端应加的补偿电压叫做输入失调电压。它反映差动放大部分参数的不对称程度,显然越小越好,一般为毫伏级。μA741 的 U_{IO}约为 1 mV。

(9)输入偏置电流 I_{IB}和输入失调电流 I_{IO}　输入偏置电流是指输入差放管的基极(栅极)偏置电流,用 $I_{IB}=\frac{1}{2}(I_{B1}+I_{B2})$表示;而将 I_{B1},I_{B2}之差的绝对值称为输入失调电流,即 $I_{IO}=|I_{B1}-I_{B2}|$。

I_{IB}和 I_{IO}愈小愈好,μA741 的 I_{IB}为 200 nA,I_{IO}为 50 ~ 100 nA。

(10)输入失调电压温漂$\frac{dU_{IO}}{dT}$和输入失调电流温漂$\frac{dI_{IO}}{dT}$　它们可以用来衡量集成运放的温漂特性。通过调零的方法可以补偿 U_{IO}、I_{IB}、I_{IO}的影响,但很难补偿其温度漂移,它直接影响运放的精确度。高质量的低温漂型运放,可做到 0.5 μV/℃和几个 pA/℃以下。μA741 约为 20 μV/℃和 1 nA/℃。

(11) –3 dB 带宽 BW　在本章频率特性中讲过，随着输入信号频率的上升，放大电路的电压放大倍数将下降，当 A_{od} 下降到中频时的 0.707 倍时为截止频率，用分贝表示正好下降了 3 dB，故对应此时的频率称为上限截止频率，又称为 –3 dB 带宽。

当输入信号频率继续增大，A_{od} 继续下降，下降到 $A_{od}=1$ 时，此时对应的频率 f_c 称为单位增益带宽。

在音频放大电路的设计中引用 –3 dB 两个点之间的频率为带宽，但在运放的设计中，相对而言，–3 dB 带宽的意义不大，因为闭环增益总是比开环增益低得很多。μA741 的 –3 dB 带宽为 10 Hz，其单位增益带宽为 1 MHz。

(12) 转换速率 S_R　衡量运放对高速变化信号的适应能力，一般为几 V/μs，若输入信号变化速率大于此值，输出波形会严重失真。μA741 的 S_R 为 0.5 V/μs，高速运放的 S_R 可高达几百 V/μs。

上述指标归纳起来可分为 3 大类：

直流指标：U_{IO}、I_{IO}、I_{IB}、dU_{IO}/dT、dI_{IO}/dT。

小信号指标：A_{od}、r_{id}、r_o、K_{CMR}、BW、f_c。

大信号指标：$U_{OP\text{-}P}$、I_{omax}、U_{idmax}、U_{icmax}、S_R。

集成运放指标的含义只有结合具体应用才能正确领会。

4.5.5 集成运放的使用常识

1) 运放的选择

集成运放是模拟集成电路中应用最广泛的一种器件。在由运算组成的各种系统中，由于应用要求不同，对它的性能要求也不一样。

集成运放种类众多，对初学者来说，在没有特殊要求的场合，尽量选用通用型集成运放，这样既可降低成本，又容易保证货源。当一个系统中使用多个运放时，尽可能选用多运放集成电路，例如 LM324、LF347 等都是将 4 个运放封装在一起的集成电路。

一般来说，对于高阻抗信号源、采样保持电路、测量放大器和带通滤波器等，宜选择高阻抗型运放；对弱信号精密检测、精密模拟运算、自动控制仪表等，选用高精度型运放；对于快速变化的输入信号系统、A/D 和 D/A 转换器等，应选择高速型运放；对能源有严格限制的袖珍式仪器、野外操作系统等，宜选用低功耗型运放。

选好后，根据管脚图和符号图连接外部电路，包括电源、外接电阻、消振电路及调零电路等。

2) 运放使用注意事项

(1) 运放调零与消振　调零时，应将电路接成闭环。调零分两种，一种是在无输入时调零，即将两个输入端接地，调节调零电位器，使输出电压为零；另一种是在有输入时调零，即按已知输入信号电压计算输出电压，而后将实际值调整到计算值。

消振通常是外接 RC 消振电路或消振电容，用它来破坏产生自激振荡的条件。是否已消振，可将输入端接地，用示波器观察输出端有无自激振荡。目前，由于集成工艺水平的提高，许多运算放大器内部已有消振元件，毋须外部消振。

(2) 运放的保护　运放在实验、调试中容易出现电源极性接反、电源电压过高、输入电压过大或输出端短路等现象,将造成运放的损坏。因此,在使用时必须加保护电路,如图4.23所示。

图4.23(a)为电源反接保护电路。在正、负电源连线上分别串接两个二极管 D_1、D_2,当电源极性接反时,二极管因反偏而截止;而电源极性接正确时,二极管正偏导通,起到保护作用。图4.23(b)为输入端保护电路。限流电阻 R_1 和并联在两个输入端之间的一对反接二极管组成输入端保护电路,可将运放的输入电压限制在 ±0.7 V 范围内。图4.23(c)为输出端保护电路。限流电阻 R 和双向稳压管 D_z 组成输出保护电路,可防止输出端接到外部过高电压或输出短路时造成的损坏。D_z 为两个相同的背靠背稳压管串接而成,稳定电压为 $\pm U_z$(该电路也称双向限幅器)。

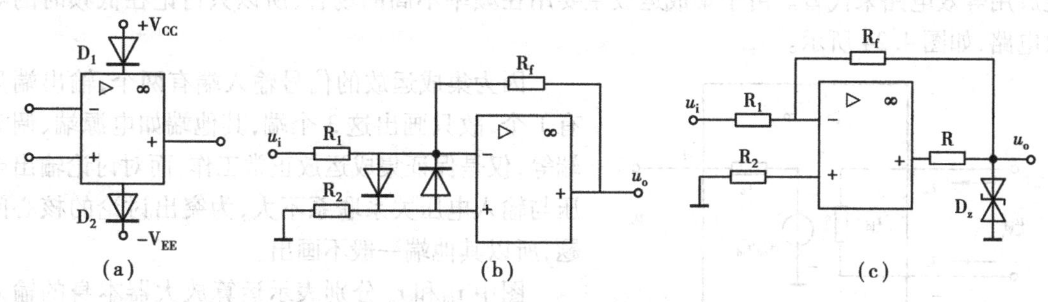

图4.23 运放的保护电路

(a)电源反接保护 (b)输入端保护 (c)输出端保护

3)运放常见故障分析

(1)不能调零 这种现象是指将输入端对地短路使输入信号为零时,调整外接调零电位器,仍不能使输出电压为零。出现这种故障是由于输出电压处于极限状态,或接近正电源,或接近负电源。如果这是开环调试,则属正常情况。当接成闭环后(即引入深度负反馈后),输出电压仍在某一极限值,调零也不起作用,则可能是接线错误、电路上有虚焊点或运放组件损坏等。

(2)阻塞 该故障现象是运放工作在闭环状态下,输出电压接近正电源或负电源极限值,不能调零,信号无法输入。其原因是输入信号过大或干扰信号过强,使运放内部某些管子进入饱和或截止状态,有的电路从负反馈变成了正反馈。排除的方法是断开电源再重新接通,或将两个输入端短接一下,即可恢复正常。

(3)自激 自激振荡,造成工作不稳定。其现象是当人体或金属物靠近它时,表现更为显著。产生自激的原因可能是 RC 补偿元件参数不恰当,输出端有容性负载或接线太长等。为消除自激现象,可重新调整 RC 补偿元件参数、加强正、负电源退耦或在反馈电阻两端并联电容等。

复习与讨论题

(1)集成运放有哪几种常用的封装形式?

(2)集成运放至少应有5个端子,分别是什么?在电路符号中通常只画出哪些端子?

(3)集成运放主要有哪些种类?最常见的通用型集成运放有哪些?

(4)集成运放有哪些主要参数?哪些是不能超过的极限参数?哪些则是越大越好?

(5)如何选择和使用集成运放？使用中要注意哪些主要问题？

4.6 集成运放的两种基本电路

4.6.1 集成运放应用基础

1)低频等效电路

在电子电路中是将集成运放作为一个完整的独立器件来对待,因此在分析、计算时将集成运放用等效电路来代替。由于集成运放主要用在频率不高的场合,所以只讨论在低频时的等效电路,如图4.24所示。

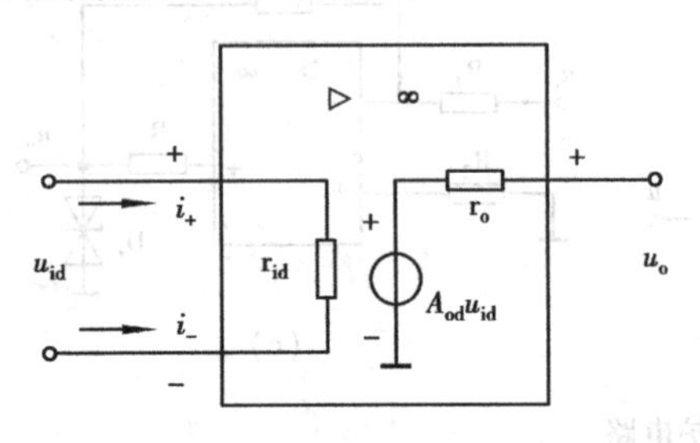

图4.24 集成运放低频等效电路

因为集成运放的信号输入端有两个,输出端只有1个,故只画出这3个端,其他端如电源端、调零端等,仅是保证集成运放正常工作,而对讨论输出电压与输入电压关系联系不大,为突出讨论的核心问题,所以其他端一般不画出。

图中 r_{id} 和 r_o 分别表示运算放大器本身的输入电阻和输出电阻,A_{od} 为开环电压放大倍数,u_{id} 是输入电压,i_+ 和 i_- 分别是流入运放输入端的电流,$A_{od}u_{id}$ 是输出电压源的电压。

2)理想集成运算放大器

所谓理想集成运放,就是把集成运放的各项技术指标理想化,即可以认为:

①开环差模电压放大倍数 $A_{od}=\infty$。

②差模输入电阻 $r_{id}=\infty$。

③输出电阻 $r_o=0$。

④共模抑制比 $K_{CMR}=\infty$。

⑤开环带宽 $BW=\infty$。

在实际应用中,尽管理想集成运放并不存在,但是许多集成运放的技术指标与理想集成运放非常接近,所以一般工程计算时,都按理想运放的条件来分析。因为这种方法可以使运放电路的应用分析大为简化,而工程计算误差不大。

3)集成运放工作在线性区的特点

当集成运放工作在线性区时,作为一个线性放大器件,它的输出信号和输入信号之间满足如下关系:

$$u_o = A_{od}(u_- - u_+)$$

由于理想运放 $A_{od}=\infty$;而 u_o 是有限值,故由上式可得

$$u_- - u_+ \approx 0$$

即

$$u_- \approx u_+$$

满足此条件称为“虚短”,即同相输入端与反相输入端电位相等,但又不是真正的短路。

又由于理想运放 $r_{id}=\infty$,所以运放输入端(反相端和同相端)均不从外部电路取用电

流，即

$$i_+ = i_- = 0$$

满足此条件称为“虚断”，即从同相、反相两输入端往放大器里面看进去，好像断开一样，但又不是真正的断开，故称“虚断”。

“虚短”和“虚断”是运放工作在线性区的两个重要特点，是同时存在的，它大大简化了运放应用电路的分析计算，凡是线性应用，均要用此两个结论，必须牢记。

4）集成运放工作在非线性区的特点

为使运放工作在非线性区，运放一般均开环运用（不接反馈）或加有正反馈，以加速转换过程。所以，非线性运用时，其电路结构特点为开环或为正反馈。显然放大关系已不存在，即

$$u_o \neq A_{od}(u_- - u_+)$$

由于 $A_{od} = \infty$，所以运放输入端哪怕是极微小的输入信号，就能使其输出电压不是达到正向饱和值 U_{OH}，就是负向饱和值 U_{OL}，其数值通常接近正、负电源电压值。所以，有以下两个特点：

$$当 u_- > u_+ 时，u_o = U_{OL}$$

$$当 u_+ > u_- 时，u_o = U_{OH}$$

$u_- = u_+$ 为两种状态的转折点。

由于 $r_{id} = \infty$，所以输入电流仍为零，“虚断”的结论仍然成立，即

$$i_+ = i_- = 0$$

综上所述，集成运放工作在不同区域，其近似条件不同。所以在分析集成运放时，首先应判断集成运放工作在什么区域，然后才能用上述有关公式对集成运放进行分析、计算。

4.6.2 集成运放的两种基本电路

集成运放外围只要配以适当的电阻、电容，就可以组成多种功能不同的电路。将输入信号按比例放大的电路，称为比例放大电路。按输入信号加入不同的输入端，可分为反相输入比例放大和同相输入比例放大两种。比例放大电路实际上就是集成运算放大电路的两种主要的放大形式。

1）反相输入比例放大电路

输入信号通过外接电阻 R_1 加入反相输入端，电路如图 4.25 所示。R_F 为反馈电阻，它跨接在输出端与反相输入端之间，同相输入端通过 R_2 接地。

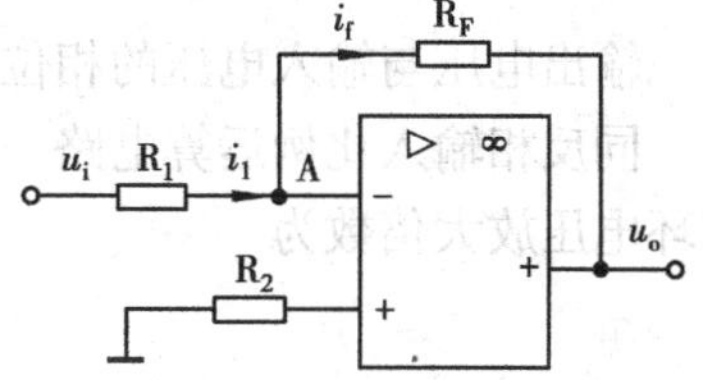

图 4.25 反相输入比例放大电路

根据运放工作在线性区的两条分析依据可知，流入放大器输入端的电流为零。所以，R_2 上没有电压降，即 $u_+ = 0$。根据“虚短”法则，有 $u_- = u_+ = 0$，而 A 点（$u_- = 0$）常称为“虚地”。

又根据“虚断”法则，得出 $i_1 = i_f$。

所以有

$$i_1 = \frac{u_i - u_-}{R_1} = \frac{u_i}{R_1}$$

$$i_f = \frac{u_- - u_o}{R_F} = -\frac{u_o}{R_F}$$

由此可得

$$u_o = -\frac{R_F}{R_1}u_i$$

式中的负号表示输出电压与输入电压的相位相反。而闭环电压放大倍数为

$$A_{uf} = \frac{u_o}{u_i} = -\frac{R_F}{R_1}$$

可见，电路的闭环电压放大倍数仅取决于电路参数，与集成运放本身的参数无关。在特殊情况下，当电路中的 $R_F = R_1$ 时，$u_o = -u_i$，即 $A_{uf} = -1$，该电路就成了反相器。

图中电阻 R_2 称为平衡电阻，通常取 $R_2 = R_1 /\!/ R_F$，以保证其输入端的电阻平衡，从而提高差动电路的对称性。

反相比例放大电路有如下特点：

①由于反相比例电路存在虚地，即 $u_- = u_+ = 0$，所以它的共模输入电压为零。因此，对集成运放的共模抑制比要求低。这是其突出优点。

②放大器的输入电阻低，仅为 R_1，所以对输入信号的负载能力有一定要求。

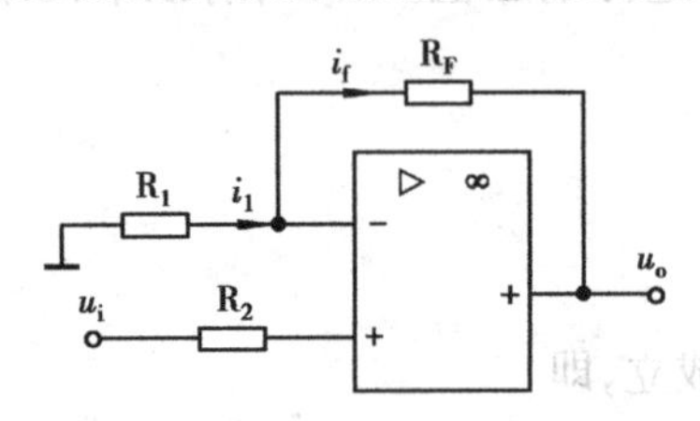

图4.26　同相输入放大电路

2）同相输入比例放大电路

输入信号通过外接电阻 R_2 加入同相输入端，电路如图4.26所示。

根据运放工作在线性区的两条分析依据可知：

$$i_1 = i_f, u_- = u_+ = u_i \quad （虚短但不是虚地）$$

而

$$i_1 = \frac{0 - u_-}{R_1} = -\frac{u_i}{R_1}$$

$$i_f = \frac{u_- - u_o}{R_F} = \frac{u_i - u_o}{R_F}$$

由此可得

$$u_o = \left(1 + \frac{R_F}{R_1}\right)u_i$$

输出电压与输入电压的相位相同，改变 R_F/R_1，即可改变 u_o 的数值。

同反相输入比例运算电路一样，为了提高差动电路的对称性，平衡电阻 $R_2 = R_1 /\!/ R_F$。闭环电压放大倍数为

$$A_{uf} = \frac{u_o}{u_i} = 1 + \frac{R_F}{R_1}$$

可见，同相比例运算电路的闭环电压放大倍数必定大于或等于1。同样可以看出，闭环电压放大倍数仅取决于电路参数，与集成运放本身的参数无关。只要选用高精度的优质电阻，就可获得精度和稳定性都很高的闭环增益。

如果取 $R_F = 0$（即 R_F 短接）或 $R_1 = \infty$（即 R_1 开路或从电路中去掉），则 $u_o = u_i$，即 $A_{uf} = 1$，输出电压跟随输入电压作相同的变化，故称为电压跟随器。如图4.27所示。

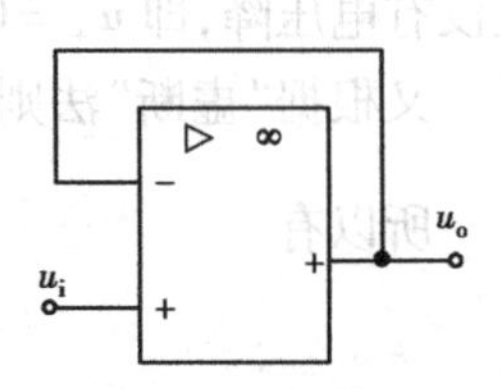

图4.27　电压跟随器

同相输入放大电路有如下特点：

①电路的输入电阻很高，可高达1 000 MΩ以上。

②由于$u_-=u_+=u_i$，即同相输入电路的共模输入信号为u_i，因此对集成运放共模抑制比的要求高。即在选用运放时，一定要选用允许共模电压较高且共模抑制比也较高的产品。这是它的主要缺点，也限制了它的适用场合。

例4.6 在图4.28所示的电路中，已知$R_1=100\ \text{k}\Omega$、$R_f=200\ \text{k}\Omega$、$u_i=1\ \text{V}$，求输出电压u_o，并说明输入级的作用。

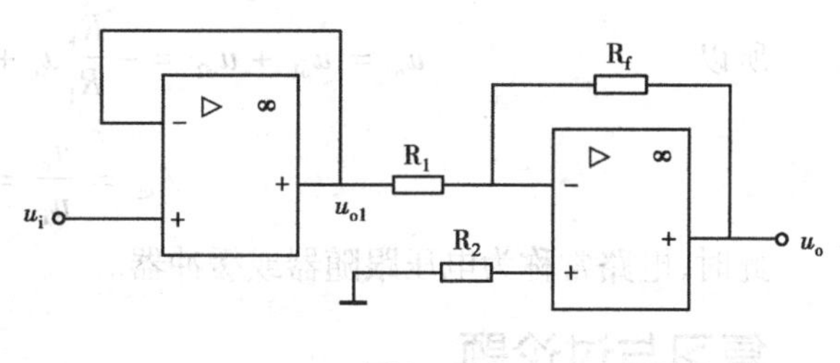

图4.28

解 输入级为电压跟随器，因而具有极高的输入电阻，起到减轻信号源负担的作用。且$u_{o1}=u_i=1\ \text{V}$，作为第2级的输入。

第2级为反相输入比例运算电路，所以输出电压为

$$u_o=-\frac{R_f}{R_1}u_{o1}=-\frac{200\ \text{k}\Omega}{100\ \text{k}\Omega}\times 1\ \text{V}=-2\ \text{V}$$

例4.7 在图4.29所示的电路中，已知$R_1=100\ \text{k}\Omega$、$R_f=200\ \text{k}\Omega$、$R_2=100\ \text{k}\Omega$、$R_3=200\ \text{k}\Omega$、$u_i=1\ \text{V}$，求输出电压u_o。

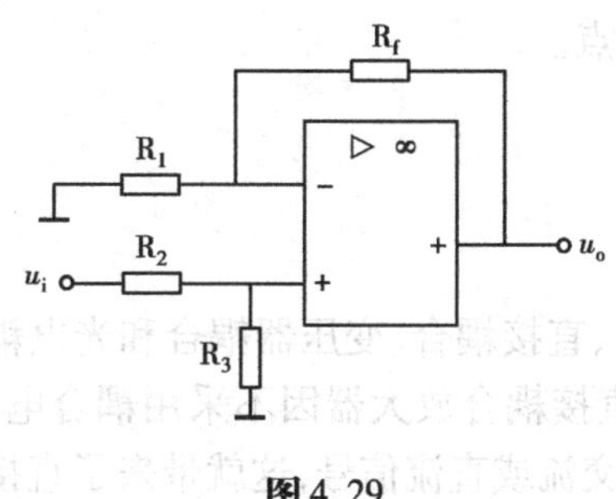

图4.29

解 根据虚断，由图可得

$$u_-=\frac{R_1}{R_1+R_f}u_o$$

$$u_+=\frac{R_3}{R_2+R_3}u_i$$

又根据虚短，有

$$u_-=u_+$$

所以

$$\frac{R_1}{R_1+R_f}u_o=\frac{R_3}{R_2+R_3}u_i$$

$$u_o=\left(1+\frac{R_f}{R_1}\right)\frac{R_3}{R_2+R_3}u_i$$

可见，此电路也是一种同相输入比例运算电路。代入数据得

$$u_o=\left(1+\frac{200\ \text{k}\Omega}{100\ \text{k}\Omega}\right)\times\frac{200\ \text{k}\Omega}{100\ \text{k}\Omega+200\ \text{k}\Omega}\times 1\ \text{V}=2\ \text{V}$$

例4.8 某放大器电压放大倍数可由开关S控制，电路如图4.30所示。试证明：当开关S闭合时，电压放大倍数为-1；而当开关S断开时，电压放大倍数为1。

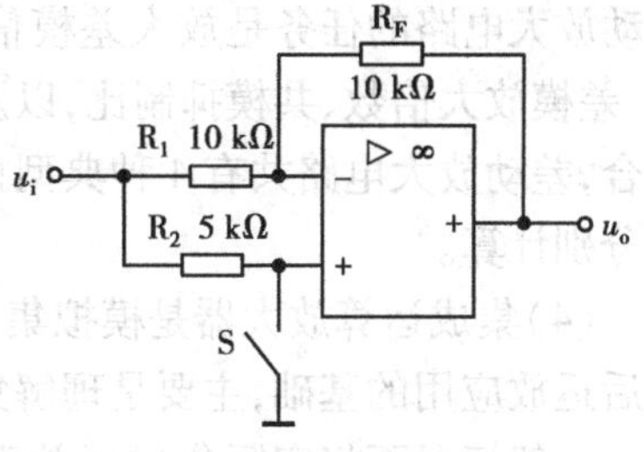

图4.30

解 ①当S闭合时，同相端直接接地，信号从反相端输入，电路构成反相比例运算电路。故电压放大倍数为

$$A_{uf}=\frac{u_o}{u_i}=-\frac{R_F}{R_1}=-\frac{10\ \text{k}\Omega}{10\ \text{k}\Omega}=-1$$

此时，电路也常称为反相器或变号器。

②当S断开时，输入信号同时加在反相端和同相端，

可用叠加原理求解。此时,u_o 包括 u_i 从反相输入产生的 u_{o1} 和由同相端输入产生的 u_{o2},而

$$u_{o1} = -\frac{R_F}{R_1}u_i;\quad u_{o2} = \left(1 + \frac{R_F}{R_1}\right)u_i$$

所以

$$u_o = u_{o1} + u_{o2} = -\frac{R_F}{R_1}u_i + \left(1 + \frac{R_F}{R_1}\right)u_i = u_i$$

$$A_{uf} = \frac{u_o}{u_i} = 1$$

此时,电路常称为电压跟随器或缓冲器。

复习与讨论题

(1)理想集成运放的技术指标有哪些?

(2)什么是“虚短”?什么是“虚断”?各在什么情况下成立?

(3)集成运放工作在线性区和非线性区时,各有什么特点?

(4)试比较反相比例和同相比例电路的异同点和优缺点。

本章小结

(1)多级放大电路级与级之间的耦合方式有阻容耦合、直接耦合、变压器耦合和光电耦合等多种形式。不同的耦合方式有许多各自不同的特点。直接耦合放大器因不采用耦合电容,所以既可放大频率较高的交流信号,又可放大缓慢变化的交流或直流信号,这就带来了直接耦合放大器的特殊问题——零点漂移。零漂严重时,会无法从输出信号中分辨出有用信号,故直接耦合放大器必须具有抑制零漂的能力。

多级放大电路的总电压放大倍数等于各级电压放大倍数的乘积,但在计算每一级放大倍数时要考虑前后级之间的影响。

(2)放大电路的电压放大倍数是频率的函数,这种函数关系就是放大电路的频率特性。描述频率特性的 3 个指标有中频电压增益、上限频率和下限频率,它们都是放大电路的质量指标。上、下限频率的差值称为通频带,通频带越宽,表明放大电路对不同频率信号的适应能力越强,其频率特性就越好,其失真就越小。为了不失真地放大信号,要求放大电路的通频带应大于信号的频带。

(3)差动放大电路是集成运算放大器的重要组成单元,其主要性能是能有效地抑制零漂。差动放大电路的任务是放大差模信号与抑制共模信号。主要掌握电路工作原理和静态工作点、差模放大倍数、共模抑制比,以及输入输出电阻的分析和估算。根据输入输出方式的不同组合,差动放大电路共有 4 种典型接法,分析这些电路时,要根据两边电路的不同输入信号分量分别计算。

(4)集成运算放大器是模拟集成电路的典型器件。通用型运放使用广泛,其基本知识是今后运放应用的基础,主要是理解集成运放参数的意义,以便能正确选择和应用。

一般情况下将实际集成运放看作理想器件。理想运放工作在线性区时,运用“虚短”和“虚断”两个重要结论来分析电路,将使电路的分析计算大为简化。虽然实际运放的参数不是

理想值,会对运算带来误差,但这种误差很小,在工程应用上是允许的。

(5)反相输入和同相输入是集成运算放大电路两种最基本的形式。它们的共同特点是闭环电压放大倍数均取决于电路参数,与集成运算放大器本身的参数无关。掌握这两种基本电路的分析方法,是进一步学习、理解和应用其他运算及处理电路的重要基础。

自我检测题与习题

一、单选题

1. 直接耦合放大电路(　　)信号。

A. 只能放大交流信号　　B. 只能放大直流信号

C. 既能放大交流信号,也能放大直流信号　　D. 既不能放大交流信号,也不能放大直流信号

2. 某放大器的中频电压增益为40 dB,则在上限频率f_H处的电压放大倍数约为(　　)倍。

A. 43　　B. 100　　C. 37　　D. 70

3. 直接耦合电路中存在零点漂移主要是因为(　　)。

A. 晶体管的非线性　　B. 电阻阻值有误差

C. 晶体管参数受温度影响　　D. 静态工作点设计不当

4. 为了减小温度漂移,集成放大电路输入级大多采用(　　)。

A. 共基极放大电路　　B. 互补对称放大电路

C. 差动放大电路　　D. 电容耦合放大电路

5. 甲、乙两个直接耦合的多级放大电路,其电压放大倍数分别为1 000和10 000。在输入短路时,测得两电路的输出电压都为0.2 V,则在下列说法中正确的为(　　)。

A. 甲和乙零漂特性相同　　B. 甲的零漂更严重

C. 乙的零漂更严重　　D. 无法确定

6. 选用差动放大电路的主要原因是(　　)。

A. 减小温漂　　B. 提高输入电阻

C. 稳定放大倍数　　D. 减小失真

7. 对差动放大电路而言,下列说法不正确的为(　　)。

A. 可以用作直流放大器　　B. 可以用作交流放大器

C. 可以用作限幅器　　D. 具有很强的放大共模信号的能力

8. 把差动放大电路中的发射极公共电阻改为电流源可以(　　)。

A. 增大差模输入电阻　　B. 提高共模增益

C. 提高差模增益　　D. 提高共模抑制比

9. 差动放大电路由双端输入改为单端输入,则差模电压放大倍数(　　)。

A. 不变　　B. 提高一倍　　C. 提高两倍　　D. 减小为原来的一半

二、判断题(正确的在括号中画“√”,错误的画“×”)

1. 多级放大电路的输入电阻等于第一级的输入电阻,输出电阻等于末级的输出电阻。(　　)

2. 直接耦合的多级放大电路,各级之间的静态工作点相互影响;电容耦合的多级放大电路,各级之间的静态工作点相互独立。(　　)

3. 只有直接耦合的放大电路中三极管的参数才随温度而变化，电容耦合的放大电路中三极管的参数不随温度而变化，因此只有直接耦合放大电路存在零点漂移。（ ）

4. 直接耦合放大电路存在零点漂移主要是由于晶体管参数受温度影响。（ ）

5. 频率失真是由于线性的电抗元件引起的，它不会产生新的频率分量，因此是一种线性失真。（ ）

6. 集成放大电路采用直接耦合方式的主要原因之一是不易制作大容量电容。（ ）

7. 单端输出的长尾式差动放大电路，主要靠公共发射极电阻引入负反馈来抑制温漂。（ ）

8. 单端输出的电流源差动放大电路，主要靠电流源的恒流特性来抑制温漂。（ ）

9. 差动放大电路单端输出时，主要靠电路的对称性来抑制温漂。（ ）

10. 差动放大电路中单端输出与双端输出相比，差模输出电压减小，共模输出电压增大，共模抑制比下降。（ ）

三、填空题

1. 放大电路中，当放大倍数下降到中频放大倍数的 0.707 倍时所对应的低端频率和高端频率，分别称为放大电路的______频率和______频率，这两个频率之间的频率范围称为放大电路的______。

2. 若信号带宽大于放大电路的通频带，则会产生______失真。

3. 当输入信号为零时，输出信号不为零且产生缓慢波动变化的现象称为______。差动放大电路对之具有很强的______作用。

4. 集成运放的输入级一般采用差动放大电路，用来克服温漂；中间级多采用共______极电路以提高电压增益；输出级多采用______功率放大电路，以提高带负载能力。

5. 差动放大电路抑制零漂是靠电路结构____和两管公共发射极电阻的很强的____作用。

6. 当差动放大电路输入端加入大小相等、极性相反的信号时，称为______输入；当加入大小和极性都相同的信号时，称为______输入。

7. 若差动电路的两个输入端电压为 $u_{i1}=2.00$ V、$u_{i2}=1.98$ V，则电路的差模输入电压 u_{id} 为______ V，共模输入电压 u_{ic} 为______V。

8. 差动放大电路中，若 $u_{i1}=+40$ mV、$u_{i2}=+20$ mV、$A_{ud}=-100$、$A_{uc}=-0.5$，则可知该差动放大电路的共模输入信号 $u_{ic}=$______；差模输入电压 $u_{id}=$______，输出电压为 $u_o=$______。

9. 差动放大电路具有电路结构______的特点，因此具有很强的______零点漂移的能力。它能放大______模信号，而抑制______模信号。

10. 差动放大电路中的公共发射极电阻 R_E，对______模信号有很强的抑制作用，对______模信号在理想情况下不产生影响。

11. 差动放大电路中，差模电压放大倍数与共模电压放大倍数之比，称为______，理想差动放大电路中其值为______。

12. 在双端输入、双端输出的理想差分放大电路中，若两个输入电压 $u_{i1}=u_{i2}$，则输出电压 $u_o=$______。若 $u_{i1}=+50$ mV、$u_{i2}=+10$ mV，则可知该差动放大电路的共模输入信号 $u_{ic}=$______；差模输入电压 $u_{id}=$______，因此分在两输入端的一对差模输入信号为 $u_{id1}=$____

____，u_{id2} = ________。

13. 理想集成运放差模输入电阻为________，开环差模电压放大倍数为________，输出电阻为________。

14. 理想集成运放中存在虚断是因为差模输入电阻为________，流进集成运放的电流近似为________；集成运放工作在线性区时存在有虚短，是指________和________电位几乎相等。

四、计算分析题

1. 两级阻容耦合放大电路如题图 4.1 所示，设三极管 V_1、V_2 的参数相同，$\beta = 100$、$r_{be1} = 2\ \text{k}\Omega$、$r_{be2} = 1\ \text{k}\Omega$。①画出交流通路和微变等效电路；②求 $A_u = u_o/u_i$、R_i、R_o；③若信号源电压 $U_s = 10$ mV，求输出电压有效值 U_o 为多大？

（提示：$R_{i2} = R_{B3} /\!/ [r_{be} + (1+\beta)R'_L]$；$A_{u2} \approx 1$；源电压增益：$A_{us} = \dfrac{R_i}{R_s + R_i} A_u$）

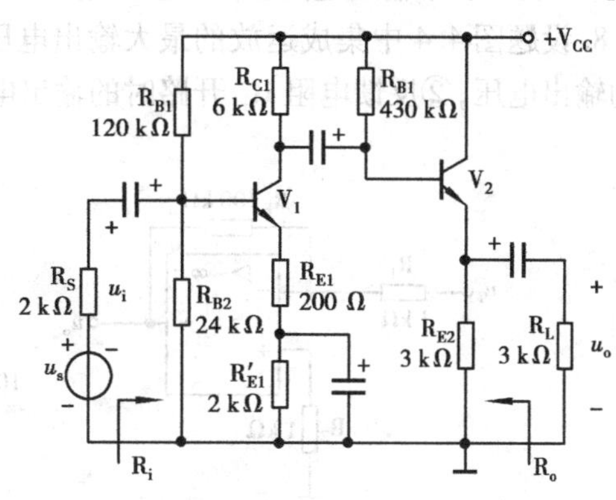

题图 4.1

2. 差动放大电路如图 4.12 所示，已知 $U_{i1} = 65$ mV、$U_{i2} = 55$ mV、$U_o = -203$ mV。试求：①差模输入信号量和共模输入信号量；②差模电压放大倍数。

3. 某差动放大器的 $A_{ud} = 40$ dB、$K_{CMR} = 80$ dB，试问：①该放大器的共模增益为多少分贝？多少倍？②若输入 10 mV 的差模信号，同时又存在 10 mV 的共模信号，求输出的差模电压及共模电压各为多少？

4. 差动放大器如图 4.12 所示。设 $V_{CC} = V_{EE} = 15$ V、$R_C = 10$ kΩ、$R_E = 14.3$ kΩ、$R_b = 5.1$ kΩ、$\beta = 50$，双端输出接负载 $R_L = 10$ kΩ，求：①静态工作点及双端输出时的差模电压放大倍数 A_{ud}；②当 R_L 接在 V_1 管的集电极与地之间时的差模电压放大倍数 A_{ud1}；③当 $u_{i1} = 5$ mV、$u_{i2} = 1$ mV时，求在第②问条件下的单端输出总电压 u_{o1}（计算 r_{be}时，取 $r_{bb'} = 200\ \Omega$）。

5. 差动放大电路如题图 4.2 所示，已知 $V_{CC} = V_{EE} = 12$ V、$R_C = R_E = 10$ kΩ、三极管的 $\beta = 100$、$r_{bb'} = 200\ \Omega$、$U_{BEQ} = 0.7$ V，试求：①V_1、V_2 的静态工作点 I_{CQ1}、U_{CEQ1} 和 I_{CQ2}、U_{CEQ2}；②差模电压放大倍数 $A_{ud} = u_{od}/u_{id}$；③差模输入电阻 R_{id} 和输出电阻 R_o。

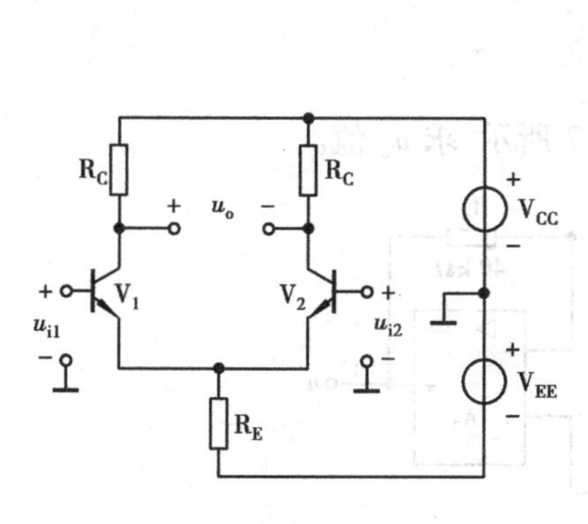

题图 4.2

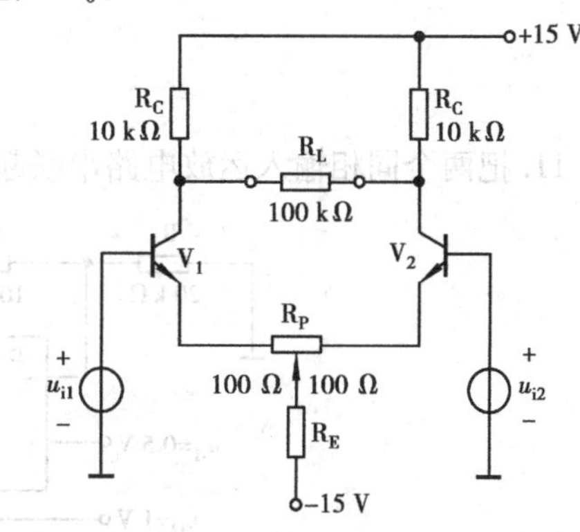

题图 4.3

6. 具有射极调零电位器 $R_P = 200\ \Omega$ 的差动放大电路，如题图 4.3 所示。设两管参数对称，

$\beta=150$，R_P 置中点位置。

试计算：当 $R_E=10\ k\Omega$，双端输出和 V_2 集电极输出接 R_L 时的差模输入电阻 R_{id}、输出电阻 R_o 和差模电压增益 A_{ud}。

7. 试根据下列要求，设计比例放大电路。

（1）设计一个电压放大倍数为 -5，输入电阻为 100 kΩ 的放大电路；

（2）设计一个电压放大倍数为 -20，输入电阻为 2 kΩ 的放大电路；

（3）设计一个输入电阻极大，电压放大倍数为 $+100$ 的放大电路。

8. 设题图 4.4 中集成运放的最大输出电压为 ±12 V，已知 $U_i=20$ mV，试求：①正常情况下的输出电压；②反馈电阻 R_F 开路时的输出电压。

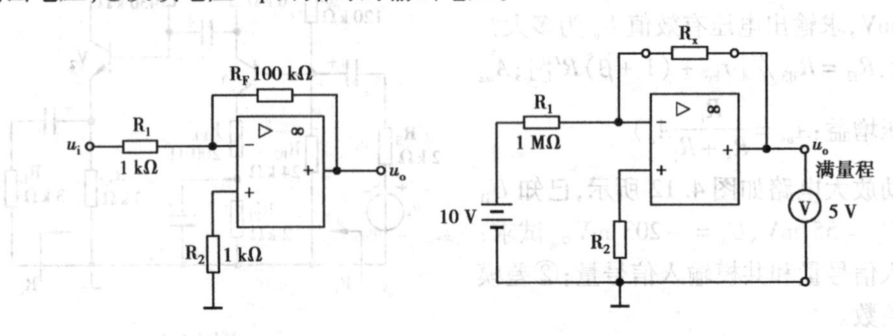

题图 4.4　　题图 4.5

9. 题图 4.5 为应用集成运放测量电阻的电路，如果在图示的情况下，输出端的电压指示在满度上，问被测电阻 R_x 的阻值等于多少？

10. 电路如题图 4.6 所示，求输出电压 u_o 值。

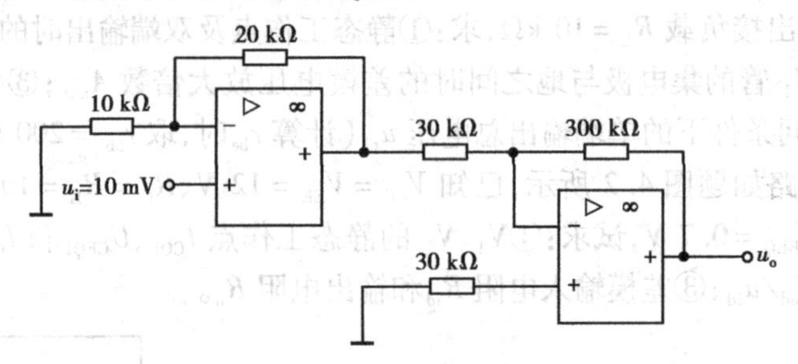

图题 4.6

11. 把两个同相输入运放电路串联起来，如题图 4.7 所示，求 u_o 值。

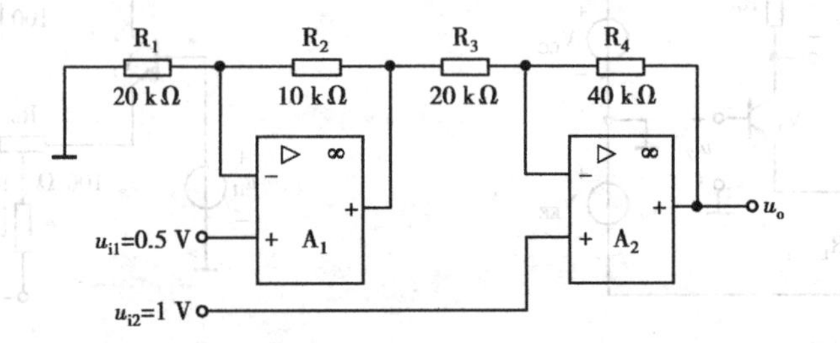

题图 4.7

5 负反馈放大电路

本章知识点：

(1)反馈的基本概念。

(2)反馈放大电路的类型和判断方法。

(3)负反馈对放大电路性能的影响。

(4)深度负反馈电路的估算。

(5)负反馈放大电路的自激及消除。

本章难点：

(1)反馈放大电路的类型判断。

(2)负反馈对放大电路性能的影响。

学习要求：

(1)掌握反馈的基本概念及类型。

(2)掌握放大电路反馈类型的判断。

(3)掌握负反馈对放大电路性能的影响。

(4)了解负反馈放大电路的自激现象及消除方法。

5.1 反馈放大电路的基本概念

5.1.1 反馈的定义

所谓反馈，就是将放大器的输出量(电压或电流)的一部分或全部，通过一定的方式送回到放大器的输入端的过程，如图5.1所示。

反馈的现象和应用已在第2章中讲述过。分压偏置式放大电路就是利用“反馈”来稳定静态工作点的，即T(温度)$\uparrow\rightarrow I_{CQ}$(输出量)$\uparrow\rightarrow U_{EQ}(\approx I_{CQ}R_E)\uparrow\rightarrow U_{BEQ}\downarrow\rightarrow I_{BQ}\downarrow\rightarrow I_{CQ}\downarrow$。可见，它是利用输出量$I_{CQ}$的变化，经电阻$R_E$转换成电压$U_{EQ}$的变化，送回到输入回路，使输入量$U_{BEQ}$、$I_{BQ}$减小，从而使$I_{CQ}$的变化减小，实现了放大电路静态工作点Q的稳定。

由此可见，如欲稳定电路某个输出量，则应采取措施将该量反馈回电路输入端。这样一来，当由于该因素引起某输出量发生变化时，这种变化将反映到放大电路的输入端，从而牵制

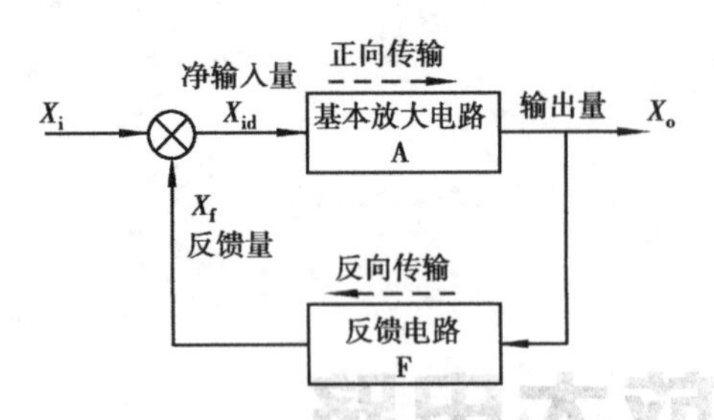

图5.1 反馈放大电路框图

该输出量的变化,使之基本保持稳定。

图中 X_i、X_o、X_f、X_{id}分别表示反馈放大电路的输入信号、输出信号、反馈信号和基本放大电路输入信号(即净输入信号),信号可以是电压,也可以是电流。

反馈放大电路的工作过程可描述为:通过适当的取样电路对输出信号 X_o 进行采样,采样信号通过反馈电路成为反馈信号 X_f,这个反馈信号借助于比较电路同外加输入信号 X_i 进行比较,比较后的净输入信号 X_{id}加到基本放大电路的输入端,通过基本放大电路放大输出。

5.1.2 反馈的分类及判断

1)交流反馈与直流反馈

根据反馈信号本身的交直流性质,反馈可以分为直流反馈和交流反馈。

如果反馈信号中只包含直流成分,则称为直流反馈;若反馈信号中只有交流成分,则称为交流反馈。在很多情况下,交、直流两种反馈兼而有之。如图5.2(a)为直流反馈;图5.2(b)中反馈通路①为交流反馈,反馈通路②为交直流反馈。

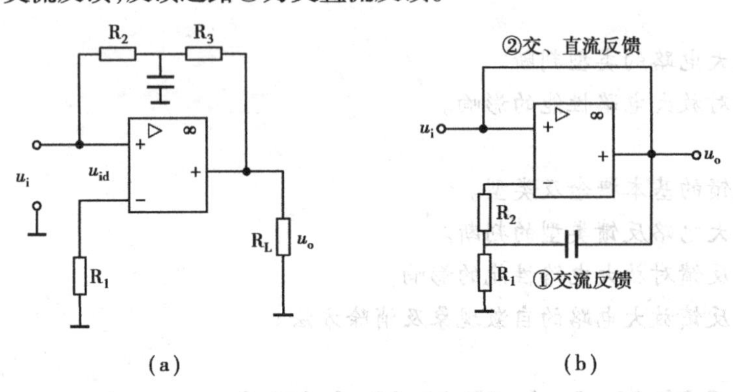

图5.2 交、直流反馈

(a)直流反馈 (b)交直流反馈

直流负反馈的作用是稳定静态工作点,对动态性能没有影响;而各种类型的交流反馈将对放大电路各项动态性能产生不同的影响,是用以改善电路技术指标的主要手段,也是本章要讲的主要内容。

2)电压反馈与电流反馈

反馈信号取样于输出电压,称为电压反馈;反馈信号取样于输出电流,称为电流反馈。

电压反馈中,反馈信号与输出电压成比例;电流反馈中,反馈信号与输出电流成比例。因此,假设将输出交流短路($u_o=0, i_o\neq0$)后,如果反馈信号不复存在,则电路为电压反馈;如果仍然存在反馈,则为电流反馈。图5.3(a)为电压反馈,图5.3(b)为电流反馈。

3)串联反馈与并联反馈

反馈放大电路中,按照基本放大电路输入信号与反馈信号是串联连接还是并联连接,分为

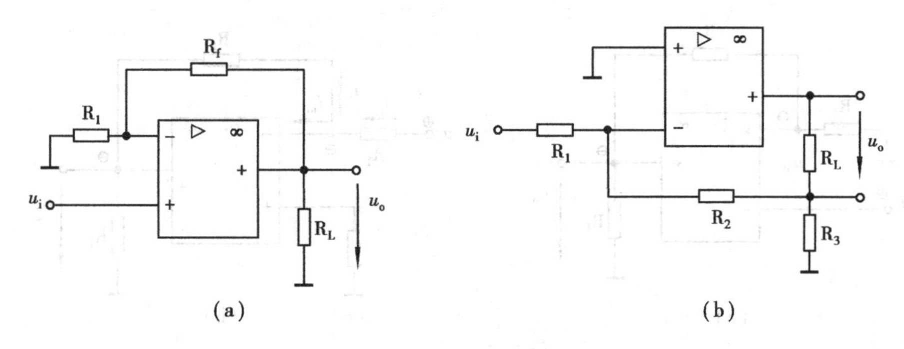

图 5.3 电压、电流反馈

(a)电压反馈 (b)电流反馈

串联反馈和并联反馈。

如果反馈信号与输入信号在输入回路中以电压形式相比较(即 $u_{id}=u_i-u_f$),称为串联反馈;如果二者以电流形式相比较(即 $i_{id}=i_i-i_f$),则称为并联反馈。

图 5.4(a)为串联反馈,图 5.4(b)为并联反馈。

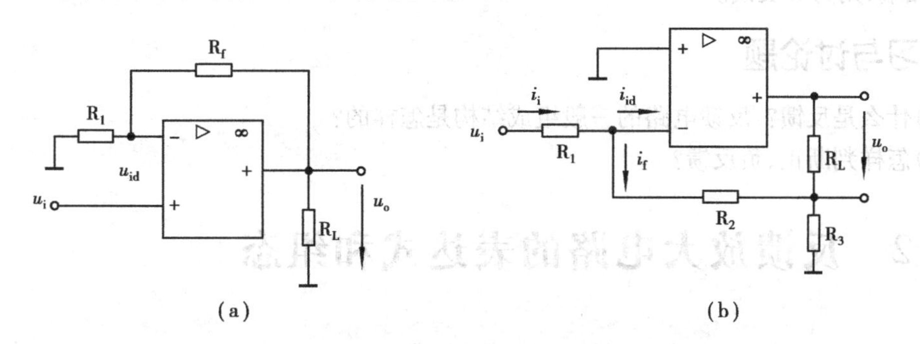

图 5.4 串联反馈、并联反馈

(a)串联反馈 (b)并联反馈

4)正反馈和负反馈

根据反馈极性的不同,反馈可分为正反馈和负反馈。

如果引入到输入端的反馈信号 X_f 增强了外加输入信号 X_i 的作用,使放大电路的放大倍数得以提高,这样的反馈为正反馈;相反,如果反馈信号削弱输入信号的作用,继而影响放大电路的输出,则称为负反馈。

为了判断引入的是正反馈还是负反馈,可以采用瞬时极性法。即先假定反馈放大电路输入信号处于某一个瞬时极性(在电路图中用符号(+),(-)来表示瞬时极性的正和负,即该点瞬时信号的变化为升高或降低),然后依照信号传输方向逐级推出电路其他有关各点瞬时信号的变化情况,最后判断反馈信号 X_f 的瞬时极性是增强还是削弱原来的输入信号 X_i,继而判断是正反馈还是负反馈。

例如在图 5.5(a)中,用瞬时极性法判别有

$$u_i\uparrow\to u_-\uparrow\to u_o\downarrow\to u_+\downarrow\to u_{id}=(u_--u_+)\uparrow$$

则电路引入的是正反馈。而此电路是串联反馈,比较的是电压量。

在图 5.5(b)中,同样用瞬时极性法判别有

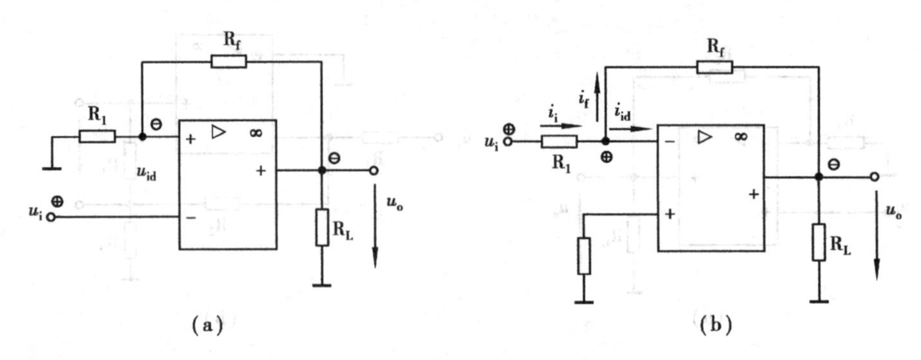

图5.5 瞬时极性法判断正、负反馈

(a)正反馈 (b)负反馈

$$u_i \uparrow \rightarrow u_- \uparrow \rightarrow u_o \downarrow \rightarrow i_f \uparrow \rightarrow i_{id} = (i_i - i_f) \downarrow$$

则电路引入的是负反馈。而此电路是并联反馈，比较的是电流量。

从本例可知，在单运放构成的反馈电路中，若反馈电路接回运放的同相端，则为正反馈；若接回反相端，则为负反馈。

复习与讨论题

(1)什么是反馈？反馈电路的一般组成结构是怎样的？

(2)怎样判断正、负反馈？

5.2 反馈放大电路的表达式和组态

5.2.1 反馈放大电路的一般表达式

由图5.1可以得出，基本放大电路的放大倍数(也称开环增益) $\dot{A}=\frac{\dot{X}_o}{\dot{X}_{id}}$。

反馈电路的反馈系数 $\dot{F}=\frac{\dot{X}_f}{\dot{X}_o}$。

反馈放大电路的放大倍数(也称闭环增益) $\dot{A}_f=\frac{\dot{X}_o}{\dot{X}_i}$。

式中 $\dot{X}_{id}$ 是比较环节的净输入，也是基本放大电路的输入，表达式为 $\dot{X}_{id}=\dot{X}_i-\dot{X}_f$。

利用以上公式，反馈放大电路的闭环增益可以推导为

$$\dot{A}_f = \frac{\dot{X}_o}{\dot{X}_i} = \frac{\dot{X}_o}{\dot{X}_{id} + \dot{X}_f} = \frac{\dfrac{\dot{X}_o}{\dot{X}_{id}}}{1 + \dfrac{\dot{X}_f}{\dot{X}_{id}}} = \frac{\dot{A}}{1 + \dfrac{\dot{X}_f}{\dot{X}_o}\dfrac{\dot{X}_o}{\dot{X}_{id}}} = \frac{\dot{A}}{1 + \dot{A}\dot{F}} \tag{5.1}$$

由式(5.1)可以看出：

①放大电路采用负反馈连接方式时，即当$|1 + \dot{A}\dot{F}| > 1$时，$|\dot{A}_f| < |\dot{A}|$。这表明，引入负反馈后，放大倍数下降。当$|1 + \dot{A}\dot{F}| \gg 1$时，为深度负反馈，此时$\dot{A}_f \approx \dfrac{1}{\dot{F}}$，反馈放大电路的闭环增益几乎与基本放大电路的$\dot{A}$无关，仅与反馈电路的反馈系数有关。反馈电路一般由无源线性元件构成，性能稳定，故$\dot{A}_f$也比较稳定。由此可见，在设计放大电路时，为了提高稳定性，总是把$|\dot{A}|$做得很大，以便引入深度负反馈。

②当$|1 + \dot{A}\dot{F}| < 1$时，$|\dot{A}_f| > |\dot{A}|$，即闭环增益增加，电路转为正反馈，使其性能不稳定。

③当$|1 + \dot{A}\dot{F}| = 0$，则$|\dot{A}_f| \to \infty$，即反馈放大电路在没有输入信号（$\dot{X}_i = 0$）时，也产生输出信号（$\dot{X}_o \neq 0$），这种现象称为自激振荡，简称自激。自激使放大电路失去放大作用，但有时为了产生各种电压或电流波形，也有意识地使反馈放大电路处于自激振荡状态。

由以上分析可知，$1 + \dot{A}\dot{F}$对反馈放大电路性能的影响很大。故将$1 + \dot{A}\dot{F}$称为反馈深度，而反馈深度数量上的变化，将引起反馈电路质的变化，所以$1 + \dot{A}\dot{F}$是一个重要概念。

5.2.2 反馈放大电路的组态

实际电路中遇到的负反馈电路形式是多种多样的，但就基本连接方式来说，可以归结为以下4种基本组态：电压串联式、电流串联式、电压并联式、电流并联式。现结合具体电路来分析它们各自的特点。

1）电压串联负反馈

（1）电路组成　在图5.6（a）中，输入电压u_i经运放放大输出电压u_o，输出电压u_o由R_f，R_1送回输入端，即$u_f = \dfrac{R_1}{R_1 + R_F}u_o$。很显然，反馈电压$u_f$取自于输出电压$u_o$，令输出端短路$u_o = 0$，反馈电压不存在，所以是电压反馈。在输入回路中，反馈电压u_f与输入电压u_i串联后加到运放两输入端间，即$u_{id} = u_i - u_f$，属串联反馈。用瞬时极性法，由图中标出的瞬时极性可知，u_i与u_f为同号相减，削弱了净输入电压u_{id}，为负反馈。因此图5.6（a）所示电路为电压串联负反馈运放电路，图5.6（b）为分立元件电路。

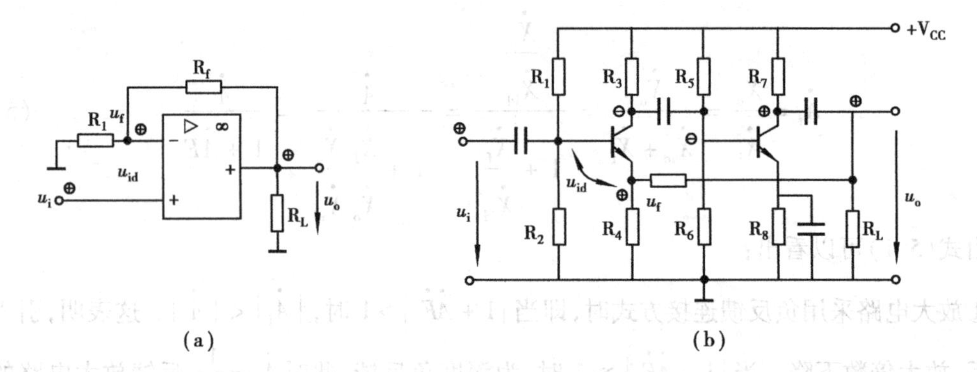

图5.6 电压串联反馈

(a)运放电路 (b)分立元件电路

(2)反馈的特点 电压负反馈具有稳定输出电压的作用。当 u_i 一定时,无论何种原因引起输出电压 u_o 的变化(比如减少),电路将进行如下的自动调节过程:

$$u_o\downarrow \to u_f\downarrow \to u_{id}\uparrow(=u_i-u_f) \to u_o\uparrow$$

可见,电压负反馈具有恒压源输出特性,输出电阻小,带负载能力强。

此外,在串联负反馈中,由于 $u_{id}=u_i-u_f$,要有较好的反馈效果,就应使 u_i 一定。当信号源 u_s 的内阻 R_s 小时,其内阻压降对 u_i 的影响就小。所以,信号源内阻越小,串联负反馈的效果越好。

2)电压并联负反馈

(1)电路组成 在图5.7(a)中,输入信号 u_i 经运放放输出电压 u_o 又经 R_f 反馈到输入回路,其反馈电流 i_f 取样于输出电压 u_o,故为电压反馈。在输入回路中,输入电流 i_i 与反馈电流 i_f 相减后,再送到运放的输入端,即 $i_{id}=i_i-i_f$,因此为并联反馈。用瞬时极性法,由图中标出的瞬时极性可知,在 i_f 增加,而 i_i 一定时,i_{id}减少,即净输入减小,故为负反馈。所以,图5.7(a)所示电路为电压并联负反馈运放电路,图5.7(b)为分立元件电路。

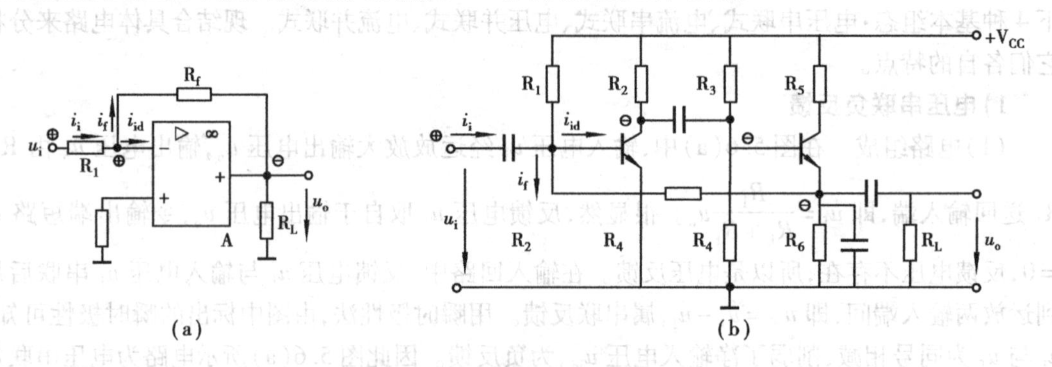

图5.7 电压并联式负反馈电路

(a)运放电路 (b)分立元件电路

(2)反馈特点 电压负反馈能稳定输出电压,不再赘述。

在并联负反馈中,因 $i_{id}=i_i-i_f$,则要求 $R_S\neq0$,才能做到 i_f 减少时 i_{id}增大,或 i_f 增大时 i_{id}减小,以实现负反馈作用;而且 R_S 愈大,并联负反馈的效果也愈显著。反之,如 $R_S=0$,则无论 i_f 变化与否,i_{id}将只由 u_i 决定,反馈作用无从体现。因此,在并联负反馈放大电路中要使负反馈作用显著,信号源应选用电流源。

3)电流串联负反馈

(1)电路组成　在图 5.8 中,令 $u_o=0$,反馈电压 $u_f=i_oR_3$ 仍存在,故为电流反馈;在输入回路中,有 $u_{id}=u_i-u_f$,故是串联反馈;由瞬时极性判别可知,是负反馈。所以,该电路为电流串联负反馈。其中图(a)为运放电路,图(b)为分立元件电路。

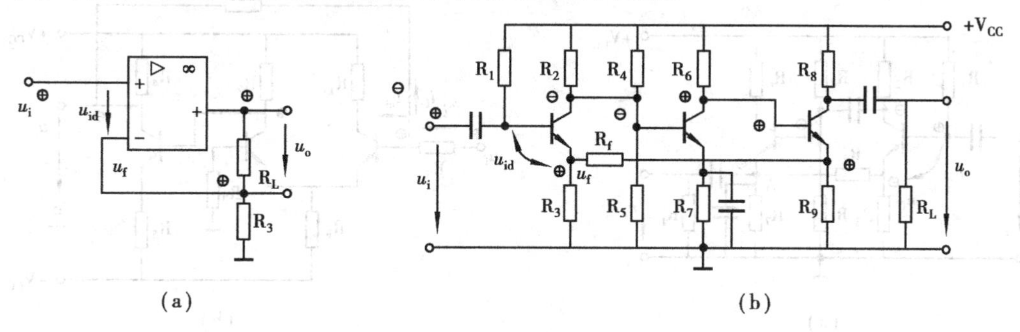

图 5.8　电流串联负反馈

(a)运放电路　(b)分立元件电路

(2)反馈特点　由于引入了电流负反馈,所以能够稳定输出电流。无论何种原因引起输出电流 i_o 的变化(比如减少),电路将进行如下的自动调节过程:

$$i_o\downarrow \rightarrow u_f\downarrow \rightarrow u_{id}\uparrow \ (u_{id}=u_i-u_f) \rightarrow i_o\uparrow$$

可见,电流负反馈放大电路输出具有恒流特性,输出电阻很大。

4)电流并联负反馈

(1)电路组成　在图 5.9 中,R_1、R_f 将输出电流 i_o 的一部分反馈到输入回路。在令 $u_o=0$ 时,反馈仍然存在,故是电流反馈;在输入回路,因有 $i_{id}=i_i-i_f$,故电路为并联反馈;由图中标出的瞬时极性,可以判定该电路为负反馈。因此,图 5.9 所示电路为电流并联负反馈。其中图

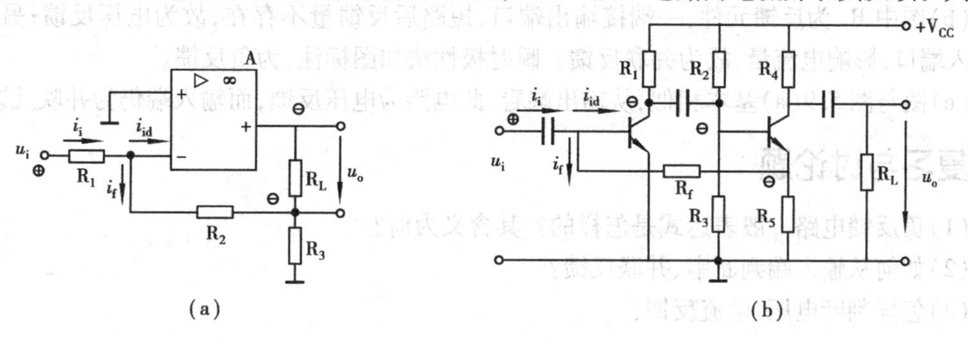

图 5.9　电流并联负反馈

(a)运放电路　(b)分立元件电路

(a)为运放电路,图(b)为分立元件电路。

(2)反馈特点　电流负反馈具有稳定输出电流的特性。由于是并联反馈,宜采用高内阻的信号源。

结论:无论是分立元件电路,还是集成运放电路,都可采用短路法从电路输出端判定电压电流反馈,从输入端判定串联并联反馈,看影响的是电压量还是电流量。影响电压量的反馈是串联反馈,影响电流量的反馈是并联反馈。

例 5.1　判定图 5.10 所示各电路的反馈类型。

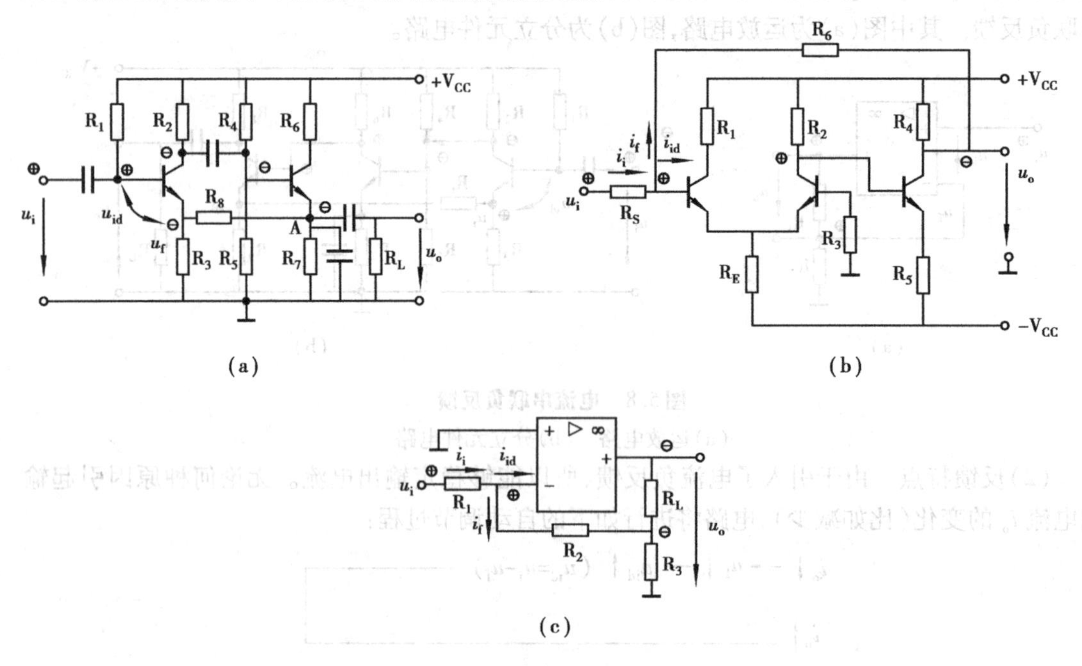

图 5.10

(a)电路 1　(b)电路 2　(c)电路 3

解　(a)图中,R_3、R_8 是反馈元件,从输出端看,短路后反馈电压 $u_f=0$,反馈量不存在,故为电压反馈;输入端连接至输入回路,影响电压量,故为串联反馈;利用瞬时极性法如图标注,$u_i\uparrow,u_A\downarrow,u_{R3}\downarrow,u_f\downarrow$,故净输入量 $u_{id}=u_i-u_f$ 增大,为正反馈。

(b)图中 R_6 为反馈元件,一端接输出端口,短路后反馈量不存在,故为电压反馈;另一端接输入端口,影响电流量,故为并联反馈。瞬时极性法如图标注,为负反馈。

(c)图与图 5.9(a)基本相似,从输出端看,此电路为电压反馈,而输入端仍为并联反馈。

复习与讨论题

(1)负反馈电路一般表达式是怎样的?其含义为何?

(2)如何从输入端判断串、并联反馈?

(3)怎样判断电压、电流反馈?

5.3 负反馈对放大电路性能的影响

5.3.1 提高放大倍数的稳定性

通过前几章对放大电路的分析可知,环境温度、电源电压、电路元器件参数和特性的变化,都会使放大电路的放大倍数发生改变。负反馈则能大大提高放大倍数的稳定性。

当反馈放大电路的反馈深度很大,即$|\dot{A}\dot{F}|\gg 1$时,式(5.1)变成$\dot{A}_f\approx\frac{1}{\dot{F}}$。

这表明,在深度负反馈时,负反馈放大电路的电压放大倍数$\dot{A}_f$与基本放大电路的电压放大倍数$\dot{A}$无关,而决定于反馈电路的反馈系数$\dot{F}$。如果反馈电路是由纯电阻元件组成,$\dot{F}=F$是一常数,那么$\dot{A}_f=A_f$不仅十分恒定,而且与频率无关。

如果不满足深度负反馈,则负反馈对放大电路的放大倍数稳定性的改善程度,通常用放大倍数的相对变化率来衡量。由式(5.1)决定,即

$$\dot{A}_f=\frac{\dot{A}}{1+\dot{A}\dot{F}}$$

如果放大电路工作在中频范围,而且反馈电路又是纯电阻性时,$\dot{A}$及$\dot{F}$皆为实数,即$\dot{A}=A$,$\dot{F}=F$,则式(5.1)变为

$$A_f=\frac{A}{1+AF}$$

对A_f求导数,则得

$$\frac{dA_f}{dA}=\frac{1}{(1+AF)^2}\text{或}dA_f=\frac{dA}{(1+AF)^2}$$

用A_f除上式则得:

$$\frac{dA_f}{A_f}=\frac{1}{1+AF}\frac{dA}{A}\qquad(5.2)$$

式(5.2)表明,放大电路的闭环增益的相对变化量$\frac{dA_f}{A_f}$只有开环增益相对变化量$\frac{dA}{A}$的$\frac{1}{1+AF}$倍。换句话说,引入负反馈以后,放大倍数要下降$(1+AF)$倍,但放大倍数的稳定性却提高了$(1+AF)$倍。

例5.2 已知某负反馈放大电路,开环增益$A=-4\,950$,反馈系数$F=-0.02$,求闭环增益A_f。若放大电路因某种原因使开环增益下降10%,求相应的闭环增益A_f下降多少?

解 根据式(5.1)得闭环增益为:

$$A_f=\frac{A}{1+AF}=\frac{-4\,950}{1+(-4\,950)\times(-0.02)}=-49.5$$

根据式(5.2)得

$$\frac{dA_f}{A_f}=\frac{1}{1+AF}\frac{dA}{A}=\frac{1}{1+(-4\ 950)\times(-0.02)}\times(10\%)=0.1\%$$

也就是说,放大电路开环增益下降10%时,相应地闭环增益仅下降0.1%,即负反馈提高了增益的稳定性。需要指出的是,负反馈能稳定输出量,但不是输出量一点不变,只是减少了输出量的变化量,而正是这个变化量使负反馈放大电路产生自动调节作用。

5.3.2 减少非线性失真和抑制干扰

由于三极管的非线性,当放大电路的静态工作点选择不当或输入信号幅值过大时,会造成输出信号的非线性失真,如图5.11(a)所示,经放大电路放大后,输出信号正、负半周不对称。引入负反馈后,可将输出端失真后的信号送回输入端,使净输入信号发生某种程度的预先失真,经放大后,输出信号的失真可大大减小。如图5.11(b)所示,其中虚线A为引入反馈后的输入,虚线B为反馈放大电路的输出。可以证明,加了负反馈后,放大电路的非线性失真可减小$(1+AF)$倍。

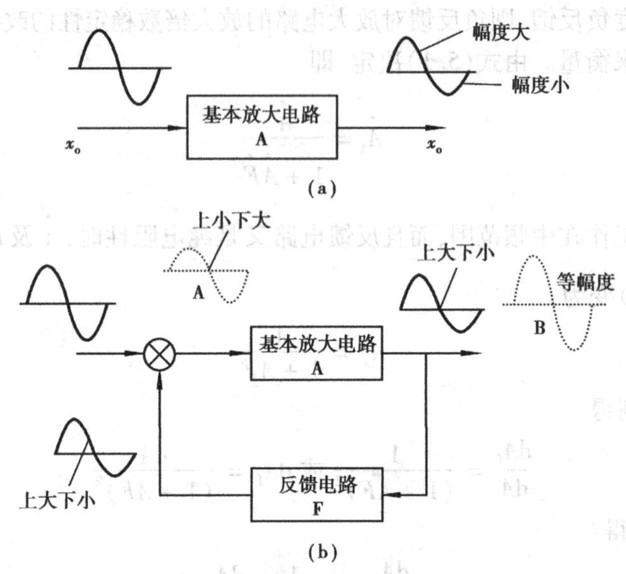

图5.11 非线性失真的改善

(a)无反馈 (b)有反馈

但必须注意,放大电路引入负反馈后,非线性失真虽然减小了$(1+AF)$倍,但净输入信号的输出也将减少$(1+AF)$倍,结果输出端输出信号与噪声的比值(信噪比)并没有提高。因此,为了提高信噪比,必须同时提高有用信号,这就要求信号源要有足够的潜力。

当放大电路受到干扰时,也可以采用负反馈的办法进行抑制。但是,如果干扰是同输入信号同时混入的,则这种办法将无济于事。

5.3.3 展宽放大电路的频带

根据负反馈对放大倍数稳定性的改善,很容易得出负反馈能使放大电路频带展宽的结论。

因为对于使放大倍数变化的不同频率的信号而言，它的作用和其他参数变化所造成的影响是一致的，因此式(5.2)所表示的关系同样适用。即原来使放大倍数下降3 dB时的频率，加负反馈后下降不到3 dB了，也就是频带展宽了。

图5.12给出了有反馈和无反馈时两种情况的频率响应曲线。图中f_H和f_L指未加负反馈时的上下限频率，f'_H和f'_L指加负反馈时的上下限频率。

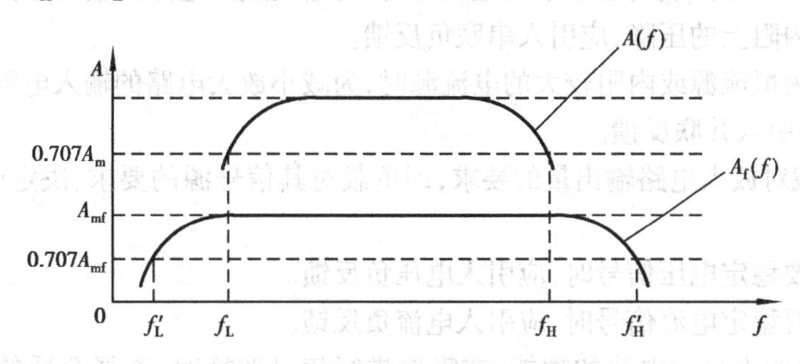

图5.12 负反馈对频带的影响

5.3.4 改变输入电阻和输出电阻

实用放大电路常对其输入电阻和输出电阻提出要求，如为了提高放大电路带负载能力，要求有很低的输出电阻；为使电路向信号源索取很小电流，要求有很高的输入电阻，如测量仪表的输入级。还有的电路要求输入端或输出端有良好地阻抗匹配等，采用负反馈可以很好地满足这些要求。

1)负反馈对放大电路输入电阻的影响

负反馈对放大电路输入电阻的影响，主要取决于输入电路的反馈类型(是串联还是并联)。

(1)串联负反馈使反馈放大电路输入电阻增加，变为原来的$(1+AF)$倍。

(2)并联负反馈使反馈放大电路输入电阻减小，减小为原来的$1/(1+AF)$。

2)负反馈对输出电阻的影响

(1)电压负反馈使输出电阻减小，减小为原来的$1/(1+AF)$。

(2)电流负反馈使负反馈放大电路输出电阻增大，变为原来的$(1+AF)$倍。

综上所述，负反馈对放大电路工作性能改变的程度，主要取决于反馈深度$(1+AF)$，反馈深度是影响放大电路性能的一个很重要的参数，也是反馈放大电路的一个重要技术指标。值得一提的是，引入负反馈后，放大电路的很多指标虽然得到了改善，但它的放大倍数却降低了。也可以说，放大电路各项性能的改善是以牺牲放大倍数来换取的。

5.3.5 引入负反馈的一般原则

负反馈之所以能够改善放大电路多方面的性能，归根结底是由于将电路的输出量(电压或电流)引回到输入端与输入量(电压或电流)进行比较，从而随时对净输入量及输出量进行调整。反馈愈深，即$|1+\dot{A}\dot{F}|$愈大时，这种调整作用愈强，对放大电路性能的改善愈为有益。而且反馈组态不同，所产生的影响也各不相同。因此，在设计放大电路时，应根据需要和目的，

引入合适的反馈,一般原则为:

(1)为了稳定静态工作点,应引入直流负反馈;为了改善电路的动态性能,应引入交流负反馈。

(2)应根据信号源的性质决定引入串联负反馈或者并联负反馈:

①当信号源为恒压源或内阻较小的电压源时,为增大放大电路的输入电阻,以减小信号源的输出电流和在内阻上的压降,应引入串联负反馈。

②当信号源为恒流源或内阻较大的电流源时,为减小放大电路的输入电阻,使电路获得更大的输入电流,应引入并联反馈。

(3)根据负载对放大电路输出量的要求,即负载对其信号源的要求,决定引入电压负反馈或电流负反馈:

①当负载需要稳定电压信号时,应引入电压负反馈。

②当负载需要稳定电流信号时,应引入电流负反馈。

(4)根据4种组态反馈电路的功能,在需要进行信号变换时,选择合适的组态。如,若将电流信号转换成电压信号,应在放大电路中引入电压并联负反馈;若将电压信号转换成电流信号,应在放大电路中引入电流串联负反馈等。

这里介绍的只是一般原则。要注意的是,负反馈对放大电路性能的影响只局限于反馈环内,反馈环路未包括的部分并不适用。性能的改善程度均与反馈深度$|1+\dot{A}\dot{F}|$有关,但并不是$|1+\dot{A}\dot{F}|$越大越好。因为$\dot{A}\dot{F}$都是频率的函数,对于某些电路来说,在一些频率下产生的附加相移可能使原来的负反馈变成正反馈,甚至会产生自激振荡,使放大电路无法正常工作。另外,有时也可以在负反馈放大电路中引入适当的正反馈,以提高增益等。

复习与讨论题

(1)负反馈对放大电路的性能有怎样的影响?要提高放大电路的输入阻抗应采用什么反馈?

(2)引入负反馈要注意哪些事项?应当遵循什么样的原则?

5.4 负反馈放大电路的自激及消除

5.4.1 负反馈放大电路的自激振荡

负反馈能极大地提高放大电路的性能,而且反馈深度越深效果越明显,但同时放大倍数也会相应减小很多。为了保证电路对信号的放大要求,必须通过增加放大电路的级数来提高整个电路的放大能力,但这样就可能引起电路的自激振荡。所谓自激振荡,指电路在无外加输入信号时,其输出也有一定的频率和幅度的现象。

1)自激振荡产生的原因

在第4.2节有关放大电路频率特性中已述及,放大电路在中频段以外会有相位偏移,在负反馈电路中,如果在某些频率上附加相移达到180°,则这些频率上的反馈信号将与中频时反相而变成正反馈，当正反馈量足够大时就会产生自激振荡。一般情况下，电路的每一级等效的RC电路产生的附加相移均小于90°，至少需要三级放大电路才能产生180°的相位偏移，使负反馈变成正反馈，从而出现自激现象。

2）产生自激振荡的相位条件和幅值条件

由上面的分析可知，负反馈放大电路产生自激振荡的条件：

$$\dot{A}\dot{F} = -1$$

它包括幅值条件和相位条件：

$$AF = 1$$

$$\varphi_a + \varphi_f = (2n+1) \times 180°$$

当幅值条件和相位条件同时满足时，负反馈放大电路就会产生自激。在$\Delta\varphi_a + \Delta\varphi_f = 180°$及$|\dot{A}\dot{F}| > 1$时，更加容易产生自激振荡。

5.4.2 消除自激振荡的方法

自激振荡以高频自激振荡最为常见。通常，可以通过以下方法防止和消除自激振荡：

（1）降低反馈深度　反馈深度降低到一定的程度，限制了自激振荡产生的幅值条件，继而防止自激振荡现象。

（2）控制反馈级数　由于附加相移是每级放大电路相位偏移之和，而每一级的相移不会达到90°，若要有180°的相移，至少必须有三级放大电路。所以，将放大电路的级数降到三级以下，即可控制自激振荡的相位条件，从而避免自激振荡现象。

（3）相位补偿　对于可能产生自激振荡的反馈放大电路，采用相位补偿的方法可以消除自激振荡。通常是在放大电路中加入RC相位补偿网络，改善放大电路的频率特性。根据补偿网络本身的性质，可分为滞后补偿和超前补偿。

复习与讨论题

（1）自激振荡产生的原因及条件是什么？

（2）常用的消除自激振荡有哪几种方法？

本章小结

（1）放大电路中的反馈是指将电路的输出量（电压或电流）的一部分（或全部）通过一定的电路元件（反馈电路）、以一定的方式回送到输入端的过程。

正反馈与负反馈的区别仅在于，反馈信号是增强了还是削弱了原来的输入信号。增强的为正反馈，削弱的为负反馈。

判断正、负反馈的方法是瞬时极性法。就是先假设一个输入信号对地的瞬时极性，然后逐级推出各点瞬时极性，再看反馈信号在输入端的瞬时极性是增强还是削弱原来的输入信号。

（2）放大电路有四种负反馈组态，即电压串联、电流串联、电压并联和电流并联。根据取样及稳定对象的不同，可分为电压反馈和电流反馈；根据反馈信号加在输入端的连接方式，可分为串联反馈和并联反馈。无论输入端的连接方式是串联还是并联形式,电压负反馈具有稳定输出电压的作用,而电流负反馈具有稳定输出电流的作用。

(3)放大电路中采用负反馈后,可以使放大电路的增益、稳定度、非线性失真和频率响应都得到改善。但是所有性能的改善都是以降低增益为代价而得到的,而且所有性能的改善都与反馈深度($1+AF$)密切相关。因此,反馈深度是负反馈放大电路的重要指标。

(4)深度负反馈的闭环增益 A_f 只由反馈系数 F 来决定,而与开环增益 A 几乎无关。利用深度负反馈特性可以估算放大电路的参数。

(5)输入端串联负反馈使输入电阻增大,而并联负反馈使输入电阻减小。增大(或减小)的倍数等于反馈深度;输出端电压负反馈使输出电阻减小,电流负反馈则使输出电阻增大。增大或减小的倍数也为反馈深度。

(6)负反馈能大大提高放大电路的性能,但同时又会引起电路的自激振荡,可以通过3种不同的方法消除自激现象。

自我检测题与习题

一、单选题

1. 对于放大电路,所谓开环是指(　　)。

A. 无信号源　　B. 无反馈通路

C. 无电源　　D. 无负载

2. 为了稳定放大倍数,应引入(　　)负反馈。

A. 直流　　B. 交流　　C. 串联　　D. 并联

3. 电压负反馈能稳定(　　)。

A. 输出电压　　B. 输出电流　　C. 输入电压　　D. 输入电流

4. 引入(　　)反馈,可稳定电路的增益。

A. 电压　　B. 电流　　C. 负　　D. 正

5. 负反馈所能抑制的是(　　)的干扰和噪声。

A. 反馈环内　　B. 输入信号所包含　　C. 反馈环外　　D. 不确定

6. 现有一个阻抗变换电路,要求输入电阻大、输出电阻小,应选用(　　)负反馈。

A. 电压串联　　B. 电压并联　　C. 电流串联　　D. 电流并联

7. 为了展宽频带,应引入(　　)负反馈。

A. 直流　　B. 交流　　C. 串联　　D. 并联

8. 为了减小放大电路从信号源索取的电流并增强带负载能力,应引入(　　)负反馈。

A. 电压串联　　B. 电压并联　　C. 电流串联　　D. 电流并联

9. 放大电路引入负反馈是为了(　　)。

A. 提高放大倍数　　B. 稳定输出电流

C. 稳定输出电压　　D. 改善放大电路的性能

10. 在输入量不变的情况下,若引入反馈后(　　),则说明引入的是负反馈。

A. 输入电阻增大　　B. 输出量增大

C. 净输入量增大　　　　　　　　　　D. 净输入量减小

二、判断题(正确的在括号中画"√",错误的画"×")

1. 在放大电路中引入反馈,可使其性能得到改善。(　　)

2. 深度负反馈放大电路中,由于开环增益很大,因此在高频段因附加相移变成正反馈时容易产生高频自激。(　　)

3. 既然电压负反馈能稳定输出电压,那么必然能稳定输出电流。(　　)

4. 负反馈放大电路的闭环增益可以利用虚短和虚断的概念求出。(　　)

5. 若放大电路的放大倍数为负,则引入的反馈一定是负反馈。(　　)

6. 反馈放大电路基本关系式 $A_f=\frac{A}{1+A_f}$ 中的 A,A_f 指电压放大倍数。(　　)

7. 引入负反馈可以消除输入信号中的失真。(　　)

8. 若放大电路引入负反馈,则负载电阻变化时,输出电压基本不变。(　　)

三、填空题

1. 将________信号的一部分或全部通过某种电路________端的过程称为反馈。

2. 直流负反馈的作用是________,交流负反馈的作用是________。

3. 对于放大电路,若无反馈电路,称为________放大电路;若存在反馈电路,则称为________放大电路。

4. 为提高放大电路的输入电阻,应引入交流________反馈;为提高放大电路的输出电阻,应引入交流________反馈。

5. 负反馈对输出电阻的影响取决于________端的反馈类型,电压负反馈能够________输出电阻,电流负反馈能够________输出电阻。

6. 某直流放大电路输入信号电压为 1 mV,输出电压为 1 V,加入负反馈后,为达到同样输出时需要的输入信号为 10 mV,则可知该电路的反馈深度为________,反馈系数为________。

7. 在深度负反馈条件下,若 $A=100\ 000$、$F=0.01$,则 $A_f=$________。

8. 引入________反馈可提高电路的增益,引入________反馈可提高电路增益的稳定性。

四、计算分析题

1. 分析题图 5.1 中各电路是否存在反馈。若存在,请指出它是电压反馈还是电流反馈,是串联反馈还是并联反馈,是正反馈还是负反馈。

2. 分别分析题图 5.2 中各放大电路的反馈:

①在图中找出反馈元件;

②判断是正反馈还是负反馈;

③对交流负反馈,判断其反馈组态。

3. 分别分析题图 5.3 中各放大电路的反馈:

①在图中找出反馈元件;

②判断是正反馈还是负反馈;

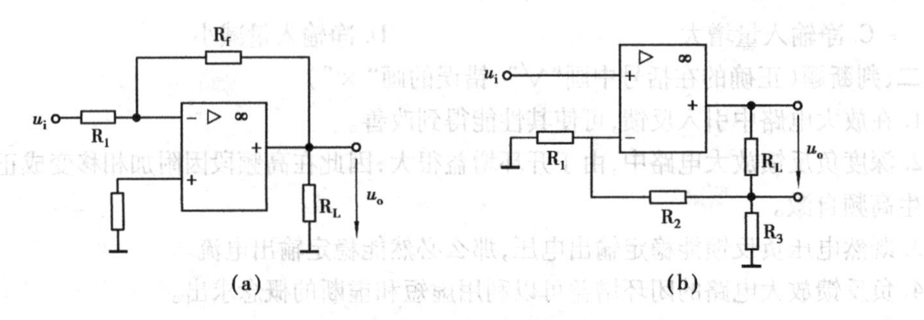

题图 5.1

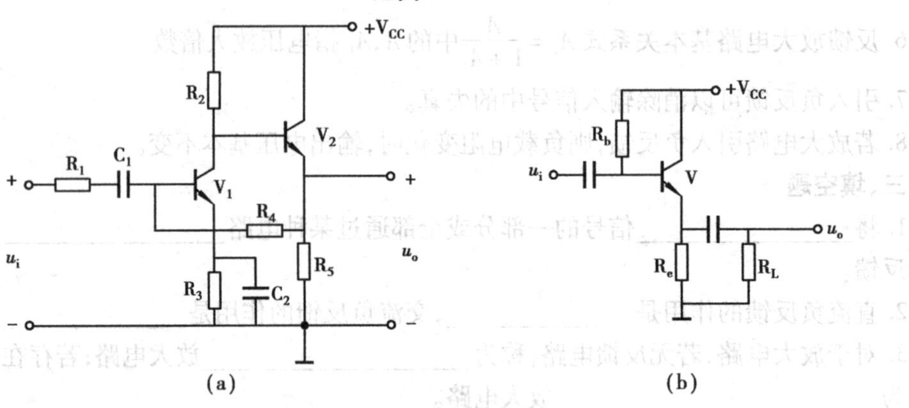

题图 5.2

③对负反馈放大电路，判断其反馈组态。

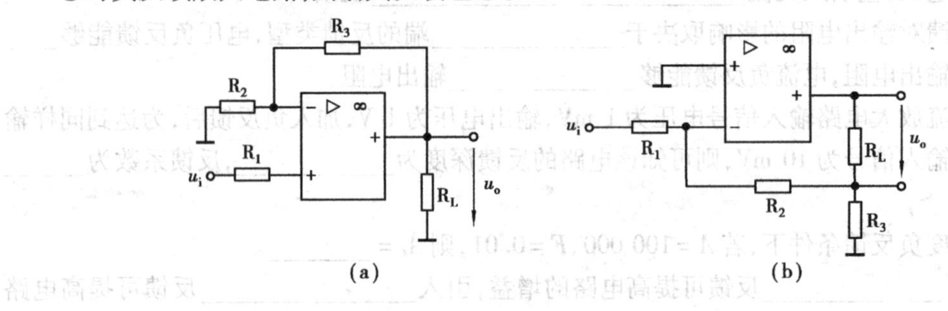

题图 5.3

4. 分析如题图 5.4 所示集成运放应用电路：

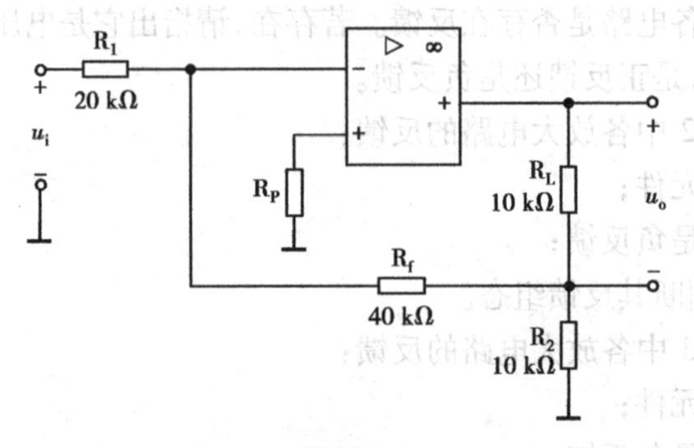

题图 5.4

①判断负反馈类型；

②指出电路稳定什么量；

③计算电压放大倍数 A_{uf}。

5. 反馈放大电路如题图 5.5 所示，试判断各图中反馈的极性、组态，并求出深度负反馈下的闭环电压放大倍数。

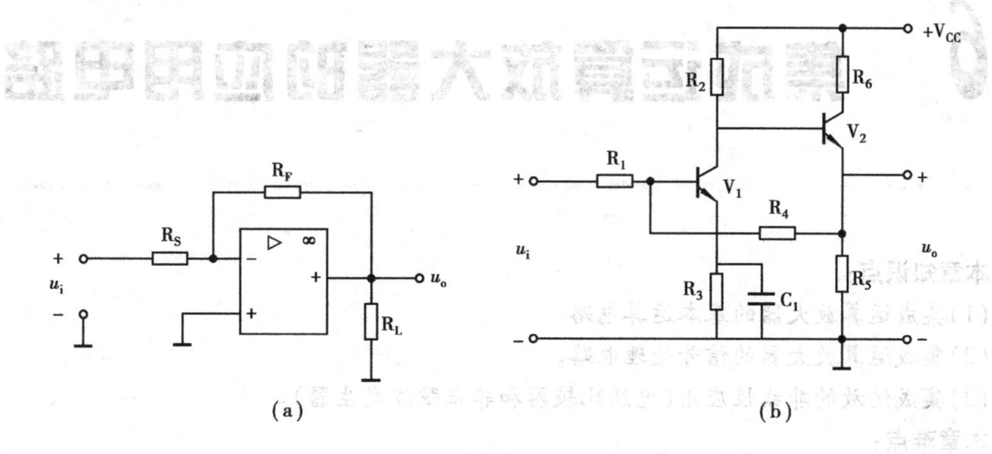

题图 5.5

6 集成运算放大器的应用电路

本章知识点：

(1)集成运算放大器的基本运算电路。

(2)集成运算放大器的信号处理电路。

(3)集成运放的非线性应用(电压比较器和非正弦波发生器)。

本章难点：

(1)基本运算电路的分析。

(2)信号处理电路的分析。

(3)滞回比较器原理及应用。

(4)非正弦波发生器电路的分析。

学习要求：

(1)掌握加法和减法运算电路的组成、分析方法及应用。

(2)掌握微分积分运算电路的组成、分析方法及应用。

(3)掌握电压比较器的组成、分析方法及应用。

(4)掌握矩形波、三角波发生器的组成和分析方法。

(5)了解信号处理电路的组成和分析方法。

(6)了解锯齿波发生器电路组成和分析方法。

6.1 集成运放的基本运算电路

对信号进行比例、加减、积分微分运算等是集成运放电路最基本的应用，广泛用于模拟计算机和自动控制系统中。前面第4章所讨论的反相输入放大电路和同相输入放大电路，均称为比例运算放大电路，其输出与输入信号成比例。下面讨论其他几种常用的基本运算电路。

6.1.1 加法和减法运算电路

1)加法运算电路

加法运算实际上是对多个信号进行求和。在反相比例运算电路的基础上，增加几个输入支路便可组成反相求和电路，也称反相加法器，如图6.1所示，图中画出两个输入端。

根据虚短和虚断概念，可知 $u_- = u_+ = 0; i_+ = i_- = 0$，所以

$$i_f = i_1 + i_2$$

$$i_1 = \frac{u_{i1}}{R_1}, i_2 = \frac{u_{i2}}{R_2}, i_f = -\frac{u_o}{R_F}$$

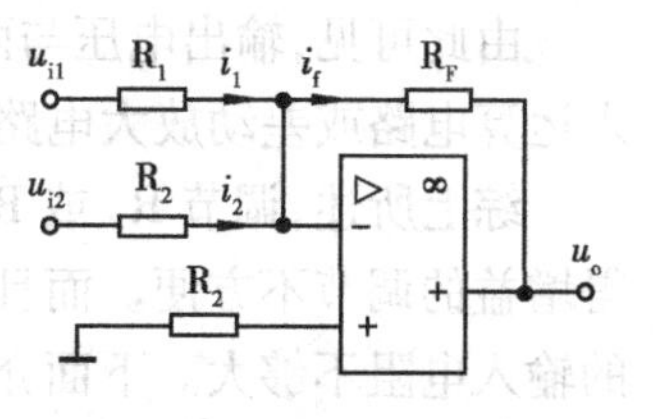

图 6.1 加法运算电路

由此可得

$$u_o = -\left(\frac{R_F}{R_1}u_{i1} + \frac{R_F}{R_2}u_{i2}\right)$$

若 $R_1 = R_2 = R_F$，则

$$u_o = -(u_{i1} + u_{i2})$$

可见，输出电压与两个输入电压之间是一种反相输入加法运算关系。

若在图 6.1 所示电路的输出端再接一级反相器，则可消去负号，实现完全符合常规的算术加法。

这一运算关系可推广到有更多个输入信号的情况。平衡电阻 $R_2 = R_1//R_2//R_F$。

该电路的特点同反相比例电路。这种电路便于调整，可十分方便地调整某一路的输入电阻来改变该路的比例关系，而不影响其他路的比例关系。因此，该电路在测量和自动控制系统中获得广泛应用。

另外，在同相比例运算电路的基础上，增加几个输入支路也可组成同相求和电路，但由于这种电路涉及多个电阻的并联运算，给阻值调节带来不便，而且还存在共模干扰，故实际中很少采用。

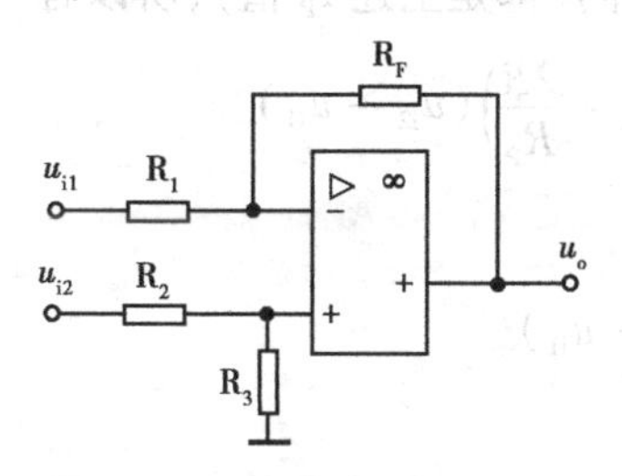

图 6.2 减法运算电路

2) 减法运算电路

用来实现两个电压 u_{i1} 和 u_{i2} 相减的电路，如图 6.2 所示。

输出电压可应用叠加原理来进行计算。

u_{i1} 单独作用时，为反相输入比例运算电路。其输出电压为

$$u'_o = -\frac{R_F}{R_1}u_{i1}$$

u_{i2} 单独作用时，为同相输入比例运算。其输出电压为

$$u''_o = \left(1 + \frac{R_F}{R_1}\right)\frac{R_3}{R_2 + R_3}u_{i2}$$

u_{i1} 和 u_{i2} 共同作用时，输出电压为

$$u_o = u'_o + u''_o = -\frac{R_F}{R_1}u_{i1} + \left(1 + \frac{R_F}{R_1}\right)\frac{R_3}{R_2 + R_3}u_{i2}$$

若 $R_3 = \infty$（断开），则

$$u_o = -\frac{R_F}{R_1}u_{i1} + \left(1 + \frac{R_F}{R_1}\right)u_{i2}$$

若 $R_1 = R_2$，且 $R_3 = R_F$，则

$$u_o = \frac{R_F}{R_1}(u_{i2} - u_{i1})$$

若 $R_1 = R_2 = R_3 = R_F$（4 个电阻均相同），则

$$u_o = u_{i2} - u_{i1}$$

由此可见，输出电压与两个输入电压之差成正比，实现了减法运算。该电路又称为差动输入运算电路或差动放大电路。

综上所述，调节 R_F 或 R_1 还可改变电路的增益，但是由于电路要求满足电阻匹配条件，使得增益的调节不方便。而且为了获得足够大的增益，R_1 的阻值不能取得太大，因此，这种电路的输入电阻不够大。下面介绍一种改进电路，即三运放差动放大电路。

3）三运放差动放大电路

图6.3所示的三运放差动放大电路是一种性能优良的差动放大电路，常称为仪用放大器或数据放大器，广泛应用于测量、数据采集、工业控制等方面。

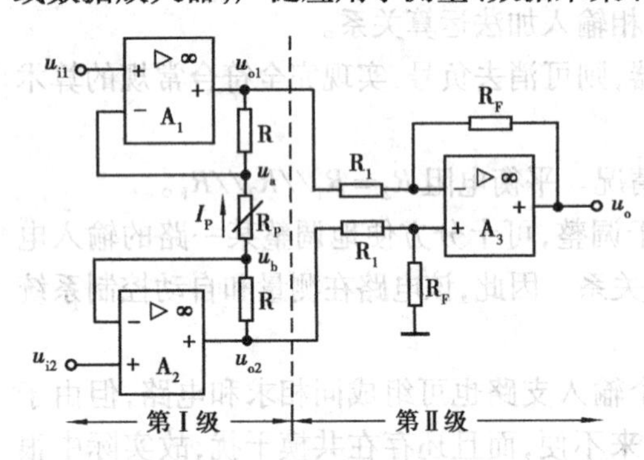

图6.3　三运放差动放大电路

电路由两级放大电路组成。第1级由运放 A_1、A_2 组成，它们都是同相输入，输入电阻很高，并且由于电路结构对称，可抑制零点漂移。

根据运放的虚短关系，可知

$$u_a = u_{i1}, u_b = u_{i2}$$

因此，流过 R_P 的电流为

$$I_P = \frac{u_b - u_a}{R_P} = \frac{u_{i2} - u_{i1}}{R_P}$$

又因运放的输入端不取用电流，流过电阻 R，R_P 和 R 中的电流相同（都是上述 I_P 值），所以有

$$u_{o2} - u_{o1} = I_P(2R + R_P) = \frac{2R + R_P}{R_P}(u_{i2} - u_{i1}) = \left(1 + \frac{2R}{R_P}\right)(u_{i2} - u_{i1})$$

第2级是由运放 A_3 构成的差动放大电路，其输出电压为

$$u_o = \frac{R_F}{R_1}(u_{o2} - u_{o1}) = \frac{R_F}{R_1}\left(1 + \frac{2R}{R_P}\right)(u_{i2} - u_{i1})$$

因此，该放大电路的电压放大倍数为

$$A_{uf} = \frac{u_o}{u_{i2} - u_{i1}} = \frac{R_F}{R_1}\left(1 + \frac{2R}{R_P}\right)$$

改变 R_P 可调节放大倍数 A_{uf} 的大小。

例6.1　求图6.4电路中 u_o 与 u_{i1}、u_{i2} 的关系。

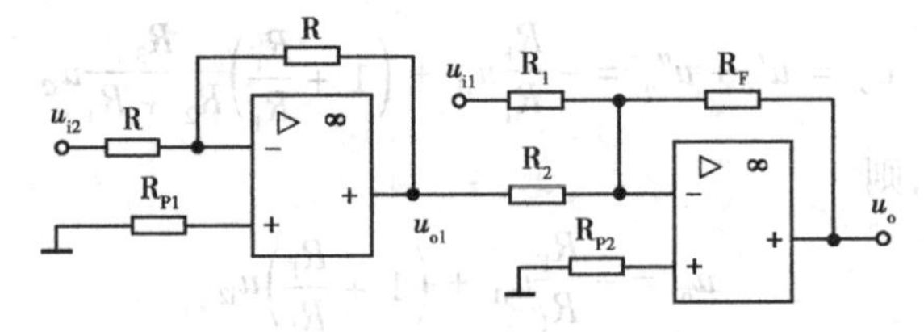

图6.4

解　电路由第1级的反相器和第2级的加法运算电路级联而成。

$$u_{o1} = -u_{i2}$$

$$u_o = -\left(\frac{R_F}{R_1}u_{i1} + \frac{R_F}{R_2}u_{o1}\right) = \frac{R_F}{R_2}u_{i2} - \frac{R_F}{R_1}u_{i1}$$

例 6.2 求图 6.5 电路中 u_o 与 u_{i1}、u_{i2} 的关系。

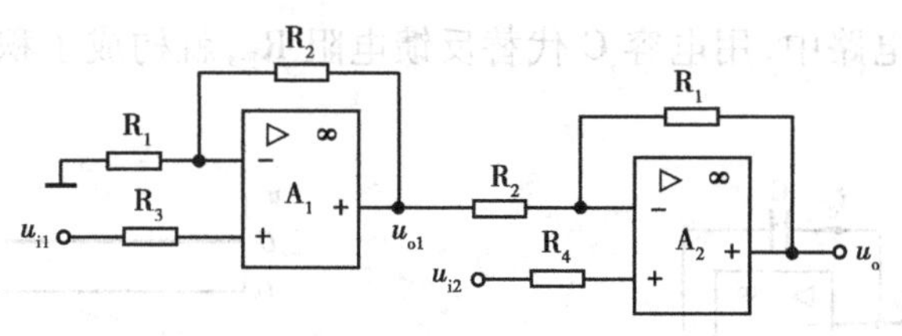

图 6.5

解 电路由第 1 级的同相比例运算电路和第 2 级的减法运算电路级联而成。

$$u_{o1} = \left(1 + \frac{R_2}{R_1}\right)u_{i1}$$

$$u_o = -\frac{R_1}{R_2}u_{o1} + \left(1 + \frac{R_1}{R_2}\right)u_{i2} = -\frac{R_1}{R_2}\left(1 + \frac{R_2}{R_1}\right)u_{i1} + \left(1 + \frac{R_1}{R_2}\right)u_{i2} = \left(1 + \frac{R_1}{R_2}\right)(u_{i2} - u_{i1})$$

例 6.3 试用两级运算放大器设计一个加减运算电路，实现以下运算关系：

$$u_o = 10u_{i1} + 20u_{i2} - 8u_{i3}$$

解 由运算关系可知 u_{i3} 与 u_o 反相，而 u_{i1} 和 u_{i2} 与 u_o 同相，故可用反相加法运算电路将 u_{i1} 和 u_{i2} 相加后，其和再与 u_{i3} 反相相加，从而可使 u_{i3} 反相一次，而 u_{i1} 和 u_{i2} 反相两次。根据以上分析，可画出实现加减运算的电路图，如图 6.6 所示。

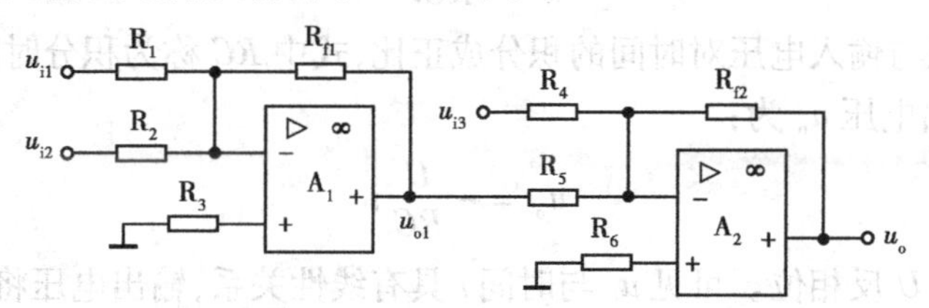

图 6.6

由图可得

$$u_{o1} = -\left(\frac{R_{f1}}{R_1}u_{i1} + \frac{R_{f1}}{R_2}u_{i2}\right)$$

$$u_o = -\left(\frac{R_{f2}}{R_4}u_{i3} + \frac{R_{f2}}{R_5}u_{o1}\right) = \frac{R_{f2}}{R_5}\left(\frac{R_{f1}}{R_1}u_{i1} + \frac{R_{f1}}{R_2}u_{i2}\right) - \frac{R_{f2}}{R_4}u_{i3}$$

根据题中的运算要求，设置各电阻阻值间的比例关系为：

$$\frac{R_{f2}}{R_5} = 1, \frac{R_{f1}}{R_1} = 10, \frac{R_{f1}}{R_2} = 20, \frac{R_{f2}}{R_4} = 8$$

若选取 $R_{f1} = R_{f2} = 100\ \text{k}\Omega$，则可求得其余各电阻的阻值分别为：

$$R_1 = 10\ \text{k}\Omega、R_2 = 5\ \text{k}\Omega、R_4 = 12.5\ \text{k}\Omega、R_5 = 100\ \text{k}\Omega$$

平衡电阻 R_3、R_6 的值分别为：

$$R_3 = R_1//R_2//R_{f1} = 10\ \text{k}\Omega//5\ \text{k}\Omega//100\ \text{k}\Omega = 2.5\ \text{k}\Omega$$

$$R_6 = R_4//R_5//R_{f2} = 12.5\ \text{k}\Omega//100\ \text{k}\Omega//100\ \text{k}\Omega = 10\ \text{k}\Omega$$

6.1.2 积分与微分运算电路

1)积分运算电路

在反相比例运算电路中,用电容 C 代替反馈电阻 R_F,就构成了积分电路,如图 6.7(a)所示。

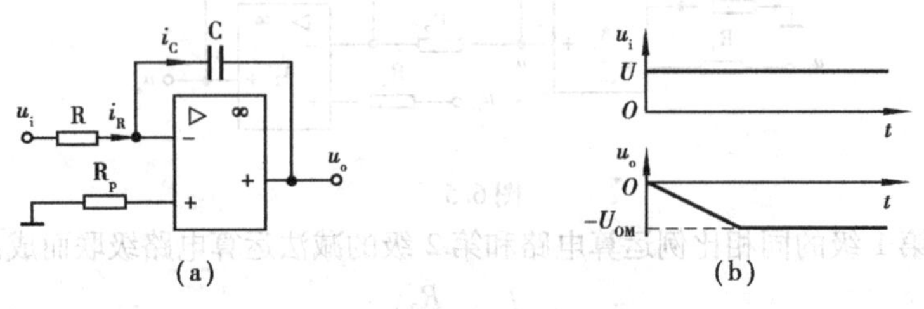

图 6.7 积分运算电路

(a)电路图 (b)积分关系曲线

因为 $u_- = u_+ = 0$(虚短且虚地);且 $i_+ = i_- = 0$(虚断路),故由图可得

$$i_R = i_C$$

$$i_R = \frac{u_i}{R}, i_C = C\frac{du_C}{dt} = -C\frac{du_o}{dt}$$

由此可得

$$u_o = -\frac{1}{RC}\int u_i dt$$

可见,输出电压与输入电压对时间的积分成正比,式中 RC 称为积分时间常数。若 u_i 为恒定电压 U 时,则输出电压 u_o 为:

$$u_o = -\frac{U}{RC}t$$

式中负号表示 u_o 与 U 反相位。可见 u_o 与时间 t 具有线性关系,输出电压将随时间的增加而线性增长。当 u_i 为恒定电压 U 时,积分运算电路的输出电压波形如图 6.7(b)所示。

由图可知,当积分时间足够大时,u_o 达到集成运放电路输出的负向饱和值 $-U_{OM}$,此时运放进入非线性状态。若此时去掉输入信号($u_i = 0$),由于电容无放电回路,输出电压维持在 $-U_{OM}$。当 u_i 变为负值时,电容将反向充电,输出电压从 $-U_{OM}$ 开始增加。所以,积分电路常常用以实现波形变换,如将方波电压变换为三角波电压,如图 6.8 所示。

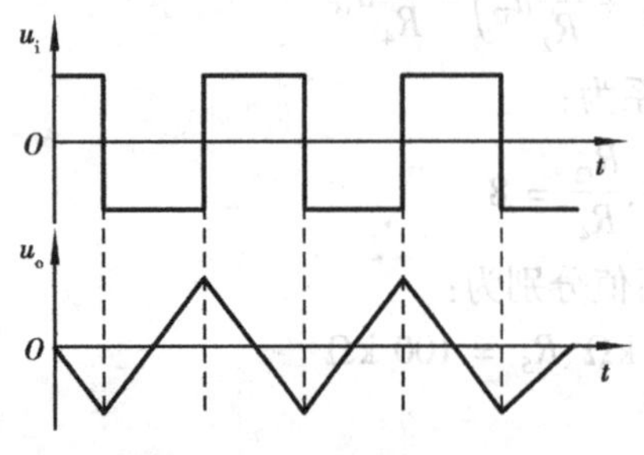

图 6.8 积分电路的波形变换

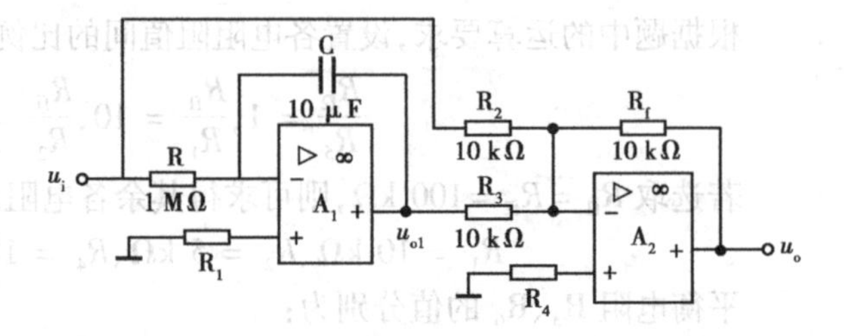

图 6.9

例 6.4 已知电路如图 6.9 所示。

①写出输出电压 u_o 与输入电压 u_i 的运算关系。

②若输入电压 $u_i=1$ V,电容器两端的初始电压 $u_C=0$ V,求输出电压 u_o 变为 0 V 所需要的时间。

解 (1)求 u_o 与 u_i 的运算关系

由图示可知,运放 A_1 构成积分电路,A_2 构成加法电路,输入电压 u_i 经积分电路积分后再与 u_i 通过加法电路进行加法运算。可得

$$u_{o1} = -\frac{1}{RC}\int u_i \mathrm{d}t$$

$$u_o = -\frac{R_f}{R_3}u_{o1} - \frac{R_f}{R_2}u_i$$

将 $R_2=R_3=R_f=10\ \text{k}\Omega$ 代入以上两式,得

$$u_o = -u_{o1} - u_i = \frac{1}{RC}\int u_i \mathrm{d}t - u_i$$

(2)求 u_o 变 0 V 所需时间

因 $u_C(0)=0$ V,$u_i=1$ V,当 u_o 变为 0 V 时,有

$$u_o = \frac{u_i}{RC}t - u_i = 0$$

解得

$$t = RC = 1\times 10^6\ \Omega \times 10 \times 10^{-6}\ \text{F} = 10\ \text{s}$$

故需经过 $t=10$ s,输出电压 u_o 变为 0 V。

2)微分运算电路

在反相比例运放电路中,用电容 C 代替 R_1 接在放大器的反相输入端时,则构成微分电路,如图 6.10(a)所示。

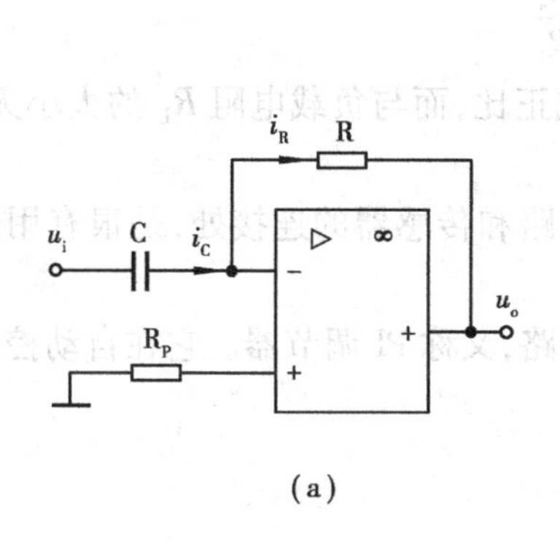

(a)

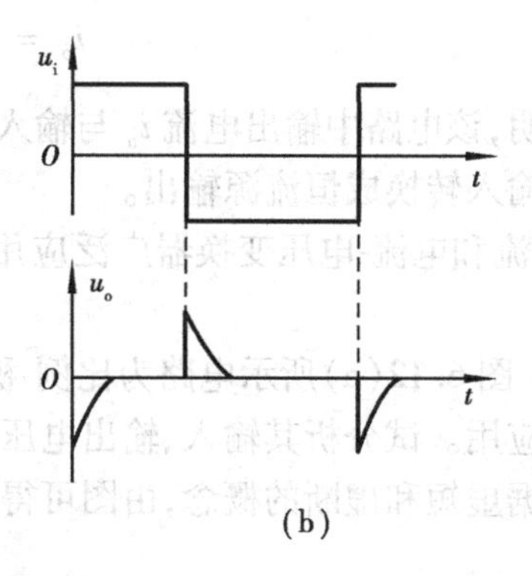

(b)

图 6.10 微分运算电路

(a)电路图 (b)波形图

根据虚短和虚断的概念,有

$$u_- = u_+ = 0(\text{虚短且虚地});i_- = i_+ = 0(\text{虚断路})。$$

由图可得

$$i_R = i_C$$

$$i_R = -\frac{u_o}{R}, i_C = C\frac{du_C}{dt} = C\frac{du_i}{dt}$$

由此可得

$$u_o = -RC\frac{du_i}{dt}$$

可见,输出电压与输入电压对时间的微分成正比。RC 为微分常数,负号表明两者在相位上是相反的。

若 u_i 为恒定电压 U,则在 u_i 作用于电路的瞬间,因电容 C 相当于短路,故输出电压为一负的最大值。随着 C 的充电,i_R 逐渐减小,输出电压随之衰减,微分电路输出一个尖脉冲电压,波形如图 6.10(b)所示。

微分电路除用来实现微分运算外,还可以做波形发生器(由矩形波变成尖脉冲波)。由于微分电路对突变信号反应特别敏感,因此在自动控制系统中常用它来提高系统的调节灵敏度。

6.1.3 基本运算电路应用举例

基本运算电路除了用作线性运算外,还可实现其他许多功能。下面讨论几个典型例子。

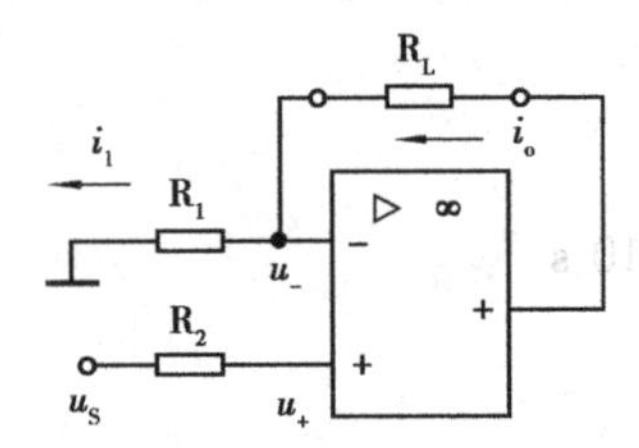

图 6.11 电压-电流转换器

例 6.5 在工程应用中,为抗干扰、提高测量精度或满足特定要求,常常需要进行电压信号和电流信号之间的转换。如图 6.11 所示电路称为电压-电流转换器,试分析其输出电流 i_o 和输入电压 u_s 之间的关系。

解 根据虚短和虚断的概念,由图可得

$$u_- = u_+ = u_s$$

$$i_o = i_1$$

$$i_o = \frac{u_- - 0}{R_1} = \frac{u_s}{R_1}$$

上式表明,该电路中输出电流 i_o 与输入电压 u_s 成正比,而与负载电阻 R_L 的大小无关,从而将恒压源输入转换成恒流源输出。

电压-电流和电流-电压变换器广泛应用于放大电路和传感器的连接处,是很有用的电子电路。

例 6.6 图 6.12(a)所示电路为比例-积分运算电路,又称 PI 调节器。它在自动控制系统中得到广泛应用。试分析其输入、输出电压关系。

解 根据虚短和虚断的概念,由图可得

$$i_1 = \frac{u_1}{R_1}$$

$$i_1 = i_f = \frac{u_1}{R_1}$$

而

$$u_o = -\left(i_f R_f + \frac{1}{C_f}\int_0^t i_f dt\right) = -\left(\frac{u_1}{R_1}R_f + \frac{1}{C_f R_1}\int_0^t u_i dt\right) = -\left(\frac{R_f}{R_1}u_i + \frac{1}{C_f R_1}\int_0^t u_i dt\right)$$

当输入电压为一恒定 U_i 值时,输出电压为

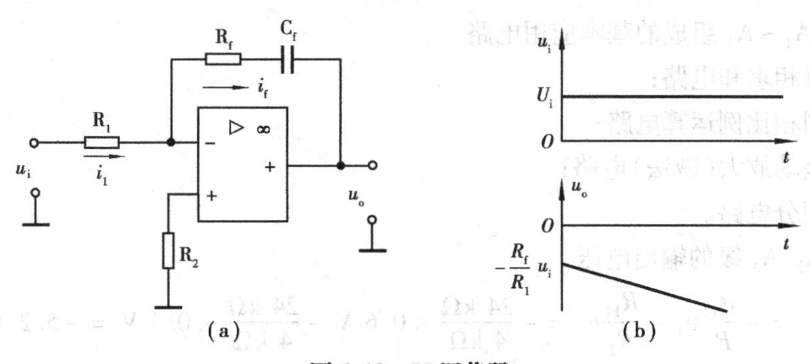

图 6.12 PI 调节器

(a)电路图 (b)波形图

$$u_o = -\left(\frac{R_f}{R_1}U_i + \frac{1}{C_f R_1}\int_0^t U_i \mathrm{d}t\right) = -U_i\left(\frac{R_f}{R_1} + \frac{t}{R_1 C_f}\right)$$

上式的第 1 项为比例调节，第 2 项为积分调节。

设 $t=0$ 时，在输入端加入固定电压 U_i，由于电容上电压不能突变，$U_{Cf}=0$，电路只有比例调节运算起作用，此时 $u_o = -\frac{R_f}{R_1}U_i$。

当 $t>0$ 时，电容开始充电，积分运算起作用，随着时间增长，输出电压作直线变化，比例-积分动作的变化规律如图 6.12(b)所示。

积分电路在自动控制系统中常用来实现延时、定时，本例中用来延缓过渡过程的冲击，使被控制的电机外加电压缓慢上升，避免其机械转矩猛增所造成传动机械的损坏，以保证系统具有良好的运行质量。

例 6.7 电路如图 6.13 所示。

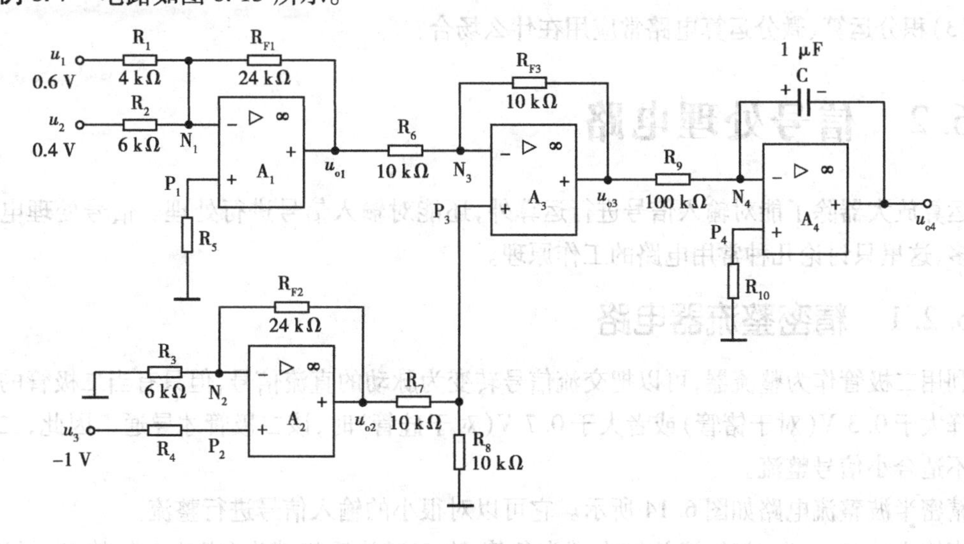

图 6.13

①试说明 $A_1 \sim A_4$ 各组成何种基本应用电路。

②求输出电压 u_{o1}、u_{o2} 和 u_{o3} 的值。

③设电容器上初始电压为 2 V，极性如图中所示。求使 $u_{o4} = -6$ V 所需的时间。

解 (1)$A_1 \sim A_4$ 组成的基本应用电路

A_1——反相求和电路；

A_2——同相比例运算电路；

A_3——差动放大(减法)电路；

A_4——积分电路。

(2)A_1、A_2、A_3 级的输出电压

$$u_{o1} = -\frac{R_{F1}}{R_1}u_1 - \frac{R_{F1}}{R_2}u_2 = -\frac{24\ \text{k}\Omega}{4\ \text{k}\Omega} \times 0.6\ \text{V} - \frac{24\ \text{k}\Omega}{4\ \text{k}\Omega} \times 0.4\ \text{V} = -5.2\ \text{V}$$

$$u_{o2} = \left(1 + \frac{R_{F2}}{R_3}\right)u_3 = \left(1 + \frac{24\ \text{k}\Omega}{6\ \text{k}\Omega}\right) \times (-1\ \text{V}) = -5\ \text{V}$$

$$u_{o3} = \frac{R_{F3}}{R_6}(u_{o2} - u_{o1}) = -5\ \text{V} - (-5.2\ \text{V}) = 0.2\ \text{V}$$

(3)求使 $u_{o4} = -6$ V 所需时间 t

A_4 构成的积分电路有下列关系：

$$u_{o4} = -\frac{1}{RC}\int_0^t u_{o3}\text{d}t + u_c(0) = -u_c(0) - \frac{u_{o3}}{RC}t = -u_c(0) - \frac{0.2\ \text{V}}{100 \times 10^3\ \Omega \times 1 \times 10^{-6}\ \text{F}}t$$

当 $u_c(0) = 2$ V, $u_{o4} = -6$ V 时，可求出 $t = 2$ s。

复习与讨论题

(1)集成运放构成的基本运算电路主要有哪些？这些电路中的运放工作在什么状态下？

(2)减法运算电路为什么又称为差动电路？

(3)积分运算、微分运算电路常应用在什么场合？

6.2 信号处理电路

运算放大器除了能对输入信号进行运算外，还能对输入信号进行处理。信号处理电路种类很多，这里只讨论几种常用电路的工作原理。

6.2.1 精密整流器电路

利用二极管作为整流器，可以把交流信号转变为脉动的直流信号，但只有当二极管的正向电压降大于0.3 V(对于锗管)或者大于0.7 V(对于硅管)时，该二极管才导通。因此，二极管本身不适合小信号整流。

精密半波整流电路如图6.14 所示。它可以对很小的输入信号进行整流。

当输入信号 u_i 为正时，运放输出端为负值，由于运放反相端为“虚地点”，故 D_1 导通，D_2 截止，反馈回路中的全部电流都通过 D_1，则电路的输出 $u_o = 0$。

当输入信号为负时，运放输出端为正值，故 D_1 截止，D_2 导通，反馈回路中的电流通过 D_2，电路实际上为反相比例电路。不难得出，输出电压(即 R_2 上的电压)是输入电压的反相。即

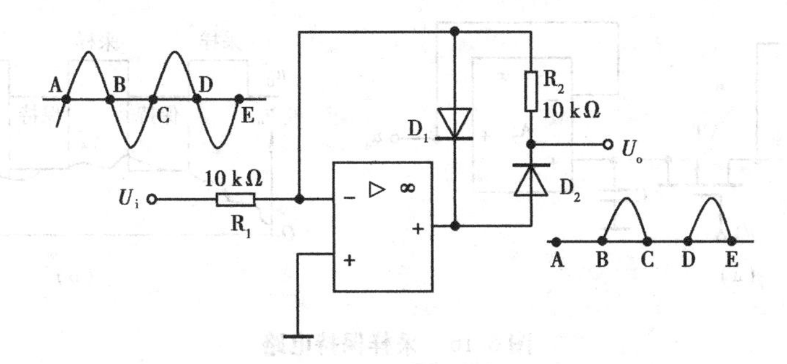

图 6.14　“精密的”半波整流器

$$u_o = -\frac{R_2}{R_1}u_i$$

集成运放的输出电压与二极管的死区电压无关,与输入电压成比例关系。若 $R_2 = R_1$,则 $u_o = -u_i$,由此可知,该电路只在负半周得到线性整流。由于运算放大器有很高的增益,因此只要有很小的负的输入电压就足以使 D_2 导通。通常认为,这种电路就是一个“精密的”半波整流器电路。

在半波整流电路的基础上,加上一级加法器,把输入电压和输出电压相加,就可构成一个“精密的”全波整流器,如图 6.15 所示。

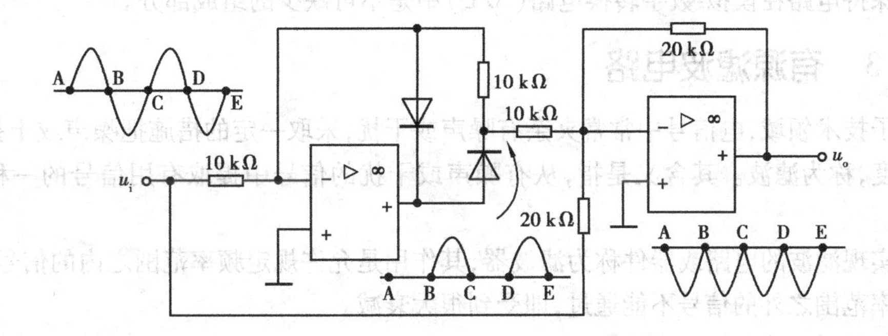

图 6.15　“精密的”全波整流器

6.2.2　采样保持电路

采样保持电路常用于输入信号变化较快,或具有多路信号的数据采集系统中,也可用于其他一切要求对信号幅度进行瞬时采样和存储的场合。采样保持电路如图 6.16(a)所示。电路由模拟电子开关 VT、存储电容 C 和缓冲放大器组成,电子开关 VT 的通断受信号 u_G 控制。整个电路工作过程分为“采样”和“保持”两个阶段。

采样阶段:控制信号 u_G 出现时,电子开关接通,输入模拟信号 u_i 经电子开关使存储电容 C 迅速充电,即 $u_C = u_i$。电容电压 u_C 即输出电压 u_o 跟随输入信号 u_i 的变化而变化。

保持阶段:$u_G = 0$ 时,电子开关断开,存储电容 C 上的电压因为没有放电回路而得以保持,即 u_C 保持在开关断开那一时刻 u_i 的瞬时值,一直到下一次控制信号的到来,开始新的采样保持周期。其输入输出波形如图 6.16(b)所示。

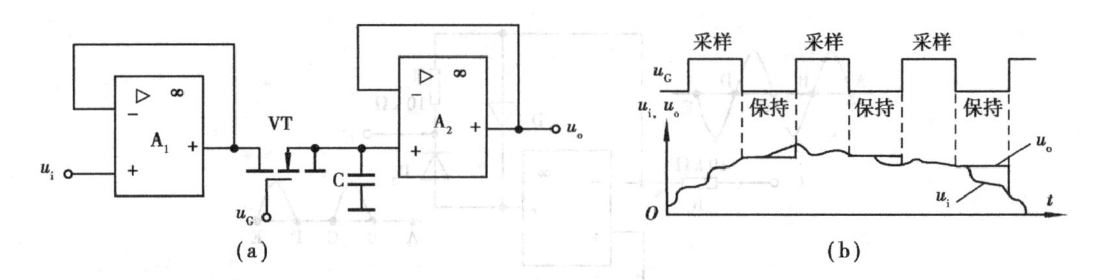

图6.16 采样保持电路

(a)电路图 (b)输入、输出波形图

由图可知,不论 u_i 怎样随时间变化,u_C 均能及时跟踪变化。u_C 对 u_i 没有时延,有赖于运放 A_1 的输出电阻 R_0 极小。可近似认为,电容 C 经由 R_0 充、放电,在开关闭合时,其时间常数约为 $R_0C \approx 0$。开关断开时,设运放 A_2 及开关均理想,则电容的放电时间常数为无穷大,u_C 保持不变。

采样保持电路中,由于电容有漏电流,所以会影响保持精度。为此,常采用漏电流小的电容器和偏置电流小的集成运放;或使用专用的集成块,如 LF582、LF398、LF0043、LH0053 等,其中 LH0053 为高速采样保持放大电路。存储电容 C 需要外接,一般用聚苯乙烯、聚丙烯和聚四氟烯介质吸收小的电容,其容量视采样频率而定。

采样保持电路在模拟-数字转换电路(A/D)中是不可缺少的组成部分。

6.2.3 有源滤波电路

在电子技术领域,电信号中常常夹杂有噪声或干扰,采取一定的措施把噪声或干扰抑制到允许的程度,称为滤波。其含义是指,从有噪声或干扰的信号中提取有用信号的一种方法或技术。

能够实现滤波的电路或器件称为滤波器,其作用是允许规定频率范围之内的信号通过,而使规定频率范围之外的信号不能通过,即受到很大衰减。

1)滤波器的分类

不同的滤波器具有不同的频率特性,大致可分为低通、高通、带通和带阻 4 种。

①低通滤波器(LPF):允许低频信号通过,而将高频信号衰减;

②高通滤波器(HPF):允许高频信号通过,而将低频信号衰减;

③带通滤波器(BPF):允许某一频带范围内的信号通过,而将此频带以外的信号衰减;

④带阻滤波器(BEF):阻止某一频带范围内的信号通过,而允许此频带以外的信号通过。

允许信号通过的频带范围称为通带,不允许信号通过的频带范围称为阻带。通带和阻带的界限频率称为截止频率或转折频率,它们的幅频特性如图 6.17 所示。从图中工作特性可知,低通、高通、带通滤波器均允许某些频率的信号通过;而带阻滤波器则只让某一频带的信号衰减。

2)滤波器的构成

(1)无源滤波器 仅由无源元件 R、C 构成的滤波器。无源滤波器的带负载能力较差,这是因为无源滤波器与负载间没有隔离。当在输出端接上负载时,负载也将成为滤波器的一部

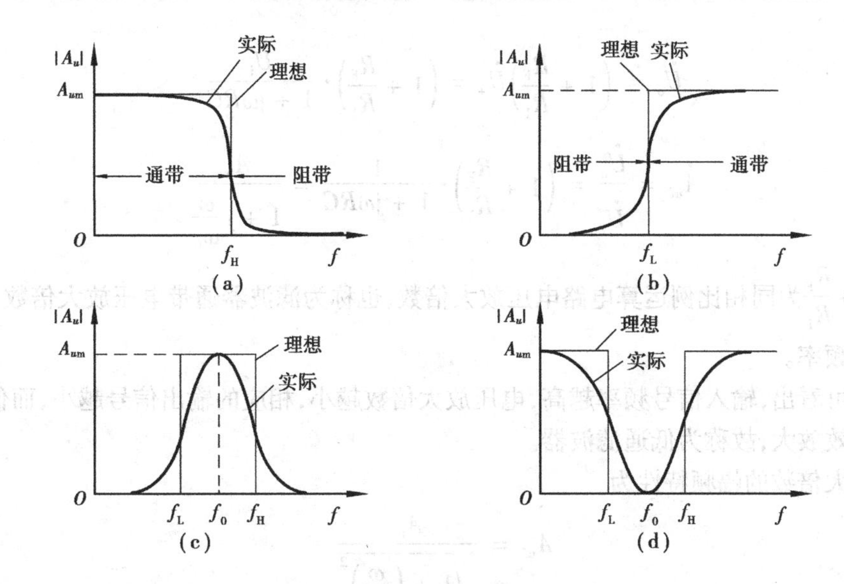

图 6.17　滤波电路的幅频特性

(a)低通　(b)高通　(c)带通　(d)带阻

分,这必然导致滤波器频率特性的改变。此外,由于无源滤波器仅由无源元件构成,无放大能力,所以对输入信号总是衰减的。

(2)有源滤波器　由无源元件 R、C 和放大电路构成的滤波器。放大电路采用集成运算放大器。由于集成运放具有高输入阻抗、低输出阻抗的特性,使滤波器输出和输入间有良好的隔离,便于级联,以构成滤波特性好或频率特性有特殊要求的滤波器。

3)有源低通滤波器

用简单的 RC 低通电路与集成运放就可构成一阶有源低通滤波器电路,如图 6.18(a)所示。

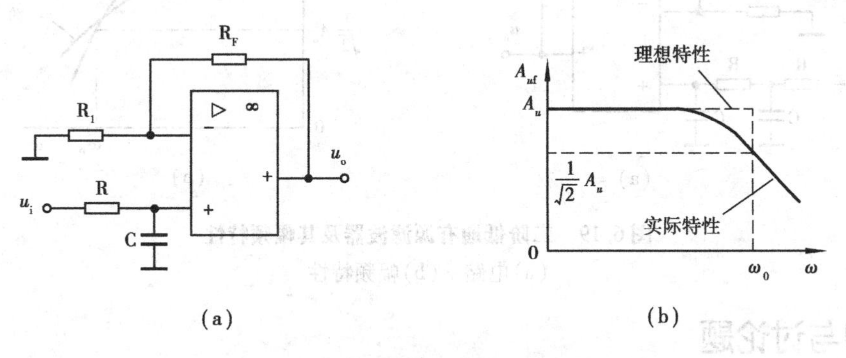

图 6.18　同相输入一阶有源滤波器

(a)电路　(b)幅频特性

由图可得

$$\dot{U}_+ = \dot{U}_C = \frac{\dfrac{1}{j\omega C}}{R + \dfrac{1}{j\omega C}}\dot{U}_i = \frac{\dot{U}_i}{1 + j\omega RC}$$

$$\dot{U}_o = \left(1 + \frac{R_F}{R_1}\right)\dot{U}_+ = \left(1 + \frac{R_F}{R_1}\right)\cdot \frac{\dot{U}_i}{1 + j\omega RC}$$

$$\dot{A}_{uf} = \frac{\dot{U}_o}{\dot{U}_i} = \left(1 + \frac{R_F}{R_1}\right)\cdot \frac{1}{1 + j\omega RC} = \frac{A_u}{1 + j\dfrac{\omega}{\omega_0}}$$

式中$A_u = 1 + \frac{R_F}{R_1}$为同相比例运算电路电压放大倍数,也称为滤波器通带电压放大倍数,$\omega_0 = \frac{1}{RC}$称为截止角频率。

由上式可看出,输入信号频率越高,电压放大倍数越小,相应的输出信号越小,而低频信号则可得到有效放大,故称为低通滤波器。

电压放大倍数的幅频特性为

$$A_{uf} = \frac{A_u}{\sqrt{1 + \left(\dfrac{\omega}{\omega_0}\right)^2}}$$

一阶有源低通滤波器的幅频特性如图6.18(b)所示。图中虚线为理想的情况,实线为实际的情况。特点是电路简单,阻带衰减太慢,选择性较差。

一阶电路的幅频特性与理想特性相差较大,滤波效果不够理想,为使滤波器的幅频特性有更快的衰减速度,可采用二阶或高阶有源滤波器。如图6.19所示为用两级RC低通滤波电路串联后,接入集成运放构成的二阶低通有源滤波器及其幅频特性。由图可以看出,曲线更加陡直,明显地改善了滤波效果。

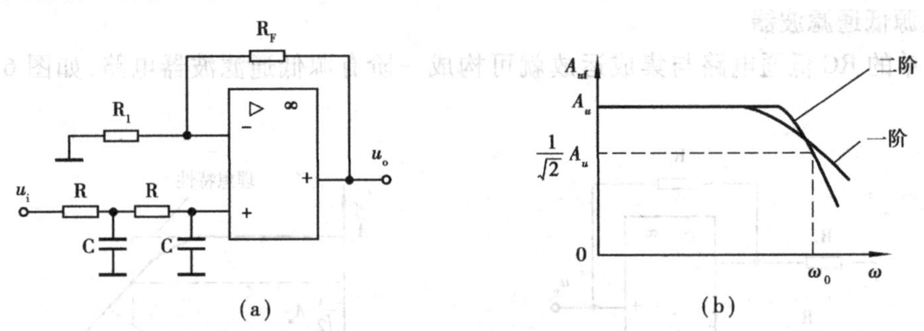

图6.19 二阶低通有源滤波器及其幅频特性
(a)电路 (b)幅频特性

复习与讨论题

(1)精密整流器能对很小的信号进行整流,试说明其原因。

(2)采样保持电路中,使用同相接法的缓冲器有什么作用?

(3)比较一阶和二阶低通有源滤波器的幅频特性,说明二阶比一阶电路性能好的原因。

(4)在下列几种情况下,应分别采用哪几种类型的滤波电路(低通、高通、带通和带阻):有用信号频率低于50 Hz;有用信号频率高于100 Hz;有用信号频率为500 Hz;希望抑制50 Hz的交流电源干扰。

6.3　集成运放的非线性应用

6.3.1　电压比较器

电压比较器的功能是对两个输入电压进行比较，并根据比较结果输出高电平或低电平电压。电压比较器可以用集成运放组成，也可采用专用的集成比较器。当用运放作比较器时，常工作于开环状态，这时运放不工作在放大状态，而是工作在非线性状态。

电压比较器一般有两个输入端和一个输出端，其输入信号是两个模拟量，其中一个输入信号是固定不变的参考电压，另一个输入信号则是变化的信号电压。而输出信号只有两种可能的状态，即高电平或低电平电压。

1）单限电压比较器

单限电压比较器如图6.20(a)所示。u_i 为待比较的输入电压，加在运放的反相端；U_R 为参考电压，加在运放的同相输入端。

运算放大器处在开环状态，由于电压放大倍数极高，因而输入端之间只要有微小电压，运算放大器便进入非线性工作区域，输出电压 u_o 达到最大值 U_{OM}。

$$u_i < U_R \text{ 时}, u_o = U_{OM};$$

$$u_i > U_R \text{ 时}, u_o = -U_{OM}。$$

运放输出与输入电压之间的关系（常称为电压传输特性）如图6.20(b)所示。

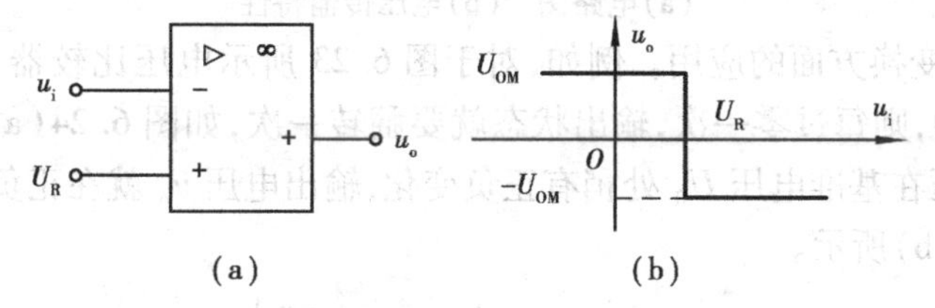

图6.20　单限电压比较器

(a)电路图　(b)电压传输特性

如果参考电压 $U_R=0$ 时，则输入电压 u_i 与零电位比较，这种比较器称为过零比较器，如图6.21所示。当输入信号为正弦波时，u_i 每次过零时，输出电压便要产生跳变，因此输出电压为方波。如图6.21(c)所示。

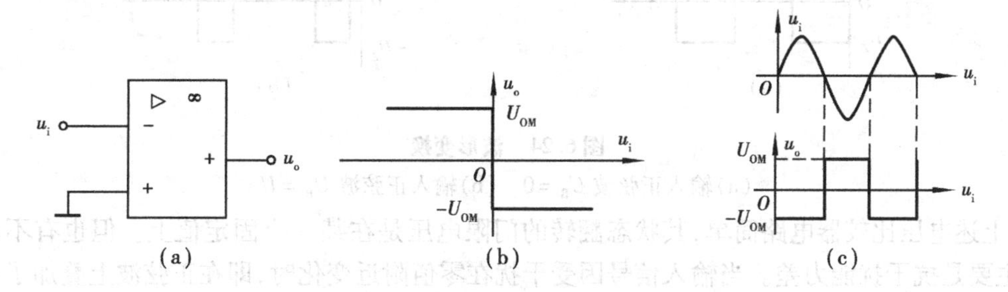

图6.21　过零比较器

(a)电路图　(b)电压传输特性　(c)波形变换

输出端接稳压管限幅，如图6.22所示。设稳压管的稳定电压为U_Z，忽略正向导通电压，则$u_i>U_R$时，稳压管正向导通，$u_o=0$；$u_i<U_R$时，稳压管反向击穿，$u_o=U_Z$。

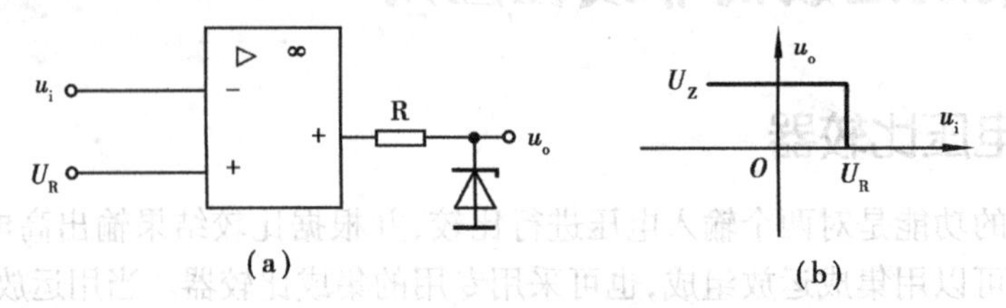

图6.22 电压比较器限幅

(a)电路图 (b)电压传输特性

输出端接双向稳压管进行双向限幅，如图6.23所示。设稳压管的稳定电压为U_Z，忽略正向导通电压，则$u_i>U_R$时，稳压管正向导通，$u_o=-U_Z$；$u_i<U_R$时，稳压管反向击穿，$u_o=+U_Z$。

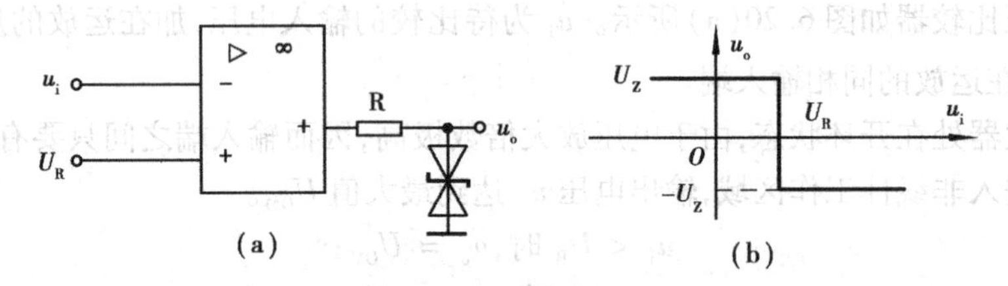

图6.23 双向限幅比较器

(a)电路图 (b)电压传输特性

比较器在波形变换方面的应用。例如，对于图6.23所示电压比较器。输入电压u_i是正弦波信号，若$U_R=0$，则每过零一次，输出状态就要翻转一次，如图6.24(a)所示。若U_R为一恒压，只要输入电压在基准电压U_R处稍有正负变化，输出电压u_o就在正负限幅值之间作相应地变化，如图6.24(b)所示。

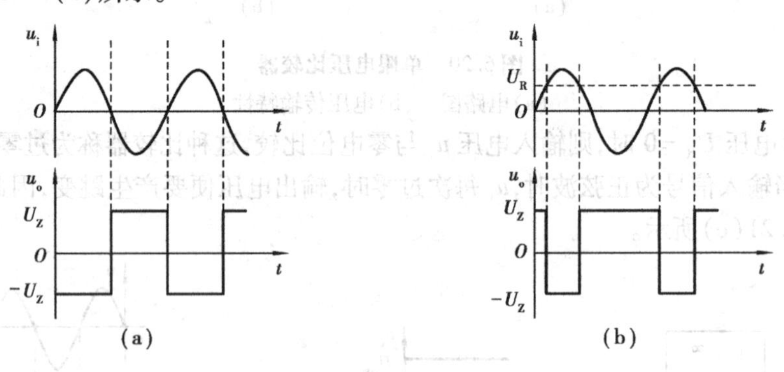

图6.24 波形变换

(a)输入正弦波$U_R=0$ (b)输入正弦波$U_R=U$

上述电压比较器电路简单，其状态翻转的门限电压是在某一个固定值上。但也有不足之处，主要是抗干扰能力差。当输入信号因受干扰在零值附近变化时，即在正弦波上叠加了高频干扰，过零比较器就容易出现多次误翻转，如图6.25所示。为克服上述缺点，常采用具有滞回特性的比较器。

2)滞回比较器

(1)电路特点　滞回比较器如图 6.26(a)所示。它是在单限电压比较器的基础上,通过电阻 R_2 和 R_f 把输出电压的一部分反馈到同相输入端,因此,滞回比较器是带有正反馈的电压比较器。在分析正反馈电路时,要注意到此时 $u_- = u_i$,而 u_+ 是输出电压的一部分。由于输出电压有两种可能($+U_{om}$ 或 $-U_{om}$),因此 u_+ 值就有两种可能。当输入 u_i 足够小时,输出为正向饱和电压 $+U_{om}$,将集成运放的同相端电压称为上门限电平,用 U_{TH1} 表示,则有

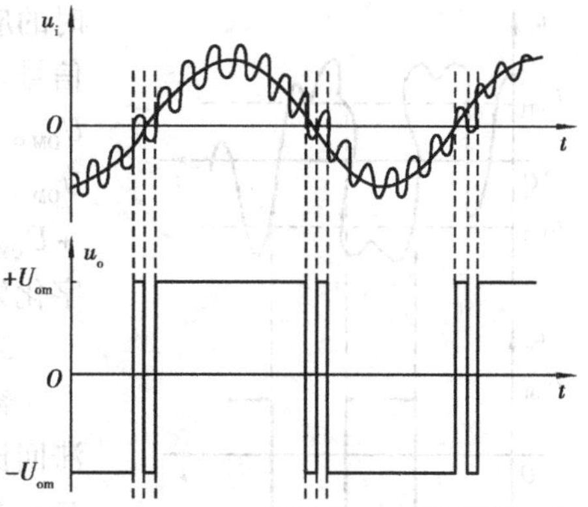

$$U_{TH1} = u_+ = U_{REF}\frac{R_f}{R_f + R_2} + U_{om}\frac{R_2}{R_2 + R_f}$$

图 6.25　外界干扰的影响

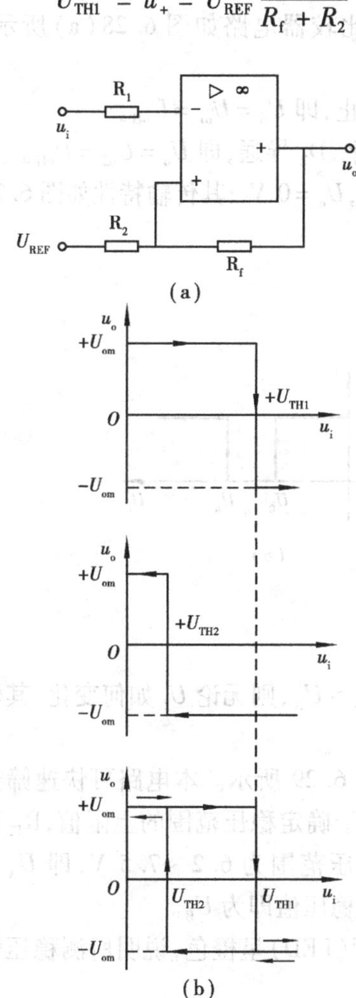

图 6.26　滞回比较器

(a)电路　(b)电压传输特性

随着 u_i 的不断增大,当 $u_i > U_{TH1}$ 时,比较器输出为负向饱和电压 $-U_{om}$ 时,这时将集成运放的同相端电压称为下门限电平,用 U_{TH2} 表示,则有

$$U_{TH2} = u_+ = U_{REF}\frac{R_f}{R_f + R_2} - U_{om}\frac{R_2}{R_2 + R_f}$$

通过上述两个表达式可以看出,上门限电平 U_{TH1} 的值比下门限电平 U_{TH2} 的值大。因此,当 u_i 再增大时,比较器输出将维持输出负向饱和电压 $-U_{om}$。

反之,当 u_i 由大变小时,比较器先输出 $-U_{om}$。运放同相端电压为 U_{TH2},只有当 u_i 减小到 $u_i < U_{TH2}$ 时,比较器输出将由 $-U_{om}$ 又跳变到 $+U_{om}$,此时运放同相端电压又变为 U_{TH1}。u_i 继续减小,比较器维持输出 $+U_{om}$。所以可得滞回比较器的传输特性如图 6.26(b)所示。

由于这种传输特性与磁滞回线类似,因此常称为滞回比较器。

(2)传输特性和回差电压 ΔU_{TH}　在滞回比较器的电压传输特性中,把上门限电压 U_{TH1} 与下门限电压 U_{TH2} 之差称为回差电压,用 ΔU_{TH} 表示。

$$\Delta U_{TH} = U_{TH1} - U_{TH2} = 2U_{om}\frac{R_2}{R_2 + R_f}$$

调节 R_2、R_f,可改变回差电压的大小,回差越大,抗干扰能力越强。

回差电压的存在,大大提高了电路的抗干扰能力。只要干扰信号的峰值小于半个回差电压,比较器就不会因为干扰而误动作。

(3)应用举例　图 6.27 所示为滞回比较器在波形整形

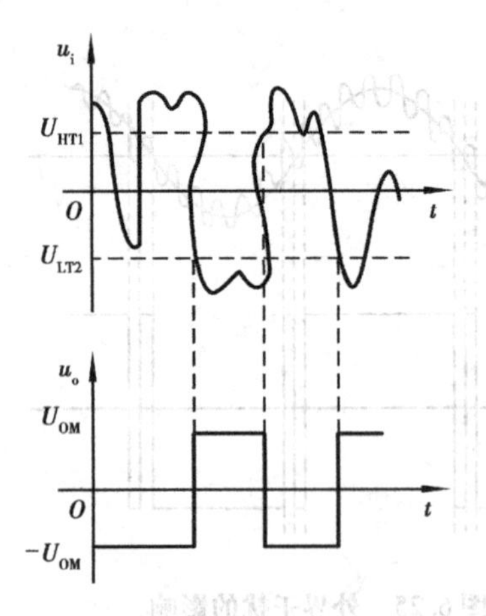

图 6.27　滞回比较器应用

时的应用。图中的输入波形是反映炉温变化、水位变化等的信号。从图中可见，由于开始输入电压足够大，使输出为 U_{OM}。如果输入下降，只有在下降到 U_{LT2}时，输出才跳变为 $-U_{OM}$。如果输入上升，只有在上升到 U_{HT1}时，输出才跳变为 $+U_{OM}$。这样就把输入信号整形为方波输出，以便于进行数字化处理和控制。

3）窗口比较器

窗口比较器又称为双限比较器。前述的单限比较器或滞回比较器，当 U_i 单方向变化时，U_o 只变化一次，因而只能与一个电平进行比较。如要判断 U_i 是否在某两个电平之间，则应采用窗口比较器。

（1）工作原理　窗口比较器电路如图 6.28（a）所示，（$U_A > U_B$）。

当 $U_i > U_A$ 时，U_{o1}为高电平，D_1 导通；U_{o2}为低电平，D_2 截止，即 $U_o = U_{o1} = U_{oH}$。

当 $U_i < U_B$ 时，$U_i < U_A$，U_{o1}为低电平，D_1 截止；U_{o2}为高电平，D_2 导通，即 $U_o = U_{o2} = U_{oH}$。

当 $U_B < U_i < U_A$ 时，$U_{o1} = U_{o2} = U_{OL}$，二极管 D_1、D_2 均截止，$U_o = 0$ V，其传输特性如图 6.28（b）所示。

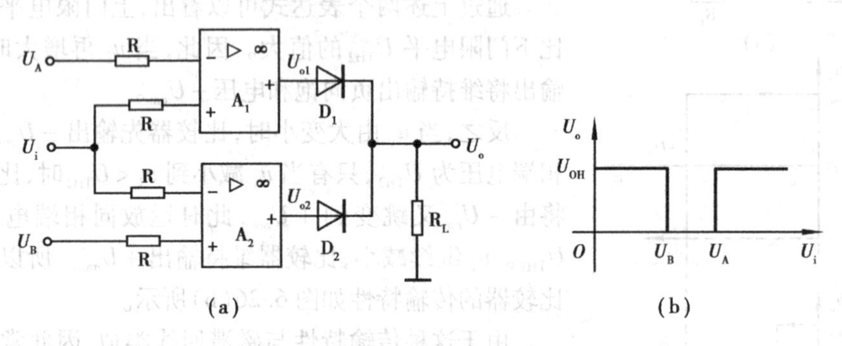

图 6.28　窗口比较器

（a）电路图　（b）传输特性

需要指出的是，在图中，其 U_A 与 U_B 不能接错，如接成 $U_B > U_A$，则无论 U_i 如何变化，其输出 U_o 始终为高电平，无法实现电压比较。

（2）应用举例之一——稳压管稳压值筛选仪　电路如图 6.29 所示。本电路可快速筛选 1.5～9 V 的稳压管。电路由 A_1、A_2 组成窗口比较器。R_{P1}用于确定稳压范围的上限值，R_{P2}用于确定稳压范围的下限值，如筛选 7.1 V 稳压管时，可选稳压范围为 6.2～7.5 V，即 $U_A = 7.5$ V、$U_C = 6.2$ V。R_{P3}可确定稳压管的稳定电流。稳压管的稳压值即为 U_B。

当 $U_C < U_B < U_A$ 时，U_{o1}、U_{o2}均为高电平，三色发光二极管（LED）呈橙色，说明所测稳压管符合要求。

当 $U_B > U_A > U_C$ 时，U_{o1}为低电平，U_{o2}为高电平，LED 呈红色，说明所测稳压管稳压值高于上限值。

当 $U_B < U_C < U_A$ 时，U_{o1}为高电平，U_{o2}为低电平，LED 呈绿色，说明所测稳压管稳压值低于

下限值。R_{P1}、R_{P2}最好采用线性电位器。

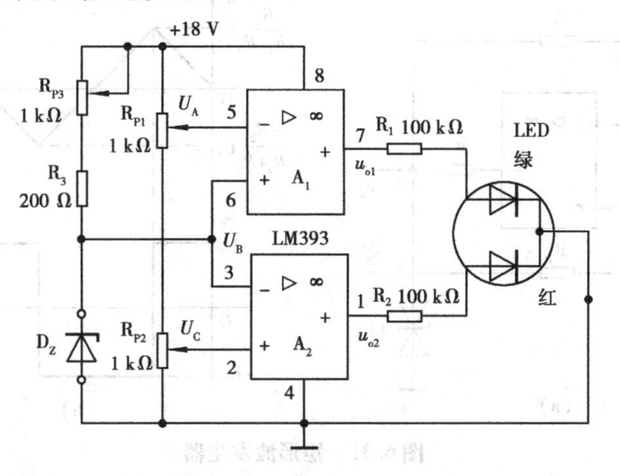

图 6.29 稳压管稳压值筛选仪

(3)应用举例之二——三极管配对测量仪 在许多情况下,三极管需要配对,而在业余条件下,三极管难以配对,本测量仪能直观显示出三极管是否成对,如图 6.30 所示。当将两只待测三极管插入插孔,便与电阻 R_5、R_6 构成惠斯通电桥,运放 LM324 接成窗口比较器。当两只管子参数不一致时,如 V_1 的β大于 V_2 的β时,LED_1 发光;反之,LED_2 发光。当两管参数一致时,LED_1 和 LED_2 均不发光。其中 1、3、4 和 5、7、8 孔是测 NPN 型管,1、2、4 和 5、6、8 孔是测 PNP 型管。电阻 $R_1 \sim R_4$ 为 500 kΩ、$R_5 \sim R_6$ 为 10 kΩ、$R_7 \sim R_8$ 为 1 kΩ。

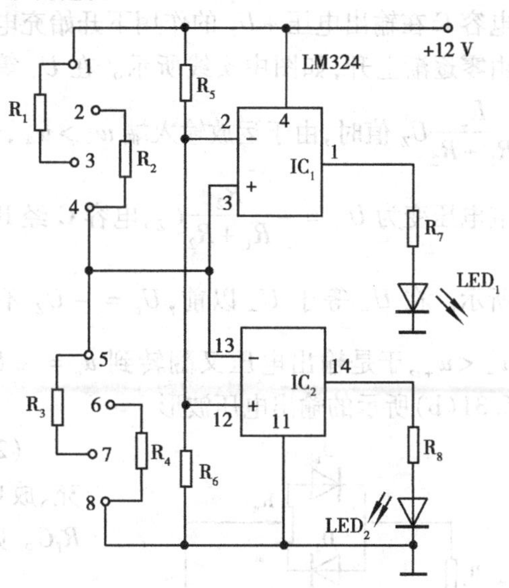

图 6.30 三极管配对测量仪

6.3.2 波形发生器

利用电压比较器和 RC 积分电路可构成矩形波、三角波、锯齿波发生器等。

1)矩形波发生器

矩形波发生器是一种能产生矩形波的基本电路,也称为方波振荡器。电路如图 6.31 所示。由图可见,它是在滞回比较器的基础上,增加了一条 RC 充放电支路构成的。

(1)工作原理 电路中,通过 R_3 和双向稳压管对输出限幅,输出只有两个值:$+U_Z$ 和 $-U_Z$,同相端电位 U_+ 由 u_o 通过 R_1、R_2 分压后得到,电容 C 上的电压加在运放的反相端,电压 U_- 受电容电压 u_C 控制。

当电路接通电源时,U_+ 与 U_- 必存在差别。是 $U_+ > U_-$ 还是 $U_+ < U_-$,则是随机的。设接通电源瞬间,电容 C 上的电压为零,滞回比较器输出正饱和电压 $+U_Z$,则运放同相端的电压为

$$U_+ = \frac{R_2}{R_1 + R_2} U_Z$$

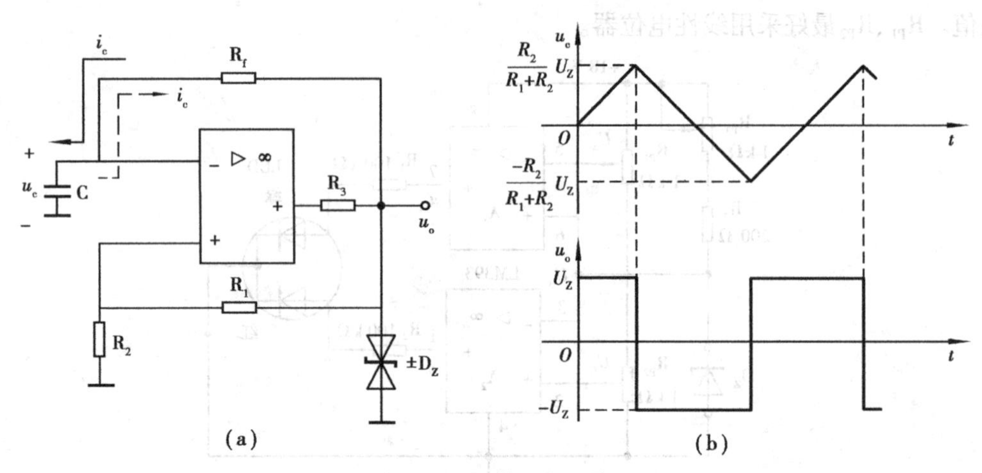

图 6.31 矩形波发生器

(a)电路图 (b)波形图

电容 C 在输出电压 $+U_Z$ 的作用下开始充电,充电电流 i_C 经过电阻 R_f 对电容充电,使 $U_- = U_C$ 由零逐渐上升,如图中实线所示。在 U_- 等于 U_+ 以前,$U_o = +U_Z$ 不变。当充电电压 u_C 升至 $\frac{R_2}{R_1+R_2}U_Z$ 值时,由于运放输入端 $u_- > u_+$,于是电路翻转,输出电压由 $+U_Z$ 值翻至 $-U_Z$,同相端电压变为 $U_+ = -\frac{R_2}{R_1+R_2}U_Z$,电容 C 经 R_f 开始放电,u_C 开始下降,放电电流 i_C 如图中虚线所示。在 U_- 等于 U_+ 以前,$U_o = -U_Z$ 不变,当电容电压 u_C 降至 $-\frac{R_2}{R_1+R_2}U_Z$ 值时,由于 $u_- < u_+$,于是输出电压又翻转到 $u_o = +U_Z$ 值。如此周而复始,在运放输出端便得到如图 6.31(b)所示的输出电压波形。

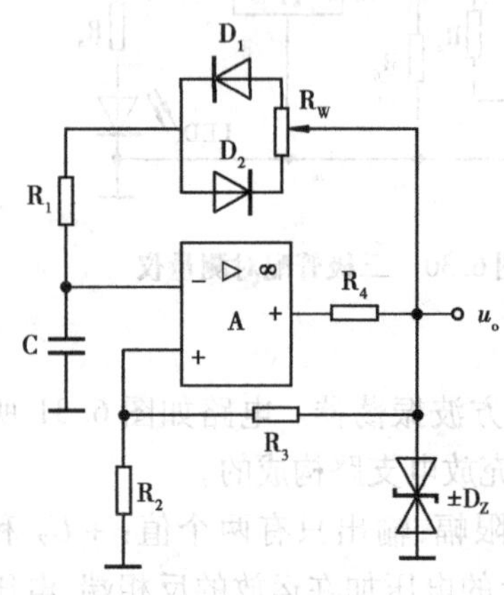

图 6.32 占空比可调的矩形波发生器

(2)振荡频率 电路输出的矩形波电压周期 T 取决于充、放电的 RC 时间常数。可以证明,其周期为 $T=2.2R_fC$。则振荡频率为

$$f = \frac{1}{2.2R_fC}$$

改变 RC 值,就可以调节矩形波的频率。由于充、放电时间相同,所以该电路产生的是周期性方波。改变 R_f、C 或 R_1、R_2,均可改变振荡周期。

通常定义矩形波高电平的时间与其周期 T 之比称为占空比,方波的占空比为50%。显然,为了改变输出方波的占空比,应改变电容器 C 的充电和放电时间常数,即可得占空比可调的矩形波发生器。电路如图 6.32 所示。

电容 C 充电时,充电电流经电位器的上半部、二极管 D_1、R_1;而电路 C 放电时,放电电流经 R_1、二极管 D_2、电位器的下半部。改变 R_W 的中点位置,占空比就可改变。

2)三角波发生器

上述矩形波发生器中,电容两端电压近似为三角波,但由于它不是恒流充电,故输出的三

角波线性很差，只在要求不高的情况下才用此电路。为了提高三角波的线性，只要保证电容是恒流充电即可。用集成运放组成的积分电路取代矩形波发生器中的 RC 电路，略加改进即可。

(1)工作原理　三角波发生器电路如图 6.33 所示。图中运放 A_1 构成滞回比较器，A_2 组成积分电路。运放 A_1 反相端接地，同相端电压由 u_o 和 u_{o1} 共同决定。当 $u_+ > 0$ 时，$u_{o1} = +U_Z$；当 $u_+ < 0$ 时，$u_{o1} = -U_Z$。

$$u_+ = u_{o1}\frac{R_2}{R_1 + R_2} + u_o\frac{R_1}{R_1 + R_2}$$

在电源刚接通时，假设电容器初始电压为零，运放 A_1 输出电压为正饱和电压值 $+U_Z$，即 $u_{o1} = +U_Z$，电流恒流充电，因为 A_2 积分电路具有虚地，所以充电电流为 U_Z/R。电容 C 开始充电，输出电压 u_o 开始减小，u_+ 值也随之减小，当下降到一定程度，使 A_1 的 $U_+ \leqslant U_- = 0$ 时，u_{o1} 从 $+U_Z$ 突变为 $-U_Z$，与此同时 A_1 的 U_+ 也突变。电容放电，则输出电压线性上升，当 u_o 上升到一定值后，使 A_1 的 $U_+ \geqslant U_-$，U_{o1} 从 $-U_Z$ 突变到 $+U_Z$，电容再次充电，u_o 再次下降。如此周而复始，产生振荡。因充、放电时间常数相同，所以输出为三角波。其波形如图 6.33(b)所示，u_o 是三角波，u_{o1} 是方波。

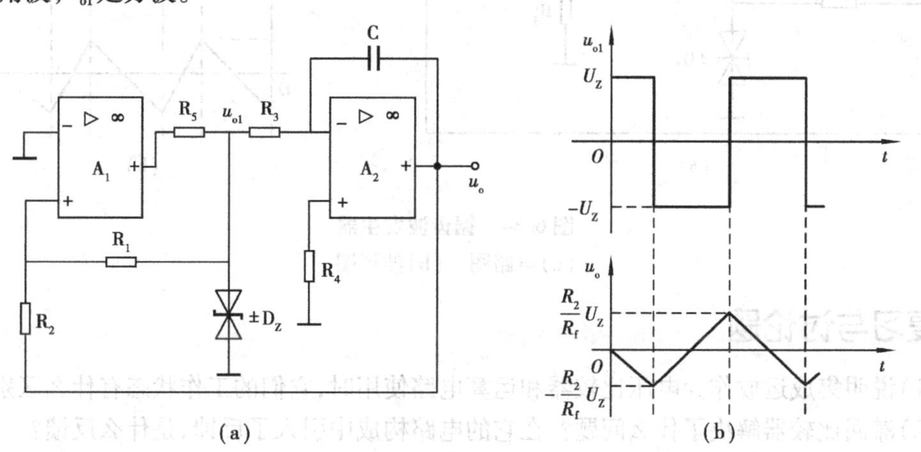

图 6.33　三角波发生器

(a)电路图　(b)波形图

(2)输出幅度与频率　三角波的振荡幅度为

$$U_{om} = \frac{R_2}{R_1}U_Z$$

振荡频率为

$$f = \frac{R_1}{4R_2R_3C}$$

实际调试时，先调整 R_1、R_2，使输出电压的峰值达到所需要的值，然后再调整 R_3、C，使振荡频率满足要求。若先调频率，那么在调整输出电压峰值时，振荡频率也将改变。

3)锯齿波发生器

锯齿波与三角波的区别是，三角波的上升和下降斜率绝对值相等，而前者不相等。因此只要把图 6.33 所示三角波发生器稍加改动，即利用二极管的单向导电性，使积分电路中，电容充电与放电的回路不同,便可得到锯齿波发生器。

锯齿波发生器电路如图6.34所示。它与三角波发生电路基本相同,只是在集成运放A_2的反相输入电阻R_3上并联了一个由二极管D_1和电阻R_5组成的支路,这样积分器的正向积分和反向积分的速度明显不同。当$u_{o1} = -U_Z$时,D_1反偏截止,正向积分的时间常数为R_3C;当$u_{o1} = +U_Z$时,D_1正偏导通,R_3与R_5处于并联状态,由于$R_3 \ll R_5$,其等效电阻很小,积分时间常数$(R_3 /\!/ R_5)C$很小,使得这一过程持续时间很短,形成如图6.34(b)所示的锯齿波。电位器R_P用来调节输出频率。

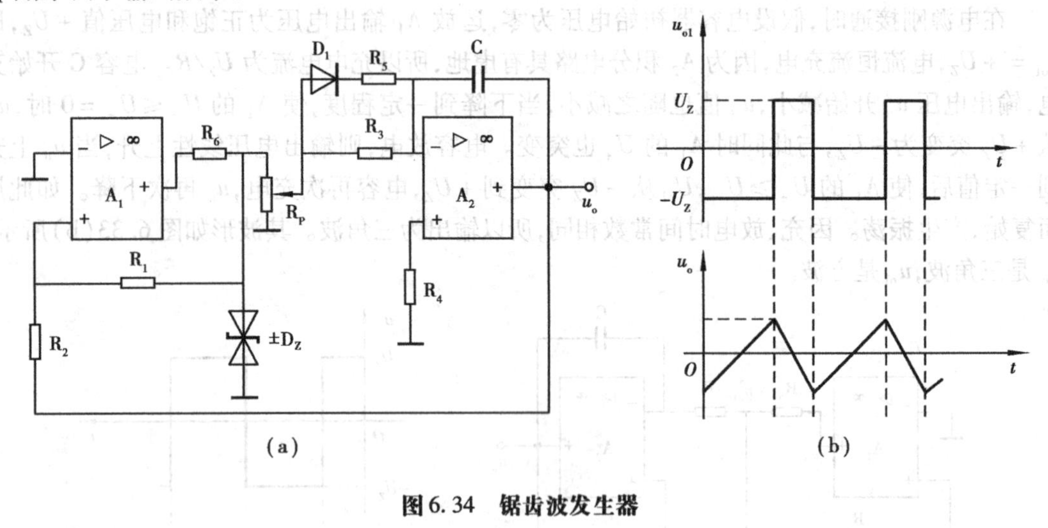

图6.34 锯齿波发生器

(a)电路图 (b)波形图

复习与讨论题

(1)说明集成运放作为电压比较器和运算电路使用时,它们的工作状态有什么区别?

(2)滞回比较器解决了什么问题?在它的电路构成中引入了反馈,是什么反馈?

(3)矩形波、三角波、锯齿波发生器是常用的非正弦波发生器,这些振荡电路中没有选频网络,它主要由哪些典型电路构成?

本章小结

(1)集成运算放大器可以对输入信号进行加、减、积分、微分等运算,它们的共同特点是将集成运算放大器接成负反馈形式,运放工作在线性放大状态;应用理想运放"虚短"和"虚断"的概念,来分析电路的输入和输出关系。

(2)精密整流器是小信号整流电路,它克服了二极管非线性特性的影响,以它为基础可构成多种电压检测电路。

(3)采样保持电路用来对输入信号幅度进行自动采样,并在下次采样之前保留上次采样的信息,相当于模拟信号的延时。常用于输入信号变化较快,或具有多路信号的数据采集系统中,也可用于其他一切要求对信号幅度进行瞬时采样和存储的场合。

(4)有源滤波器可使有用的频率信号顺利通过,而对于无用的其他频率信号加以抑制。它分为低通、高通、带通和带阻滤波器等。有源滤波器由运算放大器和 RC 电路组成,除了具有一般无源滤波器的功能外,还具有放大能力和带负载能力,为获得好的滤波效果,可采用高阶滤波器。

(5)电压比较器用来判断输入信号与参考信号的相对大小。单限电压比较器,其运放是工作在开环状态,即非线性应用状态,传输特性曲线不陡;而具有滞回特性的比较器其运放是工作在正反馈状态下,因此特性曲线陡,可提高电路的抗干扰能力。窗口比较器可以判断输入电压是否在两个参考电压之间。

(6)集成运放的非线性应用,主要是电压比较器和非正弦波发生器电路。常用的非正弦波发生器,有方波、三角波和锯齿波发生器等。这些振荡电路没有选频网络,它通常由电压比较器、积分电路和反馈电路等构成。其状态的翻转依靠电路中定时电容电压的变化,改变电容充放电电流的大小,就可以调节振荡频率。

自我检测题与习题

一、单选题

1. 理想运放工作在线性区时的特点是:差模输入电压 $U_+ - U_- =$(　　),输入端电流 $I_+ = I_- =$(　　)。

A. 0　　B. ∞　　C. 1　　D. <0

2. 用集成运放组成模拟信号运算电路时,通常工作在(　　)。

A. 线性区　　B. 非线性区　　C. 饱和区　　D. 截止区

3. (　　)运算电路可实现函数 $Y = aX_1 + bX_2 + cX_3$,a、b 和 c 均小于零。

A. 同相比例　　B. 反向比例　　C. 同相求和　　D. 反向求和

4. 欲对正弦信号产生 100 倍的线性放大,应选用(　　)运算电路。

A. 比例　　B. 加减　　C. 积分　　D. 微分

5. 欲将正弦波电压叠加上一个直流量,应选用(　　)运算电路。

A. 比例　　B. 加减　　C. 积分　　D. 微分

6. 欲将方波电压转换成三角波电压,应选用(　　)运算电路。

A. 比例　　B. 加减　　C. 积分　　D. 微分

7. 欲将方波电压转换成尖脉冲电压,应选用(　　)运算电路。

A. 比例　　B. 加减　　C. 积分　　D. 微分

8. 欲从混入高频干扰信号的输入信号中取出低于 100 kHz 的有用信号,应选用(　　)滤波电路。

A. 带阻　　B. 低通　　C. 带通　　D. 带阻

9. 已知输入信号的频率为 40 Hz ~ 10 kHz,为了防止干扰信号的混入,应选用(　　)滤波电路。

A. 带阻　　B. 低通　　C. 带通　　D. 带阻

10. 希望抑制 50 Hz 的交流电源干扰,应选用中心频率为 50 Hz 的(　　)滤波电路。

A. 高通　　B. 低通　　C. 带通　　D. 带阻

11. 某迟滞比较器的回差电压为6 V,其中一个门限电压为 -3 V,则另一门限电压为(　　)。

A. 3 V　　B. -9 V　　C. 3 V或 -9 V　　D. 9 V

12. 对于理想集成运放组成的迟滞比较器,反相端和同相端(　　)。

A. 存在虚短和虚断　　B. 不存在虚短和虚断

C. 存在虚断,但不存在虚短　　D. 存在虚短,但不存在虚断

二、判断题(正确的在括号中画"✓",错误的画"×")

1. 在运算电路中,集成运放的反相输入端均为虚地。(　　)
2. 只要理想运放工作在线性区,就可以认为其两个输入端"虚地"。(　　)
3. 与反向输入运算电路相比,同相输入运算电路有较大的共模输入信号,且输入电阻较小。(　　)
4. 差动输入比例电路可实现减法运算。(　　)
5. 可以利用运放构成积分电路将三角波变换为方波。(　　)
6. 凡是集成运放构成的电路都可利用"虚短"和"虚断"的概念加以分析。(　　)
7. 各种滤波电路通带放大倍数的数值均可大于1。(　　)
8. 单限电压比较器中的集成运放工作在非线性状态,滞回比较器中的集成运放工作在线性状态。(　　)
9. 滞回比较器具有两个门限电压,因此当输入电压从小到大逐渐增大经过两个门限电压时,会发生两次跳变。(　　)
10. 滞回比较器的回差电压越大,其抗干扰能力越强。(　　)
11. 单限电压比较器比滞回比较器灵敏,但不如后者抗干扰能力强。(　　)
12. 三角波和锯齿波发生电路一般都有积分电路。(　　)

三、填空题

1. 反相比例运算电路中,运放的________输入端为虚地点;而________比例运算电路中,运放的两个输入端对地电压基本上等于输入电压。

2. ________比例运算电路的输入电流基本上等于流过电阻 R_f 的电流,而________比例运算电路的输入电流几乎等于零。

3. 流过________求和电路电阻 R_f 的电流等于各输入电流的代数和。

4. ________比例运算电路的特例是电压跟随器,它具有 R_I 很大和 R_o 很小的特点,常用作缓冲器。

5. 滤波器按其通过信号频率范围的不同,可以分为________滤波器、________滤波器、________滤波器和________滤波器。

6. 一阶RC低通电路截止频率决定于RC电路________常数的倒数,在截止频率处输出信号比通带内输出信号小________dB。

7. 低频信号能通过而高频信号不能通过的电路称为________滤波电路,高频信号能通过而低频信号不能通过的电路称为________滤波电路。

8. 只允许某一频段的信号通过,而该频段之外的信号不能通过的电路,称为________滤波电路,某一频段的信号不能通过,而该频段之外的信号均能通过的电路,称为________滤波

电路。

9. 集成运放用作电压比较器时,应工作于________环状态或引入________反馈。

10. 单限电压比较器和滞回比较器相比,________比较器的抗干扰能力较强,________比较器中引入了正反馈。

11. 比较器________电平发生跳变时的________电压称为门限电压,过零电压比较器的门限电压是________。

12. 一单限电压比较器,其饱和输出电压为 ±12 V,若反相端输入电压为 3 V,则当同相端输入电压为 4 V 时,输出为________ V;当同相端输入电压为 2 V 时,输出为________ V。

13. 一滞回电压比较器,当输入信号增大到 3 V 时输出信号发生负跳变,当输入信号减小到 -1 V 时发生正跳变,则该迟滞比较器的上门限电压是________,下门限电压是________,回差电压是________。

14. 一电压比较器,输入信号大于 6 V 时,输出低电平;输入信号小于 6 V 时,输出高电平。由此判断,输入信号从集成运放的________相端输入,为________限电压比较器,门限电压为________。

15. 对于电压比较器,当同相端电压大于反相端电压时,输出________电平;当反相端电压大于同相端电压时,输出________电平。

四、计算分析题

1. 在题图 6.1 所示电路中,所有运放为理想器件,试求各电路输出电压的大小。

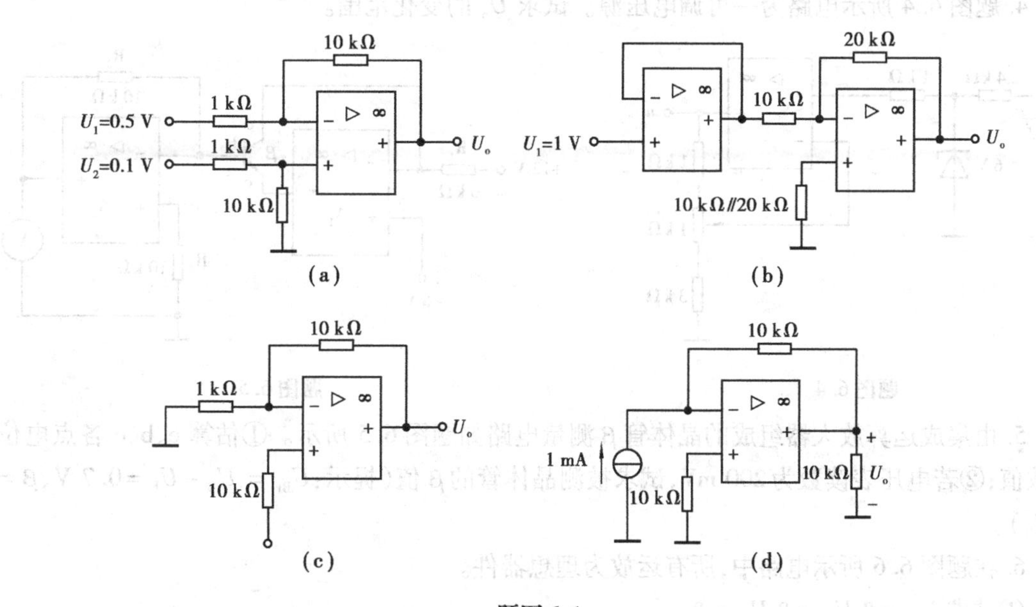

题图 6.1

2. 求题图 6.2 所示电路中的输出电压与输入电压之间的关系式。

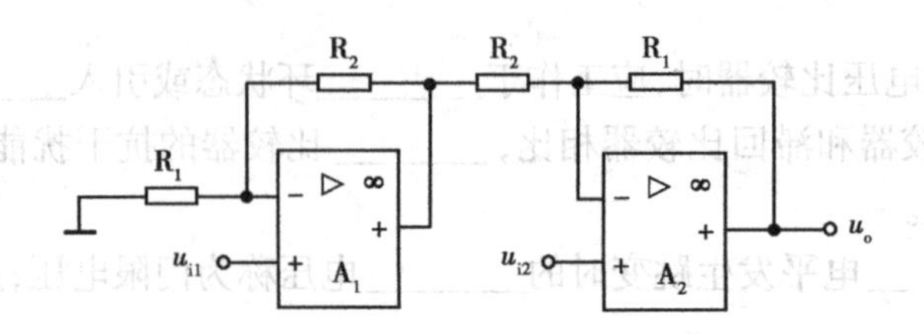

题图 6.2

3. 写出题图 6.3(a)、(b)所示电路输出与输入之间的关系式。

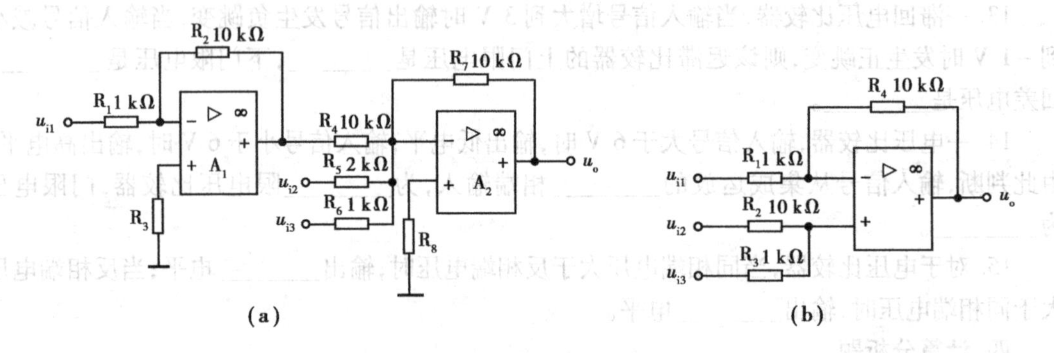

题图 6.3

4. 题图 6.4 所示电路为一可调电压源。试求 U_o 的变化范围。

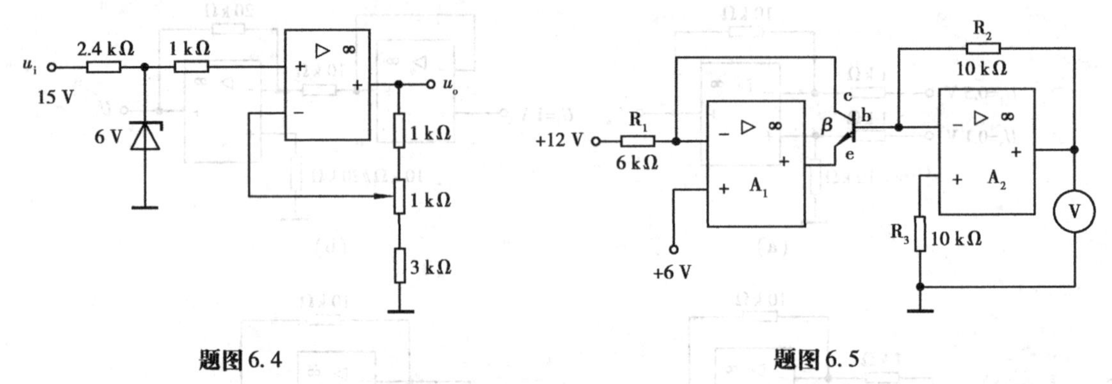

题图 6.4　　　　题图 6.5

5. 由集成运算放大器组成的晶体管 β 测量电路如题图 6.5 所示。①估算 e、b、c 各点电位的数值;②若电压表读数为 200 mV,试求被测晶体管的 β 值(提示:$U_{BE}=U_B-U_E=0.7$ V、$\beta=I_C/I_B$)。

6. 在题图 6.6 所示电路中,所有运放为理想器件。

①试求 $U_{o1}=?$ $U_{o2}=?$ $U_{o3}=?$

②设电容器的初始电压为 2 V,极性如图所示,求使 $U_{o4}=-6$ V 所需的时间 $t=?$

7. 题图 6.7 所示为理想运放电路,电源电压为 ±15 V,运放最大输出电压幅值为 ±12 V,稳压管稳定电压为 6 V,求 U_{O1}、U_{O2}、U_{O3}。

8. 题图 6.8 为理想集成运放电路,输入 U_i 为足够大正弦波,稳压管 D_{Z1}、D_{Z2} 的稳压值均为 6 V,试画出输出电压波形。

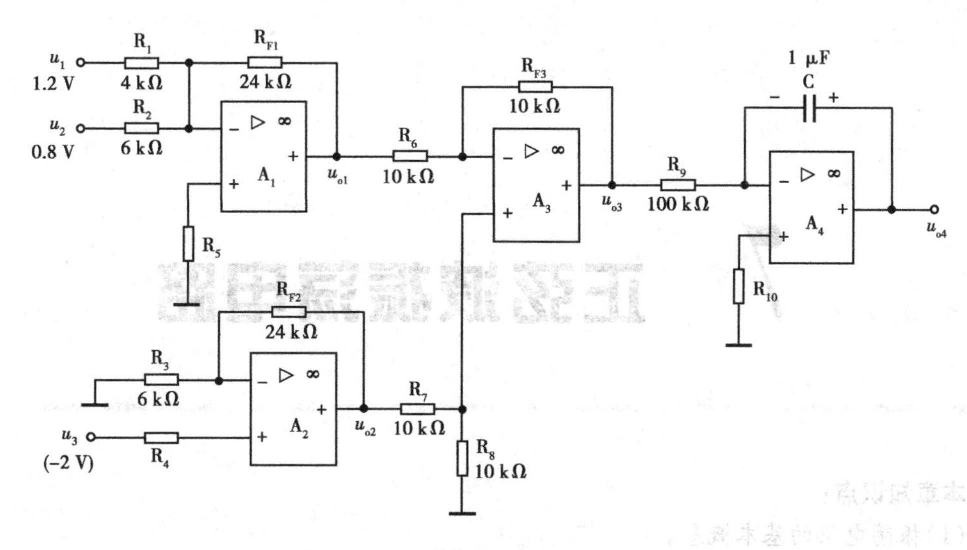

题图 6.6

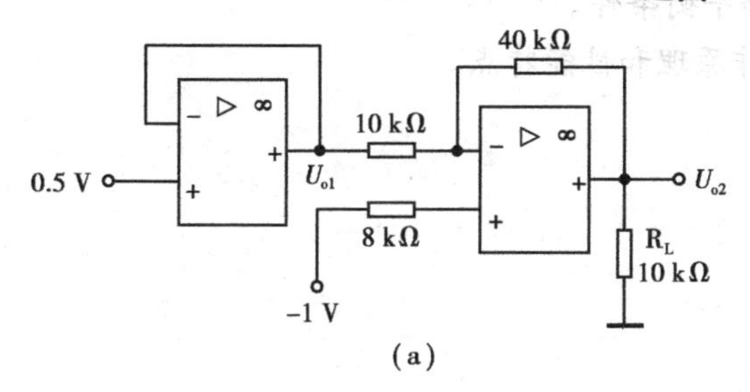

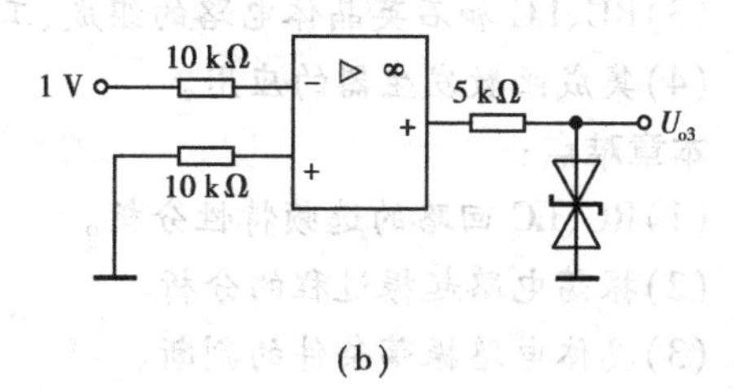

题图 6.7

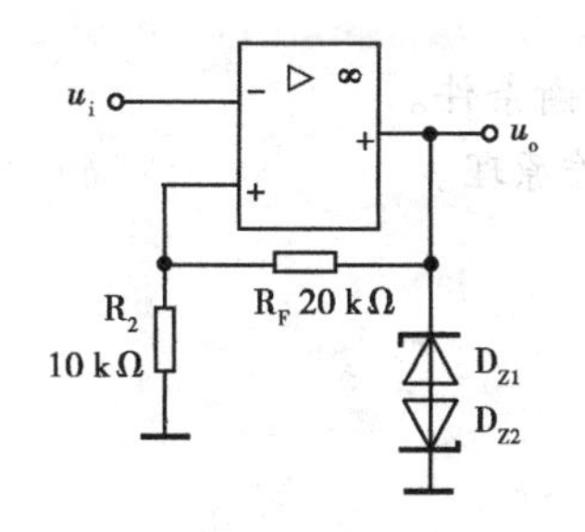

题图 6.8

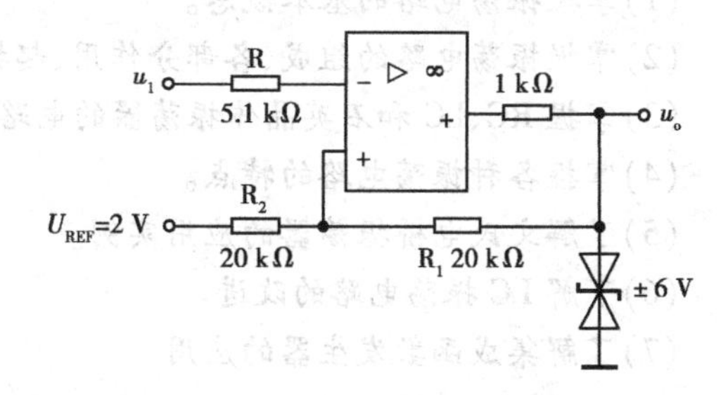

题图 6.9

9. 题图 6.9 所示为滞回电压比较器电路，试计算门限电压 U_{T+}、U_{T-} 和回差电压。

10. 在题图 6.10 所示电路中，已知电容 $C = 0.01\ \mu F$、$R = 10\ k\Omega$、$R_1 = 5\ k\Omega$、$R_2 = 4.3\ k\Omega$、$R_3 = 2\ k\Omega$、$U_Z = 6\ V$。试画出输出电压 u_o 和电容 C 两端电压 u_C 的波形，并标出它们的最大值和最小值。

题图 6.10

7 正弦波振荡电路

本章知识点：

(1)振荡电路的基本概念。

(2)正弦波振荡电路的组成、起振条件和平衡条件。

(3)RC、LC 和石英晶体电路的组成、工作原理和性能特点。

(4)集成函数发生器的应用。

本章难点：

(1)RC、LC 回路的选频特性分析。

(2)振荡电路起振过程的分析。

(3)具体电路振荡条件的判断。

学习要求：

(1)掌握振荡电路的基本概念。

(2)掌握振荡电路的组成、各部分作用、起振条件和平衡条件。

(3)掌握 RC、LC 和石英晶体振荡器的电路组成和工作原理。

(4)掌握各种振荡电路的特点。

(5)了解文氏电桥振荡器的应用实例。

(6)了解 LC 振荡电路的改进。

(7)了解集成函数发生器的应用。

7.1 正弦波振荡电路的基本原理

正弦波振荡电路又称正弦波发生器,用于产生一定频率和幅度的正弦波信号。在无线电通信、广播电视、电子测量和自动控制等领域中应用广泛。

7.1.1 自激振荡条件

正弦波振荡电路由放大电路和反馈网络组成,其原理框图如图 7.1 所示。

电路起振过程:在无输入信号($x_i=0$)时,电路中的噪扰电压(如电源接通时引起的瞬变过程,元件的热噪声,电路参数波动引起的电压、电流的变化等)使放大器产生瞬间输出 x'_o,经反馈网络 F 反馈到输入端,得到瞬间输入 x_d,再经基本放大器 A 放大,又在输出端产生新的输出信号 x_o',如此反复。在无反馈或负反馈情况下,输出 x_o'会逐渐减小,直到消失。但在正反馈情况下,x_o'会很快增大,并得到不断加强,产生振荡。最后由于放大电路中晶体管饱和等原因使输出稳定在 x_o,并靠反馈永久地保持下去。在电路输出端得到的起振波形如图 7.2 所示。

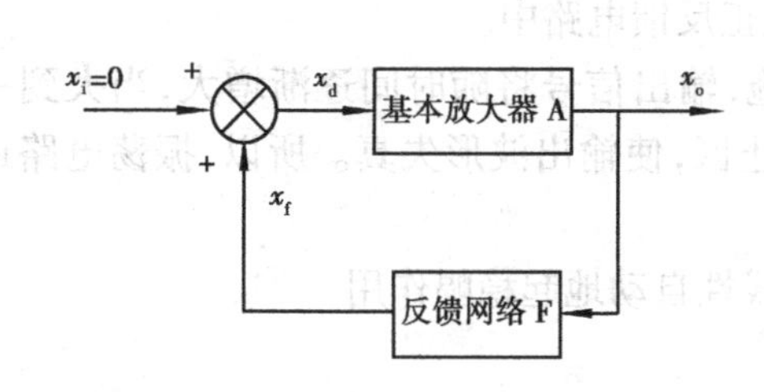

图 7.1 正弦波振荡电路的基本结构

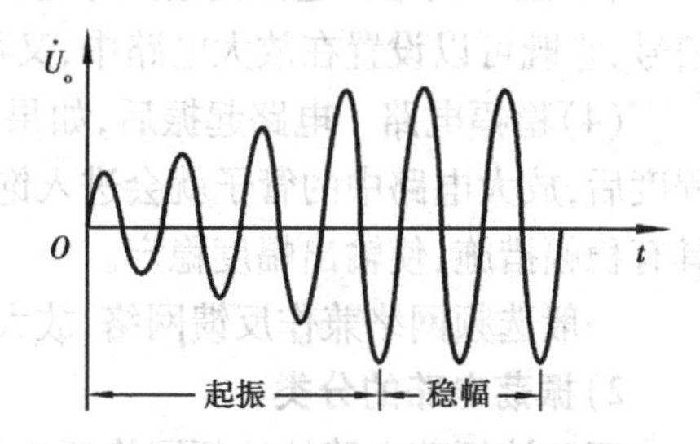

图 7.2 自激振荡的起振波形

可见,电路产生自激振荡的基本条件是反馈信号与输入信号大小相等、相位相同,即 $\dot{X}_f = \dot{X}_d$。由于 $\dot{X}_f = \dot{F}\dot{X}_o$、$\dot{X}_o = \dot{A}\dot{X}_d$,由此可得产生自激振荡的条件为

$$\dot{A}\dot{F} = 1$$

由于 $\dot{A} = A\angle\varphi_A$、$\dot{F} = F\angle\varphi_F$,所以:

$$\dot{A}\dot{F} = A\angle\varphi_A \cdot F\angle\varphi_F = AF\angle(\varphi_A + \varphi_F) = 1$$

自激振荡条件又可分为:

①幅值条件:$AF=1$,表示反馈信号与输入信号的大小相等。

②相位条件:$\varphi_A + \varphi_F = \pm 2n\pi(n=0、1、2、\cdots)$,表示反馈信号与输入信号的相位相同,即必须是正反馈。

幅值条件和相位条件是正弦波振荡电路维持振荡的两个必要条件。需要说明的是,振荡电路在刚刚起振时,噪扰电压(激励信号)很弱,为了克服电路中的其他损耗,往往需要正反馈强一些,这样,正反馈网络每次反馈到输入端的信号幅度会比前一次大,从而激励起振荡。所以,起振时必须满足

$$AF > 1$$

上式称为振荡电路的起振条件。

由以上分析可知,产生正弦波的条件与负反馈放大电路产生自激的条件十分类似,只不过负反馈放大电路中是由于信号频率达到了通频带的两端,产生了足够的附加相移,从而使负反馈变成了正反馈;而在振荡电路中加的就是正反馈,振荡建立后只是一种频率的信号,无所谓附加相移。

7.1.2 正弦波振荡电路的组成与分类

1)振荡电路的组成

正弦波振荡电路一般由放大电路、反馈网络、选频网络、稳幅电路四部分组成,其中放大电路和正反馈网络是振荡电路的主要组成部分。

(1)放大电路　放大电路用于放大反馈回来的信号,与正反馈配合实现起振,与稳幅电路配合实现稳幅。

(2)正反馈网络　为了使电路起振和产生正弦波,必须在放大电路中加入正反馈。

(3)选频网络　选频网络用来选择某一频率的信号,使振荡电路输出单一频率的正弦波信号,它既可以设置在放大电路中,又可以设置在正反馈电路中。

(4)稳幅电路　电路起振后,如果不采取措施,输出信号将随时间逐渐增大,当大到一定程度后,放大电路中的管子就会进入饱和区或截止区,使输出波形失真。所以,振荡电路还应具有稳幅措施,使输出幅度稳定。

一般选频网络兼作反馈网络,放大器件的非线性自动地起稳幅作用。

2)振荡电路的分类

正弦波振荡电路按选频网络所用元件类型的不同,分为 RC 振荡器、LC 振荡器和石英晶体振荡器。其中,RC 正弦波振荡电路是利用电阻和电容组成选频网络的振荡电路,一般用来产生频率在几 Hz 至几百 kHz 的正弦波信号;LC 振荡电路是利用电感和电容组成选频网络的振荡电路,用来产生几百 kHz 以上的正弦波信号,如用于超外差收音机的本机振荡电路中;石英晶体振荡电路的振荡频率非常稳定,用来产生几十 kHz 以上的正弦波信号,多用于时基电路(如石英钟、电子表)或测量设备中。

复习与讨论题

(1)产生正弦波振荡的条件是什么?

(2)正弦波振荡电路由哪几部分组成?各组成部分的作用是什么?

(3)振荡电路分哪几种?它们各自主要产生多大频率范围的正弦波信号?

7.2　RC 正弦波振荡电路

常见的 RC 正弦波振荡器是 RC 串并联式正弦波振荡器,又称为文氏电桥正弦波振荡器。其特点是串并联网络在此作为选频和反馈网络。

7.2.1　RC 桥式振荡电路的工作原理

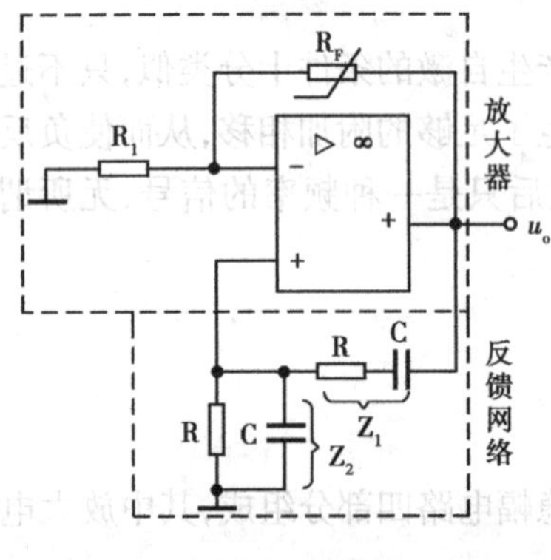

图 7.3　文氏电桥正弦波振荡器

1)电路组成

RC 桥式振荡电路如图 7.3 所示。图中 R_1、R_F 接在运放输出端与反相输入端之间,构成负反馈支路。反馈网络由 RC 串并联电路构成,接在运放输出端与同相输入端之间,构成正反馈支路。即运放的输出电压 u_o 作为反馈网络(即 RC 串并联网络)的输入电压,而将反馈网络的输出电压(即 Z_2 两端的电压)作为放大器同相端的输入电压。

2)电路工作原理

运放组成的同相输入比例放大器的电压放大倍数为

$$\dot{A} = 1 + \frac{R_F}{R_1}$$

RC 反馈网络(串并联网络)的反馈系数为

$$\dot{F} = \frac{Z_2}{Z_1 + Z_2} = \frac{1}{3 + j\left(\omega RC - \frac{1}{\omega RC}\right)}$$

可见,反馈网络的反馈系数与频率有关,具有选频作用。

已知电路产生自激振荡的条件为 $\dot{A}\dot{F} = 1$。所以该电路有

$$\dot{A}\dot{F} = \left(1 + \frac{R_F}{R_1}\right) \cdot \frac{1}{3 + j\left(\omega RC - \frac{1}{\omega RC}\right)}$$

为满足振荡的相位条件 $\varphi_A + \varphi_F = \pm 2n\pi$,上式的虚部必须为零,即 $\omega RC = 1/(\omega RC)$ 时,$F = 1/3$。

此时

$$\omega = \omega_0 = \frac{1}{RC}$$

则有

$$f_0 = \frac{1}{2\pi RC}$$

可见,该电路只有在这一特定的频率下才能满足相位条件,形成正反馈。

同时,因当 $\omega = \omega_0$ 时,$F = \frac{1}{3}$,为满足振荡的幅值条件(即 $AF = 1$),故还必须使

$$A = 1 + \frac{R_F}{R_1} = 3$$

为了顺利起振,应使 $AF > 1$,即 $A > 3$。接入一个具有负温度系数的热敏电阻 R_F,且 $R_F > 2R_1$,以便顺利起振。

3)电路稳幅

常利用二极管和稳压管的非线性特性、场效应管的可变电阻特性以及热敏电阻(选用负温度系数的热敏电阻作 R_F 或选用正温度系数的热敏电阻作 R_1)等元件的非线性特性,来自动调节负反馈的强弱,实现稳幅。

在图 7.3 所示电路中,R_F 采用了具有负温度系数的热敏电阻,用以改善振荡波形,稳定振荡幅度。起振时,由于输出电压 $u_o = 0$,流过 R_F 的电流为 0,热敏电阻 R_F 处于冷态,且阻值比较大,放大器的负反馈较弱,电压放大倍数很高,振荡很快建立。随着振荡幅度的增大,流过 R_F 的电流增加,使其温度升高,阻值减小,负反馈作用增强,放大倍数 A 减小,从而限制了振幅的增长。直至 $AF = 1$,振荡器的输出幅值趋于稳定。这种振荡电路,由于放大器始终工作在线性区,输出波形的非线性失真较小。

4)频率调节

利用双联同轴可变电容器,同时调节选频网络的两个电容;或者用双联同轴电位器,同时调节选频网络的两个电阻,都可方便地调节振荡频率。一般采用改变电容进行粗调,改变电阻

实现细调。XD-2 型低频信号发生器就采用了这种频率调节的方案,能在 1 Hz ~ 1 MHz 的范围内实现输出频率的连续调节。

文氏电桥振荡器频率调节方便,波形失真小,是应用最广泛的 RC 正弦波振荡器。

例 7.1 如图 7.3 所示 RC 桥式正弦波振荡电路,已知 $C = 6\ 800\ \text{pF}$、$R = 22\ \text{k}\Omega$、$R_1 = 20\ \text{k}\Omega$,要使电路产生正弦波振荡,R_F 应为多少?电路振荡频率为多少?

解 RC 桥式正弦波振荡电路的电压放大倍数 $A = 3$,那么根据题意有

$$A = 1 + \frac{R_F}{R_1} = 1 + \frac{R_F}{20\ \text{k}\Omega} = 3$$

得

$$R_F = 40\ \text{k}\Omega$$

电路的振荡频率为

$$f_0 = \frac{1}{2\pi RC} = \frac{1}{2 \times 3.14 \times 22 \times 10^3\ \Omega \times 6\ 800 \times 10^{-12}\ \text{F}} = 1\ 064\ \text{Hz}$$

7.2.2 文氏电桥振荡器应用实例

图 7.4 所示电路为 XD2 型信号发生器的整机电路方框图,其核心部分就是 RC 正弦波振荡电路(即文氏电桥振荡器)。由图可知,它是由放大器、文氏电桥正反馈支路、热敏电阻负反馈支路组成,其中 R_1、C_1 与 R_2、C_2 构成桥路的正反馈桥臂,R_3 与 R_4 构成桥路的负反馈桥臂。A、B 两点接放大器的输出端,经放大的信号 U_{AB} 就是文氏电桥的输入电压。C 点与 D 点是放大器的输入端,电压 U_{CD} 从这里又重新送入放大器。

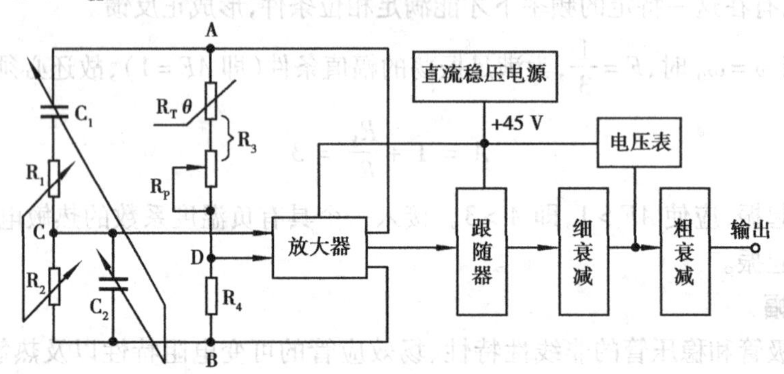

图 7.4 XD2 信号发生器整机方框图

实际电路中,C_1、C_2 两端并联有若干个不同容量的电容,通过双联多位开关切换,可改变振荡频率的范围(即粗调);调节双联同轴电位器 R_1、R_2 的值,即可对振荡频率进行细调,使输出信号的频率能在 1 Hz ~ 1 MHz 范围内分六个波段实现输出频率的连续调节。图中 R_T 为负温度系数热敏电阻,用来稳幅;R_P 为调节振荡幅度用电位器。

RC 正弦波振荡电路适用于振荡频率 f_0 不超过 1 MHz 的场合。要提高 f_0 势必减少 RC,而 R 的减少使放大电路的负载加重,而 C 的减少将使 f_0 受寄生电容的影响。此外,普通集成运放的带宽较窄,也限制了振荡频率的提高。因此,RC 振荡器通常只作为低频振荡器用,需要更高频率的振荡器,可采用 LC 振荡器。

例 7.2 图 7.5 所示电路为 RC 桥式正弦波振荡电路,已知运放为 μA741,其最大输出电压为 ±14 V。

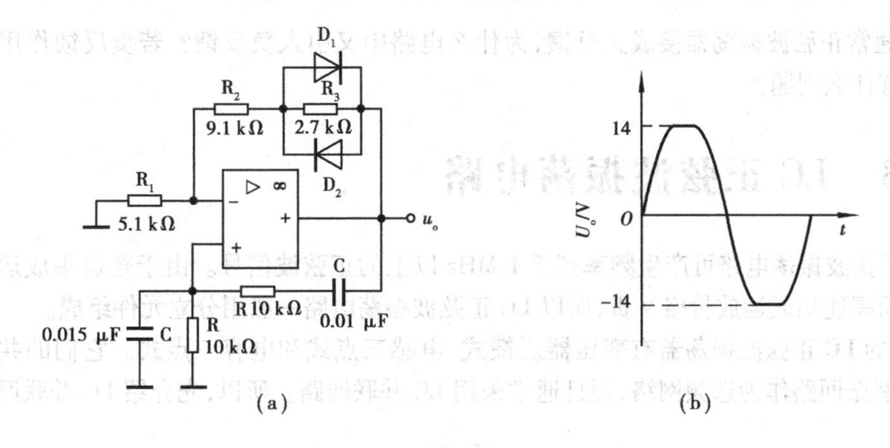

图7.5

(a)电路图 (b)输出波形

①图中用二极管 D_1、D_2 作为自动稳幅元件,试分析它的稳幅原理。

②设电路已产生稳幅正弦振荡,当输出电压达到正弦波峰值 U_{om}时,二极管的正向压降约为0.7 V,试粗略估算输出电压的峰值 U_{om}。

③试定性说明当 R_2 不慎短路时,输出电压的数值。

④试定性画出当 R_2 不慎断开时,输出电压的波形(并标明振幅)。

解 (1)稳幅原理

图中 D_1、D_2 的作用是:当 U_o 幅值很小时,二极管 D_1、D_2 相当于开路,由 D_1、R_3、D_2 组成的并联支路的等效电阻近似为 $R_3=2.7\ \text{k}\Omega$,$A_u=(R_2+R_3+R_1)/R_1=3.3>3$,有利于起振;反之,当 U_o 幅值较大时,D_1、D_2 导通,由 D_1、R_3、D_2 组成的并联支路的等效电阻减小,A_u 随之下降,U_o 的幅值趋于稳定。

(2)估算 U_{om}

由稳幅时 $A_u=3$,可求出对应输出正弦波幅值 U_{om}相应的 D_1,R_3 和 D_2 并联支路的等效电阻,近似为 $R_3'=1.1\ \text{k}\Omega$(由 $1+(9.1\ \text{k}\Omega+R_3')/5.1\ \text{k}\Omega=3$ 求出)。由于流过 R_3'的电流等于流过 R_1,R_2 的电流,故有

$$\frac{0.6\ \text{V}}{1.1\ \text{k}\Omega}=\frac{U_{om}}{1.1\ \text{k}\Omega+5.1\ \text{k}\Omega+9.1\ \text{k}\Omega}$$

求得 $U_{om}\approx 8.35$ V。

(3)求 R_2 短路时的输出电压

当 $R_2=0$、$A_u<3$ 时电路停振,$U_o=0$ 为一条与时间轴重合的直线。

(4)求 R_2 开路时的输出电压波形

当 $R_2\to\infty$、$A_u\to\infty$ 在理想情况下,U_o 为方波,但由于受到实际运放 μA741 转换速率 S_R、开环增益 A_{od}等因素的影响,输出波形如图 7.5(b)所示。

复习与讨论题

(1)在图 7.3 所示 RC 桥式振荡电路中,R_F 采用具有正温度系数的热敏电阻会有什么现象?若 R_F 用一固定电阻、R_1 采用正温度系数的热敏电阻会有什么现象?

(2)通常正弦波振荡器接成正反馈,为什么电路中又引入负反馈?若负反馈作用太强或太弱,会有什么问题?

7.3 LC正弦波振荡电路

LC正弦波振荡电路可产生频率高于1 MHz以上的正弦波信号。由于普通集成运放的频带较窄,而高速集成运放价格又贵,所以LC正弦波振荡电路一般用分立元件组成。

常见的LC正弦波振荡器有变压器反馈式、电感三点式和电容三点式。它们的共同特点是用LC谐振回路作为选频网络,而且通常采用LC并联回路。所以,先介绍LC并联回路的选频特性。

7.3.1 LC并联谐振回路的选频特性

LC选频电路由电感L和电容C组成,通常采用LC并联回路,如图7.6(a)所示。图中R表示回路的等效耗损电阻(主要是电感线圈的电阻,通常R值很小)。

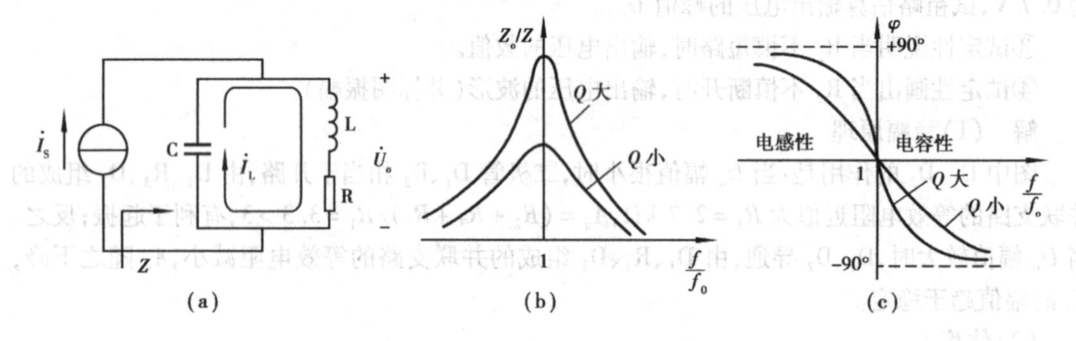

图7.6 LC并联回路及频率特性

(a)LC并联电路 (b)幅频特性 (c)相频特性

由图可知,LC并联回路的等效阻抗为

$$Z = \frac{1}{j\omega c}//(R + j\omega L)$$

式中ω是信号的角频率,通常$R \ll \omega L$,所以有

$$Z \approx \frac{\frac{L}{C}}{R + j\left(\omega L - \frac{1}{\omega C}\right)}$$

由上式可知,Z与信号频率有关,因此,幅值相同但频率不同的信号电流经LC并联回路时,因呈现的阻抗不同,在回路两端呈现的电压不同,这表明LC回路具有选频特性。

当信号角频率$\omega = \omega_0$(式中$\omega_0 = \frac{1}{\sqrt{LC}}$)时,$\omega L - \frac{1}{\omega C} = 0$,产生并联谐振,谐振频率为

$$f_0 = \frac{\omega_0}{2\pi} = \frac{1}{2\pi\sqrt{LC}}$$

并联谐振时,回路的阻抗最大,且为纯电阻,即LC并联谐振电路相当一个电阻。

$$Z_0 = \frac{L}{RC} = Q\omega_0 L = \frac{Q}{\omega_0 C} = Q\sqrt{\frac{L}{C}}$$

所以并联谐振时的信号电流 I 与回路两端的电压 U 同相。上式中的 Q 称为品质因数,它是评价回路损耗大小的重要指标。Q 值愈大,回路的损耗愈小,Q 值一般在几十至几百范围内。

$$Q = \frac{\omega_0 L}{R} = \frac{1}{\omega_0 RC} = \frac{1}{R}\sqrt{\frac{L}{C}}$$

Q 值愈大,则回路的选频特性愈好,如图 7.6(b)所示。图中示出 L、C 值相等但 Q 值不同的两个并联谐振回路的谐振曲线,从图中可以看出,Q 值愈大,则曲线愈尖锐,回路抑制偏离谐振频率 f_0 的那些信号的能力愈强(回路对偏离 f_0 值的信号的阻抗迅速减小),表示回路的选频特性愈好。

7.3.2 变压器反馈式 LC 振荡电路

1)电路组成

变压器反馈式 LC 振荡电路如图 7.7 所示。电路以变压器作为反馈元件,L_1C 选频网络作为放大器晶体管 V 的集电极负载,反馈信号由变压器二次绕组 L_2 送到放大器基极输入端。LC 回路并联谐振时,电路中各处电压的瞬时极性如图中所示。

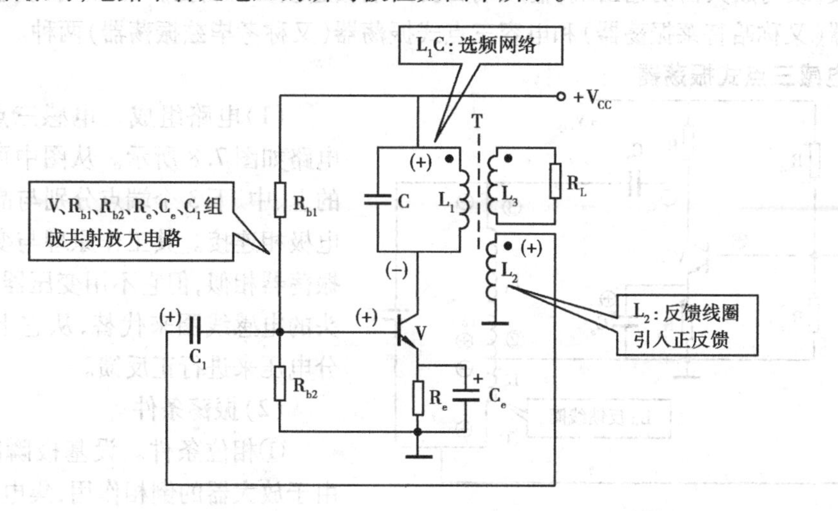

图 7.7 变压器反馈式 LC 振荡电路

2)振荡条件

(1)相位平衡条件 为了满足相位平衡条件,变压器初次级之间的同名端必须正确连接。

电路振荡时 $f=f_0$,LC 回路的谐振阻抗是纯电阻性,由图中 L_1 及 L_2 同名端可知,反馈信号与输出电压极性相反,即 $\varphi_F=180°$。于是 $\varphi_A+\varphi_F=360°$,保证了电路的正反馈,满足振荡的相位平衡条件。

对频率 $f \neq f_0$ 的信号,LC 回路的阻抗不是纯阻抗,而是感性或容性阻抗。此时,LC 回路对信号会产生附加相移,造成 $\varphi_F \neq 180°$,那么 $\varphi_A+\varphi_F \neq 360°$,不能满足相位平衡条件,电路也不可能产生振荡。由此可见,LC 振荡电路只有在 $f=f_0$ 这个频率上,才有可能振荡。

(2)幅度条件　为了满足幅度条件 $AF\geqslant1$,对晶体管的 β 值有一定要求。一般只要 β 值较大,就能满足振幅平衡条件。反馈线圈匝数越多,耦合越强,电路越容易起振。

$$f\approx f_0=\frac{1}{2\pi\sqrt{LC}}$$

若要求振荡器的振荡频率可调,可将 LC 回路中的电容器改为可变电容器,调节可变电容器的电容量就可以改变 f_0 值。

3)电路的优、缺点

①易起振,输出电压较大。电路只要接线正确,绕组没有接反,元件没有损坏,很容易起振。由于采用变压器耦合,易满足阻抗匹配的要求。

②调频方便。一般在 LC 回路中采用接入可变电容器的方法来实现,调频范围较宽,工作频率通常为几兆赫兹。

③输出波形不理想。由于反馈电压取自电感两端,它对高次谐波的阻抗大,反馈也强,因此在输出波形中含有较多高次谐波成分。

7.3.3 三点式 LC 振荡电路

三点式振荡器的特点是 LC 选频回路上的 3 个端点分别与晶体管(或场效应管)的 3 个电极相连接,或与放大器的输出端、输入端和公共端相连接,因而称为“三点式”。它有电感三点式振荡器(又称哈特莱振荡器)和电容三点式振荡器(又称考毕兹振荡器)两种。

1)电感三点式振荡器

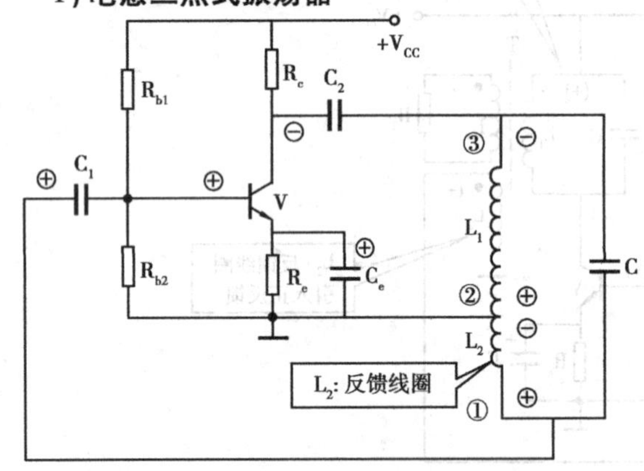

图 7.8　电感三点式 LC 振荡电路

(1)电路组成　电感三点式 LC 振荡电路如图 7.8 所示。从图中可见,LC 回路的上、中、下 3 个端点分别与晶体管的 3 个电极相连接。其工作原理与变压器反馈式振荡器相似,但它不用变压器,而是用带抽头的电感线圈来代替,从它上面引出一部分电压来进行正反馈。

(2)振荡条件

①相位条件。设基极瞬时极性为正,由于放大器的倒相作用,集电极电位为负,与基极相位相反,则电感的 3 端为负,2 端为公共端,1 端为正,各瞬时极性如图所示。反馈电压由 1 端引至晶体管的基极,故为正反馈,满足相位平衡条件。

②幅度条件。从图中可以看出,反馈电压是取自电感 L_2 两端,加到晶体管 b、e 间的。所以改变线圈抽头的位置,即改变 L_2 的大小,就可调节反馈电压的大小。当满足 $AF>1$ 的条件时,电路便可起振。

(3)振荡频率　电感三点式振荡器的振荡频率与变压器反馈式相同,只是此处 $L=L_1+L_2+2M$,M 为线圈 L_1 与 L_2 之间的互感系数。所以,振荡频率可写作

$$f_0 = \frac{1}{2\pi\sqrt{LC}} = \frac{1}{2\pi\sqrt{(L_1 + L_2 + 2M)C}}$$

(4)电路的优、缺点　电感三点式振荡器起振容易,输出幅度大;频率调节方便(采用可变电容器,改变 C 值即可)。但由于反馈电压取自电感 L_2 两端,它对高次谐波的阻抗大,反馈也强,因此在输出波形中含有较多高次谐波成分,输出波形不理想。

2)电容三点式振荡器

(1)电路组成　电容三点式 LC 振荡电路如图 7.9 所示。它的结构形式与电感三点式振荡器相似,只是把 LC 振荡器回路中的电感与电容互换了一个位置,反馈电压从电容 C_2 两端取出。

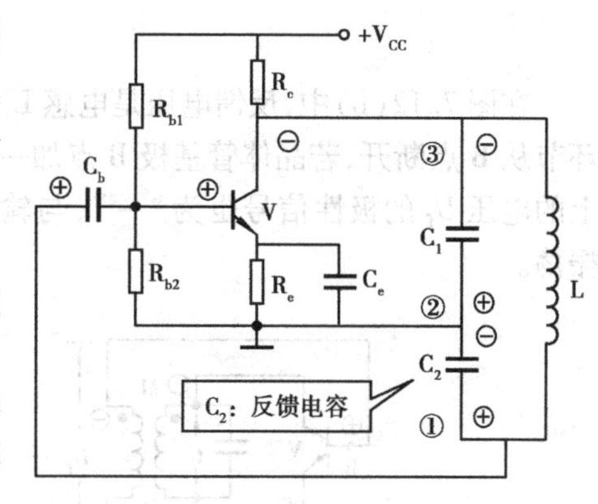

图 7.9　电容三点式振荡电路

(2)振荡条件

①相位条件。与分析电感反馈式振荡电路相位条件的方法相同,该电路也满足相位平衡条件。

②幅度条件。由图可看出,反馈电压取自电容 C_2 两端,所以适当地选择 C_1、C_2 的数值,并使放大器有足够的放大量,电路便可起振。

(3)振荡频率　振荡频率为

$$f_0 = \frac{1}{2\pi\sqrt{LC}}$$

其中,$C = \dfrac{C_1 C_2}{C_1 + C_2}$是谐振回路的总电容。

(4)电路的优、缺点　容易起振,振荡频率高,可达 100 MHz 以上。电容三点式振荡器的反馈电压是从电容 C_2 两端取出的,而 C_2 对高次谐波电流是低阻抗通路,因而 C_2 上的谐波电压很小,所以输出波形好。其缺点是,调节输出频率不方便。因为 C_1、C_2 的大小既与振荡频率有关,也与反馈量有关。改变 C_1(或 C_2)时会影响反馈系数,从而影响反馈电压的大小,造成电路工作性能不稳定。所以,常用于构成输出频率固定的振荡器。

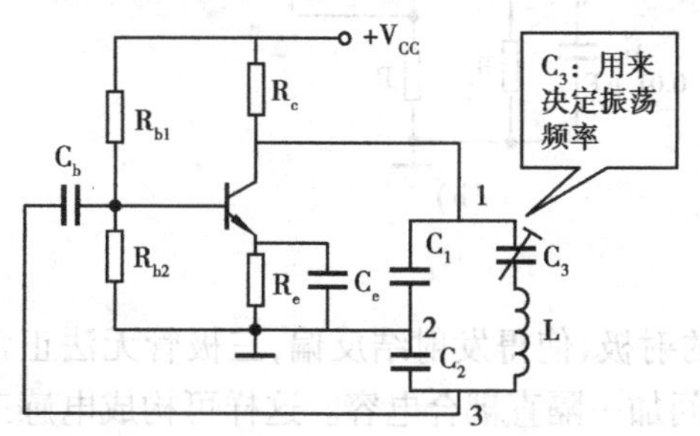

图 7.10　改进型电容三点式振荡电路

若要使其频率在较大范围内可调,就必须同时改变 C_1 和 C_2 值,或者在电感支路中再串联一只容量较小的可变电容 C_3,改变 C_3 调节 f_0 值,就不会影响起振。串联改进型电容反馈式 LC 振荡电路又称克拉泼振荡电路,如图 7.10 所示。

例 7.3　图 7.11 所示电路只表示交流通路。试从相位平衡的观点,说明电路能否产生自激振荡?

解　在图 7.12(a)中,假设从 B 点断开,从放大环节看,若从晶体管基极 B 点加瞬时正信号⊕,则其集电极极性为“-”;再从反馈环节看,变压器原边、副边极性由图中标出的同名端决定。因此,反馈回来的到 B 点的电位与原极性相反,为负反馈,不满足相位平衡条件,故不能产生振荡。

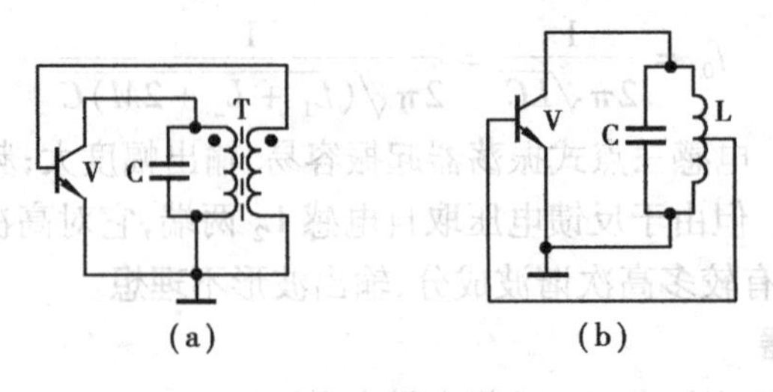

图 7.11

在图 7.12(b)中,反馈电压是电感 L 中的抽头处对地的电位,即 L_2 上的电压。先将反馈环节从 B 点断开,若晶体管基极 B 点加一瞬时⊕信号,L_1、L_2 为同相绕组,故其上极性一致,L_2 上的电压 U_f 的极性信号也为"-",与输入信号极性不一致,不满足相位平衡条件,故不能振荡。

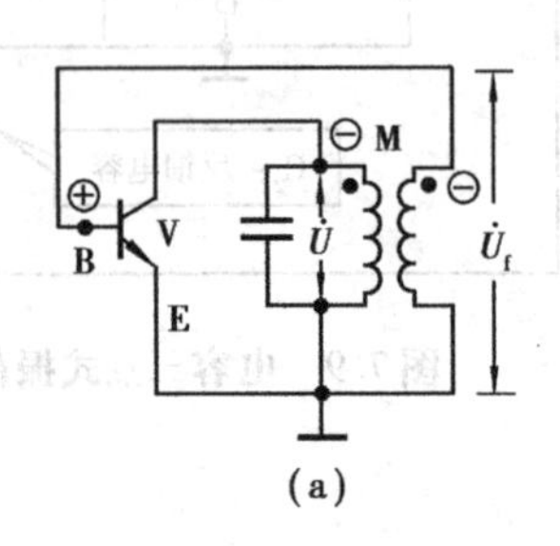

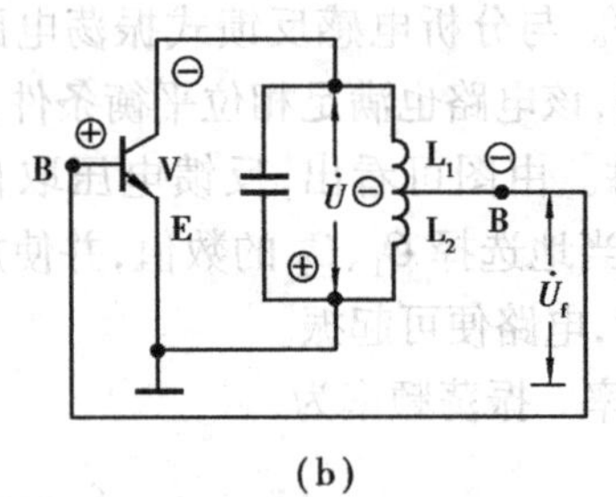

图 7.12

例 7.4 对于图 7.13 所示电路,试判断是否可能产生振荡,若能,则指出构成何种类型的振荡电路;若不能,则指出其中错误并加以修改,指出修改后的电路构成何种类型振荡电路。

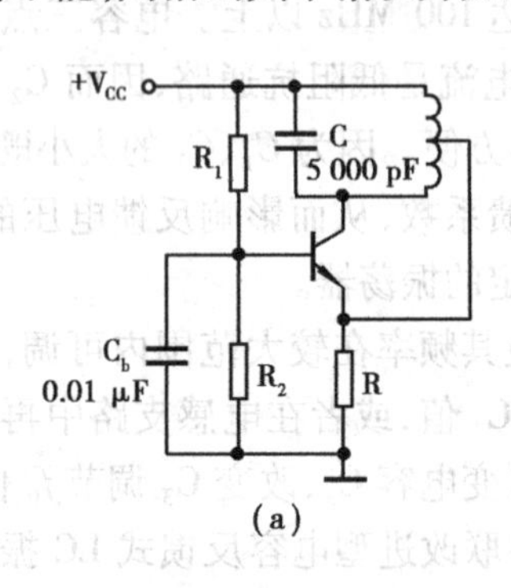

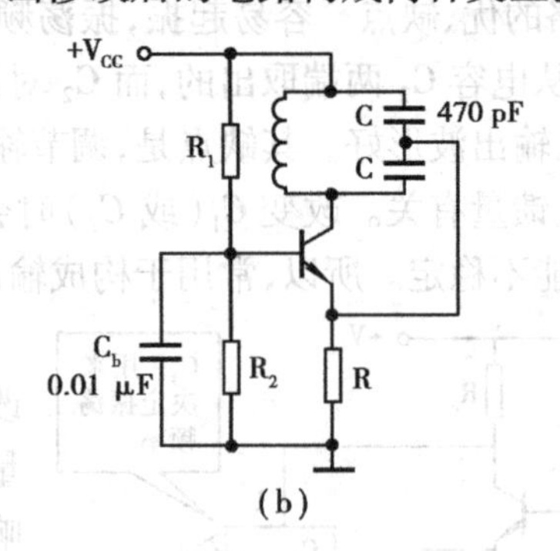

图 7.13

解 图(a)中的电源通过电感直接加到三极管的射极,使得发射结反偏,三极管无法正常工作,因此不能振荡。修改方法:在反馈端与射极之间加一隔直耦合电容。这样可构成电感三点式振荡电路。

图(b)满足振荡的相位条件,因此可能产生振荡,它构成电容三点式振荡电路。

复习与讨论题

(1)试总结三点式 LC 振荡电路的结构特点。

(2)LC 振荡电路频率不稳的原因是什么？如何解决？

7.4 石英晶体振荡电路

在实际应用中,要求振荡电路产生的输出信号应具有一定的频率稳定度。频率稳定度一般用频率的相对变化量 $\Delta f/f_0$ 来表示。前面讨论的 RC、LC 电路很难达到较高的频率稳定度,但采用石英晶体振荡电路,其频率稳定度一般可达 $10^{-8}\sim10^{-10}$数量级。因此,石英晶体振荡电路常用于电路时钟、计算机等电子产品中。

7.4.1 石英晶体振荡器

1)石英晶体的基本结构

石英是一种各向异性的结晶体,其化学成分为二氧化硅。从一块晶体上按确定的方位角切下的薄片,称为晶片。晶片可以是正方形、矩形、圆形或音叉形,将晶片的两个对应表面上喷涂银层作为极板,并引出两个电极,用金属或玻璃外壳封装,便制成了石英晶体谐振器,通常简称为石英晶体。它是一种常用的电子元件,其结构和外形如图 7.14 所示。

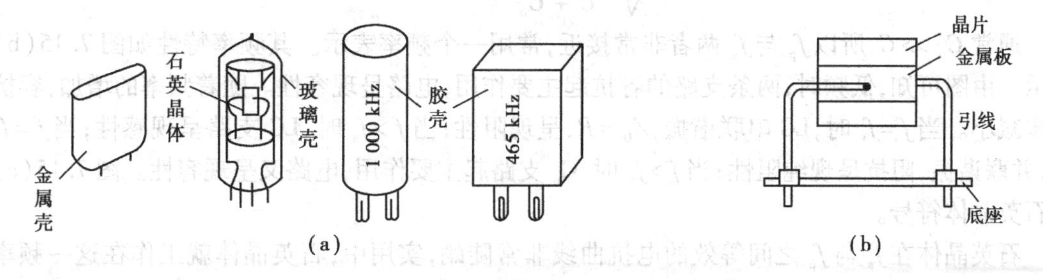

图 7.14 石英晶体外形及结构图

(a)石英晶体外形图 (b)石英晶体结构图

为什么石英晶体能作为谐振回路,而且还具有极高的频率稳定度呢？物理学研究表明,当石英晶体受到交变电场作用时,即在两极板上加交流电压,石英晶体便会产生机械振动;反过来,若对石英晶体施加周期性机械力,使其发生振动,则又会在晶体表面出现相应的交变电场和电荷,即在极板上有交变电压。当外加交变电压的频率等于晶体的固有频率时,石英晶体的机械振动幅度出现急剧加大的现象,称为压电谐振,它与 LC 回路的谐振现象十分相似。

2)石英晶体的等效电路、频率特性及符号

石英晶体的压电谐振特性可以用图 7.15(a)所示的等效电路来模拟。其中 C_o 表示石英晶片极板间的电容,约为几到几十 pF,L 和 C 分别用来模拟晶片的惯性和弹性,晶片振动时的磨擦损耗由 R 等效,由于 R 很小,所以石英晶体的 Q 值很高,因而具有很好的选频特性。

由等效电路可知,石英晶体振荡器应有两个谐振频率。在低频时,可把静态电容 C_o 看作开路。若 $f=f_s$ 时,L、C、R 串联支路发生谐振,$X_L=X_C$,它的等效阻抗 $Z_o=R$,为最小值。串联谐振频率为

$$f_s=\frac{1}{2\pi\sqrt{LC}}\text{(串联谐振)}$$

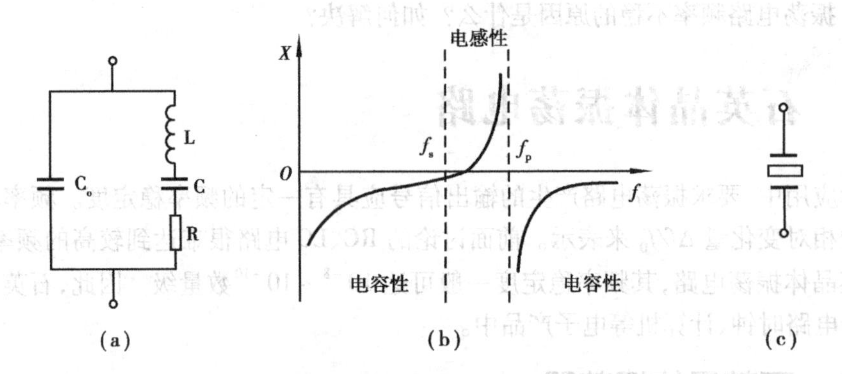

图7.15 石英晶体的等效电路、频率特性及符号

(a)等效电路 (b)频率特性 (c)符号

当频率高于f_s时，$X_L>X_C$，L、C、R支路呈现感性，C_o与LC构成并联谐振回路，其振荡频率为

$$f_p \approx \frac{1}{\sqrt{L\frac{CC_o}{C+C_o}}} \quad (\text{并联谐振})$$

通常$C_o >> C$，所以f_p与f_s两者非常接近，常用一个频率表示。其频率特性如图7.15(b)所示。由图可知，低频时，两条支路的容抗起主要作用，电路呈现容性。随着频率的增加，容抗逐步减小。当$f=f_s$时，LC串联谐振，$Z_0=R$，呈现阻性；当$f>f_s$时，LC支路呈现感性；当$f=f_p$时，并联谐振，阻抗呈现纯阻性；当$f>f_s$时，C_o支路起主要作用，电路又呈现容性。图7.15(c)为石英晶体符号。

石英晶体在f_s与f_p之间等效的电抗曲线非常陡峭，实用中，石英晶体就工作在这一频率范围很窄的电感区内，因为只有在这一区域，晶体才等效为一个很大的电感，具有很高的Q值，从而有很强的稳频作用。

7.4.2 石英晶体振荡电路

石英晶体振荡电路可以归结为两类，一类称为并联型，另一类称为串联型。前者的振荡频率接近于f_p，后者的振荡频率接近于f_s。

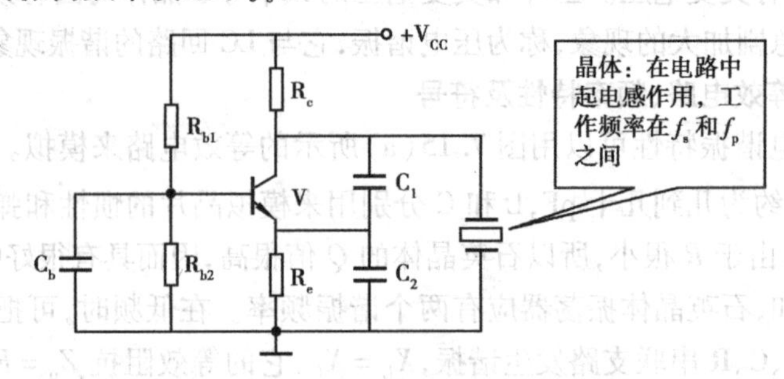

图7.16 并联型石英晶体振荡电路

把石英晶体作为LC选频电路中的电感线圈使用时，这种振荡器就称为并联晶体振荡器。电路如图7.16所示。当f_0在$f_s \sim f_p$的窄小的频率范围内时，晶体在电路中起电感作用，它与

C_1、C_2 组成电容反馈式振荡电路。

可见,电路的谐振频率f_0 应略高于f_s,C_1、C_2 对f_0 的影响很小,改变 C_1、C_2 的值可以在很小的范围内微调f_0。石英晶体振荡器的振荡频率基本上为石英晶体的振荡频率,即振荡频率f_0 近似等于f_s 和f_p。

一般石英晶体产品外壳上所标的频率,是指并联负载电容(例如 30 pF)时的并联谐振频率。所谓负载电容是指与石英晶体并联的支路内的等效电容,即 $C_L = C_1//C_2$。实际使用时,负载电容的大小必须符合该晶振产品所规定的要求。

另外,还有一种串联型晶体振荡器,如图 7.17 所示。它是利用串联谐振$f=f_s$ 时晶体阻抗最小且为纯电阻性的特点构成的,图中 R_P 用来调节正反馈的反馈量,若阻值过大,则因反馈量太小不能振荡;若 R_P 的阻值太小,则因反馈量太大而使输出波形失真。

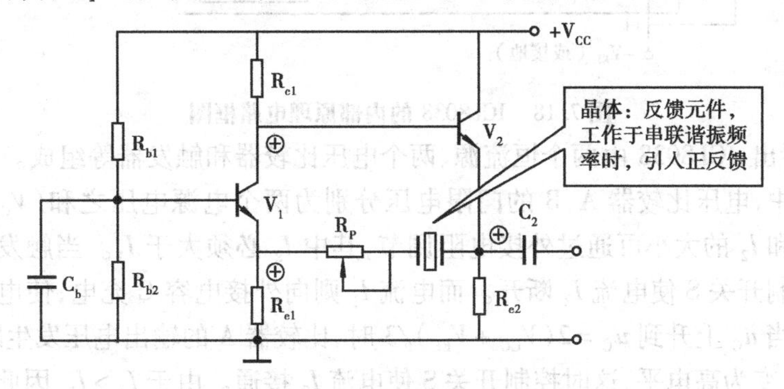

图 7.17 串联型石英晶体振荡电路

复习与讨论题

(1)石英晶体振荡电路的最显著特点是什么?

(2)石英晶体振荡器的频率特性有何特点?为什么在并联型的晶体振荡器中,石英晶体是作为一个电感元件使用?

7.5 集成函数发生器 ICL8038 的应用

函数信号发生器一般是指能自动产生方波、正弦波、三角波以及锯齿阶梯波等电压波形的电路或仪器。随着大规模集成电路技术的发展,将波形发生和波形变换电路集成在一小块硅片上,可输出若干种不同的波形,此种小块硅片也称为函数发生器。

7.5.1 ICL8038 的工作原理

ICL8038 集成函数发生器是一种性能优良的单片专用集成电路。它可以产生正弦波、方波、三角波和锯齿波,其频率可以通过外加的直流电压进行调节,使用方便,性能可靠。当调节外部电路参数时,还可以获得占空比可调的矩形波和锯齿波,其频率范围从 1 Hz 到几百 kHz,频率的大小与外接相应电阻和电容有关,目前广泛应用于仪器仪表之中。其内部原理框图如图 7.18 所示。

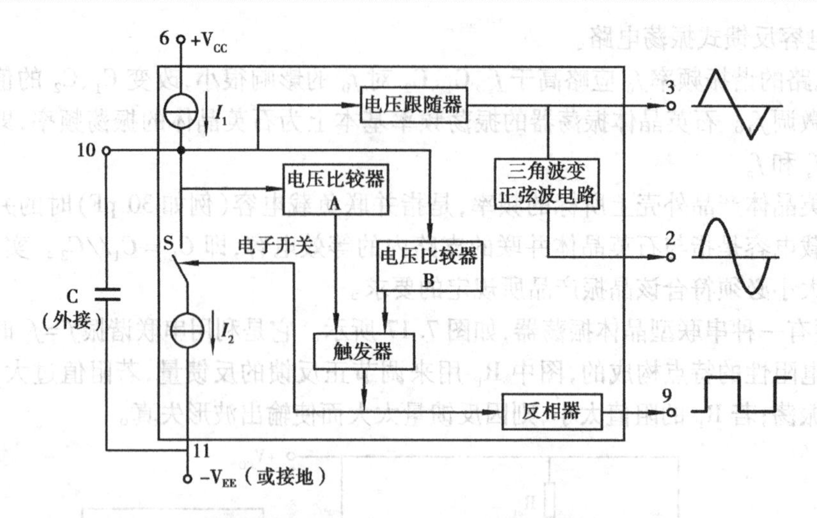

图 7.18 ICL8038 的内部原理电路框图

由图可以看出，ICL8038 由两个恒流源、两个电压比较器和触发器等组成。

在图 7.18 中，电压比较器 A、B 的门限电压分别为两个电源电压之和（$V_{CC}+V_{EE}$）的 2/3 和 1/3，电流 I_1 和 I_2 的大小可通过外接电阻调节，其中 I_2 必须大于 I_1。当触发器的输出端为低电平时，它控制开关 S 使电流 I_2 断开。而电流 I_1 则向外接电容 C 充电，使电容两端电压随时间线性上升，当 u_C 上升到 $u_C=2(V_{CC}+V_{EE})/3$ 时，比较器 A 的输出电压发生跳变，使触发器输出端由低电平变为高电平，这时控制开关 S 使电流 I_2 接通。由于 $I_2>I_1$，因此外接电容 C 放电，u_C 随时间线性下降。

当 u_C 下降到 $u_C\leqslant(V_{CC}+V_{EE})/3$ 时，比较器 B 输出发生跳变，使触发器输出端又由高电平变为低电平，I_2 再次断开，I_1 再次向 C 充电，u_C 又随时间线性上升。如此周而复始，产生振荡。外接电容 C 交替地从一个电流源充电后向另一个电流源放电，就会在电容 C 的两端产生三角波并输出到脚 3。该三角波经电压跟随器缓冲后，路经正弦波变换器变成正弦波后由脚 2 输出；另一路通过比较器和触发器，并经过反向器缓冲，由脚 9 输出方波。因此，ICL8038 可输出矩形波、三角波、锯齿波和正弦波等四种不同的波形。

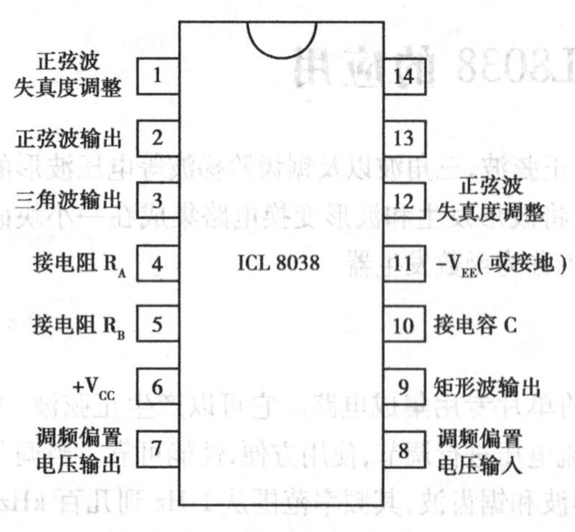

图 7.19 ICL8038 的外部引脚排列图

7.5.2 ICL8038 的管脚功能

ICL8038 管脚脚排列如图 7.19 所示。即可用单电源供电，也可双电源供电。单电源供电时，将引脚 11 接地，6 脚接 $+V_{CC}$；可双电源供电时，引脚 11 接 $-V_{EE}$，引脚 6 接 $+V_{CC}$，取值范围为 ±5 ~ ±15 V。频率的可调范围为 0.001 Hz ~ 300 kHz。输出矩形波的占空比可调范围为 2% ~ 98%，输出三角波的非线性小于 0.05%，输出正弦波的失真度小于 1%。管脚 8 为频率调节（简称调频）电压输入端，振荡频率与调频电压成正比。调频电压的值是指管脚6与管脚8之间的电压。管脚7输出调频偏置电压,它可作为管脚8的输入电压。引脚13和引脚14为空脚(NC)。此外,该器件的矩形波输出级为集电极开路形式,因此在管脚9和正电源之间外接一电阻,其阻值一般用10 kΩ左右。

7.5.3 ICL8038的典型应用电路

利用ICL8038构成的函数发生器如图7.20所示。其振荡频率由电位器R_{P1}滑动触点的位置、C的容量、R_A和R_B的阻值决定,图中C_1为高频旁路电容,用以消除8脚的寄生交流电压,R_{P2}为方波占空比和锯齿波上升与下降时间调节电位器,当R_{P2}位于中间时,可输出方波。

调节电位器R_{P3}和R_{P4}可以调节正弦波的失真度,两者要反复调整才可得到失真度较小的正弦波;改变充放电电容C的容量大小也可以改变输出信号的频率,根据不同的设计要求可将其分为数挡(如100 pF、0.01 pF、1 μF和10 μF等),然后利用开关进行切换即可;在ICL8038的输出端可接一由运算放大器构成的比例放大器,其输入端通过开关分别切换ICL8038的9、3、2脚,可实现不同输出信号的增益调整。

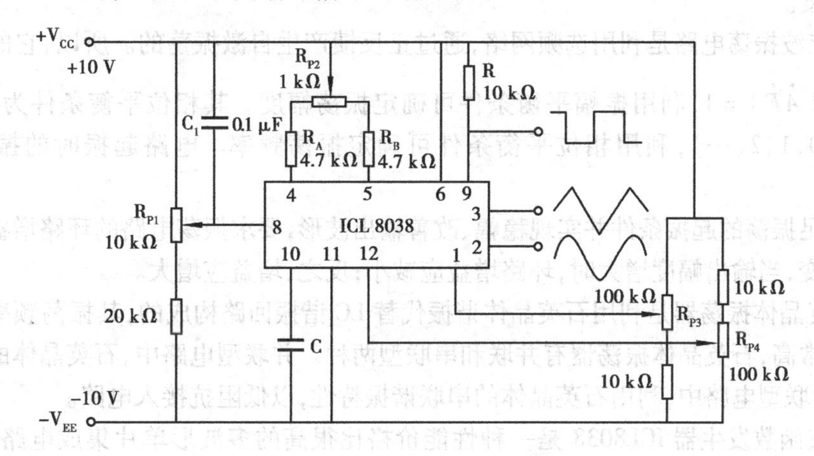

图7.20 ICL8038的应用电路

当$R_A=R_B=R$,R_{P2}位于中间时,管脚9、3和2的输出波形分别为方波、三角波和正弦波。其振荡频率为

$$f=\frac{0.3}{(R+R_{P2}/2)C}$$

其波形幅值为:

方波峰峰值可达($V_{CC}+V_{EE}$),即

$$\frac{V_{opp}}{V_{CC}+V_{EE}}=1$$

三角波峰峰值

$$V_{opp}=\frac{V_R}{3}=\frac{V_{CC}+V_{EE}}{3} \quad 即 \quad \frac{V_{opp}}{V_{CC}+V_{EE}}=0.33$$

正弦波经三角波转换而来,其峰峰值小于三角波

$$\frac{V_{opp}}{V_{CC}+V_{EE}}=0.22$$

复习与讨论题

(1)简述 ICL8038 的工作原理以及主要管脚的功能。

(2)ICL8038 的典型应用电路的输出波形频率及幅值分别由哪些元件参数确定?

本章小结

(1)正弦波振荡电路由放大电路、反馈网络、选频网络和稳幅电路四部分组成。产生振荡的条件为,相位平衡条件和幅值平衡条件。按选频网络所用元件的不同,分为 RC,LC 和石英晶体振荡器等。RC 正弦波振荡器常用于产生低频信号;LC 正弦波发生器用于产生高频信号,其中又有变压器反馈式、电感反馈式和电容反馈式等几种基本形式;石英晶体振荡器具有很高的频率稳定度。

(2)正弦波振荡电路是利用选频网络,通过正反馈产生自激振荡的。所以,它的振荡振幅平衡条件为$|\dot{A}\dot{F}|=1$,利用振幅平衡条件可确定振荡幅度。其相位平衡条件为$\varphi_A+\varphi_F=\pm 2n\pi(n=0、1、2、\cdots)$,利用相位平衡条件可确定振荡频率。电路起振时的振幅条件为$AF>1$。

为了满足振荡的起振条件并实现稳幅、改善输出波形,要求振荡电路的环路增益应随振荡输出幅度而变,当输出幅度增大时,环路增益应减小;反之,增益应增大。

(3)石英晶体振荡器是利用石英晶体谐振代替 LC 谐振回路构成的,其振荡频率的准确性和稳定性非常高,石英晶体振荡器有并联和串联型两种。并联型电路中,石英晶体的作用相当于电感;而串联型电路中,利用石英晶体的串联谐振特性,以低阻抗接入电路。

(4)集成函数发生器 ICL8038 是一种性能价格比很高的多波形单片集成电路,已广泛应用于各种电子玩具、电子钟、报警装置和自动控制等方面。

自我检测题与习题

一、单选题

1. 对于 RC 桥式振荡电路,(　　)。

A. 若无稳幅电路,将输出幅值逐渐增大的正弦波

B. 只有外接热敏电阻或二极管才能实现稳幅功能

C. 利用三极管的非线性不能实现稳幅

D. 利用振荡电路中放大器的非线性能实现稳幅

2. RC 桥式振荡电路中,RC 串并联网络的作用是(　　)。

A. 选频　　B. 引入正反馈

C. 稳幅和引入正反馈　　D. 选频和引入正反馈

3. 题图 7.1 所示电路,(　　)。

A. 能振荡,振荡频率是 $f=1/(2\pi RC)$

B. 满足振荡的相位条件,不满足振幅条件,所以不能振荡

C. 不满足振荡的相位条件,所以不能振荡

D. 满足相位条件,所以能振荡

4. 题图 7.2 所示电路,(　　)。

A. 满足振荡的相位条件,但不满足振幅条件,所以不能振荡

B. 满足振幅条件和相位条件,所以可以振荡

C. 既不满足振幅条件,也不满足相位条件,所以不能振荡

D. 满足振幅条件,但不满足相位条件,所以不能振荡

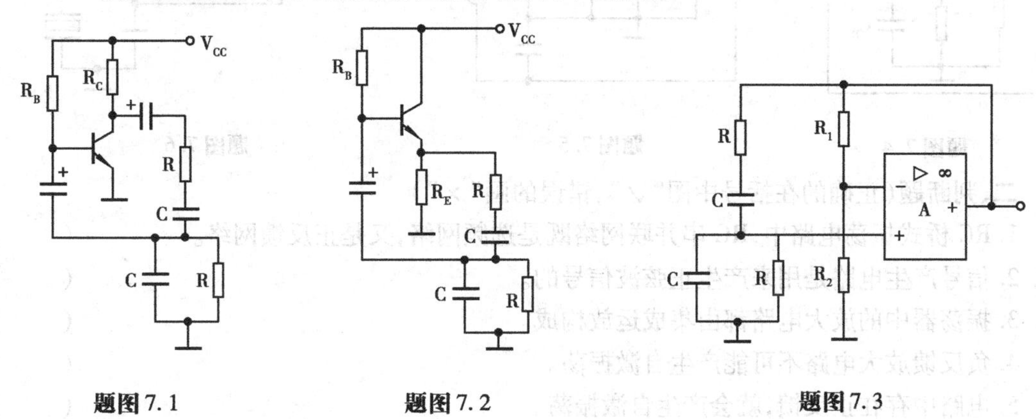

题图 7.1　　题图 7.2　　题图 7.3

5. 题图 7.3 所示电路,(　　)。

A. 满足振荡的相位条件,能振荡

B. 不满足振荡的相位条件,不能振荡

C. 满足振荡的相位条件,能否振荡取决于 R_1 和 R_2 之比

D. 既不满足相位条件,也不满足振幅条件,不能振荡

6. 题图 7.4 所示电路中,(　　)。

A. 只要将二次线圈的同名端标在上端,就能振荡

B. 将二次线圈的同名端标在下端,可能振荡

C. 将二次线圈的同名端标在上端,可满足振荡的相位条件

D. 将二次线圈的同名端标在下端,可满足振荡的振幅条件

7. 题图 7.5 所示交流通路,设其直流通路合理,则所述正确的是:(　　)。

A. 不能产生正弦波

B. 构成电感三点式振荡电路

C. 构成电容三点式振荡电路,将其中的电感用石英晶体代替,则组成串联型晶体振荡电路

D. 构成电容三点式振荡电路,将其中的电感用石英晶体代替,则组成并联型晶体振荡电路

8. 题图 7.6 所示电路(　　)。

A. 为串联型晶体振荡电路,晶体用作电感

B. 为并联型晶体振荡电路,晶体用作电感

C. 为并联型晶体振荡电路,晶体用作电容

D. 为串联型晶体振荡电路,晶体用作电容

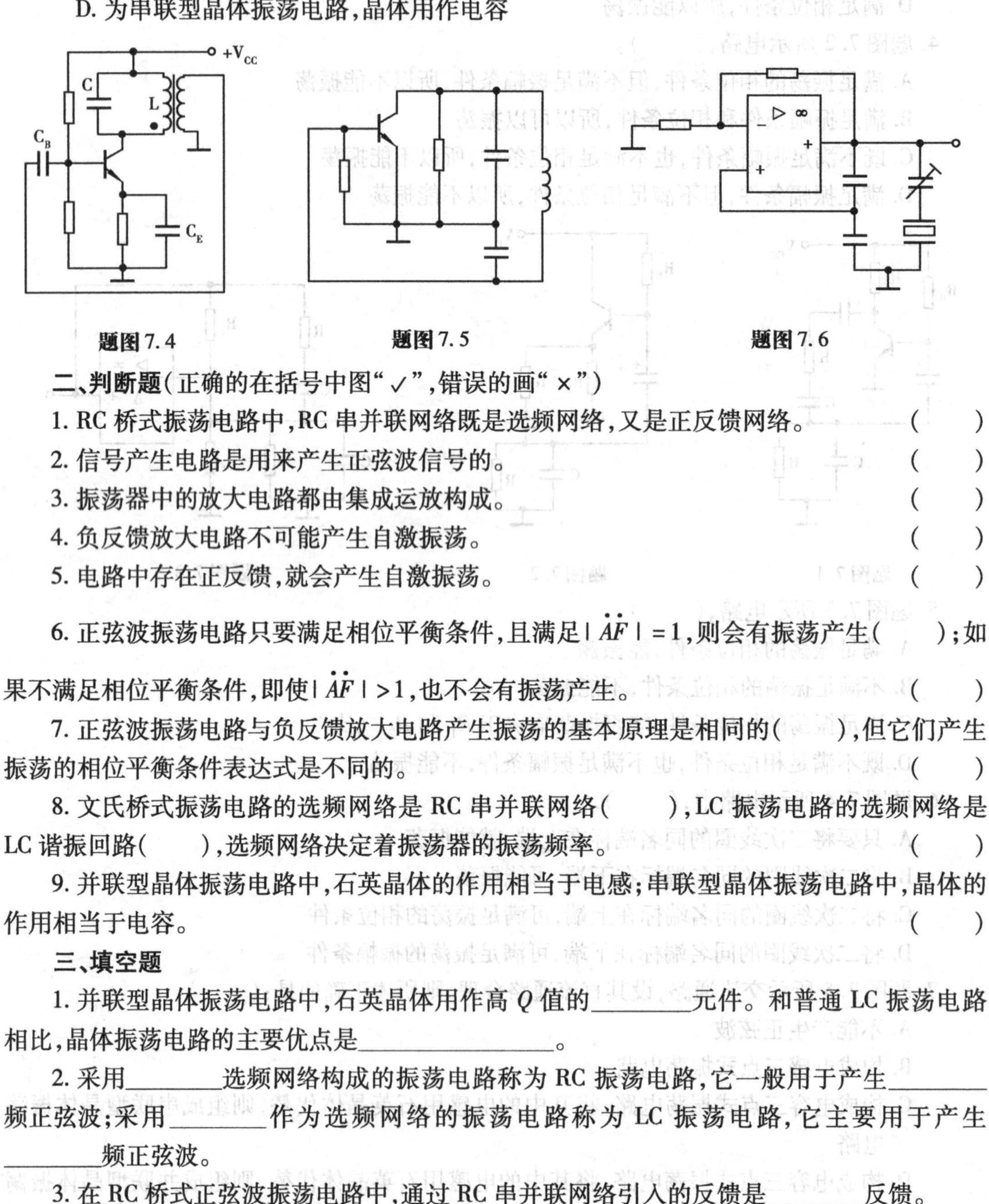

题图 7.4　　题图 7.5　　题图 7.6

二、判断题(正确的在括号中图"✓",错误的画"×")

1. RC 桥式振荡电路中,RC 串并联网络既是选频网络,又是正反馈网络。(　　)

2. 信号产生电路是用来产生正弦波信号的。(　　)

3. 振荡器中的放大电路都由集成运放构成。(　　)

4. 负反馈放大电路不可能产生自激振荡。(　　)

5. 电路中存在正反馈,就会产生自激振荡。(　　)

6. 正弦波振荡电路只要满足相位平衡条件,且满足$|\dot{A}\dot{F}|=1$,则会有振荡产生(　　);如果不满足相位平衡条件,即使$|\dot{A}\dot{F}|>1$,也不会有振荡产生。(　　)

7. 正弦波振荡电路与负反馈放大电路产生振荡的基本原理是相同的(　　),但它们产生振荡的相位平衡条件表达式是不同的。(　　)

8. 文氏桥式振荡电路的选频网络是 RC 串并联网络(　　),LC 振荡电路的选频网络是 LC 谐振回路(　　),选频网络决定着振荡器的振荡频率。(　　)

9. 并联型晶体振荡电路中,石英晶体的作用相当于电感;串联型晶体振荡电路中,晶体的作用相当于电容。(　　)

三、填空题

1. 并联型晶体振荡电路中,石英晶体用作高 Q 值的________元件。和普通 LC 振荡电路相比,晶体振荡电路的主要优点是________________。

2. 采用________选频网络构成的振荡电路称为 RC 振荡电路,它一般用于产生________频正弦波;采用________作为选频网络的振荡电路称为 LC 振荡电路,它主要用于产生________频正弦波。

3. 在 RC 桥式正弦波振荡电路中,通过 RC 串并联网络引入的反馈是________反馈。

4. 电容三点式和电感三点式两种振荡电路相比,容易调节频率的是________三点式电路,输出波形较好的________三点式电路。

5. LC 谐振回路发生谐振时，等效为________。LC 振荡电路的________决定于 LC 谐振回路的谐振频率。

6. 正弦波振荡电路的振幅起振条件是________，相位起振条件是________。

7. 根据反馈形式的不同，LC 振荡电路可分为________反馈式和三点式两类，其中三点式振荡电路又分为________三点式和________三点式两种。

四、计算分析题

1. LC 正弦波振荡电路如题图 7.7 所示，试标出次级线圈的同名端，使之满足振荡的相位条件，并求振荡频率。

2. 试分析题图 7.8 所示电路：

①判断能否产生正弦波振荡。

②若能振荡，计算振荡频率，指出图中热敏电阻温度系数的正负。

③电路中存在哪几种反馈，分别计算稳定输出时各反馈电路的反馈系数。

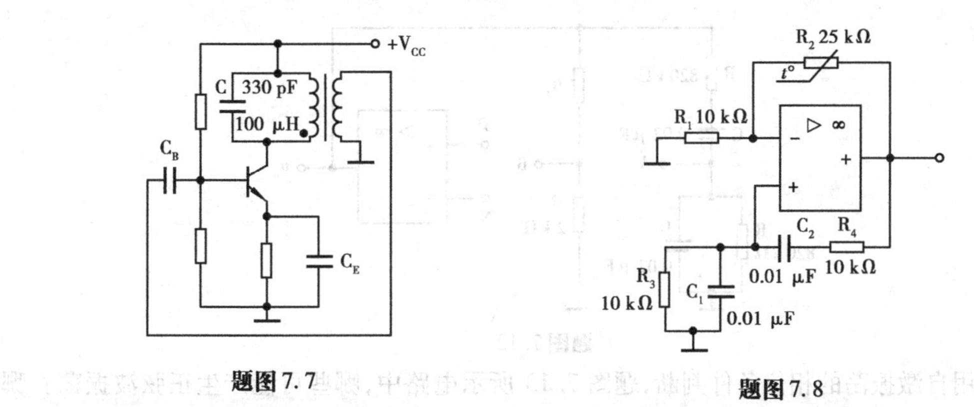

题图 7.7　　题图 7.8

3. 在题图 7.9 中：①完成该图所示电路的连线，以构成 RC 桥式振荡电路；②指出图中热敏电阻的作用，并判断其温度系数的正、负；③计算振荡频率。

4. 题图 7.10 所示 RC 桥式振荡电路中，$R=8.2\ \text{k}\Omega$、$C=0.01\ \mu\text{F}$、$R_1=10\ \text{k}\Omega$，则 R_F 阻值应大于多少？其温度系数是正还是负？试计算振荡频率。

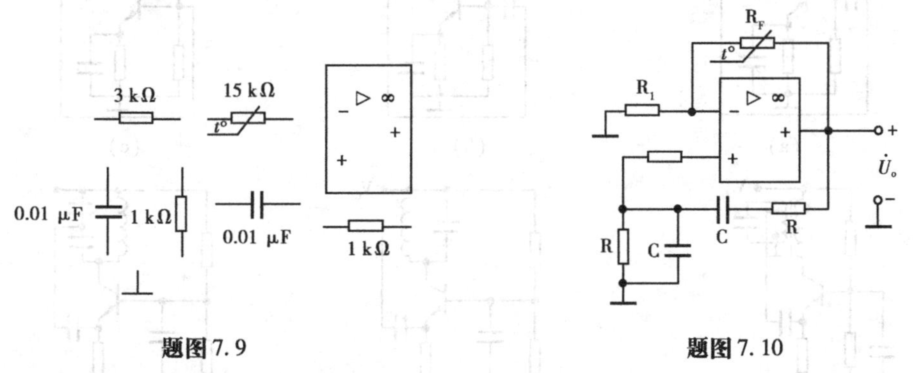

题图 7.9　　题图 7.10

5. 根据振荡的相位条件，判断题图 7.11 所示各电路能否产生振荡；指出能振荡的电路是何种类型的正弦波振荡电路，并计算振荡频率。

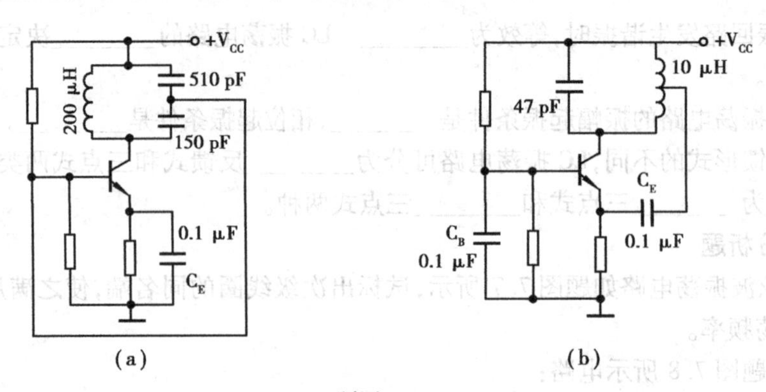

题图 7.11

6. 设运放是理想的,试分析题图 7.12 所示正弦波振荡电路:①正确连接 A、B、P、N 4 点,使之成为 RC 桥式振荡电路;②求出该电路的振荡频率;③若 $R_1=2\ \text{k}\Omega$,试分析 R_F 的阻值应大于多少?

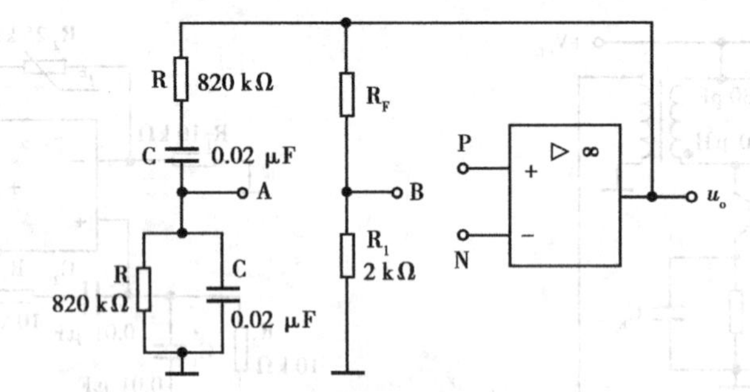

题图 7.12

7. 试用自激振荡的相位条件判断,题图 7.13 所示电路中,哪些可能产生正弦波振荡?哪些不能产生?

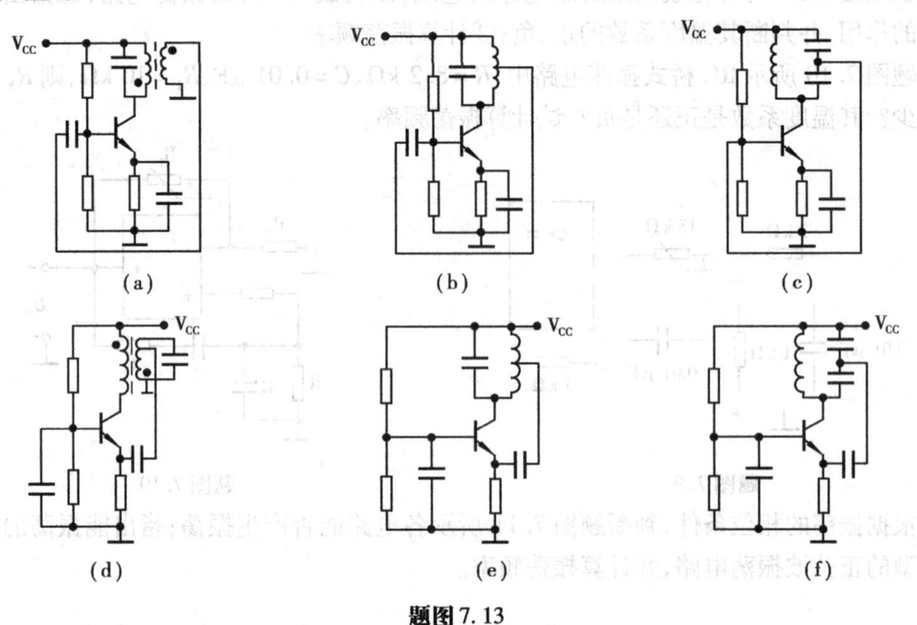

题图 7.13

8 功率放大器

本章知识点:

(1)低频功率放大器的工作任务、基本要求及电路类型。

(2)OCL、OTL功放电路的形式、工作原理和特点。

(3)典型功放集成电路LM386、DG4100系列等的引脚功能及其实际应用接线方式。

本章难点:

(1)OCL、OTL的工作原理分析与改进。

(2)乙类OCL电路的有关计算。

学习要求:

(1)掌握OCL、OTL的工作原理和乙类OCL电路的有关计算。

(2)掌握乙类OCL电路产生交越失真的原因及消除方法。

(3)了解典型集成功放电路LM386、DG4100等系列的引脚功能及实际应用接线方式。

8.1 功率放大器的特点及分类

8.1.1 功率放大器的特点

从能量控制的观点来看,电压放大电路和功率放大电路没有本质区别,它们都是利用晶体管有源器件将电源的直流能量转换为负载所需的信号能量。但它们的任务不同,所以它们的技术要求、工作状态及分析方法均有所不同。功率放大器的主要任务是向负载提供较大的信号功率,故功率放大器应具备有以下3个主要的特点:

(1)要求输出功率尽可能大　功率放大电路的主要任务是根据负载要求,提供所需要的输出功率,因此它的最重要技术指标是输出功率 P_o。其公式如下:

$$P_o = I_o U_o$$

式中 I_o、U_o 均为有效值,化为最值 I_{om}、U_{om} 时 P_o 表示为:

$$P_o = \frac{1}{2} I_{om} U_{om}$$

往往希望输出功率最大,所谓最大输出功率是指在正弦输入信号下,输出不超过规定非线性失真指标时，放大电路最大输出电压和最大输出电流有效值的乘积。因此，功率放大电路是一种工作在大信号状态下的放大电路。

(2)具有较高的效率　功率放大电路的电压和电流都较大，功率消耗也大。因此，能量的转换效率也是功率放大电路的一个重要技术指标。

所谓效率，就是负载得到的有用信号功率与电源提供的直流功率的比值，这个比值越大，表示效率越高，效率通常用 η 表示：

$$\eta = \frac{P_o}{P_{DC}} \times 100\%$$

式中 P_o 为信号功率，P_{DC}为直流电源提供的功率。

如果功率放大电路的效率不高，不仅将造成能量的浪费，而且消耗在电路中的电能将转换成热能，使管子等元件温度升高，这就要求选择较大容量的放大管和其他设备，因而很不经济。

(3)非线性失真要小　对于模拟电路来说，总希望在获得大的输出功率的同时，尽量把非线性失真限制在允许的范围内。由于功率放大电路的工作信号较大，故称为大信号工作状态。晶体管处于极限运用状态，使晶体管非线性特性充分表现出来，因此输出波形的非线性失真比小信号放大电路要严重得多。非线性失真的大小是功率放大电路的一个重要技术指标。

8.1.2　功率放大电路的分类

功率放大电路按其晶体管导通时间的不同，其工作状态一般可分为甲、乙、甲乙、丙四类，如图8.1所示。在输入为正弦信号情况下，整个周期内三极管都导通，即导通角 $\theta = 360°$，称为甲类；在正弦信号的一个周期中，三极管只有半周导通，即导通角 $\theta = 180°$，称为乙类；导通期大于半周而小于全周，即导通角 $180° < \theta < 360°$称为甲乙类；导通期小于半周，即 $\theta < 180°$，称为丙类。在低频放大电路中，通常采用前三种工作状态，如在电压放大电路中采用甲类，功率放大电路中采用乙类或甲乙类，至于丙类，常用于高频功率放大器和某些振荡器电路中。

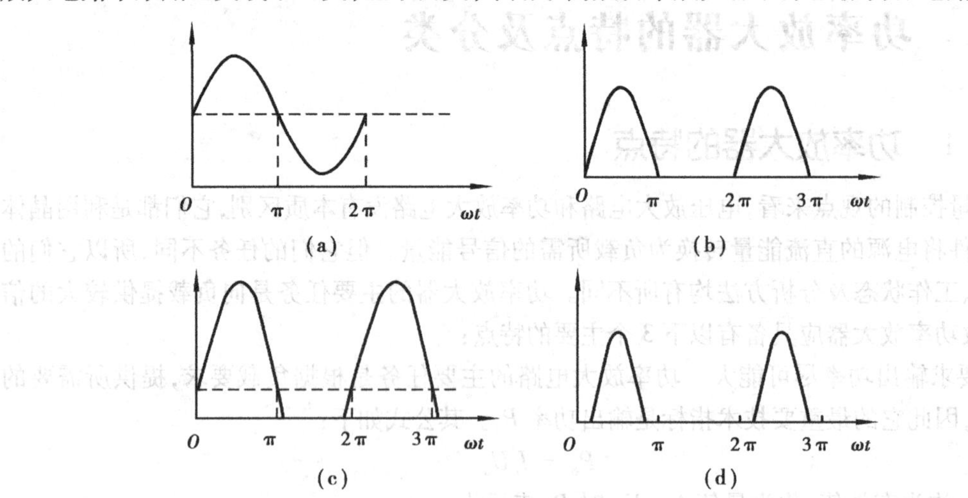

图8.1　放大器的工作状态

(a)甲类　(b)乙类　(c)甲乙类　(d)丙类

可以证明，甲类放大由于静态工作电流大，因而效率低。由单管组成的甲乙类、乙类和丙类放大,虽然减小了静态功耗,提高了效率,但都出现了严重的波形失真。因此,既要保持静态时的功耗小,又要使失真不太严重,这就需要在电路结构上采取措施。

复习与讨论题

(1)功率放大电路区别于电压放大电路的3个主要特点是什么?

(2)功率放大电路按放大管导通时间不同,可以分为哪4种类型?

8.2 互补对称功率放大器

8.2.1 双电源互补对称电路

1)乙类互补对称功率放大电路

(1)电路组成及工作原理　为了消除乙类放大中的非线性失真,一个有效的方法就是采用两个三极管,使之都工作在乙类状态,但一个在正弦信号的正半周工作,而另一个在负半周工作,从而在负载上得到一个完整的正弦波形。

实现上述设想的电路如图8.2所示,它是由两个射极输出器组成的互补对称功率放大电路。图8.2(a)是由NPN型三极管组成的射极输出器,工作于乙类放大状态。图8.2(b)是由PNP型三极管组成的射极输出器,也工作于乙类放大状态。如果将两者共同组成一个输出级,如图8.2(c)所示,则构成一个完整的乙类互补对称功率放大电路。

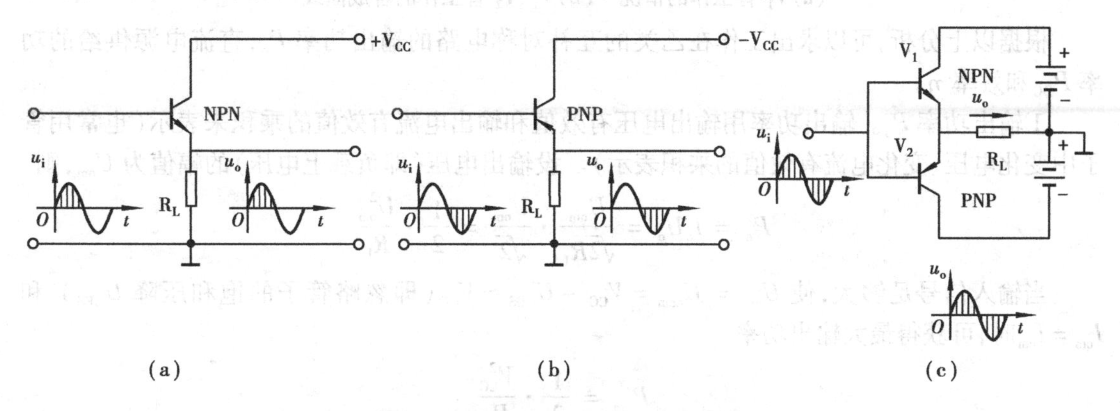

图8.2　乙类互补对称功率放大电路

(a)NPN管子工作　(b)PNP管子工作　(c)两个三极管互补工作

当输入信号 $u_i=0$ 时,两管均处于截止状态;当 $u_i \neq 0$ 时,在 u_i 的正半周,NPN型管导通而PNP型管截止;在 u_i 的负半周,PNP型管导通而NPN型管截止。因此,当有正弦信号电压输入时,两管轮流导通,推挽工作,在负载上得到一个完整波形。这种电路两个管子参数对称,互补对方不足,组成推挽式电路,通常称为互补对称电路,也常称为OCL(无输出电容器)电路。

(2)分析计算(通过图解法进行分析计算)　由于在互补对称功率放大电路中,V_1、V_2交替对称地各工作半周,因此分析 V_1(或 V_2)工作的半周情况,就可得知整个放大器的电压、电流波形。当 $u_i=0$ 时,有 $i_{B1}=I_B=0$、$i_{C1}=I_C=0$ 和 $u_{CE1}=U_{CE}=V_{CC}$,电路工作在Q点,如图8.3

(a)所示。当 $u_i \neq 0$ 时，如输入信号 u_i 足够大，则可求出 i_c 的最大幅值 I_{cm}，以及 u_{ce} 的最大幅值 $U_{cem} = V_{CC} - U_{CES} = I_{cm}R_L \approx V_{CC}$。

图中 V_2 管的工作情况和 V_1 管相似，只是在信号的负半周导电。当同时考虑 V_1、V_2 管的工作情况时，可用图 8.3(b)所示合成曲线进行分析。可见，此时允许的 i_c 的最大变化范围为 $2I_{cm}$，u_{ce} 的变化范围为 $2(V_{CC} - U_{CES}) = 2U_{cem} = 2I_{cm}R_L$。

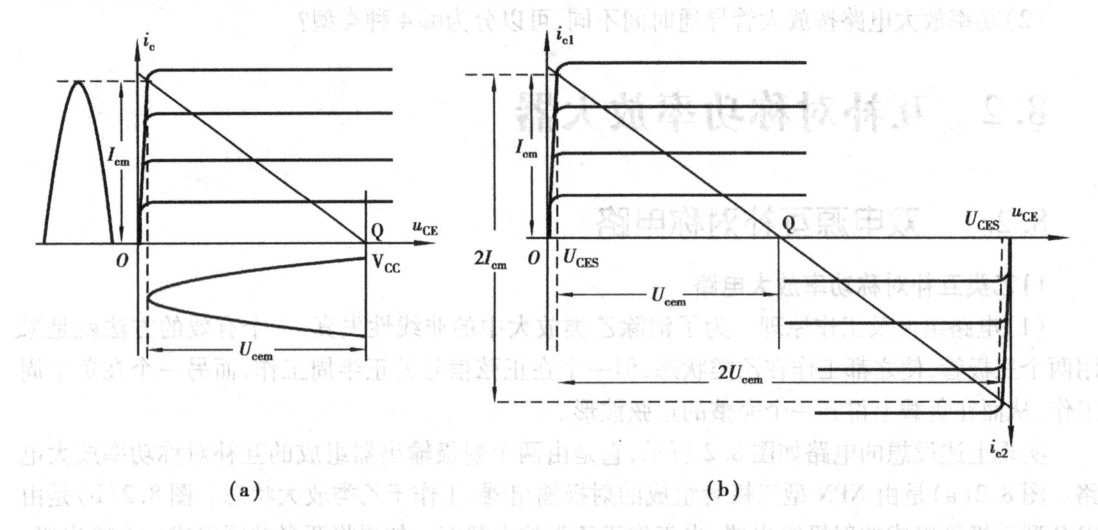

图 8.3 互补对称电路的图解分析

(a) V_1 管工作的情况 (b) V_1、V_2 管工作的合成曲线

根据以上分析，可以求出工作在乙类的互补对称电路的输出功率 P_o，直流电源供给的功率 P_{DC} 和效率 η。

①输出功率 P_o。输出功率用输出电压有效值和输出电流有效值的乘积来表示(也常用管子中变化电压、变化电流有效值的乘积表示)。设输出电压(即负载上电压)的幅值为 U_{om}，则

$$P_o = I_o U_o = \frac{U_{om}}{\sqrt{2}R_L} \cdot \frac{U_{om}}{\sqrt{2}} = \frac{1}{2} \cdot \frac{U_{om}^2}{R_L}$$

当输入信号足够大，使 $U_{om} = U_{cem} = V_{CC} - U_{CES} \approx V_{CC}$(即忽略管子的饱和压降 U_{CES})和 $I_{om} = I_{cm}$ 时，可获得最大输出功率

$$P_{om} = \frac{1}{2} \cdot \frac{V_{CC}^2}{R_L}$$

②直流电源供给的功率 P_{DC}。对于一个晶体管，只有半周导通，其电流平均值为

$$I_{C(AV)} = \frac{1}{2\pi}\int_0^{\pi} i_c \mathrm{d}(\omega t) = \frac{1}{2\pi}\int_0^{\pi} I_{cm} \sin \omega t \mathrm{d}(\omega t) = \frac{I_{cm}}{2\pi} \times 2 = \frac{I_{cm}}{\pi}$$

因此，直流电源 V_{CC} 供给的功率为

$$P_{DC1} = V_{CC} \cdot I_{C(AV)} = V_{CC} \cdot \frac{I_{cm}}{\pi} = \frac{V_{CC}U_{om}}{\pi R_L} \approx \frac{V_{CC}^2}{\pi R_L} \text{(当 } U_{om} \approx V_{CC} \text{ 时，} P_{DC1} \text{ 达最大)}$$

考虑是正负两组直流电源，故总的直流电源供给的最大功率为

$$P_{DC} = 2P_{DC1} = \frac{2I_{cm}}{\pi}V_{CC} \approx \frac{2}{\pi} \cdot \frac{V_{CC}^2}{R_L}$$

③效率 η。电路的最大效率为

$$\eta = \frac{P_{om}}{P_{DC}} = \frac{\pi}{4} \approx 78.5\%$$

实际工作中，放大电路很难达到最大输出功率。晶体管也非理想，总有一定饱和压降，而且还有其他的(如偏置电路)功率损耗，乙类互补对称功率放大电路的效率一般在 55% ~65%。

(3)功率放大管的选择　两个晶体管总的集电结功耗 P_C 是电源功耗与输出功率之差。即

$$P_C = P_{DC} - P_o = \frac{2V_{CC}I_{cm}}{\pi} - \frac{U_{om}^2}{2R_L} = \frac{2V_{CC}U_{om}}{\pi R_L} - \frac{U_{om}^2}{2R_L}$$

工作在乙类的互补对称功率放大电路，当没有输入信号时，两管均截止，因而管耗接近于零；当输入信号较小时，输出功率较小。从表面上看，输入信号越大，输出功率也越大，似乎管耗也越大，其实实际上并非如此。那么，最大管耗发生在什么情况下呢？由上式可知，令 $dP_C/dU_{om}=0$，即可求出当

$$U_{om} = \frac{2}{\pi}V_{CC}$$

时，管耗最大，即

$$P_{C\max} = \frac{2V_{CC}^2}{\pi^2 R_L} = \frac{4}{\pi^2}P_{om} \approx 0.4P_{om}$$

此式是两管总的集电极功率损耗，而互补对称电路中，每管仅工作半个周期，所以每管的功率损耗为

$$P_{C_1\max} = \frac{1}{2}P_{C\max} \approx 0.2P_{om}$$

上式就是每管最大管耗与最大不失真输出功率的关系，可用作设计乙类互补对称功率放大电路时，选择三极管的依据之一。例如，要求输出功率为 10 W，则只要选用两个额定最大管耗 P_{CM} 大于 2 W 的管子就可以了。当然，实际上选管子的额定功耗时，还要留有充分的余地。

从以上分析可知，若想得到预期的最大输出功率，三极管有关参数的选择，应满足以下条件：

①每只管子的最大允许管耗 P_{CM} 必须大于 $0.2P_{om}$。

②由图可知，当导通管饱和时，截止管承受的反压为 $2V_{CC}$，所以三极管的反向击穿电压应满足 $|U_{(BR)CEO}| > 2V_{CC}$。

③三极管的最大集电极电流为 V_{CC}/R_L，因此所选三极管的 I_{CM} 值一般不能低于此值。

例 8.1　功放电路如图 8.2(c)所示，设 $V_{CC}=12$ V、$R_L=8\ \Omega$，三极管的极限参数为 $I_{CM}=2$ A、$|U_{(BR)CEO}|=30$ V、$P_{CM}=5$ W。试求：最大输出功率 P_{om}，并检验所给管子是否安全？

解　由公式可得

$$P_{om} = \frac{1}{2} \cdot \frac{V_{CC}^2}{R_L} = \frac{(12\ \text{V})^2}{2 \times 8\ \Omega} = 9\ \text{W}$$

$$i_{cm} = \frac{V_{CC}}{R_L} = \frac{12\ \text{V}}{8\ \Omega} = 1.5\ \text{A}$$

$$u_{\text{cem}} = 2V_{\text{CC}} = 24\ \text{V}$$

$$P_{\text{C}_1\max} = \frac{1}{2}P_{\text{C}\max} \approx 0.2P_{\text{om}} = (0.2 \times 9)\ \text{W} = 1.8\ \text{W}$$

可见,所求最大集电极电流 I_{cm}、管子承受的最大耐压 U_{cem} 和最大管耗 $P_{\text{C}_1\max}$ 均分别小于极限参数 I_{CM}、$|U_{(\text{BR})\text{CEO}}|$ 和 P_{CM},故管子能安全工作。

2) 甲乙类互补对称功率放大电路

(1) 交越失真　在上面讨论乙类双电源互补对称电路时,忽略了三极管的死区电压,而实际上由于没有直流偏置,因此当输入信号 u_i 低于三极管的门坎电压(NPN 硅管约 0.6 V,PNP 锗管约 0.2 V)时,三极管实际上处于截止状态,I_{C_1}、I_{C_2} 基本为零,负载 R_L 上无电流通过,出现了一段死区,如图 8.4(b)所示。这种现象称为交越失真。

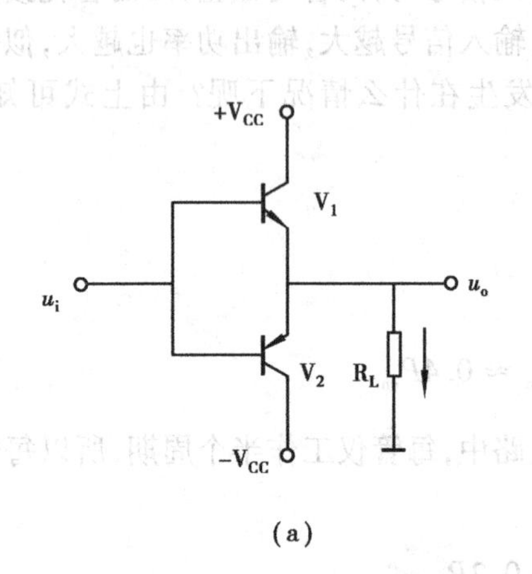

(a)

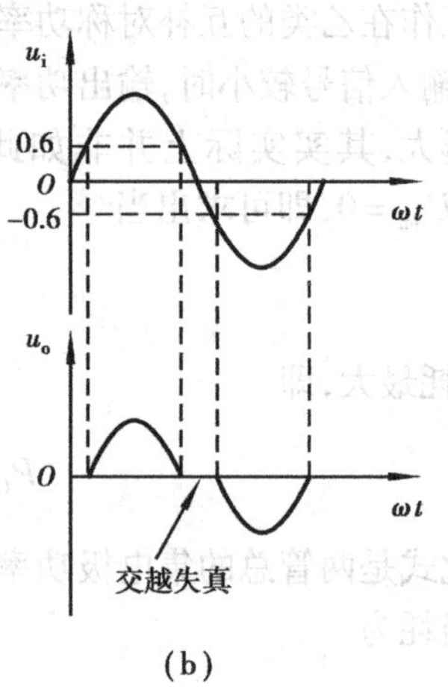

(b)

图 8.4　乙类双电源互补对称电路

(a) 电路图　(b) 交越失真的形成

(2) 甲乙类互补对称电路　为了消除交越失真,必须建立一定的直流偏置,偏置电压只要大于三极管的死区电压即可,这时 V_1、V_2 工作在甲乙类放大状态。

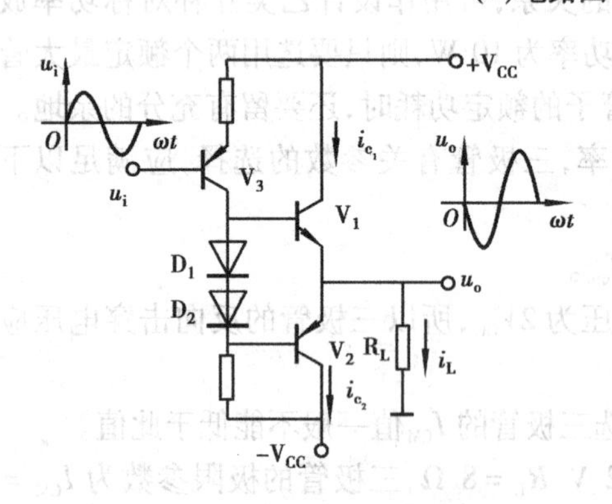

图 8.5　甲乙类互补对称电路

图 8.5 为甲乙类互补对称功率放大电路,图中 V_3 组成前置放大级,V_1、V_2 组成互补输出级。静态时,利用所加 D_1、D_2 上产生的直流压降为 V_1、V_2 提供了一个适当的正偏压,使之处于微导通状态。静态时,$i_{c_1} = i_{c_2}$、$i_L = 0$、$u_o = 0$。有信号时,因为 D_1、D_2 的交流电阻很小,且电路工作在甲乙类状态,即使 u_i 很小,则总有一个管子导通,在 u_i 的全周期内,V_1、V_2 轮流导通时,交接点附近输出波形比较平滑,失真减小,基本上可线性地进行放大。

为了克服交越失真,互补对称电路必须工作在甲乙类放大状态。但是为了提高放大电路的效率,在设置静态偏置时,使其尽可能接近乙类状态,因而在定量分析计算时,仍可近似地应用上面得到的各个公式。

8.2.2 单电源互补对称电路

双电源互补对称功率放大电路由于静态时输出端电位为零,负载可以直接连接,不需要耦合电容,因而它具有低频响应好、输出功率大、便于集成等优点。但需要双电源供电,使用起来有时会感到不便。如果采用单电源供电,只需在两管发射极与负载之间接入一个大容量电容 C_2 即可。这种电路通常又称为无输出变压器的电路,简称 OTL 电路,如图 8.6 所示。

该电路的工作原理是:当正半周信号输入时,功放管 V_1 导通、V_2 截止,V_1 通过 C 输出正半周放大信号的同时,电源也对大容量电容器 C_2 充电。充电电流如图中的 i_1 所示;当负半周信号输入时,功放管 V_2 导通、V_1 截止,电容 C_2 通过 V_2 放电的同时输出负半周放大信号,放电电流如图中的 i_2 所示。这样,负载 R_L 上得到一个完整的信号波形。

由上面的讨论可见,电路中大容量的电容器 C 除了是交流信号的耦合电容外,还是功放管 V_2 的供电电源。

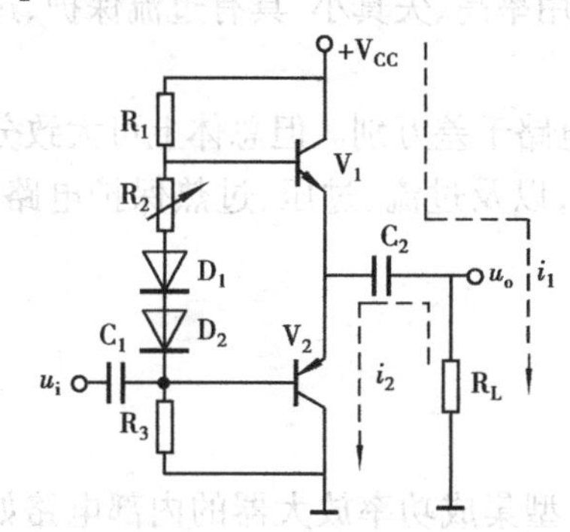

图 8.6 单电源互补对称电路

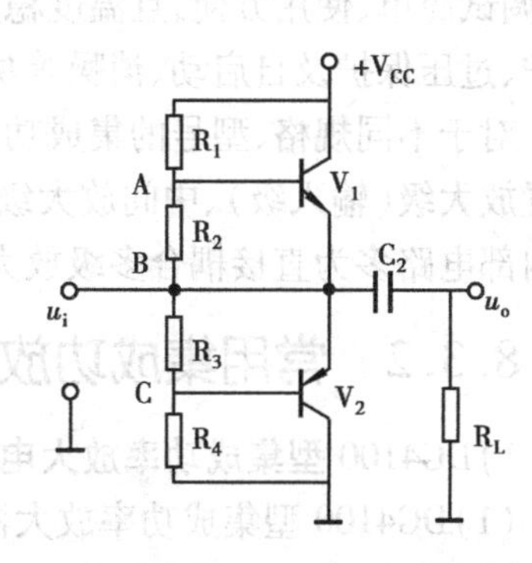

图 8.7 例 8.2 图

电容 C_2 的容量应选得足够大,使电容 C_2 的充放电时间常数远大于信号周期,由于该电路中的每个三极管的工作电源电压已变为 $V_{CC}/2$,已不是 OCL 电路的 V_{CC} 了,所以相关的计算,只需将代入 V_{CC} 的地方改为 $V_{CC}/2$ 即可。

例 8.2 如图 8.7 所示电路的 $R_1=R_4=120\ \Omega$、$R_2=R_3=100\ \Omega$,电源电压 $V_{CC}=3$ V,负载电阻 $R_L=8\ \Omega$,求静态时 A、B、C 各点的电位值;在理想情况下输出信号功率的最大值 P_{OM} 和电路的转换效率 η。

解 因静态时,两个功放管均处在导通边缘的截止状态,电源电压通过电阻分压电路对电容器 C 充电,根据电路对称性的特点可得,电容器 C 上的电压值为电源电压的一半,所以静态时 B 点的电位值为 1.5 V、A 点的电位值为 2.2 V、C 点的电位值为 0.8 V。因 B 点的电位值为 $\frac{1}{2}$ 的电源电压值,所以,输出交流信号的最大值也是电源电压值的一半,即 $U_{om}=\frac{V_{CC}}{2}$

故

$$P_{OM}=\frac{U_o^2}{R_L}=\frac{\left(\frac{V_{CC}}{2\sqrt{2}}\right)^2}{R_L}=\frac{V_{CC}^2}{8R_L}=\frac{(3\ \text{V})^2}{8\times 8\ \Omega}=0.14\ \text{W}$$

$$\eta=\frac{P_{om}}{P_{DC}}=\frac{\pi}{4}\approx 78.5\%$$

复习与讨论题

(1)与甲类功率放大电路比较,乙类功率放大电路的优点有哪些?
(2)什么是交越失真?如何克服交越失真?
(3)单电源互补对称电路中如何计算输出功率、效率等参数?

8.3 集成功率放大器

8.3.1 集成功率放大器特点

集成功率放大器与分立器件构成的功率放大器相比,体积小、重量轻、成本低、外接元件少、调试简单、使用方便,且温度稳定性好、功耗低、电源利用率高、失真小,具有过流保护、过热保护、过压保护及自启动、消噪等功能。

对于不同规格、型号的集成功率放大器,其内部组成电路千差万别。但总体上可大致分为前置放大级(输入级)、中间放大级、互补或准互补输出级,以及过流、过压、过热保护电路等。其内部电路多为直接耦合多级放大器。

8.3.2 常用集成功放简介

1)DG4100 型集成功率放大电路

(1)DG4100 型集成功率放大器的内部电路 DG4100 型集成功率放大器的内部电路如图 8.8 所示。

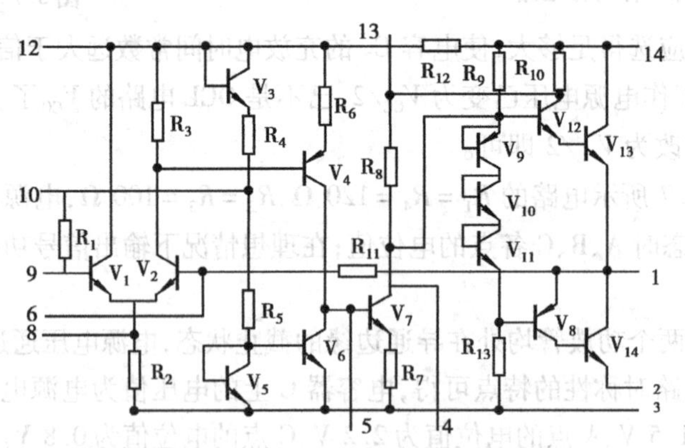

图 8.8 DG4100 型集成功率放大器的内部电路

由图可见,DG4100 系列集成功放是由三级直接耦合放大电路和一级互补对称功放电路组成。图中各三极管的作用是:V_1 和 V_2 组成单端输入、单端输出的差动放大器;V_3 为差动放大器提供偏流;V_4 是共发射极电压放大器,起中间放大的作用;V_5 和 V_6 组成该放大器的有源负载;V_7 也是共发射极电压放大器,也是起中间放大的作用,故该级电路通常又称为功放的推动电路;V_{12}和 V_{13}组成 NPN 复合管,V_8 和 V_{14}组成 PNP 复合管,这 4 个三极管组成互补对称功率放大器;V_9、V_{10}和 V_{11}为功放电路提供合适的偏置电压,以消除交越失真。

该电路中的电阻 R_{11} 将第 1 脚的输出信号反馈到 V_2 的基极，经第 6 脚与外电路相联引入串联电压负反馈来改善电路的性能。

(2) DG4100 型集成功率放大器的使用方法

DG4100 型集成功率放大器共有 14 个引脚，该集成电路组成 OTL 电路的典型连接方法如图 8.9 所示。

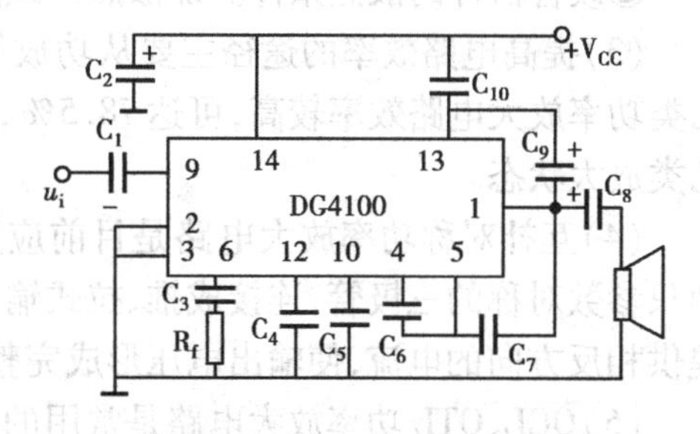

图 8.9　DG4100 典型电路

图中的 C_1 是输入耦合电容，C_2 是电源滤波电容；C_3、R_f 和内部电阻 R_{11} 组成串联电压交流负反馈电路，引入深度负反馈来改善电路的交流性能，该电路的闭环电压放大倍数为 $A_{uf} = 1 + \frac{R_{11}}{R_f}$；$C_4$ 是滤波电容，C_5 是去耦电容，用来保证 V_1 管偏置电流的稳定；C_6 和 C_7 是消振电容，用来消除电路的寄生振荡；C_8 是输出电容，C_9 是"自举电容"，该电容的作用是将输出端的信号电位反馈到 V_7 的集电极，使 V_7 集电极的电位随输出端信号电位的变化而变化，以加大 V_7 管的动态范围，提高功放电路输出信号的幅度；C_{10} 的作用是高频衰减，以改善电路的音质。

2) **LM386 集成功率放大器**

集成功率放大器的品种和型号繁多，它们的电路结构多半和运算放大器基本相同或相似，如 LM384 及 LM386 等集成功率放大器都由输入级、中间级和输出级组成。输入级是复合管差动放大电路，它有同向和反向两个输入端，它的单端输出信号传送到中间共发射极放大级，以提高电压放大倍数；输出级是 OTL 互补对称放大电路，故为单电源供电。中间级和输出级的电路与复合管组成的互补对称放大电路大致相同。

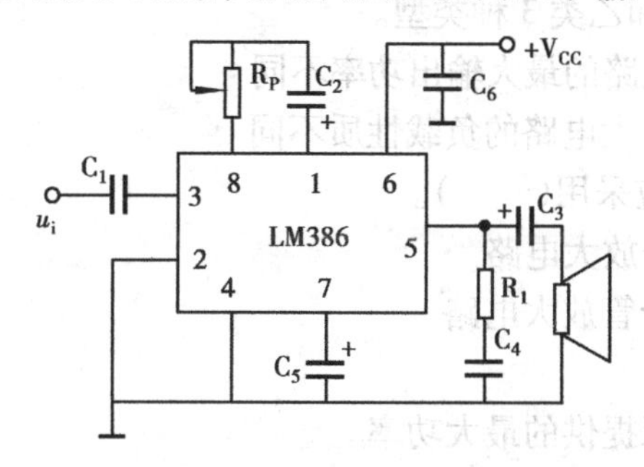

图 8.10　LM386 构成的功率放大电路

LM386 共有 8 个管脚，各管脚作用如下：1、8 脚外接电阻可以设定电压增益；2 脚接反相输入端；3 脚接同相输入端；4、6 脚接电源；4 接地；5 脚接输出；7 脚接旁路电容。

图 8.10 是由 LM386 构成的功率放大电路。图中 R_1、C_4 是相位补偿电路，以消除自激振荡，并改善高频时的负载特性；1、8 脚之间外接电阻，可以调整电压放大倍数。

复习与讨论题

(1) 集成功率放大器总体包含有哪几级电路？其内部多采用什么耦合方式？

(2) DG4100 型集成功率放大器，其输出级采用几个三极管？组成什么电路？

本章小结

(1) 功率放大电路是一种以向负载提供尽可能大的信号功率为主要目的的放大电路。它的性能特点主要表现在：输出功率大，电路效率高，非线性失真小。

(2) 提高功率放大电路输出功率的方法是：

①提高电源电压,选择合适的器件,要求耐压高、允许工作电流大、耗散功率大;

②改善器件的散热条件。加散热片或降低环境温度,强迫冷却。

(3)提高电路效率的途径主要从功放管工作状态上解决。甲类功率放大电路效率最低;乙类功率放大电路效率较高,可达78.5%,但交越失真大。所以,实际功率放大电路多采用甲乙类放大状态。

(4)互补对称功率放大电路是目前应用较为广泛的功率放大电路。它利用NPN和PNP两只参数对称的三极管,连接成推、拉式输出形式,在输入信号控制下,两管轮流导通,向负载提供相反方向的电流,使输出电压形成完整的正弦波形。

(5)OCL、OTL功率放大电路是常用的功放电路,两种电路均可达到78.5%的效率。OTL功率放大电路输出功率的估算公式为:$P_o = I_o U_o = \frac{U_{om}}{\sqrt{2}R_L} \cdot \frac{U_{om}}{\sqrt{2}} = \frac{1}{2} \cdot \frac{U_{om}^2}{R_L}$

(6)集成功率放大电路体积小、重量轻、成本低、安装调试简单、电路性能优良,所以在电子设备、家用电器、测量仪表等方面得到广泛应用。

自我检测题与习题

一、单选题

1. 功率放大电路(　　)原则上分为甲类、甲乙类和乙类3种类型。

A. 按三极管的导通角不同　　B. 按电路的最大输出功率不同

C. 按所用三极管的类型不同　　D. 按放大电路的负载性质不同

2. 为了向负载提供较大功率,放大电路的输出级应采用(　　)。

A. 共射极放大电路　　B. 差分放大电路

C. 功率放大电路　　D. 复合管放大电路

3. 功率放大电路的最大输出功率是指(　　)。

A. 晶体管上得到的最大功率　　B. 电源提供的最大功率

C. 负载上获得的最大直流功率　　D. 负载上获得的最大交流功率

4. 功率放大电路的输出功率大是由于(　　)。

A. 电压放大倍数大或电流放大倍数大

B. 电源电压高且输出电流大

C. 输出电压变化幅值大且输出电流变化幅值大

D. 负载电阻小且输出电流大

5. 功率放大电路的效率是指(　　)。

A. 不失真输出功率与输入功率之比　　B. 不失真输出功率与电源供给功率之比

C. 不失真输出功率与管耗功率之比　　D. 管耗功率与电源供给功率之比

6. 乙类互补对称功率放大电路(　　)。

A. 能放大电压信号,但不能放大电流信号

B. 既能放大电压信号,也能放大电流信号

C. 能放大电流信号,但不能放大电压信号

D. 既不能放大电压信号，也不能放大电流信号

7. 甲类功率放大电路比乙类功率放大电路(　　)。

A. 失真小、效率高　　B. 失真大、效率低

C. 管耗大、效率高　　D. 失真小，效率低

8. 与甲类功率放大方式比较，乙类推挽方式的主要优点是(　　)。

A. 不用输出变压器　　B. 不用输出耦合电容

C. 效率高　　D. 无交越失真

9. 乙类互补对称功率放大电路会产生交越失真的原因是(　　)。

A. 输入电压信号过大　　B. 三极管电流放大倍数太大

C. 晶体管输入特性的非线性　　D. 三极管电流放大倍数太小

10. 克服乙类功放中的交越失真现象，可以采用(　　)。

A. 减小输入信号幅值　　B. 加大输入信号幅值

C. 改用单电源供电　　D. 增加静态偏置电路，使功放管微导通

11. 若一个乙类双电源互补对称功率放大电路的最大输出功率为 4 W，则该电路的最大管耗约为(　　)。

A. 0.8 W　　B. 4 W　　C. 0.4 W　　D. 无法确定

12. 有关集成功率放大电路，正确的说法是(　　)。

A. 集成功放主要是功率放大，因此不一定有电压放大作用

B. 由于变压器不易集成，故集成功放不采用变压器耦合方式

C. 集成功放一般输出电流较小

D. 以上说法都不对

二、判断题(正确的在括号中画“√”，错误的画“×”)

1. 功率放大电路的主要作用是向负载提供足够大的信号功率。(　　)

2. 功率放大电路有功率放大作用，电压放大电路只有电压放大作用而没有功率放大作用。(　　)

3. 功放中三极管处于大信号工作状态，因而不能采用微变等效电路法分析功放电路。(　　)

4. 功率放大电路中，输出功率最大时，功放管的功率损耗也最大。(　　)

5. 功率放大电路中的效率是指输出功率与输入功率之比。(　　)

6. 乙类互补对称功率放大电路中，输入信号越大，交越失真也越大。(　　)

7. 将乙类双电源互补对称功率放大电路去掉一个电源，就构成乙类单电源互补对称功率放大电路。(　　)

8. 产生交越失真的原因是因为输入正弦波信号的有效值太小。(　　)

9. 乙类双电源互补对称功率放大电路中，正负电源轮流供电。(　　)

10. 乙类放大电路中若出现失真现象，一定是交越失真。(　　)

三、填空题

1. 乙类互补对称功率放大电路中，由于三极管存在死区电压而导致输出信号在过零点附近出现失真，称之为________。

2. 乙类互补对称功率放大电路的效率比甲类功率放大电路的________，理想情况下其数值可达________。

3. 功率放大电路采用甲乙类工作状态是为了克服________，并有较高的________。

4. 某乙类双电源互补对称功率放大电路中，电源电压为 ±24 V，负载为 8 Ω，选择管子时，要求 $U_{(BR)CEO}$大于________，I_{CM}大于________，P_{CM}大于________。

四、分析计算题

1. 功率放大电路如题图 8.1 所示，管子在输入正弦波信号 u_i 作用下，在一周期内 V_1 和 V_2 轮流导通约半周，管子的饱和压降 U_{CES} 可忽略不计，电源电压 $V_{CC}=20$ V、负载 $R_L=8$ Ω，试求：

①在输入信号有效值为 10 V 时，它的输出功率、总管耗、直流电源供给的功率和效率；

②计算最大不失真输出功率，并计算此时的各管管耗、直流电源供给的功率和效率。

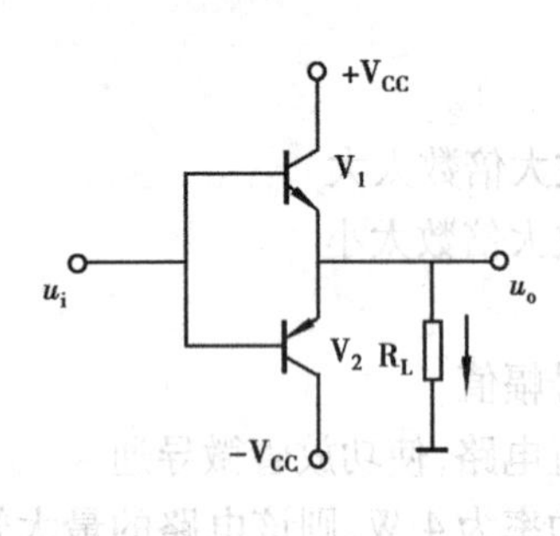

题图 8.1

2. 电路如题图 8.2 所示，三极管的饱和压降可略，试回答下列问题：

①$u_i=0$ 时，流过 R_L 的电流有多大?

②R_1、R_2、V_1、V_2 所构成的电路起什么作用?

③为保证输出波形不失真，输入信号 u_i 的最大振幅为多少? 管耗为最大时，求 U_{im}。

④最大不失真输出时的功率 P_{om}和效率 η_m 各为多少?

3. 某甲乙类互补对称电路如图 8.5 所示，设已知 $V_{CC}=12$ V、$R_L=16$ Ω，u_i 为正弦波。求：

①在三极管的饱和压降 U_{CES}可忽略的条件下，负载上可能得到的最大输出功率 P_{om}；

②每个管子的允许管耗 P_{c_1m}至少应为多少?

③每个管子的耐压 $|U_{(BR)CEO}|$应大于多少?

4. 如题图 8.3 所示 OTL 电路中，已知 $V_{CC}=16$ V、$R_L=4$ Ω，V_1 和 V_2 管的死区电压和饱和管压降均可忽略不计，输入电压足够大。试求最大不失真输出时的输出功率 P_{om}、效率 η。

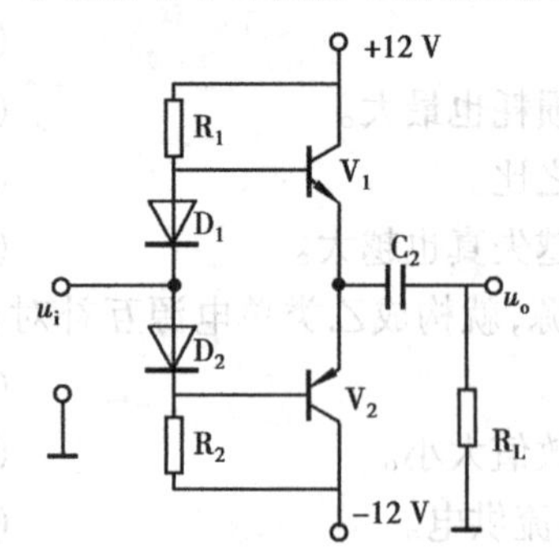

题图 8.2

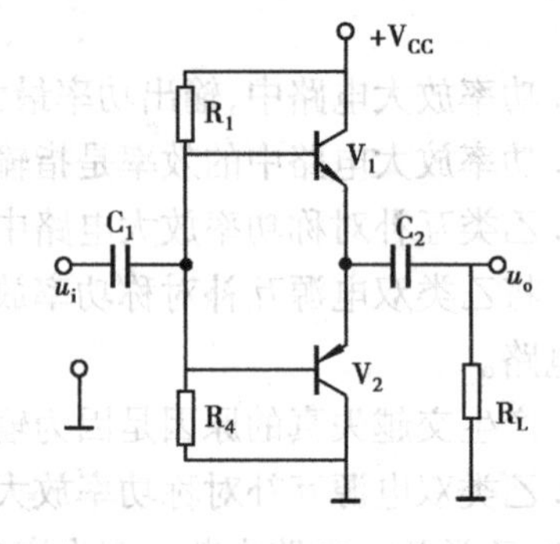

题图 8.3

9 直流稳压电源

本章知识点:

(1)稳压电源的基本概念。

(2)整流、滤波电路工作原理和相关参数计算。

(3)稳压管电路和串联型稳压电源。

(4)三端集成稳压器的外部特性、主要参数和基本应用。

(5)开关稳压电源简介。

本章难点:

(1)整流、滤波电路的工作原理及设计。

(2)串联型稳压电路的工作原理。

(3)三端集成稳压器的应用。

学习要求:

(1)掌握整流、滤波电路工作原理和相关参数计算。

(2)掌握常用三端集成稳压器的外形、外引线排列及基本应用电路。

(3)掌握三端集成稳压器的常用应用电路。

(4)了解稳压管电路的设计过程及参数计算方法。

(5)了解开关稳压电源的特点、主电路的基本原理和应用。

9.1 概 述

9.1.1 直流稳压电源的组成

任何电子设备都需要用直流电源供电。获得直流电源的方法较多,如干电池、蓄电池、直流发电机等。但比较经济实用的方法是采用各种半导体直流电源。

半导体直流电源是利用半导体器件把交流电转换成直流电的装置。它一般由变压器、整流电路、滤波电路和稳压电路等4部分组成,其转换过程可用图9.1所示的方框图来表示。

变压器的作用是将交流市电变换成所需要的交流电压;整流电路的作用是将交流电变换成单向脉动直流电;滤波电路的作用是将脉动电压中的脉动成分滤掉,输出比较平滑的直流电

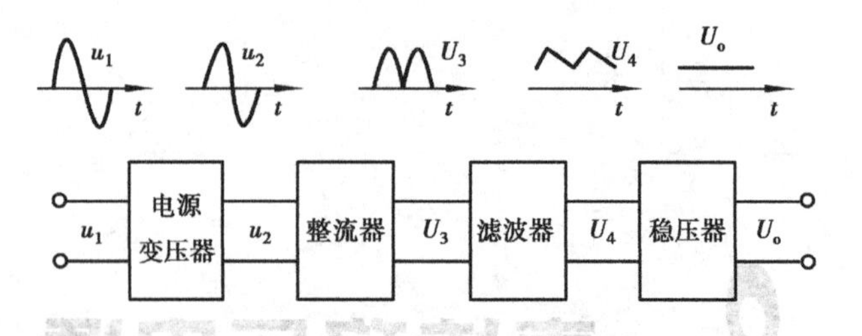

图 9.1 直流稳压电源的组成框图

压;稳压电路的作用是使输出的直流电压在电网电压或负载电流发生变化时保持稳定。

9.1.2 直流稳压电源的主要技术指标

1)特性指标

特性指标指表明稳压电源工作特征的参数,例如,输入、输出电压和输出电流以及电压可调范围等。

2)质量指标

质量指标指衡量稳压电源稳定性能状况的参数,如稳压系数、输出电阻、纹波电压及温度系数等。具体含义简述如下:

(1) 稳压系数 γ 指通过负载的电流和环境温度保持不变时,稳压电路输出电压的相对变化量与输入电压的相对变化量之比。即

$$\gamma = \left.\frac{\Delta U_o / U_o}{\Delta U_I / U_I}\right|_{\Delta U_I=0、\Delta T=0}$$

式中 U_I 为稳压电源输入直流电压,U_o 为稳压电源输出直流电压。γ 数值越小,输出电压的稳定性越好。

(2) 输出电阻 r_o 指当输入电压和环境温度不变时,输出电压的变化量与输出电流变化量之比。即

$$r_o = \left.\frac{\Delta U_o}{\Delta I_o}\right|_{\Delta U_I=0、\Delta T=0}$$

r_o 的值越小,带负载能力越强,对其他电路影响越小。

(3)纹波电压 S 指稳压电路输出端中含有的交流分量,通常用有效值或峰值表示。

S 值越小越好,否则会影响正常工作,如在电视接收机中表现交流"嗡嗡"声和光栅在垂直方向呈现 S 形扭曲。

另外,还有其他的质量指标,如负载调整率、噪声电压等。

复习与讨论题

(1)半导体直流电源一般由几个部分组成,各部分的作用是什么?

(2)对直流稳压电源,要求输出电阻取大还是取小好,为什么?

9.2　单相整流滤波电路

9.2.1　单相整流电路

利用二极管的单向导电性,将交流电变成单向脉动直流电的电路,称为整流电路。根据交流电的相数,整流电路分为单相整流、三相整流等。在小功率电路中,一般采用单相整流电路。常见的单相整流电路有半波、全波和桥式整流3种。这里只介绍半波、桥式整流电路。

1)整流电路的技术指标

(1)整流电路工作性能参数

①输出电压的平均值 $U_{O(AV)}$。它反映整流电路将交流电压转换成直流电压的大小。

②脉动系数 S。它反映整流电路输出电压的平滑程度。

(2)整流二极管的性能参数

①流过管子的正向平均电流 $I_{D(AV)}$。

②二极管所承受的最大反向电压 U_{RM}。

分析整流电路的时候,关键是把握好以上4个参数。

2)单相半波整流电路

(1)电路组成及工作原理　电路由二极管D,单相变压器T和负载 R_L 组成,如图9.2所示。变压器两次侧电压为:

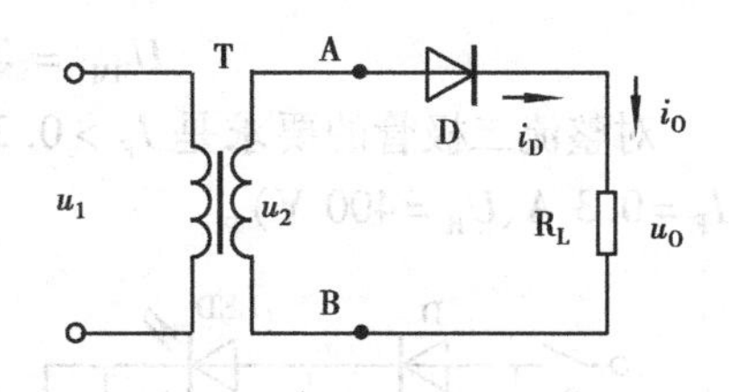

图9.2　单相半波整流电路

$$u_2 = \sqrt{2}U_2 \sin \omega t \tag{9.1}$$

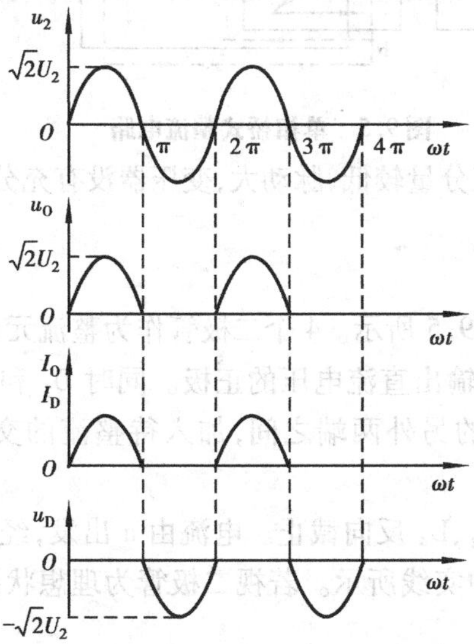

当 u_2 电压瞬时上正下负时,二极管承受正向电压而导通,若视其为理想二极管,则此时 $U_O = u_2$;流过二极管的电流 i_D 等于负载电流 I_O,且 $I_O = U_O/R_L$;

当 u_2 电压瞬时上负下正时,二极管承受反向电压而截止,$U_O = 0$,负载上得不到电压。综上可见,输出电压 U_O 的波形只有 u_2 波形的一半,故称为半波整流。如图9.3所示。

图9.3　单相半波整流电路电压与电流波形

(2)参数计算

①输出电压平均值 $U_{O(AV)}$:

$$U_{O(AV)} = \frac{\sqrt{2}}{\pi}U_2 \approx 0.45\ U_2 \tag{9.2}$$

②脉动系数 S。把最低次谐波的峰值与输出电压平均值之比定义为脉动系数 S,则

$$S = \frac{U_{O1M}}{U_{O(AV)}} = \frac{\frac{\sqrt{2}}{2}U_2}{\frac{\sqrt{2}}{\pi}U_2} = \frac{\pi}{2} \approx 1.57 \tag{9.3}$$

③流过二极管的平均电流 $I_{D(AV)}$：

$$I_{D(AV)} = I_{O(AV)} = \frac{U_{O(AV)}}{R_L} \approx \frac{0.45U_2}{R_L} \tag{9.4}$$

④二极管承受的最大反向电压 U_{RM}：

$$U_{RM} = \sqrt{2}U_2 \tag{9.5}$$

例 9.1 图 9.4 是电热用具(例如电热毯)的温度控制电路。整流二极管的作用是使保温时的耗电仅为升温时的一半。如果此电热用具在升温时耗电 100 W，试计算对整流二极管的要求，并选择管子的型号。

解 保温时(S_1 闭合、S_2 断开)，负载 R_L 上的平均电压为：

$$U_{O(AV)} = 0.45U_2 = 0.45 \times 220\ \text{V} = 99\ \text{V}$$

由于升温时耗电 100 W，可算出 R_L 值为

$$R_L = U_2^2/P = (220\ \text{V})^2/100\ \text{W} = 484\ \Omega$$

因此有

$$I_{V1} = U_O/R_L = 99\ \text{V}/484\ \Omega \approx 0.2\ \text{A}$$

$$U_{RM} = \sqrt{2}U_2 = \sqrt{2} \times 220\ \text{V} = 311\ \text{V}$$

对整流二极管的要求是 $I_F > 0.2$ A，$U_R > 311$ V。查手册可知，应选用 2CZ53F 二极管($I_F = 0.3$ A、$U_R = 400$ V)。

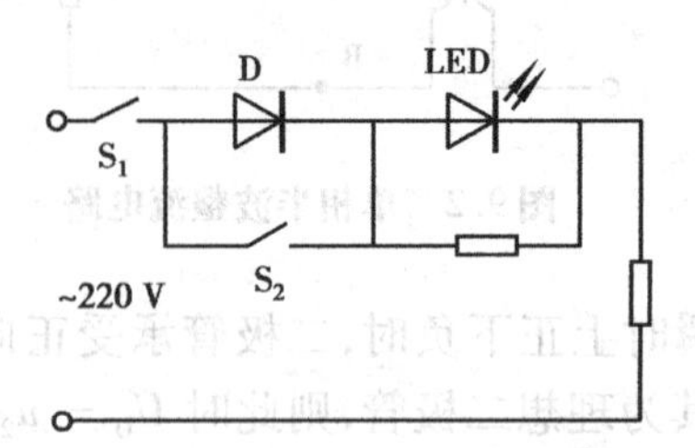

图 9.4 电热用具温度控制电路

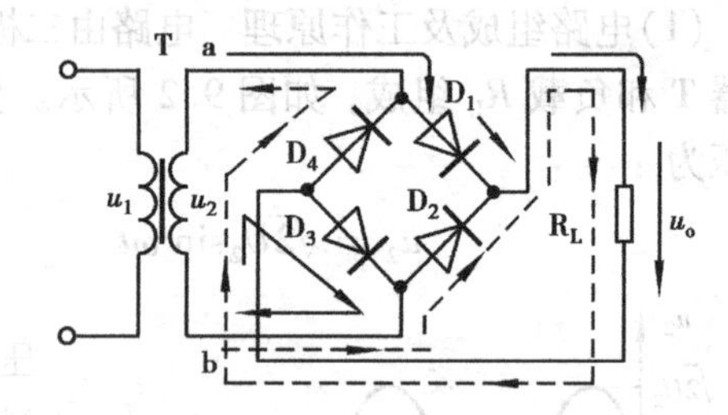

图 9.5 单相桥式整流电路

以上分析可见，半波整流电路结构简单，但输出直流分量较低，脉动大，变压器没有充分利用，故多用单相桥式整流电路。

3)单相桥式整流电路

(1)电路组成及工作原理　单相桥式整流电路如图 9.5 所示。4 个二极管作为整流元件，接成电桥形式。其中 D_1 和 D_2 的阴极接在一起，该处为输出直流电压的正极。同时 D_3 和 D_4 的阳极接在一起，该处为输出直流电压的负极。电桥的另外两端之间，加入待整流的交流电压。

在 u_2 的正半周，即上正下负时，D_1、D_3 正向导通，D_2、D_4 反向截止。电流由 a 出发，经 D_1 自上而下流过负载 R_L，再从 D_3 流回到 b 点，如图 9.5 中实线所示。若视二极管为理想状况，此时 u_o 与 u_2 正半周波形相同。

在 u_2 的负半周，即上负下正时，D_2，D_4 正向导通，D_1，D_3 反向截止。电流由 b 出发，经 D_2 自上而下流过负载 R_L，再从 D_4 流回到 a 点，如图 9.5 中虚线所示。若视二极管为理想状况，此时 u_o 与 u_2 负半周波形相同，但相位相反，如图 9.6 所示。可见，输入的正、负半周，负载 R_L

流过相同方向的电流,故称为全波整流。

(2)参数计算

①输出电压平均值$U_{O(AV)}$:

$$U_{O(AV)} = \frac{2\sqrt{2}}{\pi}U_2 \approx 0.9\,U_2 \qquad (9.6)$$

②脉动系数S:

$$S = \frac{U_{O2M}}{U_{O(AV)}} = \frac{\frac{4\sqrt{2}}{3\pi}U_2}{\frac{2\sqrt{2}}{\pi}U_2} = \frac{2}{3} \approx 0.67 \qquad (9.7)$$

③流过二极管的平均电流$I_{D(AV)}$:因为D_1、D_3和D_2、D_4的导通时间均为半个周期,故流过每只管子的电流为负载电流的一半。

$$I_{D(AV)} = \frac{1}{2}I_{O(AV)} = \frac{1}{2}\frac{U_{O(AV)}}{R_L} \approx \frac{0.45U_2}{R_L} \qquad (9.8)$$

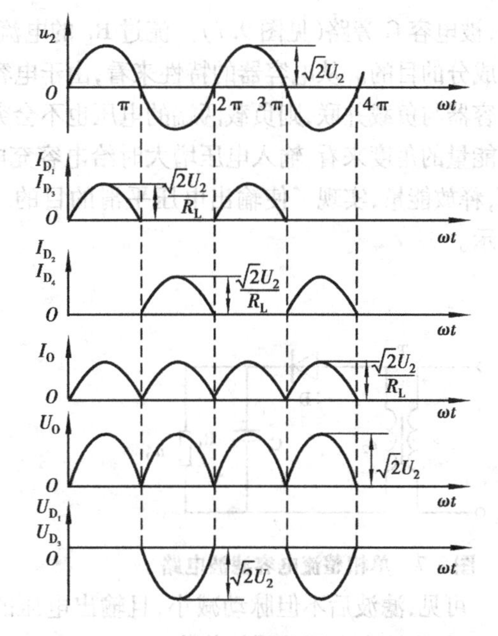

图9.6　单相桥式整流电路电压与电流波形

④二极管承受的最大反向电压U_{RM}:

$$U_{RM} = \sqrt{2}U_2 \qquad (9.9)$$

例9.2　有一单相桥式整流电路,要求输出40 V的直流电压和2 A的直流电流,交流电源电压为220 V,试选择整流二极管。

解　变压器副边电压的有效值为　$U_2 = U_O/0.9 = 1.11U_O = 44.4$ V

二极管承受的最高反向电压为　$U_{RM} = \sqrt{2}U_2 = 62.8$ V

二极管的平均电流为　$I_{D(AV)} = I_O/2 = 1$ A

查阅半导体器件手册,可选择2CZ56C型硅整流二极管。该管的最高反向工作电压是100 V,最大的整流电流是3 A。

为了使用方便,现已生产出桥式整流的组合器件——硅整流组合器件,又叫硅堆,它是将桥式整流电路的4个二极管集中制成一个整体,有4个引线端,其中两个标有"~"符号的引出端,是交流电源输入端,另两个引出端为直流电压输出端,接负载端。

9.2.2　滤波电路

整流电路的输出电压是单向脉动直流,但因其脉动较大,含有较多的交流成分,不能给电子设备供电。为了输出较平滑的直流电压,通常在整流电路之后设有滤波电路。常用的滤波电路有电容滤波、电感滤波及复式滤波。

1)电容滤波电路

从电容器的阻抗特性来看,其容抗$X_C = 1/(2\pi fc)$,若忽略漏电电阻,则电容器对直流的阻抗为无穷大,直流不能通过。对交流,只要C足够大(如几百微法~几千微法),即使对市电(f=50 Hz),X_C也是很小的,可以近似看成对交流短路。因此,整流后得到的脉动直流中的交流成分,被电容 C 旁路(见图 9.7)。流过 R_L 的电流则基本上是一个平滑的直流电流,达到了滤除交流成分的目的。从电容器的特性来看,由于电容器两端的电压不能突变,因此若将一个大容量的电容器与负载并联,则负载两端的电压也不会突变,使输出电压得以平滑,实现了滤波的目的;或从能量的角度来看,输入电压增大时给电容充电到最大值,储存能量,输入电压减小后电容器放电,释放能量,实现了使输出电压平滑的目的。而输出电压的大小显然与 R_L,C 有关,如图 9.8 所示。

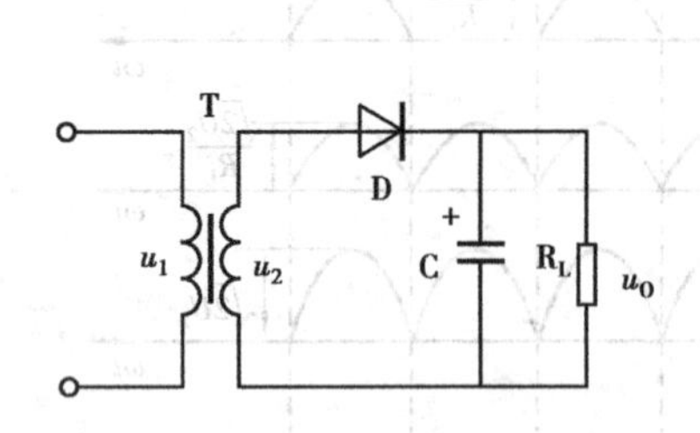

图 9.7 单相整流电容滤波电路

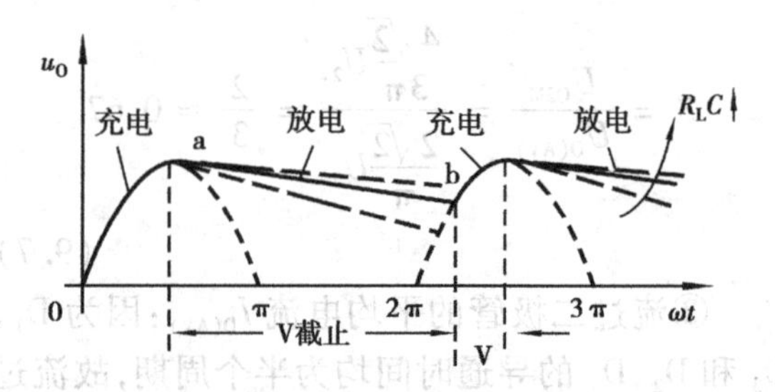

图 9.8 电容滤波电路输出电压波形

可见,滤波后不但脉动减小,且输出电压的平均值有所提高。当满足条件 $R_LC=(3.5)T/2$ 时,一般取输出电压的平均值为:

单相半波整流、电容滤波 $U_O=U_2$ (9.10)

单相全波整流、电容滤波 $U_O=1.2U_2$ (9.11)

总之,电容滤波电路较简单,输出直流电压较高,纹波也较小。但其缺点是输出特性较差,适用于小电流的场合。

2) 电感滤波电路

利用电感电流不能突变的特性,输出电流比较平滑,使输出电压的波形也比较平滑,故电感应与负载串联。图 9.9 所示为桥式整流、电感滤波电路。

由于电感的直流电阻很小,交流阻抗($X=\omega L$)较大,且谐波频率愈高阻抗愈大。所以,整流电压中的直流分量经过电感后基本没有损失,但是交流分量却有很大一部分降落在电感上,$\omega L/R_L$的比值愈大,交流分量在电感上的分压愈多。可见,电感滤波电路适用于负载电流较大、负载阻值较小的场合。但电感铁芯笨重,体积大,故在小型电子设备中很少采用。

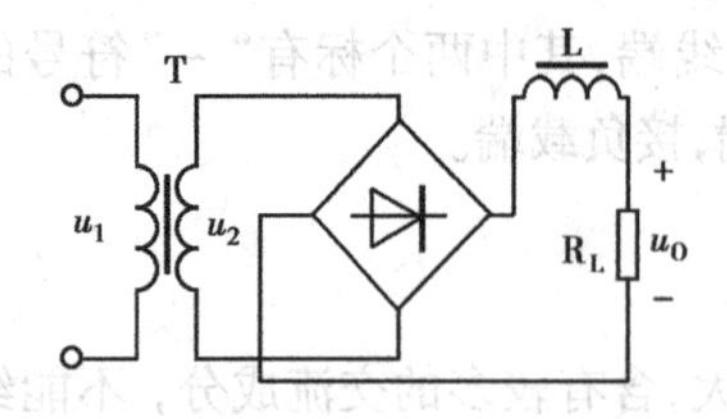

图 9.9 带电感滤波的桥式整流电路

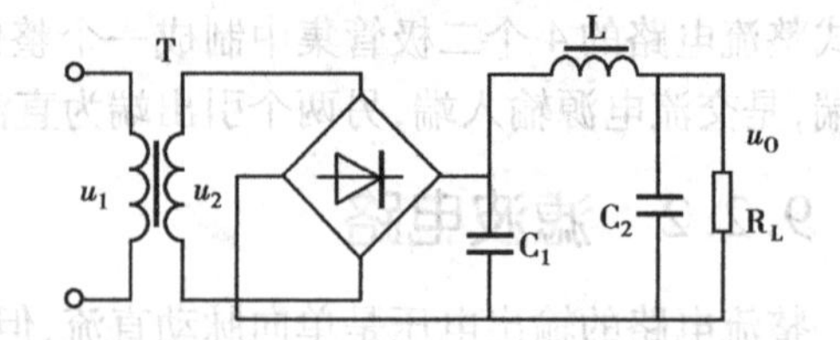

图 9.10 带 π 型 LC 滤波的桥式整流电路

3) 复式滤波

为进一步提高滤波效果,可将电感、电容和电阻组合起来,构成复式滤波电路。常见的有 π 型 RC,π 型 LC 和 T 型 LC 复式滤波电路。图 9.10 所示为 π 型 LC 滤波电路。

4) 常见的几种直流电源

市场上直流电源的类型很多,现介绍几种常见的电源。

（1）具有正、负极性的简单直流电源　电路如图 9.11 所示，可向负载提供对称的正、负电压，常用于功放电路中的双电源。在 U_2 的正半周时，D_1 导通，可提供正电压；若在 U_2 的负半周，D_2 导通，可向负载提供负电压。如果电容 C_1、C_2 选择较大，达到几千 μF，在 $U_2 = 12$ V 时，输出的电压可达 15 V 左右。此电路适用于直流纹波要求不高的场合。

（2）输出电压极性可变的直流电源　采用一双刀开关，通过改变流过负载上的电流方向而改变输出的直流电压方向，即改变了电压的极性，电路如图 9.12 所示。当开关 S 拨向 1 端，输出电压的方向是上正下负；S 拨向 2 端，输出电压的方向是下正上负。

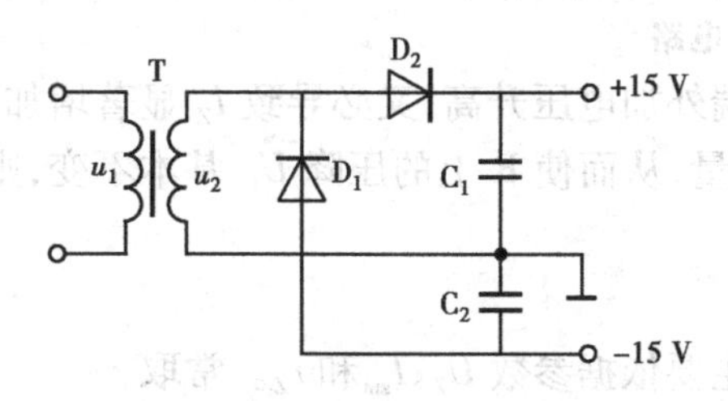

图 9.11　有正、负极性的简单直流电源

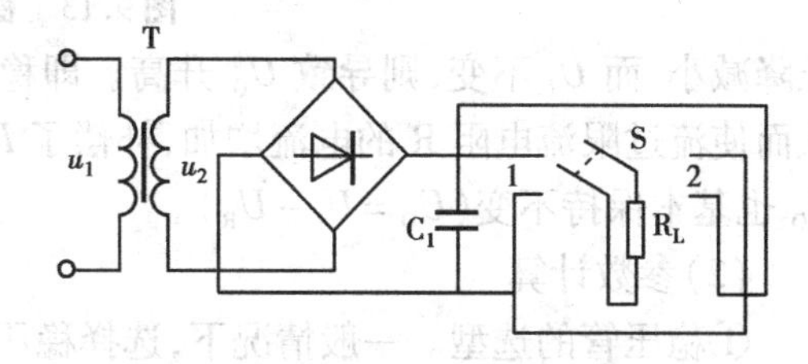

图 9.12　输出电压极性可变电路

复习与讨论题

（1）常见的整流电路有几种形式？都是利用二极管的什么性质实现的？

（2）整流电路的输出电压是直流还是交流，为什么？

（3）滤波电路有几种形式？电容滤波后的输出电压有何变化？

9.3　集成稳压器串联型稳压电路

交流电经过整流滤波能得到平滑的直流电压，但当输入电网电压波动和负载变化时输出电压也随之而变。因此，需要一种稳压电路，使输出电压在电网波动、负载变化时基本稳定在某一数值。

9.3.1　串联型稳压电路工作原理

1）稳压管稳压电路

电路如图 9.13 所示。整流滤波后的电压作为稳压电路的输入电压，限流电阻 R 和稳压管 D_Z 组成稳压电路。

（1）工作原理　简单地讲，无论电网电压波动还是负载 R_L 的变化，只要稳压管能正常工作，U_Z 就基本恒定，则负载电压也就基本不变，达到了稳压的目的。下面具体分析。

①设 R_L 不变、电网电压升高。如果电网电压升高，则 U_Z 及整流滤波后的直流电压 U_I 升高，则必导致 U_O 升高。而 $U_Z = U_O$，根据稳压管特性，当 U_Z 上升一点点时，I_Z 就会有显著的增加，则 I_R 必然增加，即 R 上的压降加大，吸收了 U_I 增加的部分，从而使 U_O 保持基本不变（$U_O = U_I - U_R$）。

②设电网电压不变，R_L 变化。设负载电阻 R_L 的阻值加大，若 I_L 减小，则限流电阻 R 上的

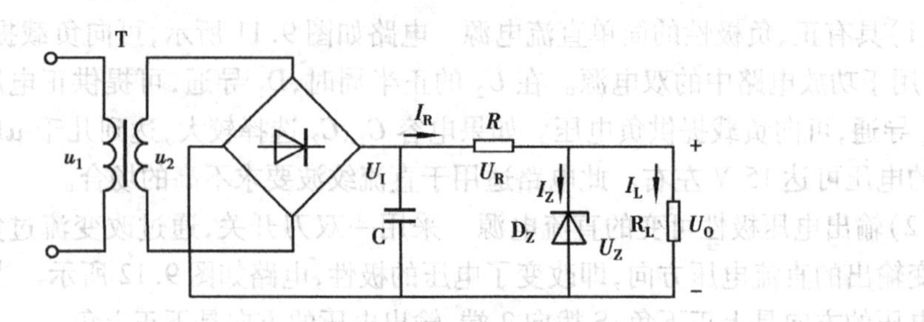

图9.13 稳压管稳压电路

压降减小，而 U_I 不变，则导致 U_O 升高。即稳压管两端外加电压升高，又必导致 I_Z 显著增加，从而使流过限流电阻 R 的电流增加，补偿了 I_L 的减小量，从而使 R 上的压降 U_R 基本不变，则 U_O 也基本保持不变（$U_O = U_I - U_R$）。

（2）参数计算

①稳压管的选型。一般情况下，选择稳压管型号主要依据参数 U_Z、I_{zm}和 r_Z。常取

$$U_Z = U_O$$

$$I_{Zm} = (1.5 \sim 3) I_{O\max}$$

②输入电压 U_I的确定。一般取 $U_I = (2 \sim 3) U_O$

③限流电阻 R 的计算。为了使输出电压稳定，就必须保证稳压管正常工作，因此就必须根据电网电压和 R_L 的变化范围正确地选择 R 的大小。

考虑 U_I 达到最大而 I_L 达到最小时，有

$$\frac{U_{I\max} - U_Z}{R} - I_{L\min} < I_{Z\max}$$

整理得

$$R > \frac{U_{I\max} - U_Z}{I_{Z\max} + I_{L\min}} \tag{9.12}$$

考虑 U_I 达到最小而 I_L 达到最大时，有

$$\frac{U_{I\min} - U_Z}{R} - I_{L\max} > I_{Z\min}$$

通常取 $I_{Z\min} = I_Z$，整理得

$$R < \frac{U_{I\min} - U_Z}{I_Z + I_{L\max}} \tag{9.13}$$

综合可得 R 的取值范围为

$$\frac{U_{I\max} - U_Z}{I_{Z\max} + I_{L\min}} < R < \frac{U_{I\min} - U_Z}{I_Z + I_{L\max}} \tag{9.14}$$

例9.3 在图9.13所示电路中，稳压管为2CW14，其参数是 $U_Z = 6$ V、$I_Z = 10$ mA、$P_Z = 200$ mW，整流滤波电路输出电压 $U_I = 15$ V。计算当 U_I 变化 ±10%，负载电阻0.5 ~2 kΩ 变化时，限流电阻 R 的取值。

解 由稳压管的参数确定 $I_{Z\max}$和 $I_{Z\min}$

$$I_{Z\max} = \frac{P_z}{U_z} = \frac{200\ \text{mW}}{6\ \text{V}} \approx 33\ \text{mA}\ ;\ I_{Z\min} = I_Z = 10\ \text{mA},$$

$$I_{\mathrm{L\,max}} = \frac{U_{\mathrm{Z}}}{R_{\mathrm{L\,min}}} = \frac{6\ \mathrm{V}}{0.5\ \mathrm{k\Omega}} = 12\ \mathrm{mA};I_{\mathrm{L\,min}} = \frac{U_{\mathrm{Z}}}{R_{\mathrm{L\,max}}} = \frac{6\ \mathrm{V}}{2\ \mathrm{k\Omega}} = 3\ \mathrm{mA}$$

由公式(9.12)、(9.13)可得：

$$R > \frac{(16.5-6)\ \mathrm{V}}{(33+3)\ \mathrm{mA}} \approx 0.29\ \mathrm{k\Omega}\ ;$$

$$R < \frac{(13.5-6)\ \mathrm{V}}{(10+12)\ \mathrm{mA}} = 0.34\ \mathrm{k\Omega}$$

可见，电阻 R 在0.29～0.34 kΩ 变化，选标称值为330 Ω 的电阻，其功率应为

$$P_R = \frac{(16.5-6\ \mathrm{V})^2}{330\ \Omega} \approx 0.34\ \mathrm{W}$$

选取1 W 的炭膜电阻或金属膜电阻。

2)串联型稳压电路

稳压管稳压电路可以稳定输出电压，但稳定度差，而且输出电流小。为了使输出电流增大，可以采用串联型晶体管稳压电路。

(1)基本串联型晶体管稳压电路　如图9.14所示即为基本串联型晶体管稳压电路，实质就是在稳压管稳压电路的输出端增加一级射极输出器，使输出电流扩大了$(1+\beta)$倍，解决了稳压管电路输出电流太小的问题。图9.15是该电路的另一种画法，因三极管V与负载相串联，故称为串联型晶体管稳压电路。从而可见，此电路的工作原理，实质上是用 U_0 的变化去控制三极管V的管压降，以保持 U_0 基本不变，V在电路中起到调整的作用，故称其为调整管。

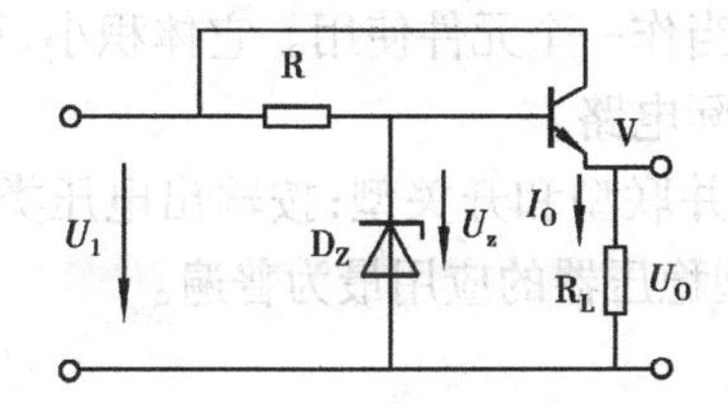

图9.14　基本串联型稳压电路

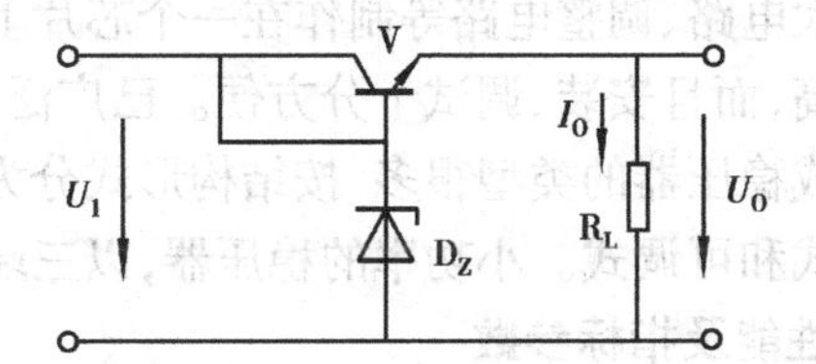

图9.15　基本串联型稳压电路另一种画法

其稳压的过程如下：

$$U_\mathrm{O}\uparrow \rightarrow U_\mathrm{BE}\downarrow \rightarrow I_\mathrm{B}\downarrow \rightarrow I_\mathrm{C}\downarrow$$
$$U_\mathrm{O}\downarrow \leftarrow U_\mathrm{CE}\uparrow$$

从分析可见，U_Z 基本不变，而 $U_\mathrm{Z}+U_\mathrm{BE}=U_\mathrm{O}$，$U_\mathrm{O}$ 的变化直接控制 U_BE 的变化，故灵敏度不高，稳定性能差。为了解决这一问题，可将 U_O 的变化放大后去控制三极管的发射极电压 U_BE，这就成了带有放大环节的串联型稳压电路。

(2)带有放大环节的串联型稳压电路　电路如图9.16所示，$\mathrm{R_1}$、$\mathrm{R_2}$、$\mathrm{R_3}$ 组成取样电路，R，$\mathrm{D_Z}$ 组成基准电路，运放为比较放大环节，V为调整电路。

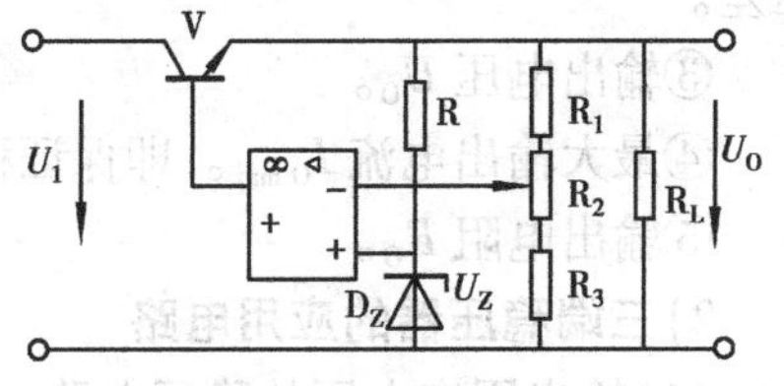

图9.16　用运放作放大环节的串联型稳压电路

①工作原理　由图知，运放接成负反馈形式，有 $U_-=U_+$ 成立，即 U_- 与基准电压进行比较，并作差值

放大。若 U_0↑使 U_-↑,则运放输出电压 U_B↓,使调整管 V 的 I_B↓、I_C↓、U_{CE}↑,则又导致 U_0↓,即保持 U_0 基本不变。用箭头表示为：

$$U_0\uparrow\rightarrow U_-\uparrow\rightarrow U_B\downarrow\rightarrow I_B\downarrow\rightarrow I_C\downarrow\rightarrow U_{CE}\uparrow\rightarrow U_0\downarrow$$

②输出电压的调整范围。设 R_2 的滑动触点在最上端时,有

$$U_- = U_Z = \frac{R_2 + R_3}{R_1 + R_2 + R_3}U_Z$$

即

$$U_0 = \frac{R_1 + R_2 + R_3}{R_2 + R_3}U_Z \tag{9.15}$$

可见,调节 R_2 滑动触点的位置,可以改变输出电压的大小,当滑动触点到最下端时,

$$U_0 = \frac{R_1 + R_2 + R_3}{R_3}U_Z \tag{9.16}$$

在实际稳压电路中,调整管常用复合管,可以更进一步提高输出电流。随着半导体集成电路工艺的发展,集成稳压器已普遍用于实际电路。

9.3.2 三端固定式集成稳压器

前面介绍的仅仅只是稳压电路的原理,实际的电路还要加许多外围元件,因而使用不便。随着半导体集成电路工艺的发展,已制成多种规模的集成稳压器,它是将取样电路、基准电路、比较放大电路、调整电路等制作在一个芯片上,封装后当作一个元件使用。它体积小、重量轻、可靠性高,而且安装、调试十分方便。已广泛应用于实际电路。

集成稳压器的类型很多,按结构形式分为串联型、并联型和开关型;按输出电压类型可分为固定式和可调式。小功率的稳压器,以三端式串联型稳压器的应用最为普遍。

1)性能及指标参数

图 9.17 是三端集成稳压器的外型图。目前,国产的 W78××系列三端稳压器,输出固定的正电压有 5 V、6 V、9 V、12 V、15 V、18 V、24 V 7 个档次,输出电流为 1.5 A。而 W78M 系列,输出电流为 500 mA;W78L 系列,输出电流为 100 mA。W79××系列三端稳压器输出固定的负电压,它的输入端是 3 脚,公共端为 1 脚,不可接错。

选择使用三端集成稳压器的时候,应注意以下几个参数:

①最大输入电压 $U_{I\,max}$。即保证稳压器安全工作时所允许的最大输入电压。

②最小输入输出电压差 $(U_I - U_O)_{min}$。即保证稳压器正常工作时所需的最小输入输出电压差。

③输出电压 U_O。

④最大输出电流 $I_{O\,max}$。即保证稳压器安全工作所允许的最大输出电流。

⑤输出电阻 R_O。

2)三端稳压器的应用电路

(1)输出固定电压的稳压电路　图 9.18 所示电路是 W78××系列作为固定输出时的典型接线图。为保证稳压器正常工作,最小输入输出电压差至少为 2～3 V。电容 C_i 在输入线较长时抵消其电感效应,以防止产生自激振荡;C_o 是为了消除电路的高频噪声,改善负载瞬间的

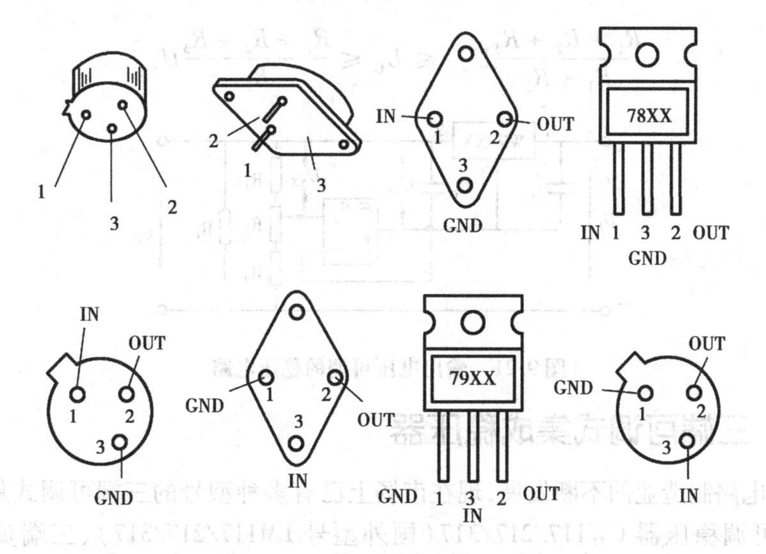

图 9.17　三端集成稳压器

响应。如果需要负电源时，可采用图 9.19 所示电路。

图 9.18　输出正压的电路　　　　**图 9.19　输出负压的电路**

(2)输出正、负电压的稳压电路　图 9.20 是一个可以给出 ±15 V 直流电压的实用稳压电源电路。两个 24 V 的二次侧绕组分别供给两个桥式整流电路，两个 1 000 μF 电容器分别为两个桥式整流电路的滤波电容。其输出分别加至 W7815(输出正压)和 W7915(输出负压)三端集成稳压器的输入端，输出为 ±15 V 直流电压。C_i 和 C_o 则分别为稳压器的外接输入、输出电容。

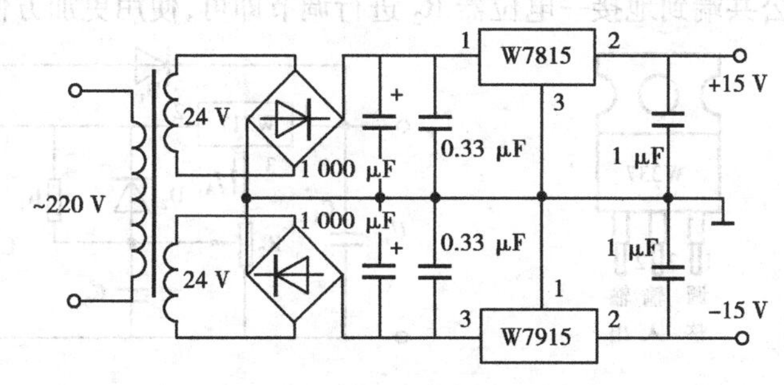

图 9.20　输出正、负电压的稳压电路

(3)输出电压可调的稳压电路　图 9.21 是用三端稳压器和运放组成的输出电压可调的稳压电源电路。运放接成跟随器形式，其输出电压(即 W78××3 端对 2 端的电压)为 $U_{××}$，因其电压放大倍数为 +1，故同相输入端对 2 端的输入电压同样为 $U_+ = U_{××}$，根据分压比的关系可求出本电路输出电压 U_O 的调节范围为：

$$\frac{R_1+R_2+R_3}{R_1+R_2}U_{\times\times} \leqslant U_0 \leqslant \frac{R_1+R_2+R_3}{R_1}U_{\times\times} \tag{9.17}$$

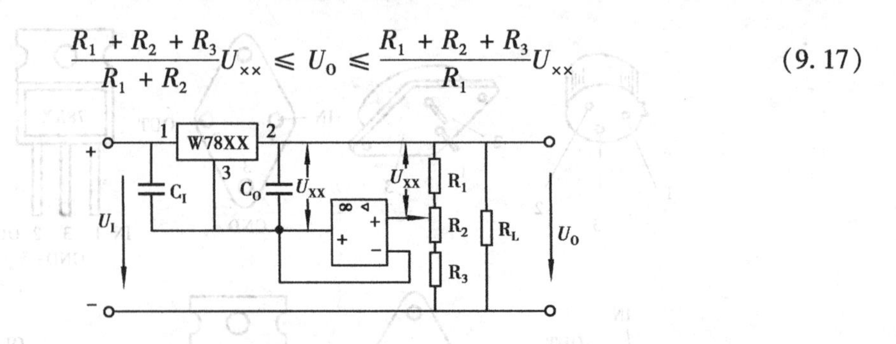

图 9.21 输出电压可调的稳压电路

9.3.3 三端可调式集成稳压器

随着集成电路制造业的不断发展,现在市场上已有多种型号的三端可调式集成稳压器出售,如三端正可调稳压器 CW117/217/317(国外型号 LM117/217/317)、三端负可调稳压器 CW137/237/337(国外型号 LM137/237/337),输出电流为 1.5 A,输出电压为 1.2 ~ 37 V 可调。三端可调稳压器型号含义,如图 9.22 所示。

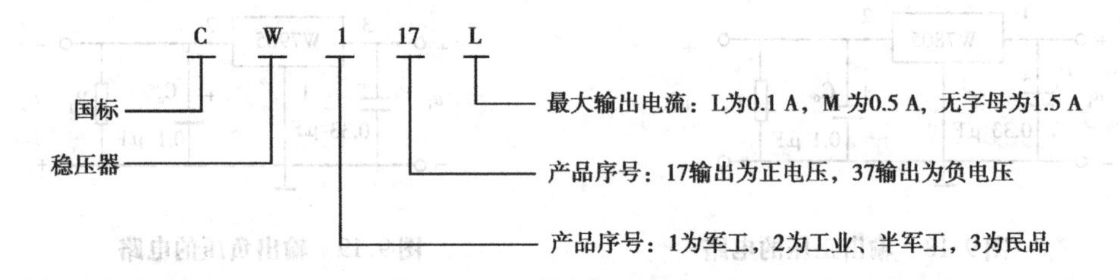

图 9.22 三端可调稳压器型号含义

它克服了固定三端稳压器输出电压不可调的缺点,继承了三端固定式集成稳压器的诸多优点。三端可调集成稳压器 CW317 和 CW337 是一种悬浮式串联调整稳压器,它们的外形如图 9.23 所示,典型应用电路如图 9.24 所示。使用时,只需在输出端与调整端之间加一电阻 $R_1=(120\sim240)\Omega$,公共端到地接一电位器 R_2 进行调节即可,使用更加方便。

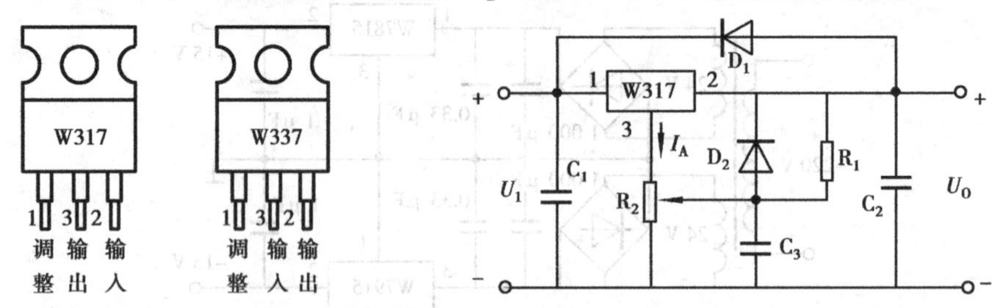

图 9.23 三端可调稳压器外形 图 9.24 三端可调式集成稳压器基本电路

为了使电路正常工作,一般输出电流不小于 5 mA。输入电压范围在 2 ~ 40 V,输出电压可在 1.25 ~ 37 V 调整,负载电流可达 1.5 A。由于调整端的输出电流非常小(50 μA)且恒定,故可将其忽略,那么输出电压可用下式表示:

$$U_O \approx (1 + \frac{R_{RP}}{R_1}) \times 1.25\ V$$

9.3.4 开关型稳压源简介

1)开关型稳压电源的特点

由于串联型稳压电路中的调整管工作在线性放大状态,要消耗较大的功率,故整个电源的效率低,仅为30%左右,并且要安装较大面积的散热器。如果使调整管工作于开关状态,组成开关型稳压电源,则可利用开和关的时间比例进行调整,再进行滤波,得到稳定的直流电压。在这种电路中,当调整管饱和导通时,有较大电流通过,但其饱和压降很小,因而管耗不大;而在调整管截止时,尽管管压降很大,但通过的电流很小,管耗也很小。如果开关速度很快,经过放大区的过渡时间很短,这样调整管的功耗就可很小,电源效率可提高到60% ~80%以上。此外,也不需要加装散热器,减小了体积和重量。然而从电路结构分析,开关型稳压电路比具有放大环节的串联型电路复杂,成本较高。但近年来由于集成开关型稳压器的出现,性能和精度进一步提高,电路器件减少,成本降低,在50 ~100 W范围内的价格功率比具有较大优势。故目前在计算机、航天设备、电视机、通讯设备、数字电路系统等装置中广泛使用开关型稳压电源。

开关型稳压电源的种类很多,按照开关管控制信号的调制方式,分为脉冲调宽、调频、调宽调频混合式3种;按开关型稳压电路中的开关控制信号是否由电路自身产生,分自激式和他激式开关型稳压电源。

另外,作为直流电源类型,还有将直流变换成交流,由变压器升压后再转换成较高的直流电压,称直流变换型电源。

2)串联型开关稳压电路

图9.25所示为开关型稳压电源的原理电路。U_I为整流滤波后的直流电源,三极管V_1为调整元件,工作于开关状态。由运放A、基准电压U_{REF}和R_1、R_2组成滞回比较器,作为开关控制电路,其输出的方波信号控制调整管基极。调整管V_1的发射极电位为矩形波,再由LC组成续流滤波电路变换成平滑的直流电压输出。

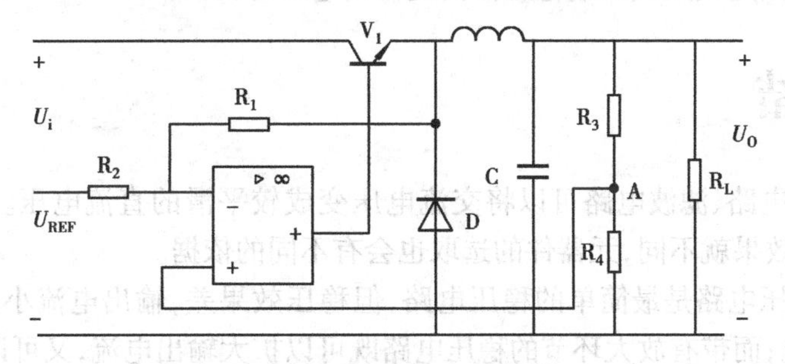

图9.25 开关型稳压电源的原理电路

(1)基本工作原理 可通过图9.26所示的电路来分析。输入电压通过S加到B点,当开关S闭合时,B点的电位为U_I,二极管截止,负载R_L上有电流流过。当开关S断开时,电感L上产生自感电势,其方向是右正左负,在自感电势的作用下,二极管导通使负载R_L上继续流过电流,二极管称为续流二极管。忽略二极管的导通压降,B点电位为零。由此可见,只要周期地控制开关S的通断,B点的波形为一个矩形波。

矩形波中除了直流成分外，还包含了高次谐波成分，它们可通过LC滤波电路滤掉。LC数值越大，S的动作频率越高，滤波效果越好。其波形图如9.27所示。T_{on}表示开关接通时间，T_{off}表示开关关断时间，T_{on}、T_{off}是开关动作周期T。在T一定时，调节T_{on}，就可调节电压U_O的大小。

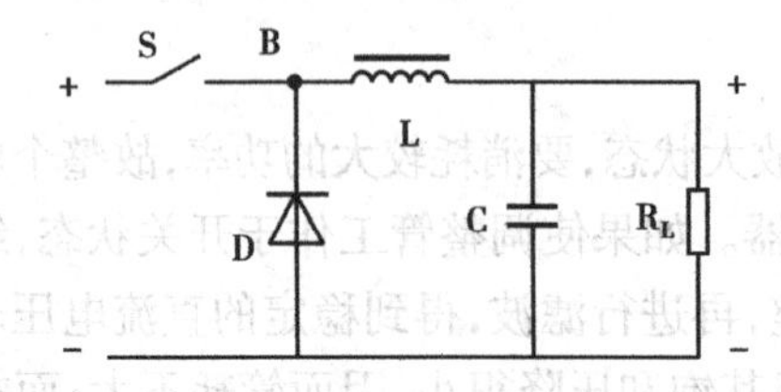

图9.26 开关稳压示意图

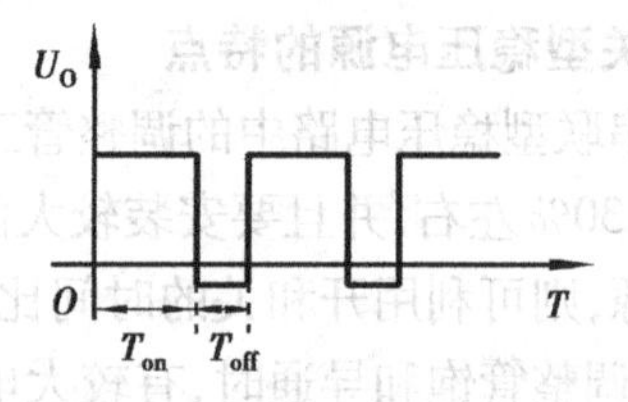

图9.27 开关稳压电路波形图

(2)稳压过程 在闭环情况下，电路能自动调节使U_O稳定。在R_1、R_2和R_3、R_4已确定时，由于U_I不稳定或负载变化，引起U_O变化，经R_3、R_4分压得到取样电压$U_A = U_+$也随之变化，这将影响T_{on}或T_{off}时间，从而牵制输出电压U_O变化而自动维持稳定。例如，当U_O升高后，必将引起下列过程：

$$U_O \uparrow \rightarrow U_A = U_+ \uparrow \rightarrow T_{on} \downarrow \rightarrow U_O \downarrow$$

反之，若输出U_O下降，必使T_{off}缩短，使U_O自动回升到稳定值。

由此可见，开关型稳压电路是自动调节调整开头时间来实现稳压的。开关型稳压电路的开关频率，一般取10~100 kHz为宜。这是由于开关频率过高，将使开关调整管在单位时间内开关转换的次数增加，开关调整管的功耗也增加，效率降低；若开关频率太低，LC值较大，将使整个系统的尺寸和重量变大，成本增加。

复习与讨论题

(1)串联型稳压电路的工作原理是什么？说明各单元电路的作用。

(2)固定式集成三端稳压器有哪几种？其基本应用电路怎样连接？

(3)如何利用固定式集成三端稳压器实现输出电压可调？

本章小结

(1)利用整流电路、滤波电路可以将交流电压变成较平滑的直流电压。采用的电路形式不同，输出电压的效果就不同，元器件的选取也会有不同的依据。

(2)稳压管稳压电路是最简单的稳压电路，但稳压效果差，输出电流小；串联型稳压电路可以扩大输出电流；而带有放大环节的稳压电路既可以扩大输出电流，又可以扩展输出电压。

(3)集成稳压电路应用广泛，尤其是三端式集成稳压器件性能可靠、使用方便。它的应用有固定电压、输出电压可调、扩大输出电流等基本形式。

(4)在大中型功率电路中，为减小调整管的功耗，提高电源效率，常采用开关稳压电路。

自我检测题与习题

一、单选题

1. 已知变压器二次电压为 $u_2=\sqrt{2}U_2\sin\omega t$ V，负载电阻为 R_L，则半波整流电路中二极管承受的反向峰值电压为(　　)。

A. U_2　　B. $0.45U_2$　　C. $\frac{\sqrt{2}U_2}{2}$　　D. $\sqrt{2}U_2$

2. 已知变压器二次电压为 $u_2=\sqrt{2}U_2\sin\omega t$ V，负载电阻为 R_L，则半波整流电路流过二极管的平均电流为(　　)。

A. $0.45\frac{U_2}{R_L}$　　B. $0.9\frac{U_2}{R_L}$　　C. $\frac{U_2}{2R_L}$　　D. $\frac{\sqrt{2}U_2}{2R_L}$

3. 已知变压器二次电压为 $u_2=\sqrt{2}U_2\sin\omega t$ V，负载电阻为 R_L，则桥式整流电路中二极管承受的反向峰值电压为(　　)。

A. U_2　　B. $\sqrt{2}U_2$　　C. $0.9U_2$　　D. $\frac{\sqrt{2}U_2}{2}$

4. 已知变压器二次电压为 $u_2=\sqrt{2}U_2\sin\omega t$ V，负载电阻为 R_L，则桥式整流电路流过每只二极管的平均电流为(　　)。

A. $0.9\frac{U_2}{R_L}$　　B. $\frac{U_2}{R_L}$　　C. $0.45\frac{U_2}{R_L}$　　D. $\frac{\sqrt{2}U_2}{R_L}$

5. 已知变压器二次电压 $u_2=28.28\sin\omega t$ V，则桥式整流电容滤波电路接上负载时的输出电压平均值约为(　　)。

A. 28.28 V　　B. 20 V　　C. 24 V　　D. 18 V

6. 桥式整流电容滤波电路中，要在负载上得到直流电压7.2 V，则变压器二次电压 u_2 应为(　　)V。

A. $8.6\sqrt{2}\sin\omega t$　　B. $6\sqrt{2}\sin\omega t$　　C. $7\sin\omega t$　　D. $7.2\sqrt{2}\sin\omega t$

7. 串联型稳压电路中，用作比较放大器的集成运算放大器工作在(　　)状态。

A. 线性放大　　B. 饱和或截止　　C. 开环　　D. 正反馈

8. 要得到 −2.4 ~ −5 V 和 +9 ~ +24 V 的可调电压输出，应采用的三端稳压器分别为(　　)。

A. CW117；CW217　　B. CW117；CW137

C. CW137；CW117　　D. CW137；CW237

9. 要同时得到 −12 V 和 +9 V 的固定电压输出，应采用的三端稳压器分别为(　　)。

A. CW7812；CW7909　　B. CW7812；CW7809

C. CW7912；CW7909　　D. CW7912；CW7809

二、判断题(正确的在括号中画"√"，错误的画"×")

1. 单相桥式整流电路中，因为有4个二极管，所以流过每个二极管的平均电流是总的平均

电流的1/4。 (　　)

2. 在桥式整流电路中，如果有一个二极管断开了，则输出电压的平均值将减小一半。(　　)

3. 桥式整流电路中，交流电的正、负半周作用时，在负载电阻上得到的电压方向相反。 (　　)

4. 在电路参数相同的情况下，半波整流电路输出电压的平均值是桥式整流电路输出电压平均值的一半。 (　　)

5. 整流电路加了滤波电容以后，输出电压的直流成分提高了，二极管的导通时间加大了。 (　　)

6. 三端可调输出集成稳压器可用于构成可调稳压电路，而三端固定输出集成稳压器则不能。 (　　)

7. 开关稳压电源的调整管主要工作在截止和饱和两种状态，因此管耗很小。 (　　)

三、填空题

1. 直流电源是把市电的交流电压，变为________电压，它一般包括________、________、________、______4个主要部分。

2. 桥式整流电路的变压器次级电压有效值为 U_2，则输出电压的平均值 $U_{O(AV)}$ 为______；如果加入一个电容量很大的电容器滤波后，输出电压的平均值为__________。

3. 直流电源中的滤波电路用来滤除整流后单相脉动电压中的________成分，使之成为平滑的________。

4. 电感滤波是利用电感中__________的原理实现的。它适用于负载电流________的场合，而且负载电流变化时，输出电压变化____________。

5. 开关稳压电源的主要优点是________较高，具有很宽的稳压范围；主要缺点是输出电压中含有较大的________。

四、计算分析题

1. 桥式整流电路如题图9.1所示，已知 $U_2 = 36$ V。

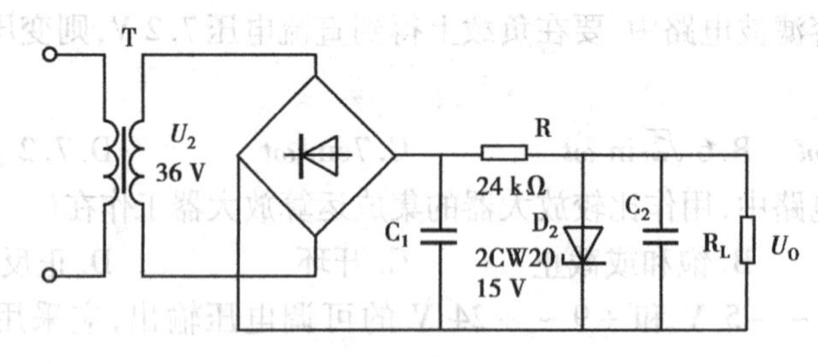

题图9.1

①试估算输出电压 U_O 的值。

②若有1个二极管(如 D_2)脱焊，U_O 值有何变化？

③若有1个二极管(如 D_2)短路，U_O 又有何变化？

2. 电路如图9.2所示的半波整流电路中，已知 $R_L = 100\ \Omega$、$u_2 = 20\sin\omega t$ V，试求输出电压的平均值 u_o、流过二极管的平均电流 I_D 及二极管承受的反向峰值电压 U_{RM} 的大小。

3. 单相桥式整流电容滤波电路如题图9.2所示，已知交流电源频率 $f = 50$ Hz，u_2 的有效值 $u_2 = 15$ V、$R_L = 50\ \Omega$。试估算：

①输出电压 u_O 的平均值。

②流过二极管的平均电流。

③二极管承受的最高反向电压。

④滤波电容 C 容量的大小。

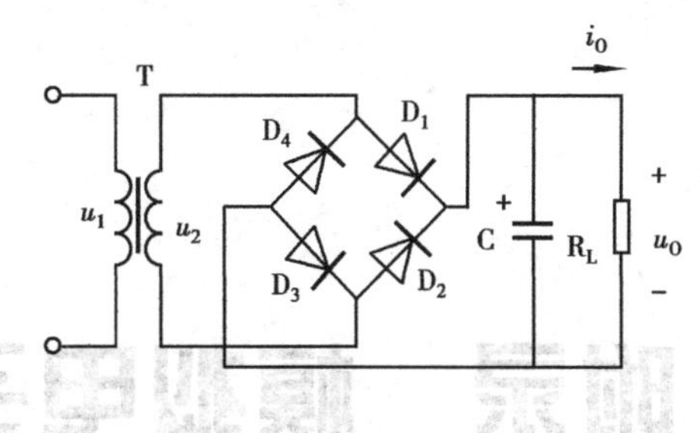

题图 9.2

4. 分析题图 9.3 所示电路：

①说明由哪几部分组成，各组成部分包括哪些元件。

②求出 U_I 和 U_O 的大小。

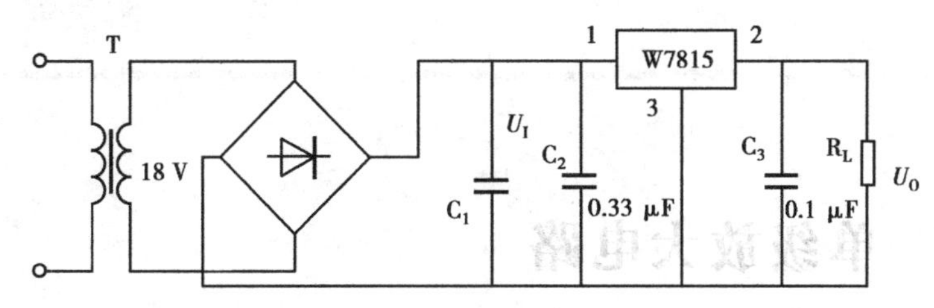

题图 9.3

5. 题图 9.4 所示电路为小功率单相桥式整流、电容滤波电路的组成框图，试分析：

①画出模块Ⅰ、Ⅱ的具体电路；

②已知 u_2 的有效值为 20 V，试估算输出电压 U_O 的值。

③求电容 C 开路时 U_O 的均值。

④求电阻 R_L 开路时 U_O 的值。

⑤欲在点 A 和点 B 之间插入稳压电路，使输出 +15 V 的直流电压，试画出用固定输出三端集成稳压器组成的稳压电路，并标出三端集成稳压器的型号。

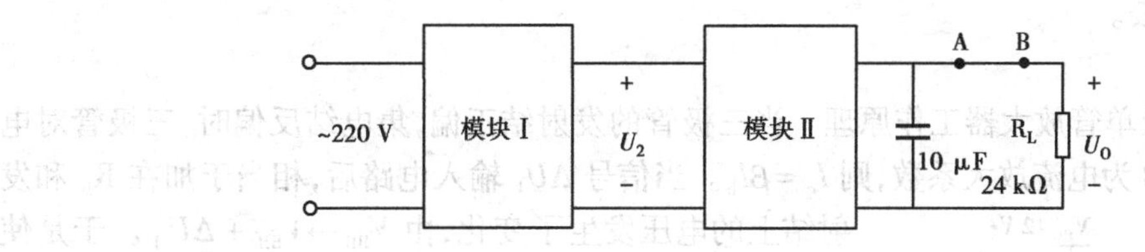

题图 9.4

附录　模拟电子实验计算机仿真

实验1　单级放大电路

1)实验目的

①掌握放大器静态工作点的调试方法及其对放大器性能的影响。

②学习测量放大器 Q 点，以及 A_u、r_i、r_o 的方法，了解共射极电路特性。

③学习放大电路的动态性能。

2)实验仪器

①Multisim 2001 电路仿真软件。

②示波器。

③信号发生器。

④数字万用表。

3)相关知识

(1)三极管及单管放大器工作原理　当三极管的发射结正偏，集电结反偏时，三极管对电流有放大作用。β 为电流放大系数，则 $I_c=\beta I_b$。当信号 ΔU_1 输入电路后，相当于加在 R_b 和发射结上的电压发生了变化，由 $V_{BB}\rightarrow V_{BB}+\Delta U_I$。于是使晶体管的基极电流发生变化，由 $I_B\rightarrow I_B+\Delta I_B$。基极的电流变化被放大了 β 倍后成为集电极电流的变化，由 $I_C\rightarrow I_C+\Delta I_C$。集电极电流流过电阻 R_c，则 R_c 上的电压也就发生变化，由 $U_{rc}\rightarrow U_{rc}+\Delta U_{rc}$。输出电压等于直流电源电压与 R_c 上的电压之差。电阻 R_c 上的电压随输入信号变化，则输出电压也就随之变化，由 $U_O\rightarrow U_O+\Delta U_O$。如果参数选择合适，就能得到比 ΔU_1 大得多的 Δu_o。

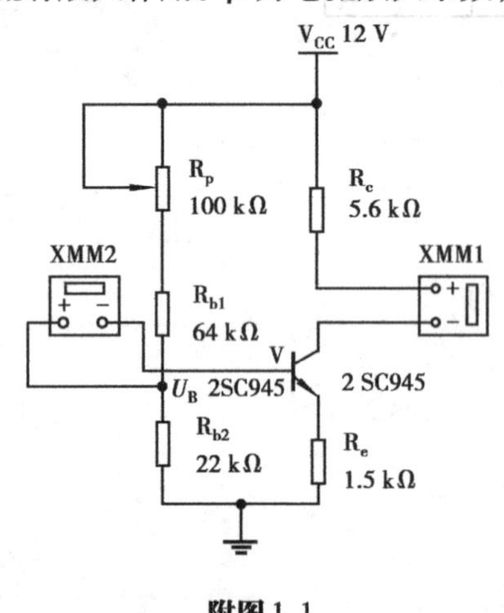

附图 1.1

(2)放大器动态及静态测量方法：

静态测量($U_i=0$)：$U_B=V_{CC}\cdot R_{b2}/(R_P+R_{b1}+R_{b2})$；$I_E=I_C=(U_B-U_{BE})/R_e$；$I_B=I_C/I_B$；$U_{CE}=V_{CC}-I_C(R_C+R_e)$

动态测量($U_i\neq 0$)：电压放大倍数 $A_u=U_O/U_I$

4)软件实验内容及步骤

(1)静态调整　静态电路图如附图 1.1 所示。

画图过程如下:

①取元件方法。元件由基本零件列中取出。如电阻 R 均可按取之;电池及接地符号取自电源/信号源零件列,可按取之;电压表取自指示零件列,可按加取之。且在元件列中,有些按钮可以自定义值,如电阻和滑动变阻器。

②具体操作。调整 R_p 的方法:双击左键,打开下面的对话框(见附图 1.2)。其中:Resistance 表示调整电阻值;Kep 表示设定符号(a 为减少,A 为增加);Increment 表示调整增减幅度。

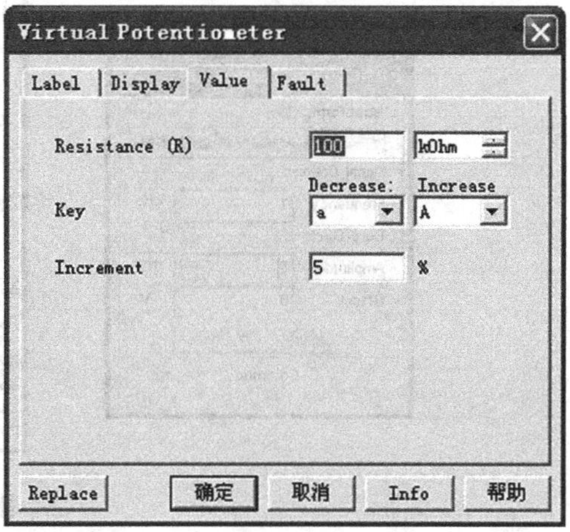

附图 1.2

调整 R_p,记录 I_C 分别为 0.5 mA、1 mA、1.5 mA时三极管 V 的 β 值(其值较低,注意:I_B 的测量和计算方法),计算并填附表 1.1。

附表 1.1

实　测			实测计算	
U_{BE}/V	U_{CE}/V	R_b/kΩ	I_B/μA	I_C/mA

(2)动态调整

①接好动态电路图,如附图 1.3 所示。

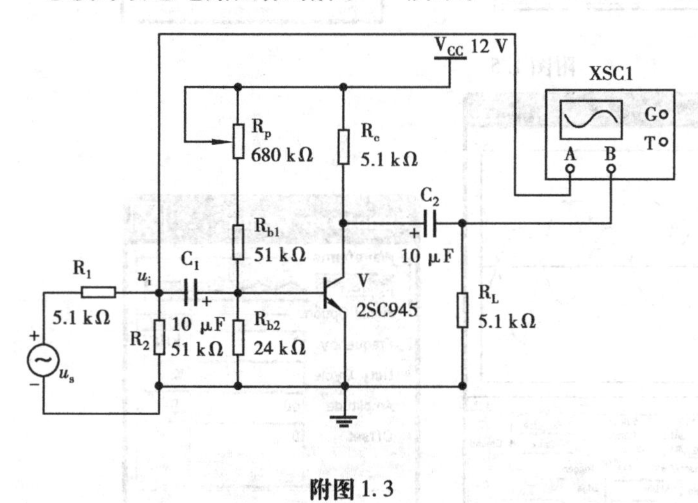

附图 1.3

②双击信号源,如附图 1.4 所示。并设置 Frequency、Amplitude 的参数值,使 Frequency 的参数为 1 kHz,使 Amplitude 的参数为 500 mV。

③双击示波器,在 Timebase 区块的字段里将水平扫描的周期定为 1 ms/Div,分别在 ChannelA, ChannelB 区块的 scale 字段里将两个信号的垂直刻度定为 50 ms/Div 按开始仿真,如附图 1.4 所示。u_i 点得到 5 mV 的小信号,观察 u_i 和 u_o 端波形,并比较相位。如附图 1.5 所示。

④信号源频率不变,逐渐加大幅度,观察 u_o 不失真时的最大值,并填附表 1.2。如附图1.6 所示。

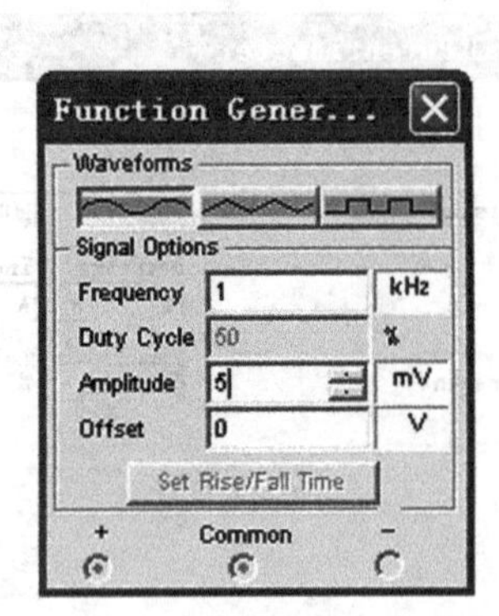

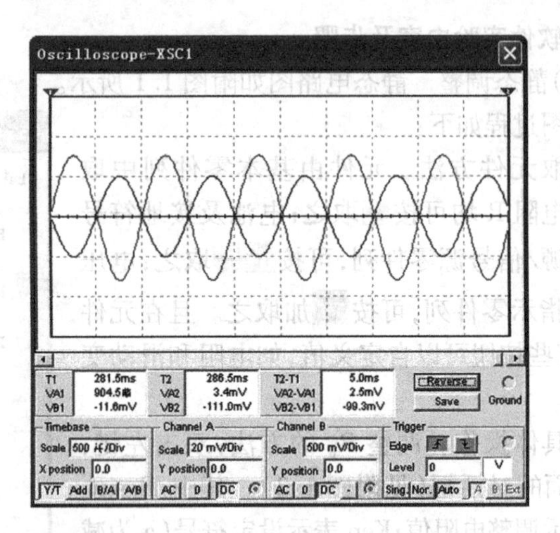

附图 1.4

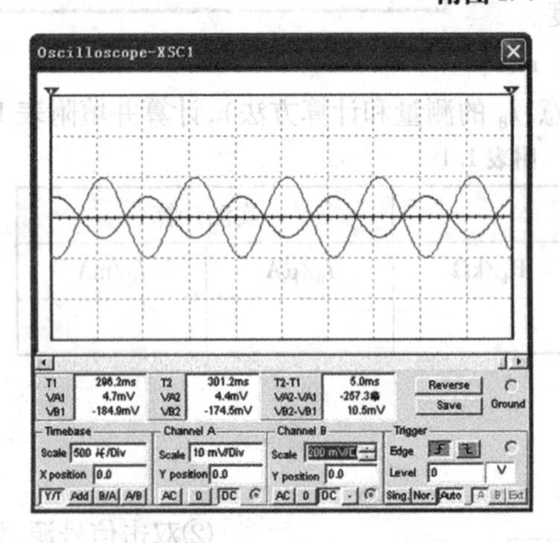

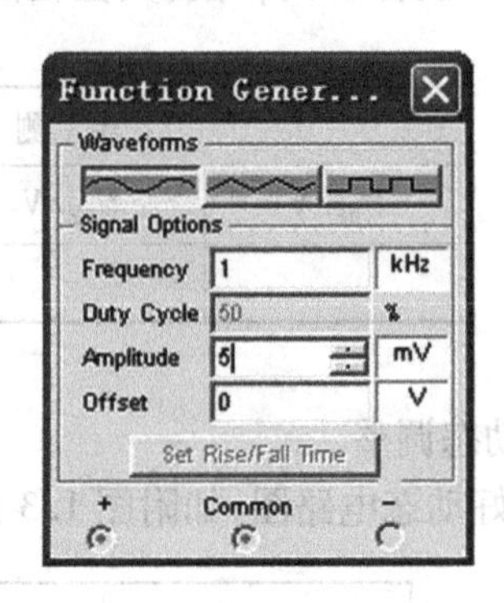

附图 1.5

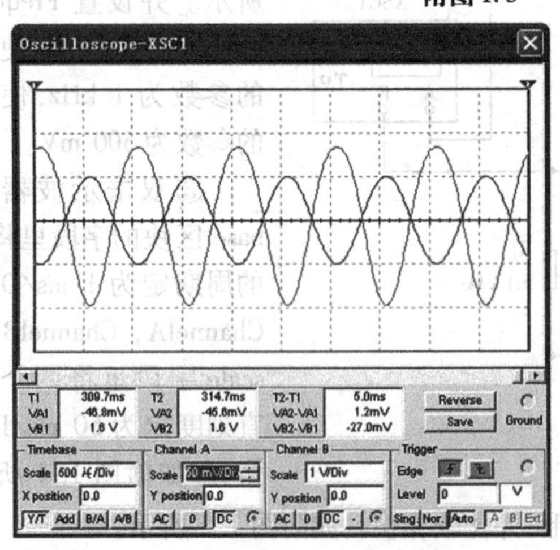

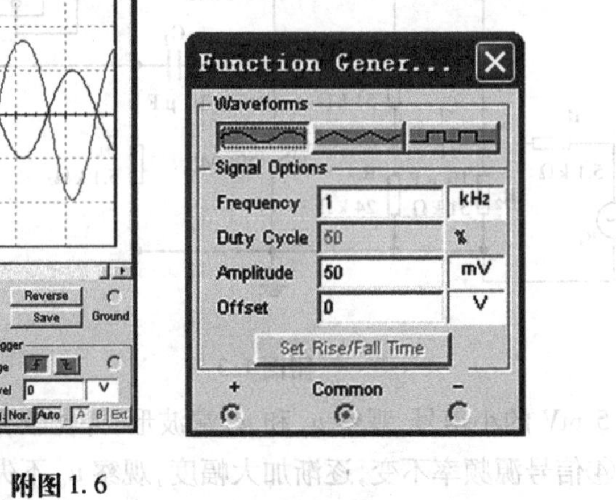

附图 1.6

附表 1.2

实　测		实测计算	估　算
u_i/V	u_o/V	A_u	A_u

⑤保持 u_i = 5 mV 不变，调节电位器 R_p 的阻值，观察 u_o 波形的变化。当 R_p 最大、合适、最小时，记录的波形，如附图 1.7 所示。

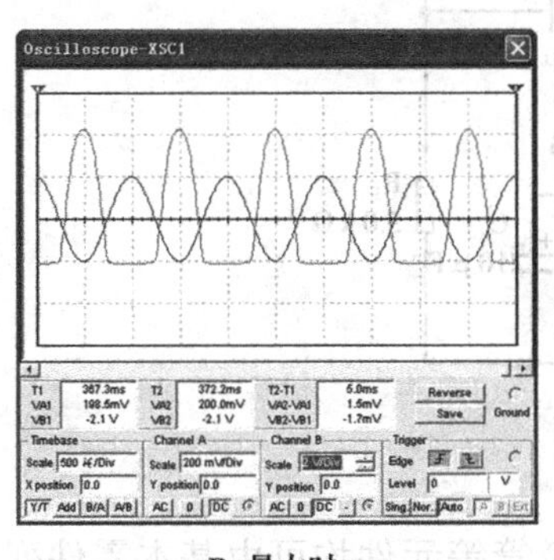

R_P 最大时

R_P 正常时

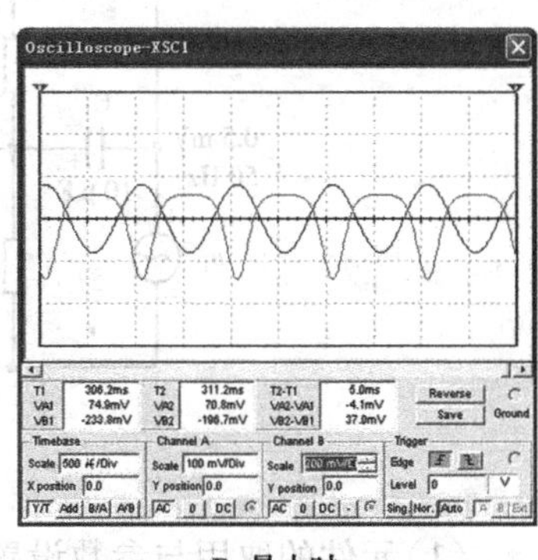

R_P 最小时

附图 1.7

5）实验报告要求

①注明所完成的实验内容和思考题，简述相应的基本结论。

②选择在实验中感受最深的一个实验内容，写出较详细的报告。

实验 2　两级交流放大电路

1）实验目的

①掌握如何合理设置静态工作点。

②学会放大器频率特性测试方法。

③了解放大器的失真及消除方法。

2）实验仪器及设备

①Multisim 2001 电路仿真软件。

②双踪示波器。

③数字万用表。

④信号发生器。

3）相关知识

多级放大电路分为直接耦合式电路、阻容耦合式电路、变压器耦合式电路等。几级放大电路串起来后，总电压增益提高了，即总电压增益为各单级电路电压增益的乘积，但通频带变窄了。两级放大电路的两级间相互影响，而静态工作点是独立的。

4)软件实验内容及步骤

电路如附图 2.1 所示。

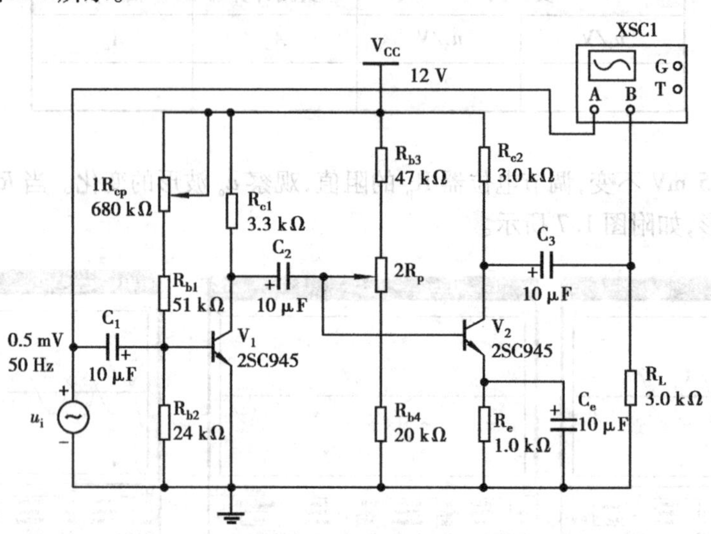

附图 2.1 两级交流放大电路

(1)元件的取用与参数设置 电阻、变阻器、电解电容、三极管等元件均可由基本零件列取出,示波器、万用表等由指示零件列取出。附图 2.2 为变阻器参数的设置,变阻器 $1R_p$ 阻值由 a、A 控制,当键入 a 或 *A* 时,其阻值会变大或变小,设置其变化幅度为 1%;$2R_p$ 也同样设置,其控制键设为 b、B。将信号源的 frequency 和 amplitude 的参数设置为 1 kHz 和 0.5 mV。

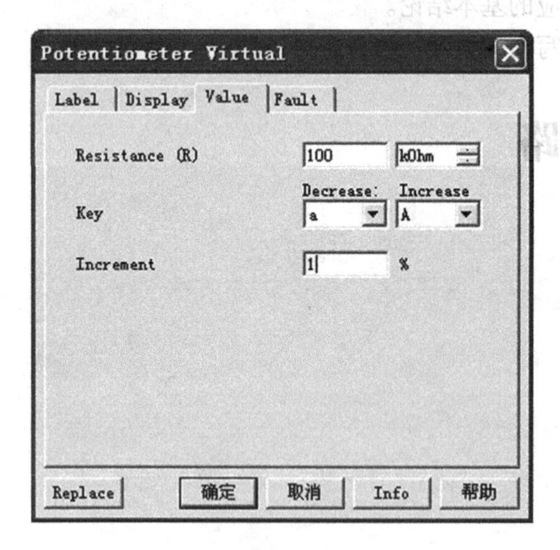

附图 2.2

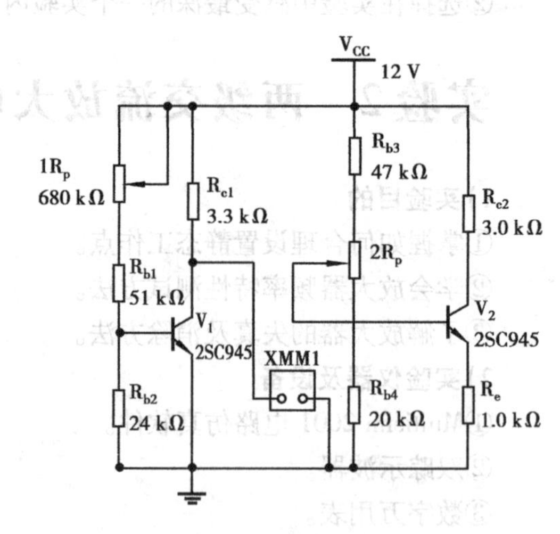

附图 2.3 静态电路图

(2)静态调整 如附图 2.3 所示连接静态电路图,并进行测量,将结果填入附表 2.1 中。

附表 2.1

	静态工作点/V						输入/输出电压/mV			电压放大倍数		
	第一级			第二级						一级	二级	整体
	U_{c1}	U_{b1}	U_{e1}	U_{c2}	U_{b2}	U_{e2}	u_i	u_{o1}	u_{o2}	A_{u1}	A_{u2}	A_u
空载												
负载												

(3)动态调整　按开关键开始仿真,得到如附图 2.4 所示波形。

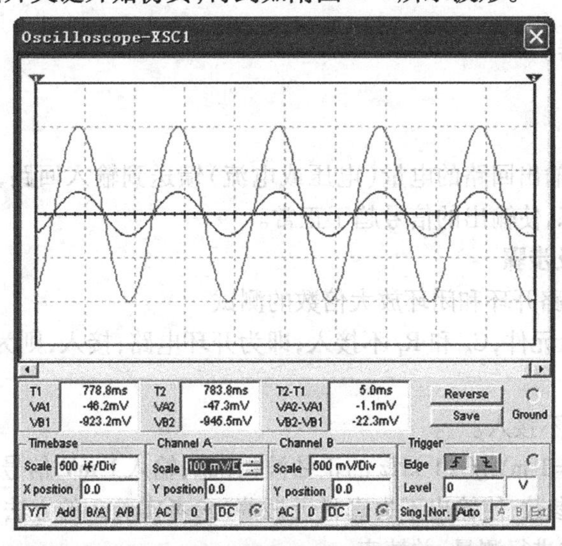

附图 2.4

红色为输入信号,蓝色为输出信号。调整 1、2 两个坐标轴将测量数据填入附表 2.2 中。仿真两级放大电路的频率特性,并将测量数据填入附表 2.2 中。

附表 2.2

f/Hz		50	100	250	500	1 000	2 500	5 000	10 000	20 000
u_o/V	$R_L=\infty$									
	$R_L=3\ k\Omega$									

5)实验报告要求

①整理实验数据,分析实验结果。

②画出实验电路的频率特性简图,标出 f_H 和 f_L。

③写出增加频率范围的方法。

实验3 负反馈放大电路

1)实验目的

①研究负反馈对放大器性能的影响。

②掌握反馈放大器性能的测试方法。

2)实验仪器及设备

①Multisim 2001 电路仿真软件。

②双踪示波器。

③音频信号发生器。

④数字万用表。

3)相关知识

在电子系统中,把输出回路的电量(电压或电流)馈送到输入回路,通过输出的电量改变输入电路的工作点状态,使输出的信号趋于正常。

4)软件实验内容及步骤

(1)负反馈放大电路开环和闭环放大倍数的测试

①开环电路。调入元件,C_6 和 R_f 不接入,即为开环电路;接入,则为闭环电路。连接电路如附图 3.1 所示。

a.按图接线,R_f 先不接入。

b.输入端接入 U_i =1 mV,f=1 kHz 的正弦波(注意:输入 1 mV 信号采用输入端衰减法,见实验 2)。调整接线和参数,使输出不失真且无振荡(参考实验 2 的方法)。

c.按附表 3.1 要求进行测量,并填表。

d.根据实测值,计算开环放大倍数和输出电阻 r_o。

②闭环电路。

a.接通 R_f,按①的要求调整电路。

b.按附表 3.1 要求测量并填表,计算 A_{uf}。

c.根据实测结果,验证 $A_{uf} \approx 1/f$。

附表 3.1

	R_L/kΩ	U_i/mV	U_o/mV	$A_u(A_{uf})$
开环	∞	1		
	1.5	1		
闭环	∞	1		
	1.5	1		

(2)负反馈对失真的改善作用

①将附图 3.1 电路开环,逐步加大 U_i 的幅度,使输出信号出现失真(注意:不要过分失真),记录失真波形幅度,见附图 3.2 所示。

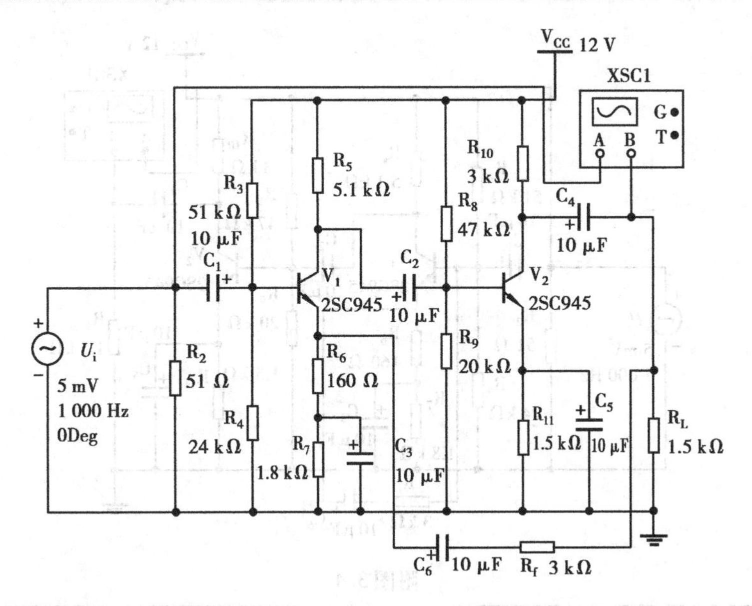

附图 3.1

②将电路闭环，观察输出情况，并适当增加 U_i 幅度，使输出幅度接近开环失真波形幅度，见附图 3.3 所示。

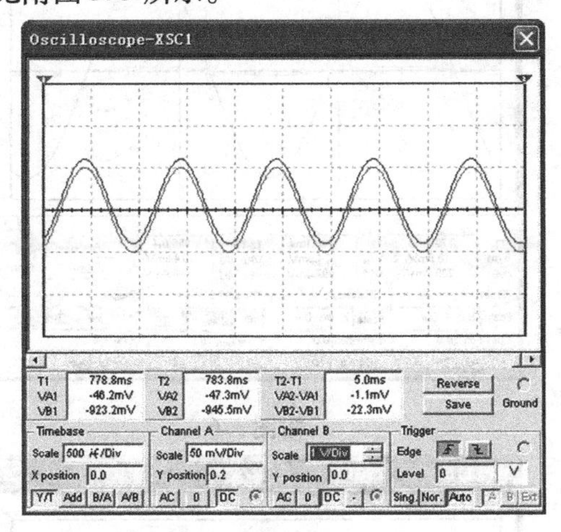

附图 3.2

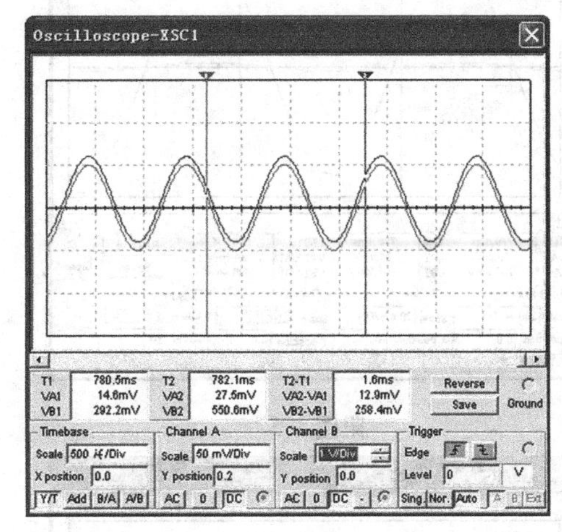

附图 3.3

③若 R_f = 3 kΩ 不变，但 R_f 接入 V_1 的基极，会出现什么情况？以实验验证之。电路见附图 3.4，波形见附图 3.5 所示。

④画出上述各步实验的波形图。

(3)测放大器频率特性

①将附图 3.1 电路先开环，选择 U_i 于适当幅度(频率为 1 kHz)，使输出信号在示波器上有满幅正弦波显示，见附图 3.6 所示。

②保持输入信号幅度不变，逐步增加频率，直到波形减小为原来的 70%，此时信号频率 380 kHz 即为放大器 f_H，见附图 3.7 所示。

③条件同上，但逐渐减小频率至 380 Hz，测得 f_L 见附图 3.8 所示。

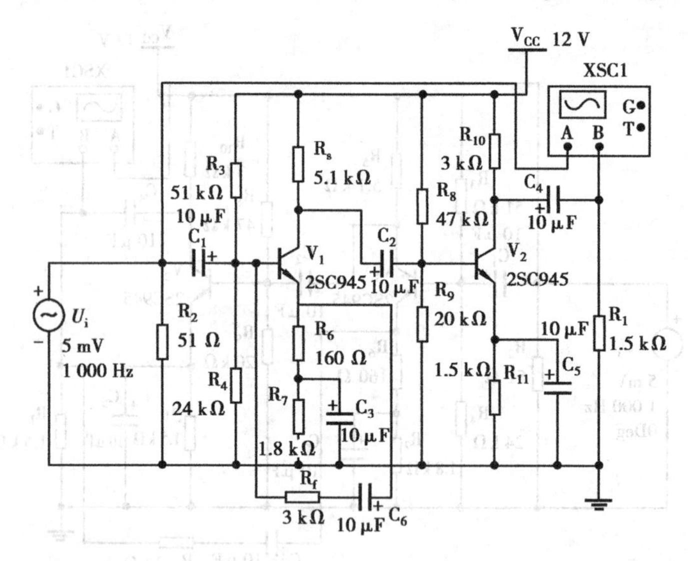

附图 3.4

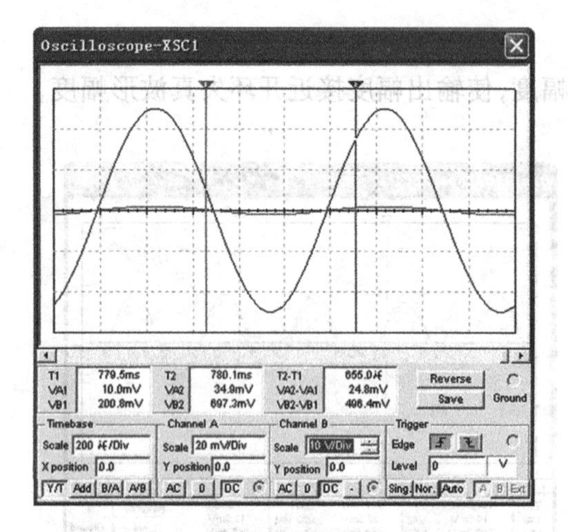

附图 3.5

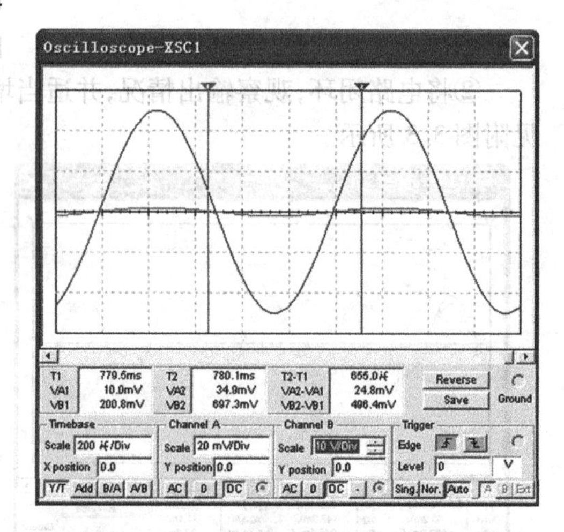

附图 3.6

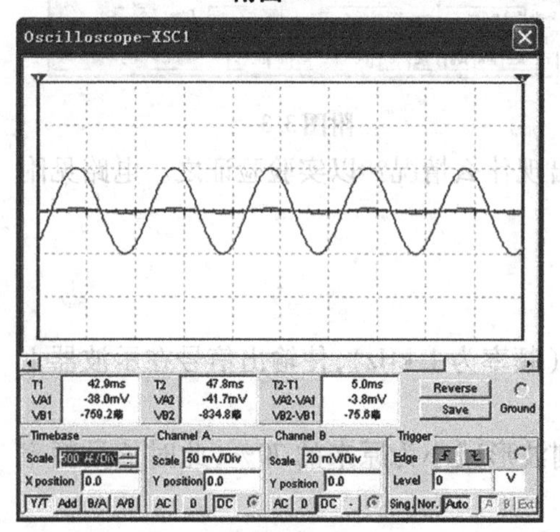

附图 3.7

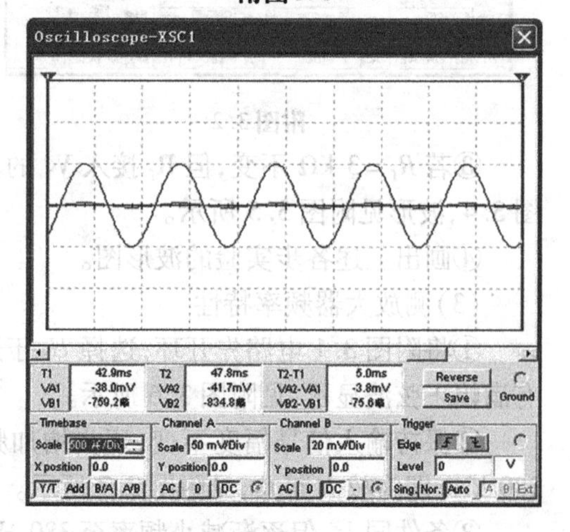

附图 3.8

④将电路闭环,重复①~③步骤,并将结果填入附表3.2。

a. 将附图3.2电路先开环,选择 U_i 于适当幅度(频率为1 kHz),使输出信号在示波器上有满幅正弦波显示,见附图3.9所示。

b. 保持输入信号幅度不变,逐步增加频率,直到波形减小为原来的70%,此时信号频率即为放大器 f_H,见附图3.10所示。

c. 条件同上,但逐渐减小频率,测得 f_L。

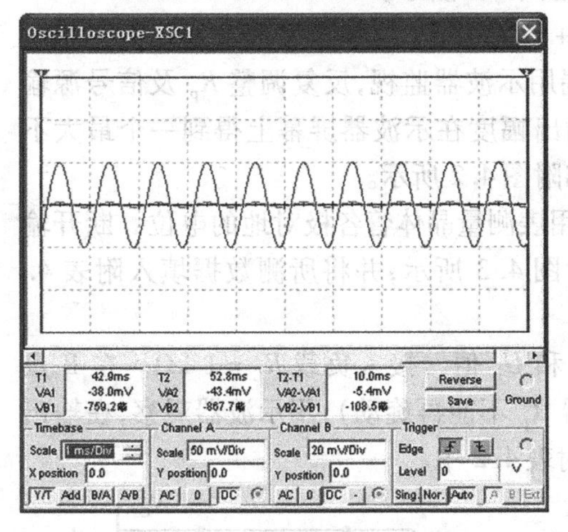

附图3.9

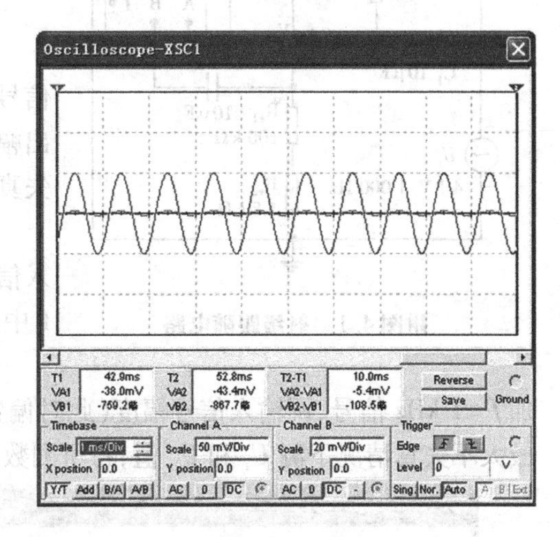

附图3.10

附表3.2

	f_H/Hz	f_L/Hz
开环		
闭环		

5)实验报告要求

①将实验值与理论值比较,分析误差原因。

②根据实验内容,总结负反馈对放大电路的影响。

实验4　射极跟随电路

1)实验目的

①掌握射极跟随器的特性及测量方法。

②进一步学习放大电路各项参数测量方法。

2)实验仪器及设备

①Multism 2001电路仿真软件。

②示波器。

③信号发生器。

④数字万用表。

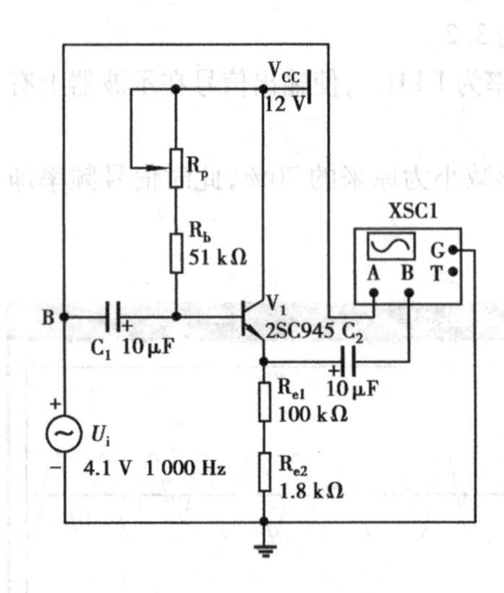

附图 4.1 射级跟随电路

3)相关知识

射极跟随器是典型的共集电路,其特点为:电压增益小于1而近于1,输出电压与输入电压同相,输入电阻高,输出电阻低,它对电流有放大作用。

4)软件实验内容及步骤

电路如附图 4.1 所示。

将电源 +12 V 接上,信号源为 $f=1$ kHz 的正弦波信号,输出端用示波器监视,反复调整 R_p 及信号源输出幅度,使输出幅度在示波器屏幕上得到一个最大不失真波形,如附图 4.2 所示。

①用万用表测量晶体管各极对地的电位　断开输入信号,如附图 4.3 所示,并将所测数据填入附表 4.1 中。

②测 U_i 和 U_L 值　接入负载 $R_L=1$ kΩ。在 B 点加 $f=1$ kHz 信号,调输入信号幅度(此时偏置电位器 R_p 不能再旋动),用示波器观察,在输出最大不失真情况下测 U_i 和 U_L 值,将所测数据填入附表 4.2 中。

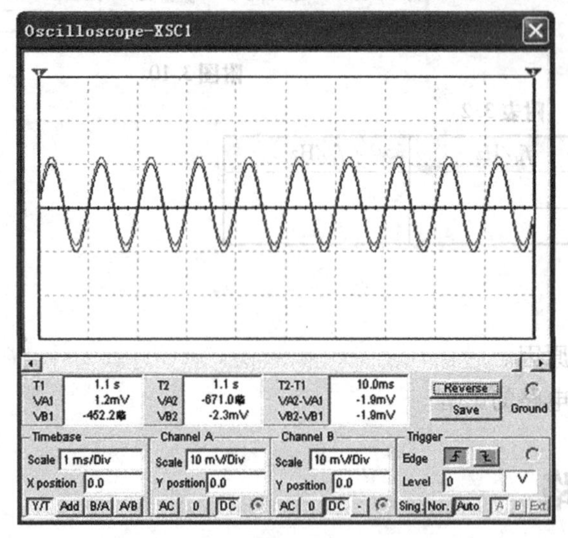

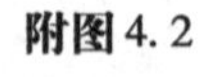
附图 4.2

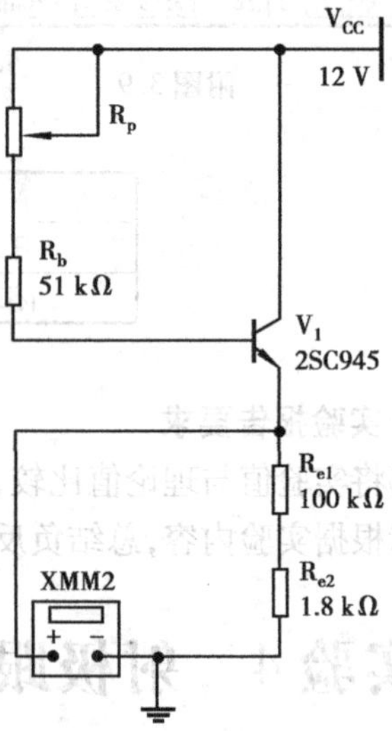

附图 4.3

附表 4.1

U_e/V	U_b/V	U_c/V	$I_e=\dfrac{U_e}{R_e}$

附表 4.2

U_i/V	U_L/V	$A_u=\dfrac{U_L}{U_i}$

③计算输出电阻　在 B 点加 $f=1$ kHz 正弦波信号,$U_i=100$ mV 左右,接上负载 $R_L=2.2$ kΩ 时,用示波器观察输出波形,测空载输出电压 $U_0(R_L=\infty)$。有负载输出电压 $U_L(R_L=2.2$ kΩ$)$的值,则

$$R_O = \left(\frac{U_O}{U_L} - 1\right)R_L$$

将所测数据填入附表 4.3 中。

附表 4.3

U_O/mV	U_L/mV	$R_O = \left(\frac{U_O}{U_L} - 1\right)R_L$

附表 4.4

U_s/V	U_i/V	$R_i = \frac{R}{U_s/U_i - 1}$

④测量放大器输入电阻 R_i(采用换算法)　在输入端串入 5.1 kΩ 电阻,A 点加入 f = 1 kHz的正弦信号,用示波器观察输出波形,用毫伏表分别测 A、B 点对地电位 U_s、U_i。则

$$R_i = \frac{U_i}{U_s - U_i} \cdot R = \frac{R}{U_s/U_i - 1}$$

将测量数据填入附表 4.4 中。

⑤测射极跟随电路的跟随特性并测量输出电压峰值 V_{OP-P}　接入负载 R_L = 2.2 kΩ,在 B 点加入 f = 1 kHz 的正弦波信号,逐点增大输入信号幅度 U_i,用示波器监视输出端,在波形不失真时,测对应的 U_L 值,计算出 A_u,并用示波器测量输出电压的峰值 V_{OP-P}与电压表(读)测的输出电压有效值比较。将所测数据填入附表 4.5 中。

附表 4.5

	1	2	3	4
U_i/V				
U_L/V				
U_{OP-P}/V				
A_u				

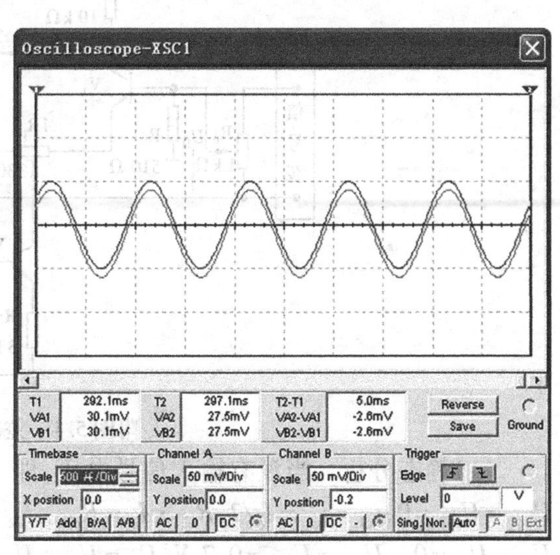

附图 4.4

附图 4.4 为 U_i = 4 V 时的波形输出情况,移动坐标 1、2 即可读取数据。

5)实验报告要求

①绘出实验原理电路图,标明实验的元件参数值。

②整理实验数据及说明实验中出现的各种现象,得出有关结论,画出波形及曲线。

③将实验结果与理论计算比较,分析产生误差的原因。

实验5　差动放大电路

1）实验目的

①熟悉差动放大电路工作原理。

②掌握差动放大器的基本测量方法。

2）实验仪器及设备

①Multisim 2001 电路仿真软件。

②双踪示波器。

③数字万用表。

④信号源。

3）相关知识

附图5.1所示是一个基本的差分式放大电路。它由两个特性相同的BJT、V_1、V_2 组成对称电路，电路参数也对称，即 $R_{c1}=R_{c2}=R_c$ 等。电路中有两个电源 $+V_{CC}$（+12 V）和 $-V_{DD}$（-12 V）。这个电路有两个输入端和两个输出端，称双端输入和双端输出电路。

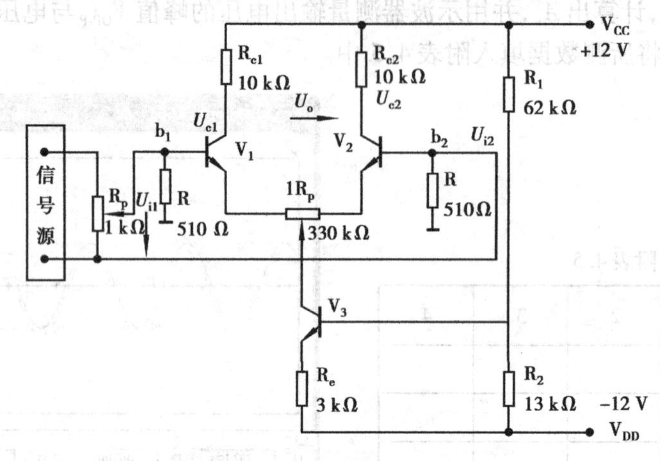

附图5.1　差动放大原理图

（1）静态分析　当没有输入信号电压，即 $U_{i1}=U_{i2}=0$ 时，由于完全对称，$R_{c1}=R_{c2}=R_c$；$U_{be1}=U_{be2}=0$；$i_{c1}=i_{c2}=I_o/2$；$R_{c1}\cdot I_c=R_{c2}\cdot I_{c2}=R_c\cdot I_c$；$U_{ce1}=U_{ce2}=U_{cc}-I_cR_c+0.7\ \mathrm{V}$；$U_O=U_{c1}-U_{c2}=0$。$U_{be1}=U_{be2}=0.7\ \mathrm{V}$、$U_O=U_{c1}-U_{c2}=0$。由此可知，输入信号电压（$U_{id}=U_{i1}-U_{i2}$）为零时，输出信号电压 U_o 也为零。

（2）动态分析　当电路的两个输入端各加一个大小相等、极性相反的信号电压，即 $U_{i1}=-U_{i2}=U_{id}/2$ 时，一管电压将增加，另一管电压减小，所以输出信号电压 $U_O=U_{c1}-U_{c2}\neq 0$，即在两输出端间有信号电压输出。$U_{id}=U_{i1}-U_{i2}$ 就是差模信号，这种输入方式为差模输入。当从两管集电极做双端输出时，其差模电增益与单管放大电路的电压增益相同，即

$$A_{ud}=U_O/U_{id}=U_{01}-U_{02}/U_{i1}-U_{i2}=2U_{01}/U_{i1}=-\beta R_c/r_{be}。$$

4）软件实验内容及步骤

（1）取元件　连接如附图5.2所示电路。

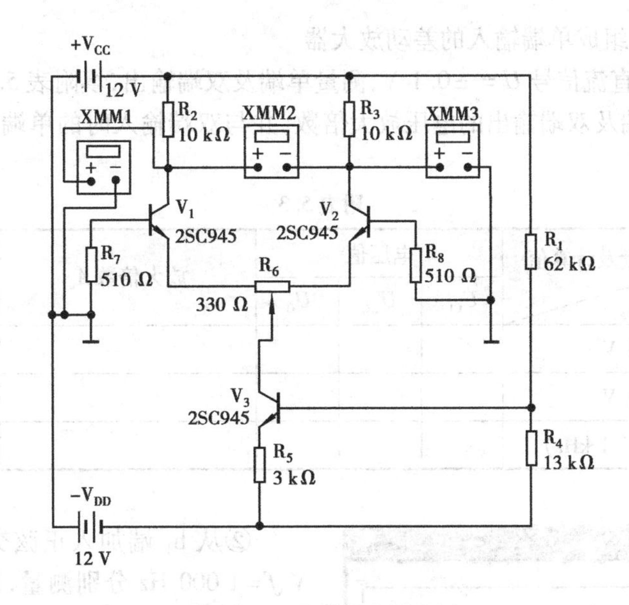

附图 5.2　差动放大原理图

(2)测量静态工作点

①调零:

将输入端短路并接地,接通直流电源,调节电位器 R_6 使双端输出电压 $U_o=0$。

②测量静态工作点:

测量 V_1、V_2、V_3 各极对地电压,并填入附表 5.1 中。

附表 5.1

对地电压	U_{c1}	U_{c2}	U_{c3}	U_{b1}	U_{b2}	U_{b3}	U_{e1}	U_{e2}	U_{e3}
测量值/V									

(3)测量差模电压放大倍数　在输入端加入直流电压信号 $U_{id}=\pm 0.1$ V,按附表 5.2 要求测量并记录,由测量数据算出单端和双端输出的电压放大倍数。注意:先将 DC 信号源 OUT1 和 OUT2 分别接入 U_{i1}、U_{i2},然后调节 DC 信号源,使其输出为 +0.1 V 和 -0.1 V。

(4)测量共模电压放大倍数　将输入端 b_1、b_2 短接,接到信号源的输入端,信号源另一端接地。DC 信号分先后接 OUT1 和 OUT2,分别测量并填入附表 5.2。由测量数据算出单端和双端输出的电压放大倍数,并进一步算出共模抑制比。

附表 5.2

输入信号 U_i	差模输入						共模输入			共模抑制比
	测量值/V			计算值			测量值			计算值
	U_{c1}	U_{c2}	$U_{o双}$	A_{d1}	A_{d2}	$A_{d双}$	U_{c1}	U_{c2}	$U_{o双}$	K_{CMRR}
+0.1 V										
-0.1 V										

(5)在实验板上组成单端输入的差动放大器

①从 b_1 端输入直流信号 $U=\pm 0.1$ V,测量单端及双端输出,填附表5.3记录电压值。计算单端输入时的单端及双端输出的电压放大倍数,并与双端输入时的单端及双端差模电压放大倍数进行比较。

附表5.3

测量及计算值 / 输入信号	电压值			放大倍数 A_u	波形
	U_{C1}	U_{C2}	U_O		
直流 +0.1 V					
直流 -0.1 V					
正弦信号(50 mV,1 kHz)					

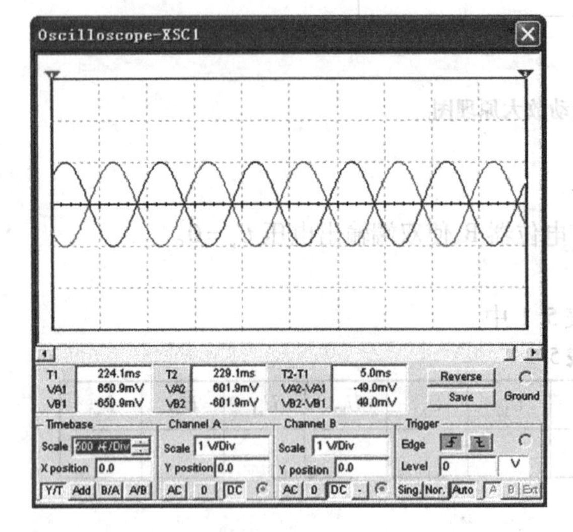

附图5.3

②从 b_1 端加入正弦交流信号 $U_i=0.05$ V、$f=1\ 000$ Hz 分别测量,记录单端及双端输出电压,填入附表5.3计算单端及双端的差模放大倍数(注意:输入交流信号时,用示波器监视 U_{c1}、U_{c2}波形,见附图5.3,若有失真现象时,可减小输入电压值,使 U_{c1}、U_{c2}都不失真为止)。

5)实验报告要求

①根据实测数据计算附图5.1电路的静态工作点,与预习计算结果相比较。

②整理实验数据,计算各种接法的 A_d,并与理论计算值相比较。

③计算实验步骤(3)中 A_c 和 K_{CMRR}值。

④总结差动放大电路的性能和特点。

实验6 比例求和运算电路

1)实验目的

①掌握用集成运算放大器组成比例、求和电路的特点及性能。

②学会上述电路的测试和分析方法。

2)实验仪器及设备

①Multisim 2001 电路仿真软件。

②数字万用表。

③示波器。

④信号发生器。

3）相关知识

①集成运放两个输入端之间的电压通常接近于零，即 $U=U_1-U_2\approx 0$，若把它理想化，则有 $U=0$，但不是真正的短路，故称为虚短。

②集成运放两个输入端几乎不取用电流，即 $i\approx 0$。如把它理想化，则有 $i=0$，但不是真正的断开，故称虚断。

4）软件实验内容及步骤

（1）取用元件，画出电路图　集成运放在基本元件列中，按![]中的![]即可以取用。在连结电路图的时候，要将 +12 V、-12 V 连接到它的 V_s 端和 $-V_s$ 端，以提供集成运放正常工作电压。电路图画好后，进行测量，并将测量结果填入附表 6.1 中。

附表 6.1

U_i/V		-2	-0.5	0	500	+0.5	1
U_o/V	$R_L=\infty$						
	$R_L=5.1\ \text{k}\Omega$						

在附图 6.1 所示的电路图旁的显示框内的数值为 $R_L=5.1\ \text{k}\Omega$、$U_i=1$ V 时，U_o 的值。

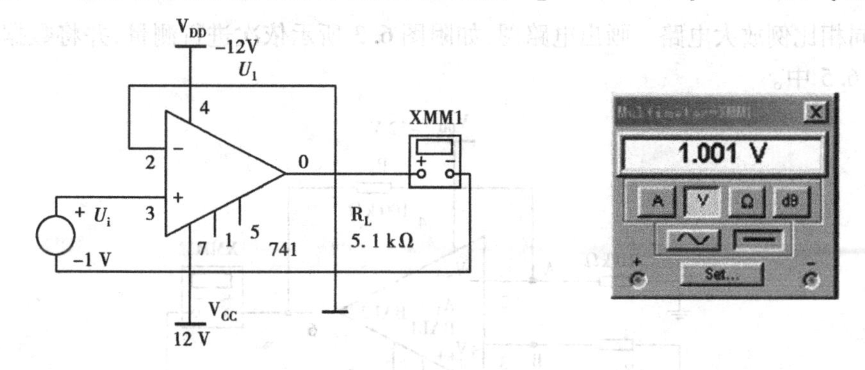

附图 6.1

（2）反相比例放大器　画出电路图，按附表 6.2、附表 6.3 内容进行测量并记录。附图 6.2 为 $U_i=100$ mV 时的电路图。

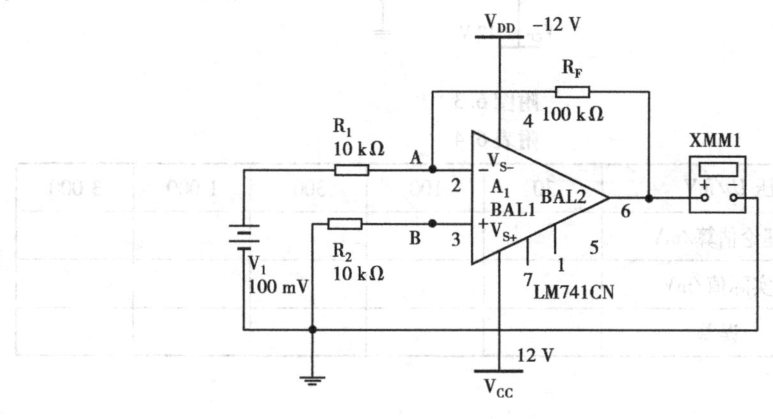

附图 6.2

附表 6.2

直流输入电压 U_i/mV		30	100	300	1 000	3 000
输出电压 U_o/mV	理论估算/mV					
	实际值/mV					
	误差					

附表 6.3

	测试条件	理论估算	实际值
ΔU_o	R_L 开路，直流输入信号 U_i 由 0 变为 800 mV		
ΔU_{AB}			
ΔU_{R2}			
ΔU_{R1}			
ΔU_{OL}	R_L 由开路变为 5.1 kΩ，U_i = 800 mV		

(3)同相比例放大电路　画出电路图，如附图 6.3 所示依次进行测量，并将数据填入附表 6.4、附表 6.5 中。

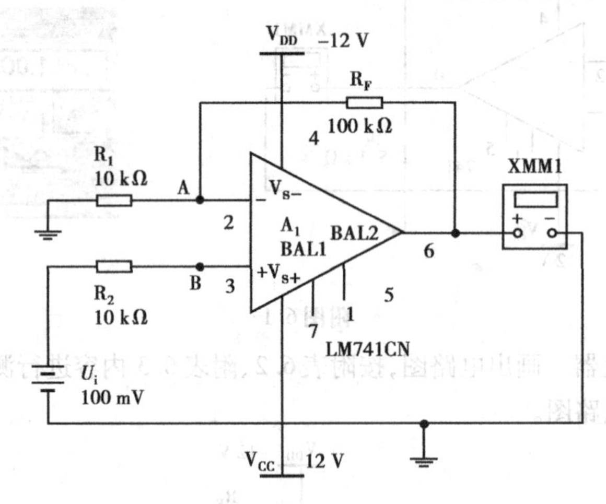

附图 6.3

附表 6.4

直流输入电压 U_i/mV		30	100	300	1 000	3 000
输出电压 U_o/mV	理论估算/mV					
	实际值/mV					
	误差					

附表 6.5

	测试条件	理论估算	实际值
ΔU_o	R_L 开路，直流输入信号 U_i 由 0 变为 800 mV		
ΔU_{AB}			
ΔU_{R2}			
ΔU_{R1}			
ΔU_{OL}	R_L 由开路变为 5.1 kΩ，U_i = 800 mV		

(4)反相求和放大电路　画出电路图，如附图 6.4 所示依次进行测量，并将数据填入附表 6.6 中。

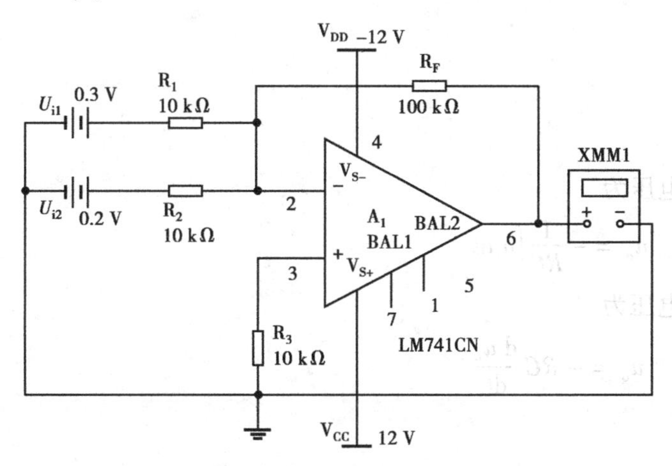

附图 6.4

附表 6.6

U_{i1}/V	0.3	−0.3
U_{i2}/V	0.2	0.2
U_o/V		

(5)双输入求和放大电路　画出电路图，如附图 6.5 所示依次进行测量，并将数据填入附表 6.7 中。

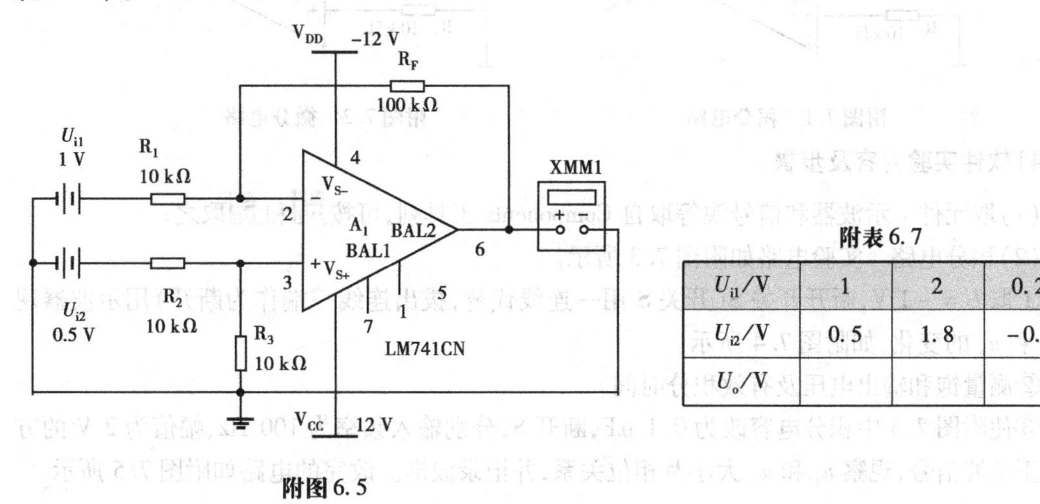

附表 6.7

U_{i1}/V	1	2	0.2
U_{i2}/V	0.5	1.8	−0.2
U_o/V			

附图 6.5

5)实验报告要求

①总结本实验中五种运算电路的特点及性能。

②分析理论计算与实验结果误差的原因。

实验7 积分与微分电路

1)实验目的

①学会用运算放大器组成积分微分电路。

②掌握积分微分电路的特点及性能。

2)实验仪器及设备

①Multisim 2001 电路仿真软件。

②数字万用表。

③信号发生器。

④双踪示波器。

3)相关知识

积分电路如附图7.1所示,输出电压为

$$u_o = -\frac{1}{RC}\int u_i \mathrm{d}t$$

微分电路如附图7.2所示,输出电压为

$$u_o = -RC\frac{\mathrm{d}u_i}{\mathrm{d}t}$$

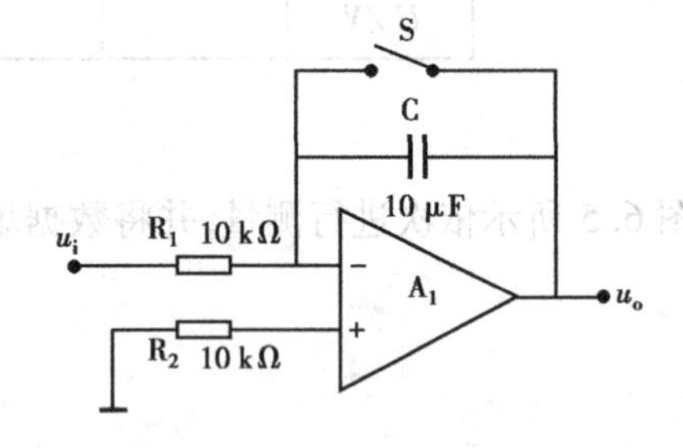

附图7.1 积分电路

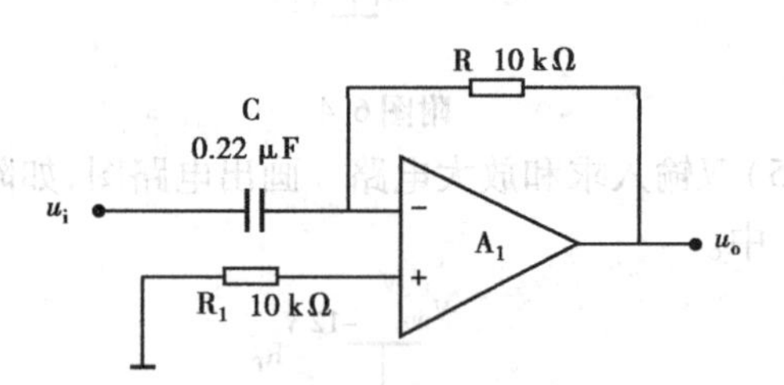

附图7.2 微分电路

4)软件实验内容及步骤

(1)取元件 示波器和信号源等取自 Components 工具列,可按和取之。

(2)积分电路 实验电路如附图7.3所示。

①取 $U=-1$ V,断开开关S(开关S用一连线代替,拔出连线一端作为断开)用示波器观察 u_i 和 u_o 的变化,如附图7.4所示。

②测量饱和输出电压及有效积分时间。

③使附图7.3中积分电容改为0.1 μF,断开S,分别输入频率为100 Hz、幅值为2 V的方波和正弦波信号,观察 u_i 和 u_o 大小及相位关系,并记录波形。改完的电路如附图7.5所示。

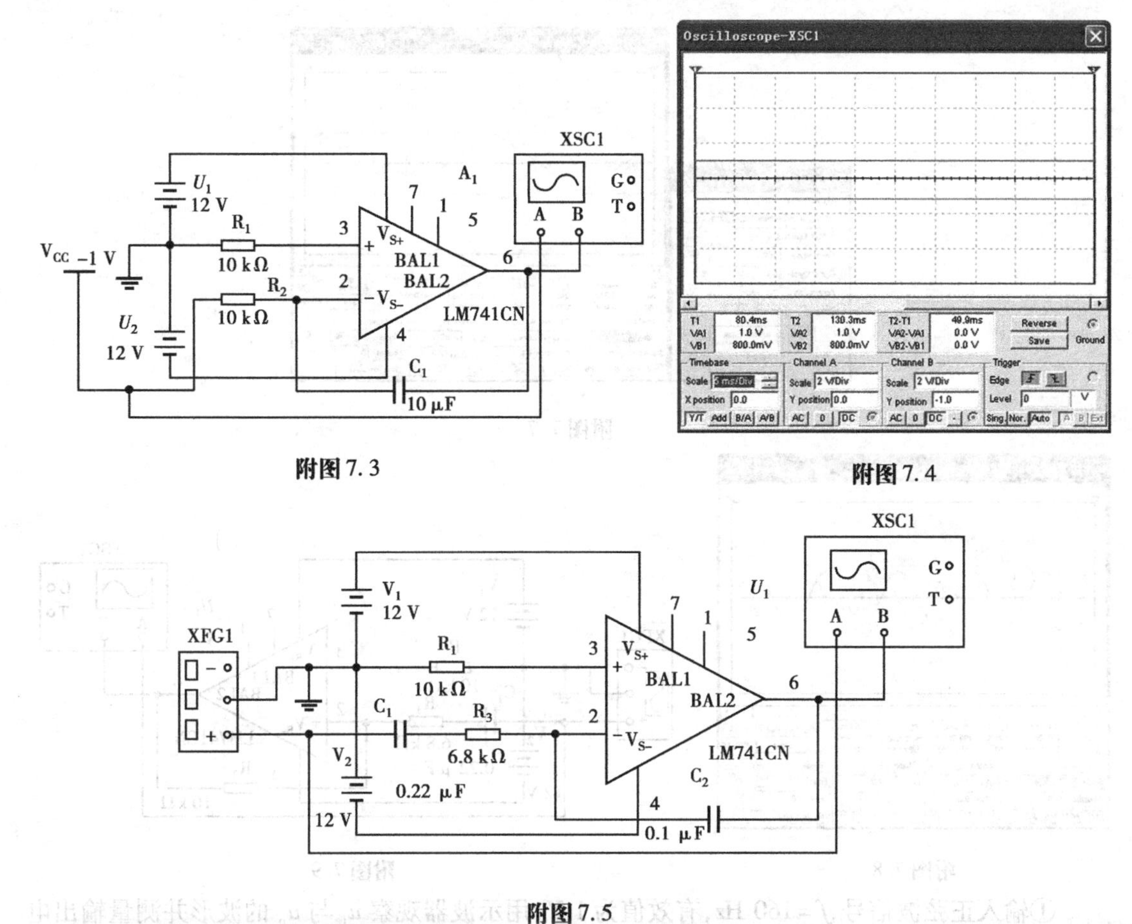

附图 7.3

附图 7.4

附图 7.5

输入正弦波时，波形如附图 7.6 所示。

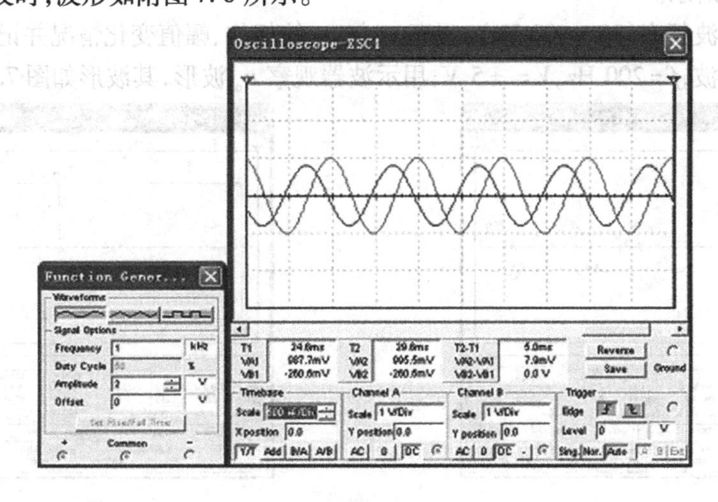

附图 7.6

输入信号为方波时，波形如附图 7.7 所示。

④改变附图 7.3 电路的频率为 50 Hz，观察和的相位幅值关系。其波形如附图 7.8 所示。

(3)微分电路　实验电路如附图 7.9 所示。

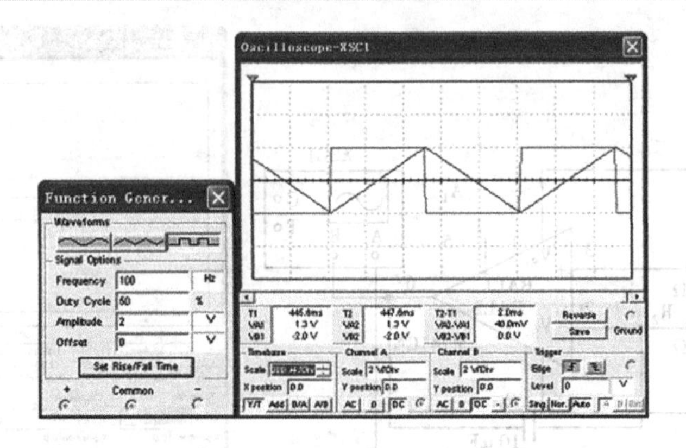

附图 7.7

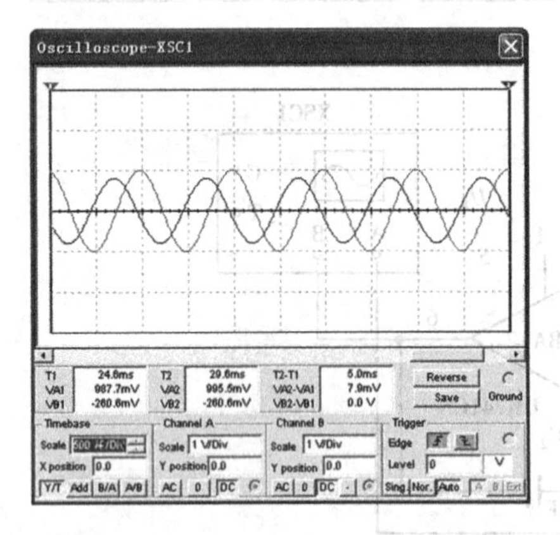

附图 7.8

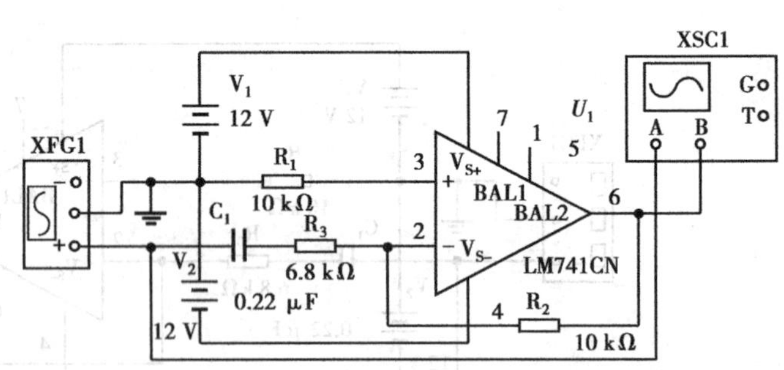

附图 7.9

①输入正弦波信号，$f=160$ Hz，有效值为 1 V，用示波器观察 u_i 与 u_o 的波形并测量输出电压，如附图 7.10 所示。

②改变正弦波频率（20～400 Hz），观察 u_i 与 u_o 的相位、幅值变化情况并记录。

③输入方形波，$f=200$ Hz，$V=\pm5$ V，用示波器观察 u_o 波形，其波形如图 7.11 所示。

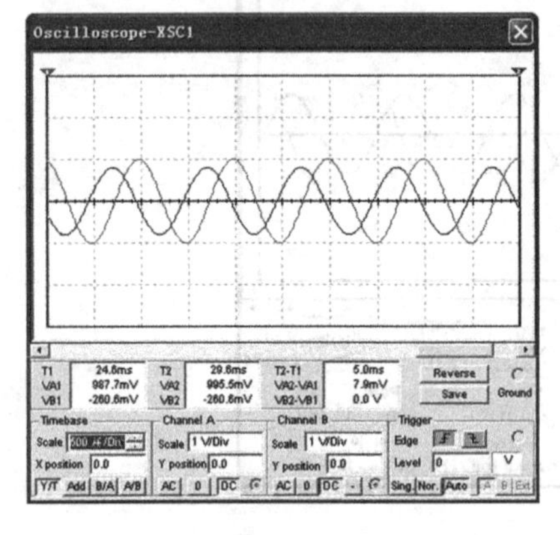

附图 7.10

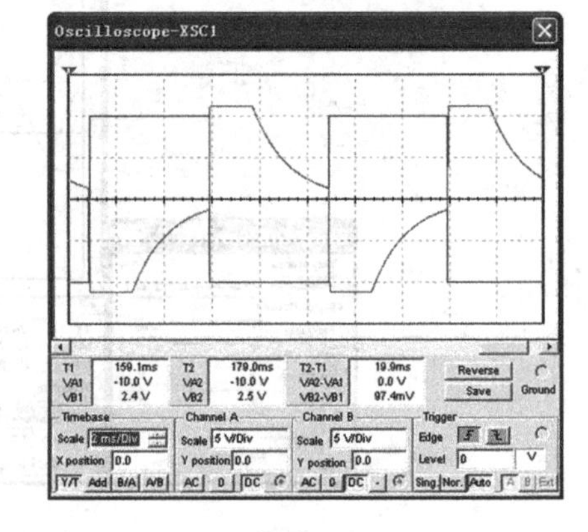

附图 7.11

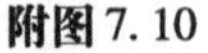

5）实验报告要求

①整理实验中的数据及波形，总结积分，微分电路特点。

②分析实验结果与理论计算的误差原因。

实验 8　波形发生电路

1)实验目的

①掌握波形发生电路的特点和分析方法。

②熟悉波形发生电路设计方法。

2)实验仪器及设备

①Multisim 2001 电路仿真软件。

②双踪示波器。

③数字万用表。

3)相关知识

方波发生电路是一种能够直接产生方波或矩形波的非正弦信号发生电路。它是在迟滞比较器的基础上,增加了一个由 R_F、C 组成的积分电路,把输出电压经 R_F、C 反馈到集成运放的反向端。通常,将矩形波为高电平的持续时间与振荡周期的比称为占空比。适当改变电容 C 的正、反向充电时间常数即可。锯齿波电压是随时间作线性变化的电压,锯齿波电流可以控制电子按照一定规律运动。

4)软件实验内容及步骤

(1)取元件并画出电路图　稳压值为 5 ~ 6 V 的双向稳压管由两个 RD5.6 型稳压管串联而成,其稳压值为 6.1 V 左右。

(注:在找不到完全符合型号的元件时,用最接近的器件代替。)

(2)方波发生电路　连接电路图,并观察波形。电路图、波形图如附图 8.1 和附图 8.2 所示。

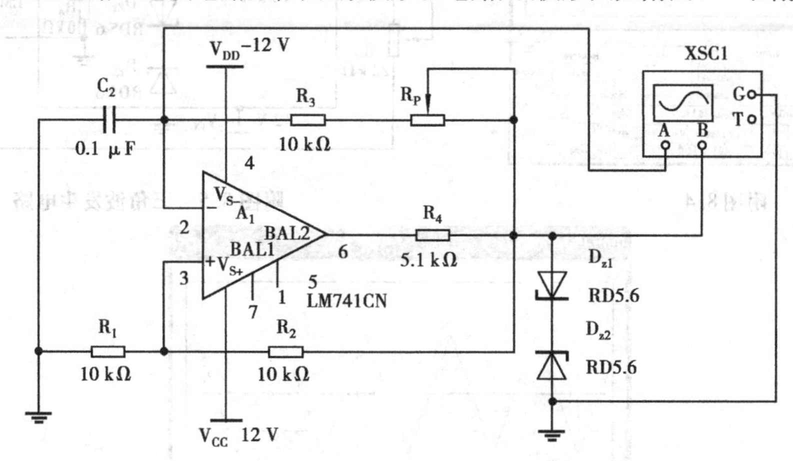

附图 8.1　方波发生电路

调节 R_p 的大小,分别测量 $R_p=0$ kΩ,$R_p=100$ kΩ 时的频率及输出幅值。

(3)占空比可调的矩形波发生电路　实验电路图如附图 8.3 所示,波形图如附图 8.4 所示。试调节 $1R_p$、$2R_p$ 大小,改变占空比,使其更大。

(4)三角波发生电路　实验电路如附图 8.5 所示。在附图 8.6 中,观察 u_{o1}、u_{o2} 的波形并记录。调 R_p,改变输出波形的频率。

(5)锯齿波发生电路　实验电路如附图 8.7 所示,附图 8.8 为电路输出波形。

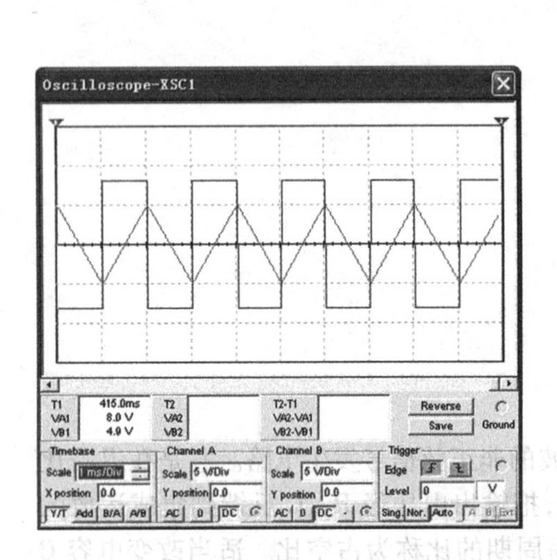

附图 8.2

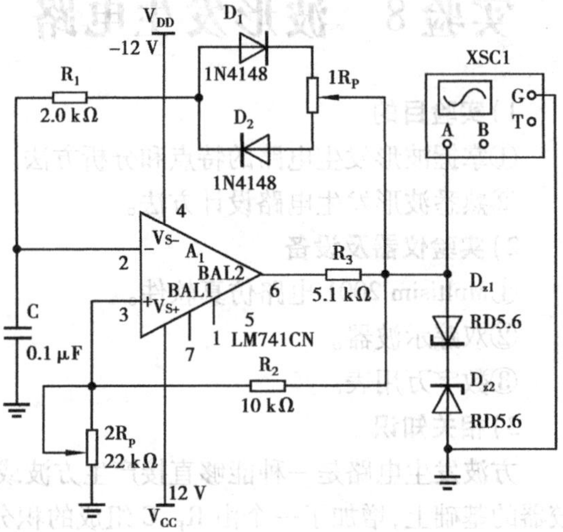

附图 8.3　占空比可调的矩形波发生电路

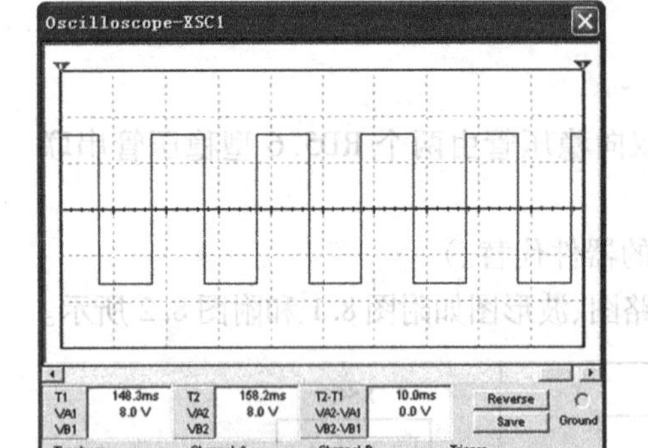

附图 8.4

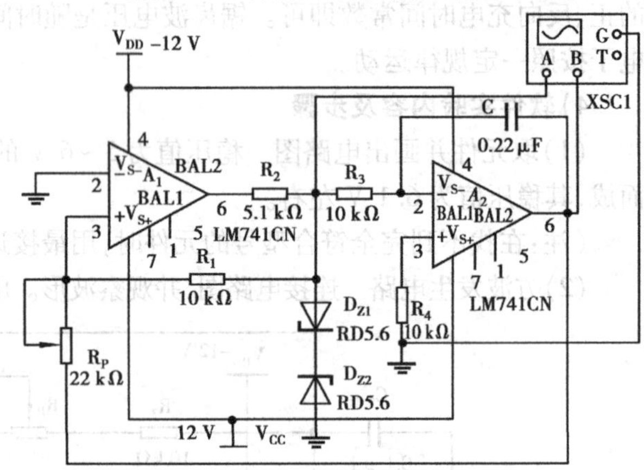

附图 8.5　三角波发生电路

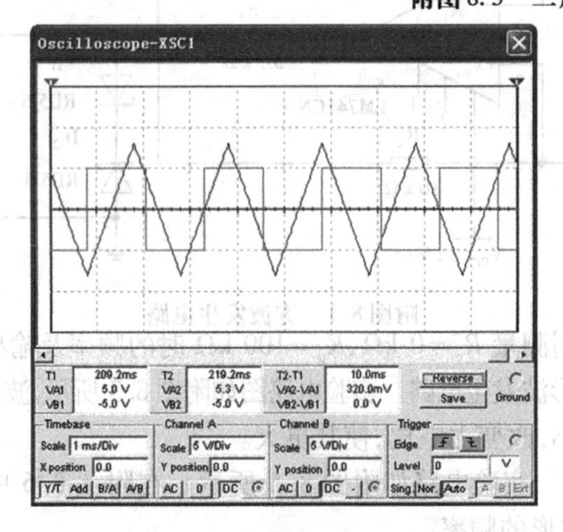

附图 8.6

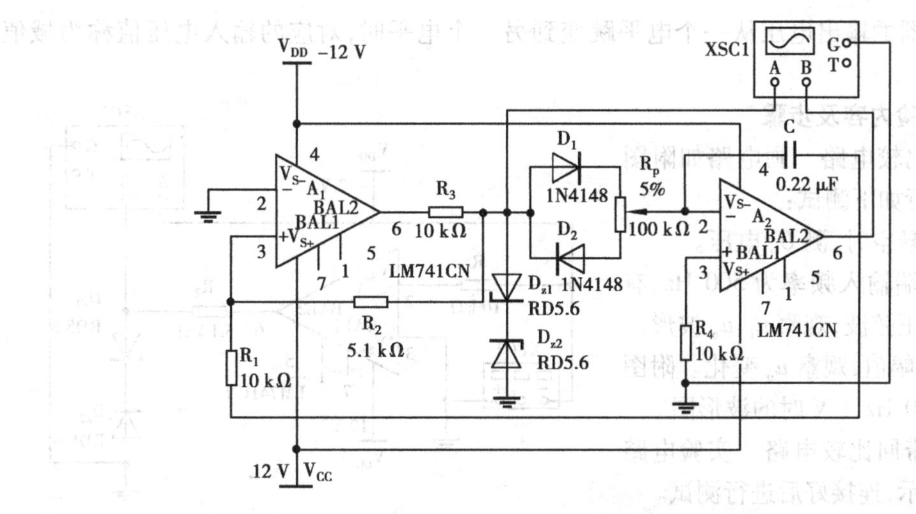

附图 8.7　锯齿波发生电路

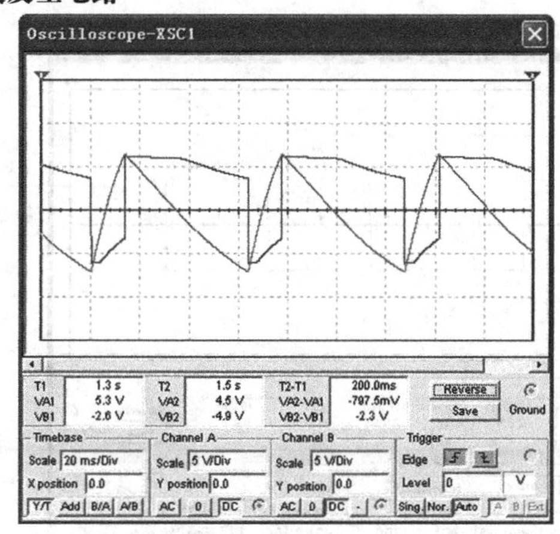

附图 8.8

5) 实验报告要求

①画出各实验的波形图。

②画出各实验预习要求的设计方案及电路图,并写出实验步骤及结果。

③总结波形发生电路的特点,并回答:波形产生电路需调零吗? 波形产生电路有没有输入端?

实验9　电压比较器

1) 实验目的

①掌握比较电路的电路构成及特点。

②学会测试比较电路的方法。

2) 实验仪器及设备

①Multisim 2001 电路仿真软件。

②双踪示波器。

③信号发生器。

④数字万用表。

3) 相关知识

电压比较器中的集成运放主要工作在非线性区域,因此虚短、虚断等概念仅在判断临界情况下才适用。它的功能是比较两个电压的大小,电压比较器输出两个不同的电平,即高电平和低电平。比较器的输出电压从一个电平跳变到另一个电平时，对应的输入电压值称为域值电压。

4）软件实验内容及步骤

（1）过零比较电路　画电路如附图9.1所示。进行如下测试：

①输入端悬空时，测 U_o 电压。

②在输入端输入频率为500 Hz、有效值为1 V的正弦波，观察 u_i、u_o 波形。

③改变 u_i 幅值，观察 u_o 变化。附图9.2为 u_i 取500 Hz，1 V时的波形图。

（2）反相滞回比较电路　实验电路如附图9.3所示，连接好后进行测试。

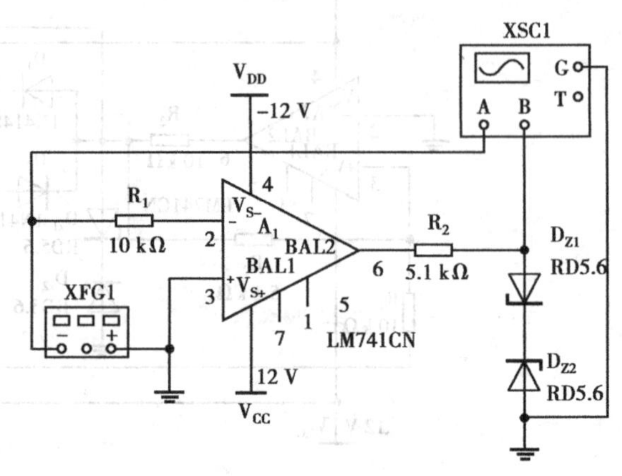

附图9.1　过零比较器

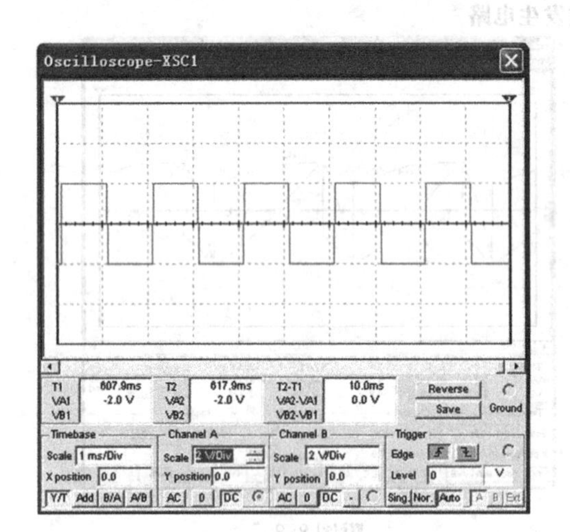

附图9.2

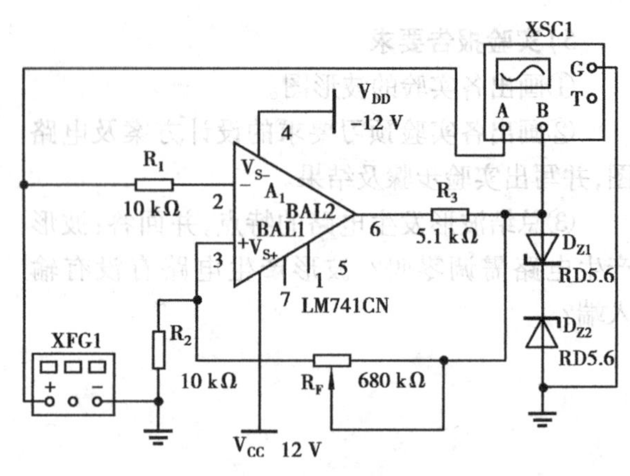

附图9.3　反相滞回比较电路

①将 R_F 调为100 kΩ，U_i 接DC电压源，测出 U_o 由 $+U_{om}$ ~ $-U_{om}$ 时 U_i 的临界值。

②同上，U_o 由 $-U_{om}$ ~ $+U_{om}$。

③输入端接频率为500 Hz、有效值为1 V的正弦信号，观察并记录 u_i、u_o 波形。

④将电路中 R_F 调为200 kΩ，重复上述实验。

当 R_F 调为100 kΩ，V_i 接频率为500 Hz、有效值为1 V的正弦信号时，得到如附图9.4的波形。

（3）同相滞回比较电路　实验电路如附图9.5所示，连好电路后按步骤（2）进行测试，将结果进行比较。

R_F 调为100 kΩ，输入端接频率为500 Hz、有效值为1 V的正弦信号时，得到如附图9.6的波形。

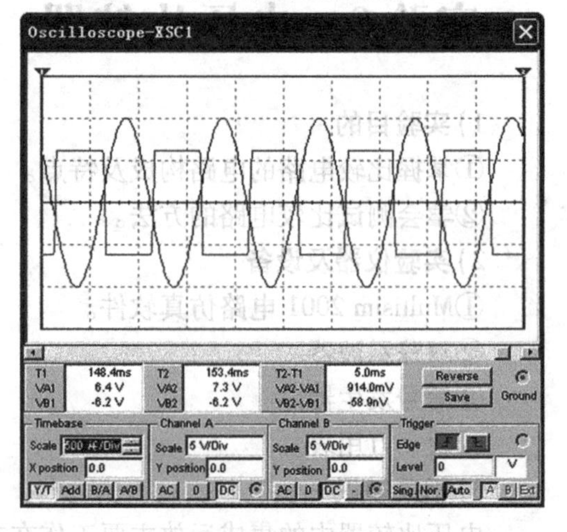

附图9.4

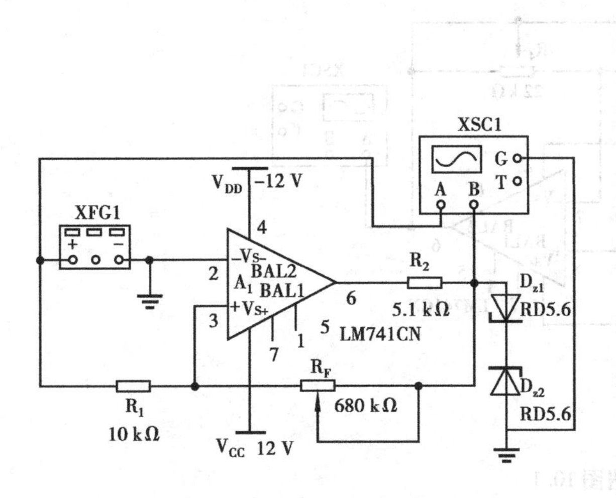

附图9.5　同相滞回比较电路

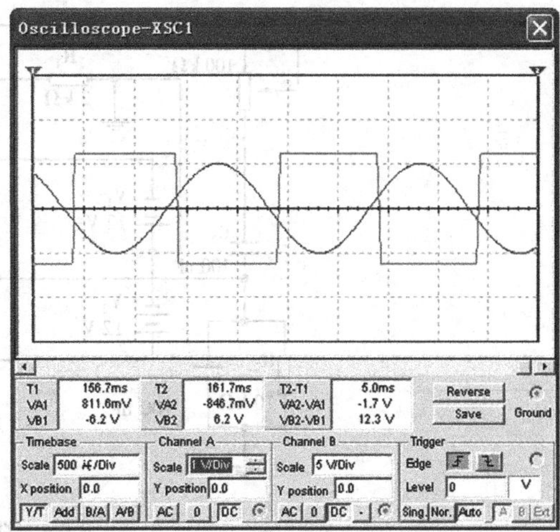

附图9.6

5）实验报告要求

①整理实验数据及波形图，并与预习计算值比较。

②总结几种比较器特点。

实验10　集成电路RC正弦波振荡电路

1）实验目的

①掌握桥式RC正弦波振荡电路的构成及工作原理。

②熟悉正弦波振荡电路的调整、测试方法。

③观察RC参数对振荡频率的影响，学习振荡频率的测定方法。

2）实验仪器及设备

①Multisim 2001电路仿真软件。

②双踪示波器。

③低频信号发生器。

④频率计。

3）相关知识

集成电路正弦波振荡器主要由A1及附件组成的放大电路AV和由电阻电容组成的选频网络FV两部分组成。

$$A_u = 1 + R_f/R_1$$

$$F_u = \frac{1}{3 + j\left(\frac{\omega}{\omega_0} - \frac{\omega_0}{\omega}\right)}$$

$A_u \times F_u = 1$时，振荡稳定。

4）软件实验内容及步骤

（1）连接电路　按附图10.1接线，注意电阻$1R_p = R_1$需预先调好，再接入。

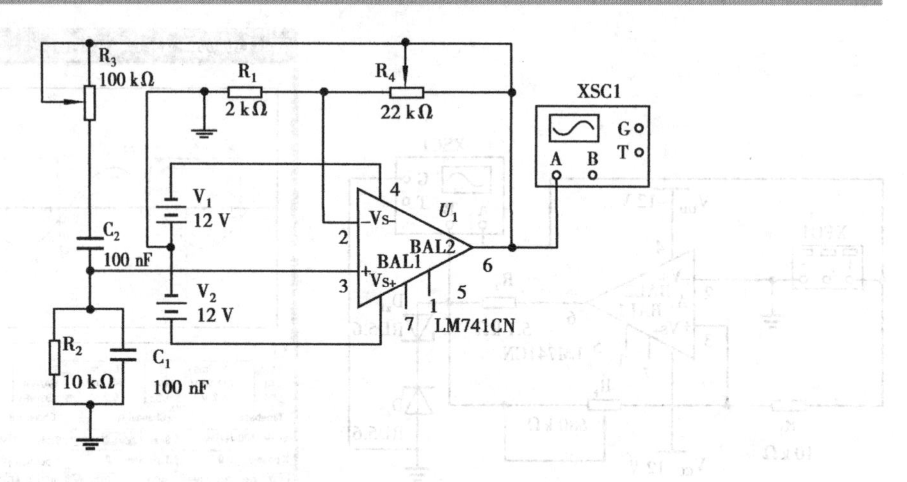

附图 10.1

(2)用示波器观察输出波形　附图 10.2 为失真时的波形，此时滑动变阻器 $2R_p$ 调至阻值的 24%。

调节 $2R_p$ 至阻值的 11%时，出现正常波形，如附图 10.3 所示。

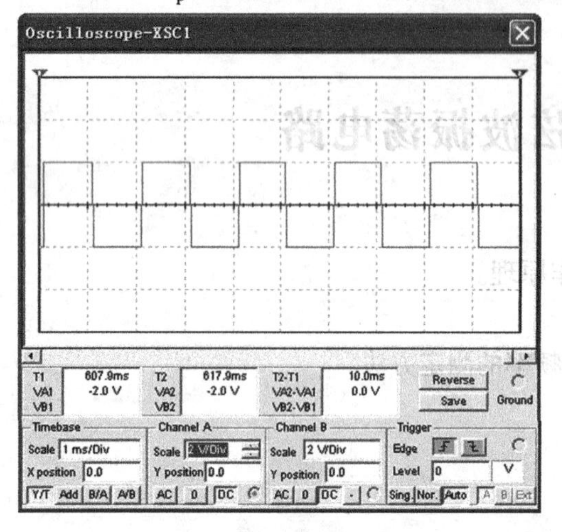

附图 10.2

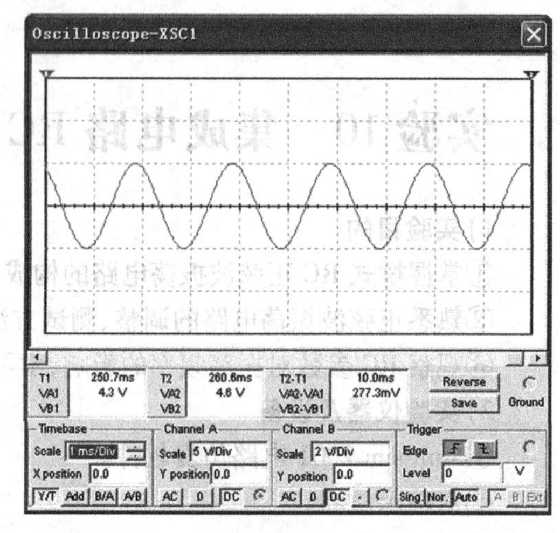

附图 10.3

(3)频率计测上述电路输出频率　测出 u_o 的频率，并与 f_{01} 计算值比较。

(4)测定运算放大器放大电路的闭环电压放大倍数 A_{uf}　先测出附图 10.1 电路的输出电压 U_o 值(调 $2R_p$ 为 11%，见附图 10.4 后，u_o 波形和 u_i 波形见附图 10.5，关断电源，保持 $2R_p$ 及信号发生器频率不变，断开附图 10.4 中“A”点接线，把低频信号发生器的输出电压接至一个 1 kΩ 的电位器上，再从这个 1 kΩ 电位器的滑动接点取 u_i 接至运放同相输入端，见附图 10.6。调节 U_i 使 U_o 等于原值，测出此时的 U_i 值，波形见附图 10.7 所示。U_i =4.8 V，U_O =10 V，则 $A_{uf}=U_O/U_i=$ ________倍。

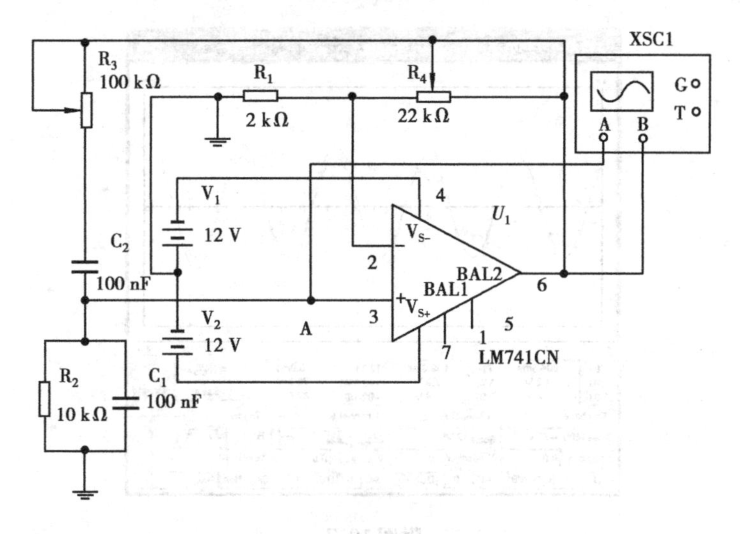

附图 10.4

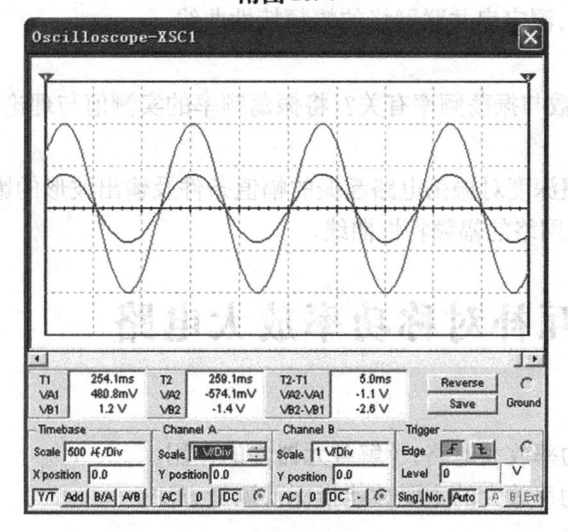

附图 10.5

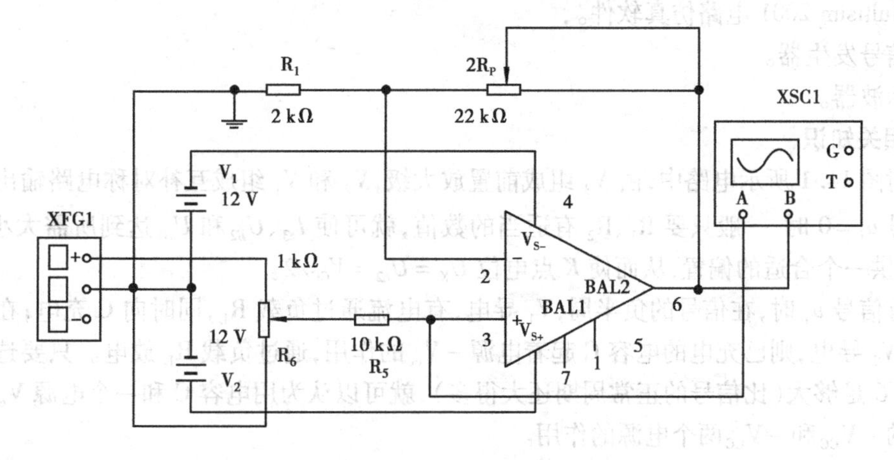

附图 10.6

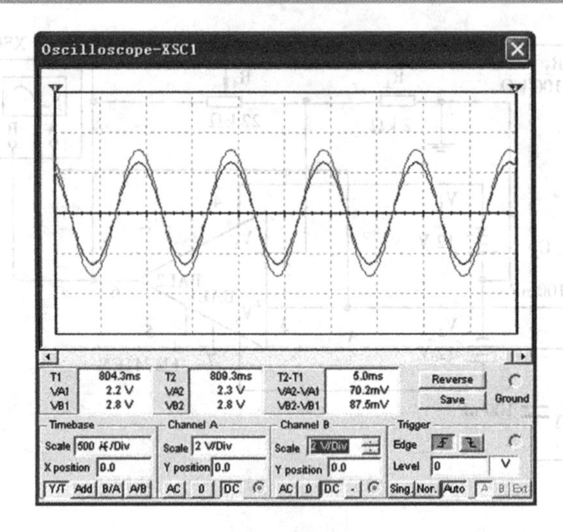

附图 10.7

(5)自拟详细步骤,测定串并联网络的幅频特性曲线。

5)实验报告要求

①电路中,哪些参数与振荡频率有关?将振荡频率的实测值与理论估测值比较,分析产生误差的原因。

②总结改变负反馈深度对振荡电路起振的幅值条件及输出波形的影响。

③做出 RC 串并联网络的幅频特性曲线。

实验 11　互补对称功率放大电路

1)实验目的

①熟悉互补对称功率放大电路,了解各元器件的作用。

②掌握互补对称功率放大的主要性能指标及测量方法。

2)实验仪器及设备

①Multisim 2001 电路仿真软件。

②信号发生器。

③示波器。

3)相关知识

在附图 11.1 所示电路中,由 V_3 组成前置放大级,V_2 和 V_1 组成互补对称电路输出级。在输入信号 $u_i=0$ 时,一般只要 R_1、R_2 有适当的数值,就可使 I_{c3}、U_{B2} 和 U_{B1} 达到所需大小,给 V_2 和 V_1 提供一个合适的偏置,从而使 K 点电位 $U_K=U_{c2}=V_{CC}/2$。

当有信号 u_i 时,在信号的负半周,V_1 导电,有电流通过负载 R_L,同时向 C 充电;在信号的正半周,V_2 导电,则已充电的电容 C 起着电源 $-V_{cc}$ 的作用,通过负载 R_L 放电。只要选择时间常数 R_L、C 足够大(比信号的正常周期还大得多),就可以认为用电容 C 和一个电源 V_{cc} 可以代替原来的 $+V_{CC}$ 和 $-V_{CC}$ 两个电源的作用。

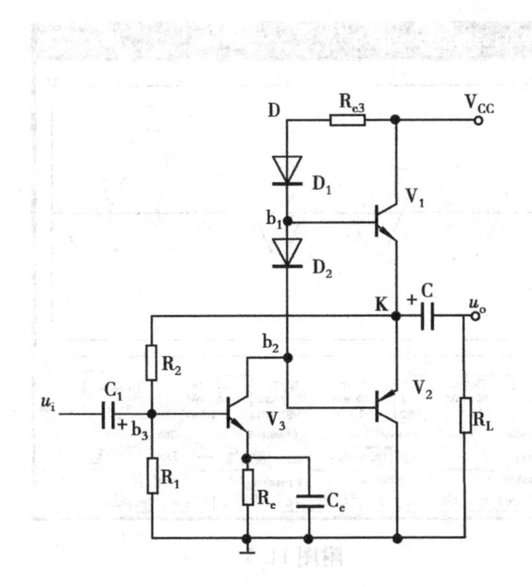

附图 11.1 采用一个电源的互补对称电路的偏置电路

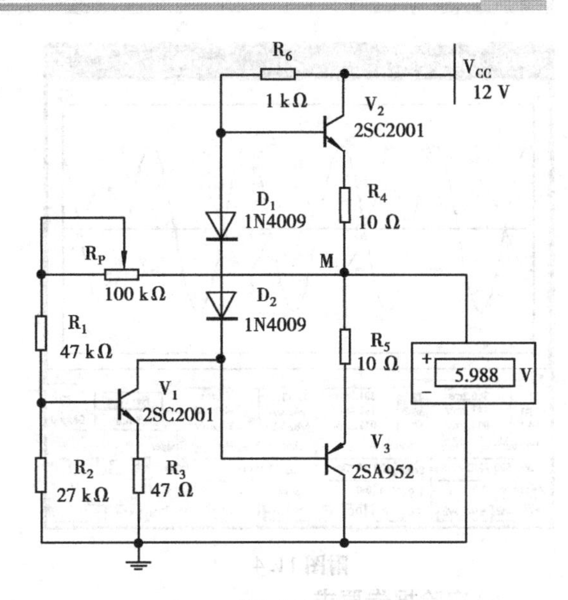

附图 11.2

4)软件实验内容及步骤

①连接如附图 11.2 所示的静态电路图,调整直流工作点,使 M 点电压为 0.5 V_{cc}。

②如附图 11.3 所示,接入信号源 U_{in},改变其值,用示波器观察最大不失真时的输出波形,并计算输出功率与效率。附图 11.4 为 V_{cc} = 12 V、V_{in} = 0.1 V、1 kHz,带 R_L = 5.1 kΩ 时的波形图。

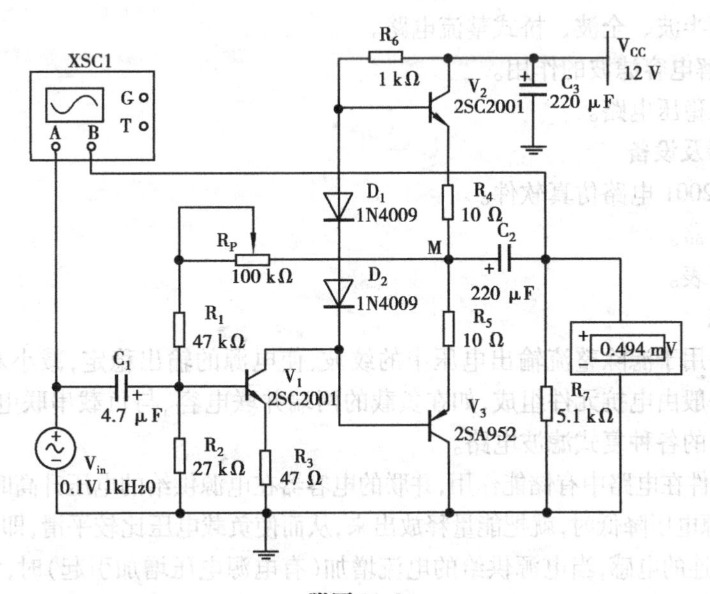

附图 11.3

③将 +12 V 电源电压变为 +6 V,测量并比较输出功率和效率。

将附图 11.2 中 R_L 改为 8 Ω 负载(扬声器),按步骤②进行测试,比较两种情况下的功耗和效率,附图 11.5 为此时的波形图。

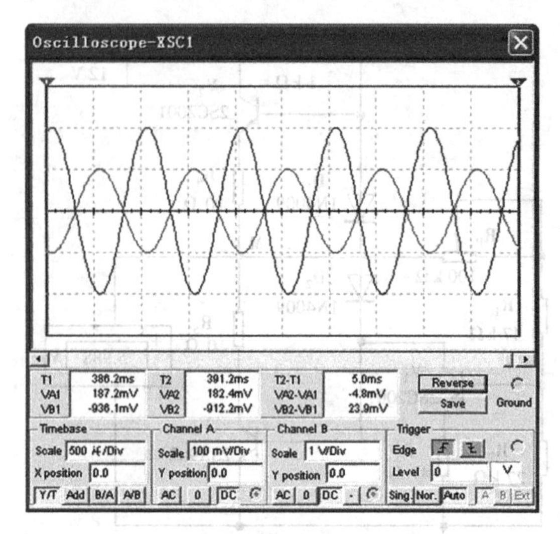

附图 11.4

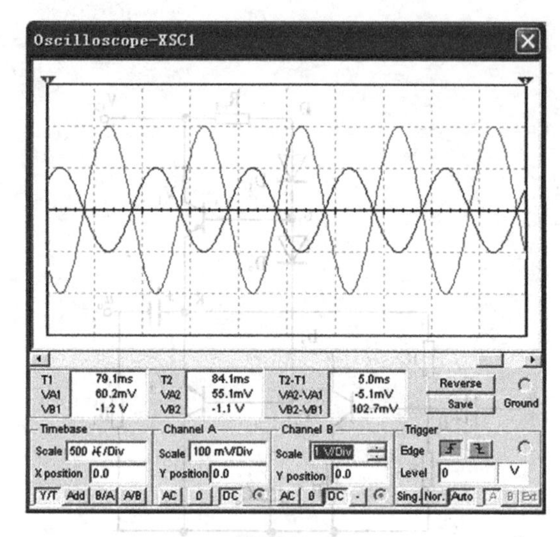

附图 11.5

5)实验报告要求

①分析实验结果,计算实验内容要求的参数。

②总结功率放大电路特点及测量方法。

实验 12　整流滤波与并联稳压电路

1)实验目的

①熟悉单相半波、全波、桥式整流电路。

②观察、了解电容滤波的作用。

③了解并联稳压电路。

2)实验仪器及设备

①Multisim 2001 电路仿真软件。

②双踪示波器。

③数字万用表。

3)相关知识

滤波电路是用于滤除整流输出电压中的纹波,使电源的输出稳定,减小对下级电路的干扰。滤波电路一般由电抗元件组成,如在负载的两端并联电容、与负载串联电感器,以及由电容电感组合而成的各种复式滤波电路。

由于电抗元件在电路中有储能作用,并联的电容器在电源供给的电压升高时,能把部分能量存储起来;当电源电压降低时,就把能量释放出来,从而使负载电压比较平滑,即电容具有平波的作用。与负载串连的电感,当电源供给的电流增加(有电源电压增加引起)时,它把能量存储起来;当电流减小时,又把能量释放出来,从而使负载电流比较平滑,即电感也有平波作用。

4)软件实验内容及步骤

(1)半波整流、桥式整流电路　实验电路分别如附图 12.1 和附图 12.2 所示。分别接两种电路,用示波器观察 u_2 及 u_L 的波形,并测量 U_2、U_D、U_L。

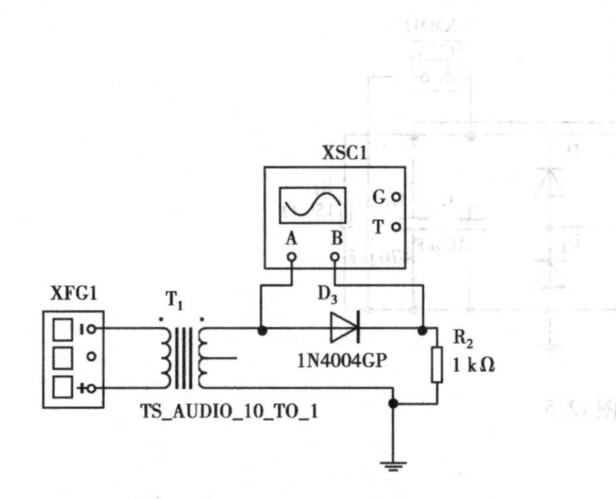

附图 12.1

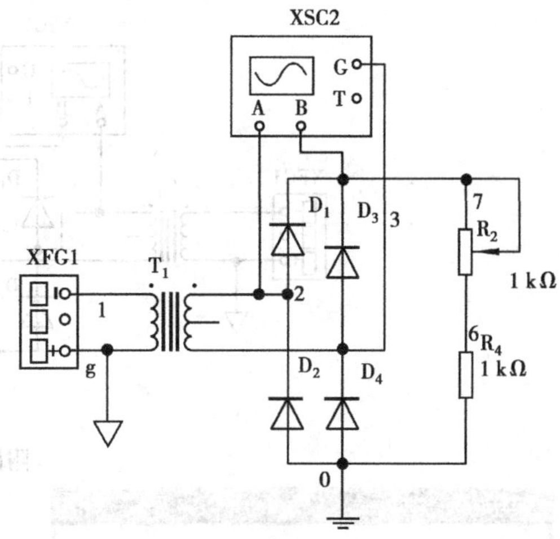

附图 12.2

①半波整流电路:用示波器观察 u_2 及 u_L 的波形,如附图 12.3 所示,红色为 u_2 的波形,蓝色为 u_L 的波形。测量 U_2、U_L 的值分别为:$U_2=30$ V、$U_L=30$ V。

②桥式整流电路:用示波器观察的波形如附图 12.4 所示,红色为 u_2 的波形,蓝色为 U_L 的波形。测量的 U_2、U_L 的值分别为:$U_2=30$ V、$U_L=30$ V。

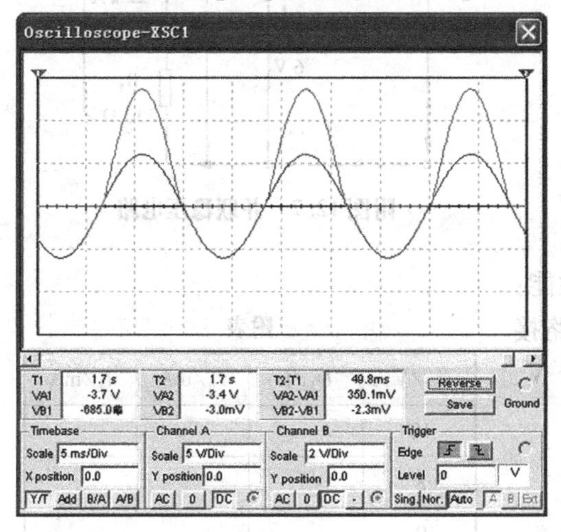

附图 12.3

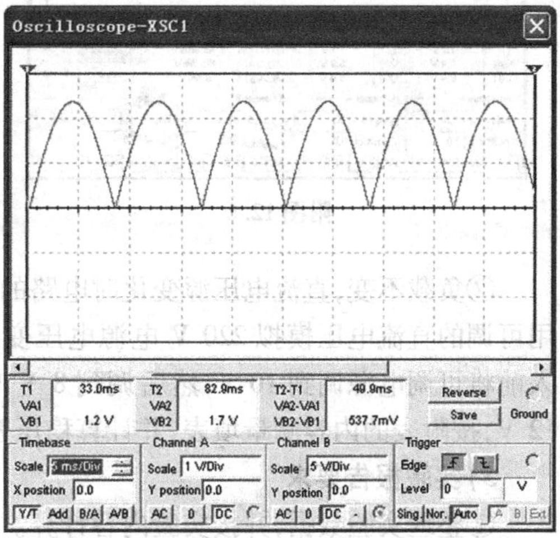

附图 12.4

(2)电容滤波电路　实验电路如附图 12.5 所示。

①分别用不同电容接入电路,R_L 先不接,用示波器观察波形,如附图 12.6 所示;用电压表测 U_L 并记录。

②接上 R_L,先令 $R_L=1$ kΩ,重复上述实验并记录。

③将 R_L 改为 150 Ω,重复上述实验。

(3)并联稳压电路　实验电路如附图 12.7 所示。

①电源输入电压不变,负载变化时电路的稳压性能:改变负载电阻 R_L 使负载电流 $I_L=$ 1 mA、5 mA、10 mA 分别测量 U_L、U_R、I_L、I_R,计算电源输出电阻。

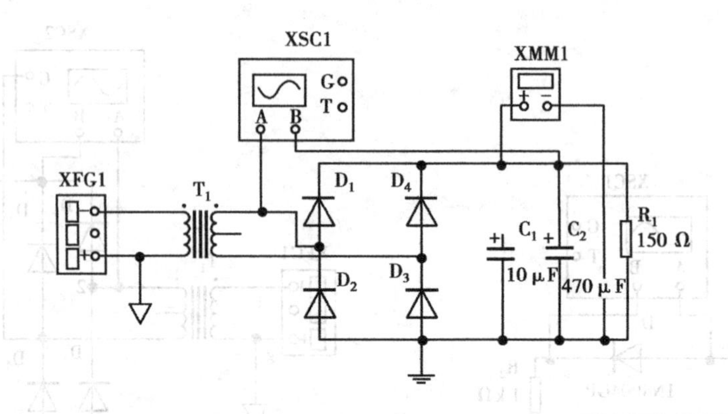

附图 12.5

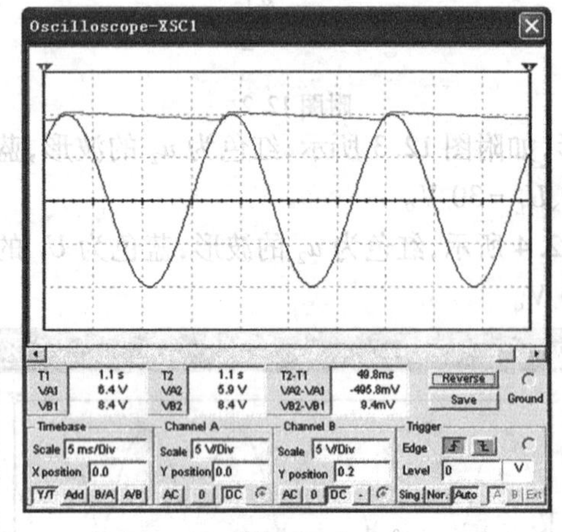

附图 12.6

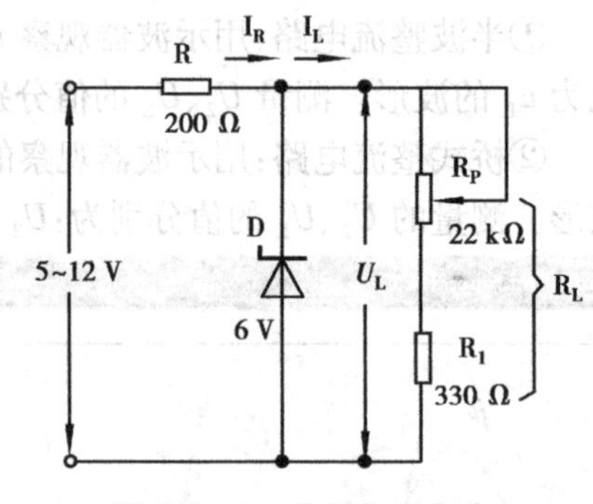

附图 12.7 并联稳压电路

②负载不变，直流电压源变化时电路的稳压性能：用可调的直流电压模拟 220 V 电源电压变化，电路接入前将可调电源调到 10 V，然后调到 8 V、9 V、11 V、12 V，按附表的内容测量填表，并计算稳压系数。

附表

U_i/V	U_L/L	I_R/mA	I_L/mA
10			
8			
9			
11			
12			

5）实验报告要求

①整理实验数据，并按实验内容计算。

②附图 12.7 所示电路的输出电流最大能为多少？为获得更大电流，应如何选用电路元器件及参数？

实验 13　串联稳压电路

1）实验目的

①研究稳压电源的主要特性，掌握串联稳压电路的工作原理。

②学会稳压电源的调试及测量方法。

2)实验仪器及设备

①Multisim 2001 电路仿真软件。

②直流电压表。

③直流毫安表。

④示波器。

⑤数字万用表。

3)相关知识

交流电经过整流滤波可得到平滑的直流电压,但当电网电压波动和负载变化时输出电压将随之变化。稳压电路的作用就是在这两种情况下,将输出电压基本上稳定在一个固定的数值。稳压系数为

$$S_r = \frac{\Delta U_o/U_o}{\Delta U_i/U_i}$$

4)软件实验内容及步骤

(1)取元件,并连结电路图

①晶体管 V_1、V_2、V_3 在基本元件类中没有与硬件实验中完全相符的三极管,故应查阅晶体管参数及互换手册。本实验中的 BD237 和 9013 分别由 BC237BP 和 2N2712 所代替。

②发光二极管 LED 可由基本元件列中二极管里面的发光二极管取得。

(2)静态调整　如附图 13.1 所示连好电路图,$U_i=9$ V,调电位器 R_p,使 $U_o=6$ V 左右(本实验中,$U_o=6.026$ V),测量各三极管的 Q 点。调节 R_p,观察 U_o 变化范围并记录其最大、最小值。

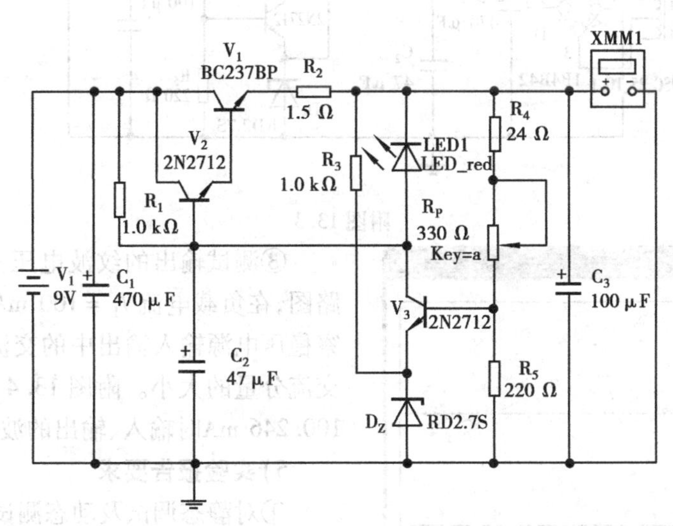

附图 13.1

(3)动态测量

①将 U_i 由 9 V 变为 10 V,测量相应的 ΔU,计算稳压系数。

②测量稳压电源内阻。如附图 13.2 所示,稳压电源的负载电流 I_L 由空载变化到 $I_L=100$ mA(本实验中,$I_L=100.017$ mA 时,U_o 为 6.001 V)时,测量输出电压 U_o 的变化量即可求出电源内阻。测量过程中,使 $U_i=9$ V 保持不变。

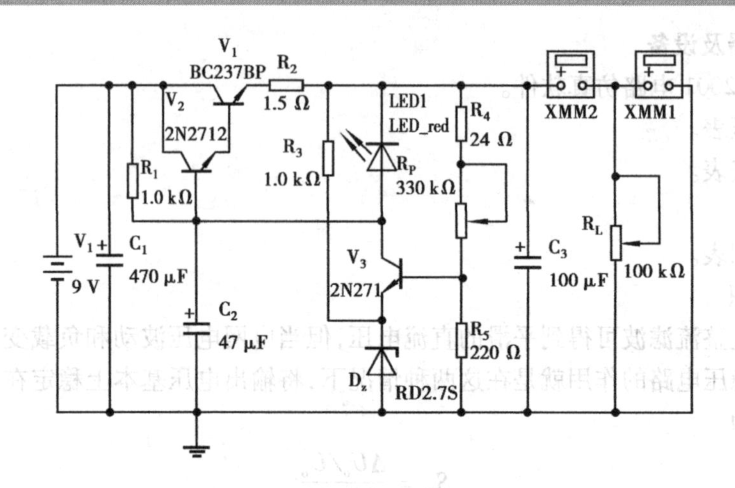

附图 13.2

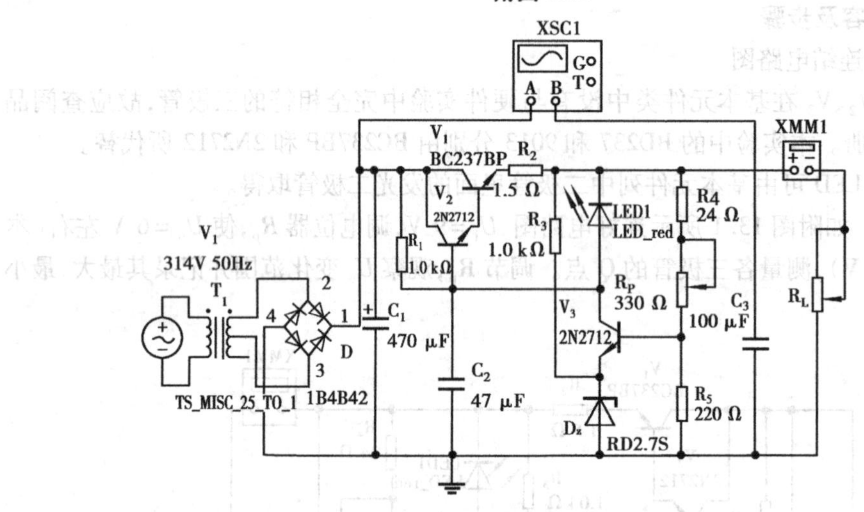

附图 13.3

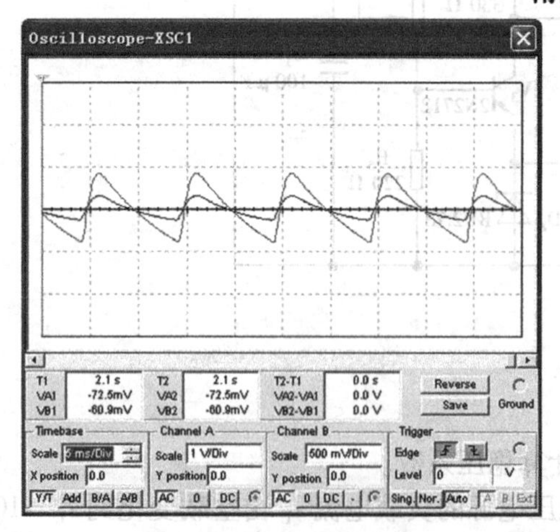

附图 13.4

③测试输出的纹波电压。如附图 13.3 电路图，在负载电流 $I_L = 100$ mA 时，用示波器观察稳压电源输入输出中的交流分量 u_o，并记录交流分量的大小。附图 13.4 所示波形为 $I_L = 100.246$ mA时输入、输出的波形图。

5)实验报告要求

①对静态调试及动态测试进行总结。

②计算稳压电源内阻及稳压系数。

实验 14　波形变换电路

1）实验目的

①熟悉波形变换电路的工作原理及特性。

②掌握上述电路的参数选择和调试方法。

2）实验仪器及设备

①Multisim 2001 电路仿真软件。

②双踪示波器。

③函数发生器。

④数字万用表。

3）相关知识

波形变换电路的功能是将一种形状的波形变换成另一种形状的波形，以适应不同需要。

4）软件实验内容及步骤

（1）方波变三角波　实验电路如附图 14.1 所示。

①按图接线，输入 $f=500$ Hz，幅值为 ±4 V 的方波信号，用示波器观察并记录 u_o 的波形，波形见附图 14.2 所示。

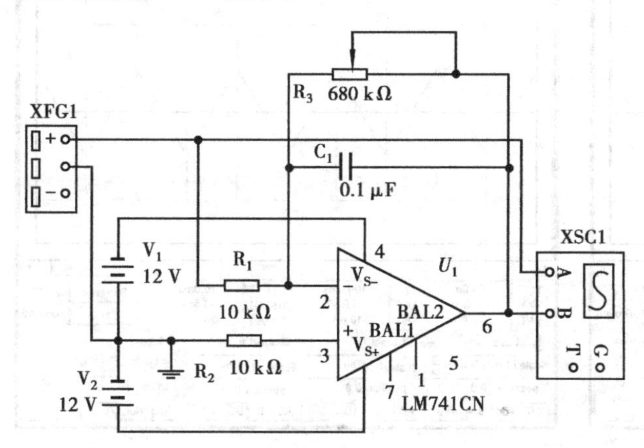

附图 14.1

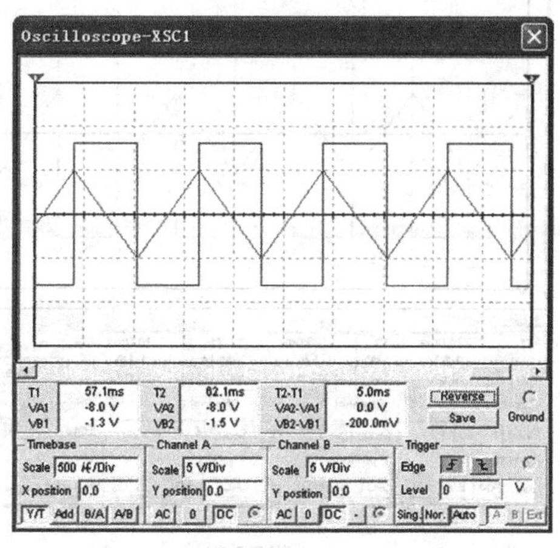

附图 14.2

②改变方波频率，观察波形变化。如波形失真，应如何调整电路参数？请验证分析。

如果把输入信号频率改为 100 Hz，则其波形如附图 14.3(a)所示，显然失真。此时，如果调节 R_3 为阻值的 14%，C_1 为 0.5 μF，则可出现不失真的波形。如附图 14.3(b)所示。

③改变输入方波的幅度，观察输出三角波的变化。软件实验结果表明，改变输入方波的幅度，输出的三角波是随方波幅度的增大而增大的，是成正比关系的。当输入方波的幅度增加 1 倍，为 8 V 时，输出三角波的幅度也增加 1 倍，见附图 14.4 所示；当输入波形幅度是以前的 3 倍时，输出的三角波也为以前的 3 倍，如附图 14.5 所示。

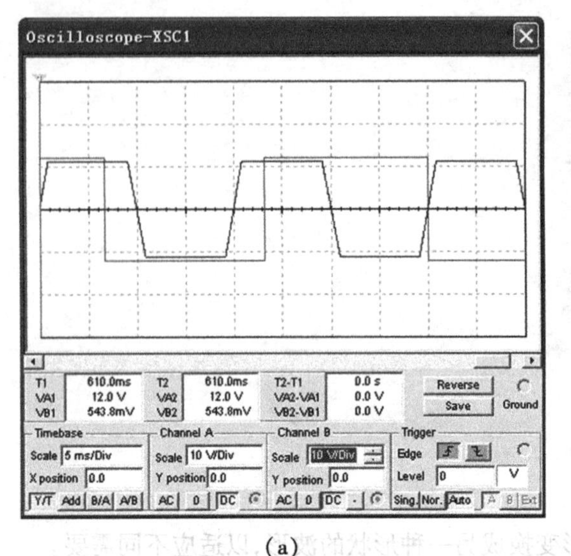

(a)

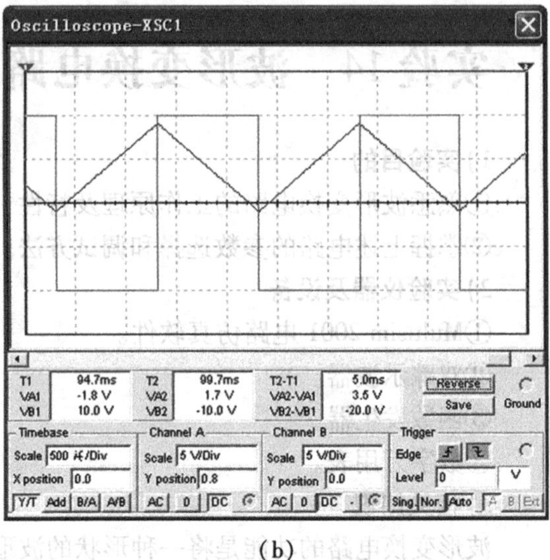

(b)

附图 14.3

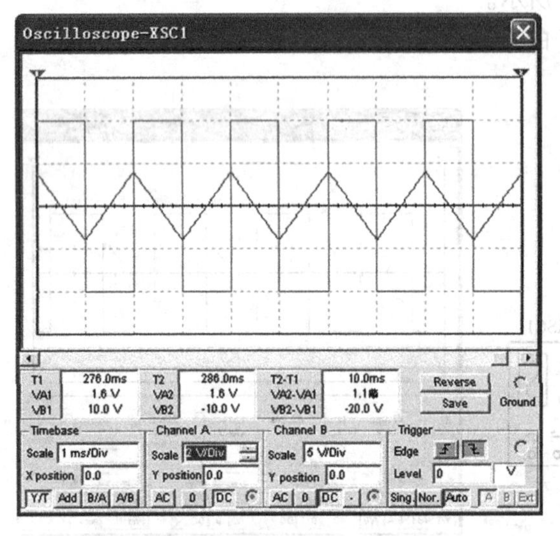

附图 14.4

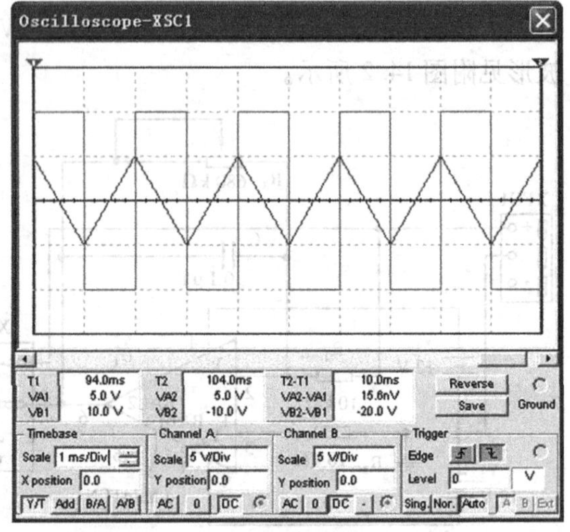

附图 14.5

(2)精密整流电路　实验电路如附图 14.6 所示。

①按图接线，输入 $f=500$ Hz，有效值为 1 V 的三角波信号，用示波器观察波形，如附图 14.7所示。

②改变输入频率及幅值（至少 3 个值），观察其波形。输入频率不变，改变输入信号的幅值为原来的 1 倍，则输出波形如附图 14.8 所示。

输入的幅值不变，而频率减小 1 倍，则波形如附图 14.9 所示。

③将三角波换成正弦波，重复上述实验。

④输入 $f=500$ Hz，有效值为 1 V 的正弦波信号，用示波器观察其波形。见附图 14.10 所示。

⑤改变输入频率及幅值（至少 3 个值），观察其波形。输入信号的频率不变，改变其幅值

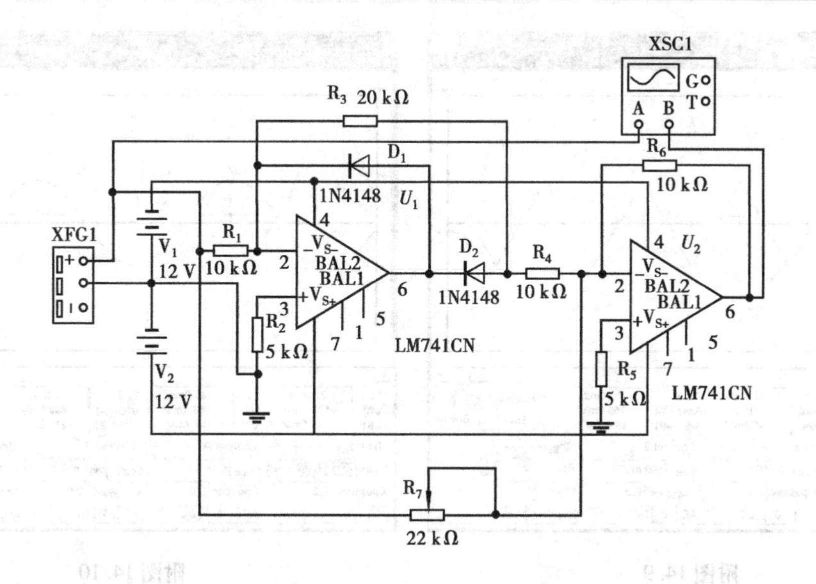

附图 14.6

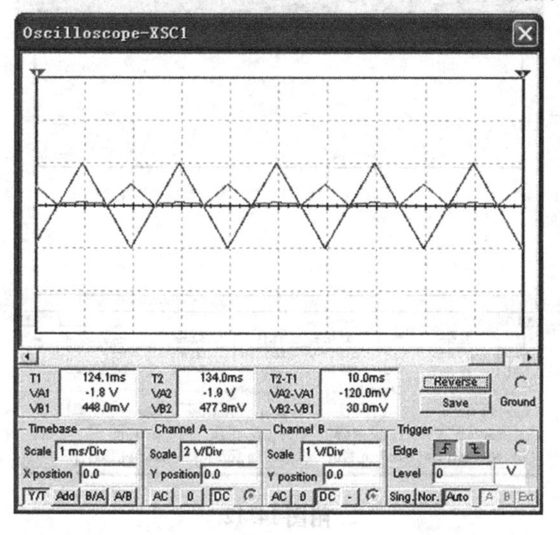

附图 14.7

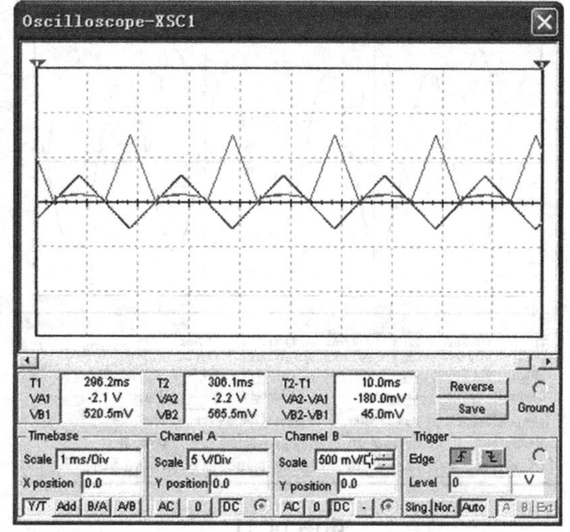

附图 14.8

为原来的 1 倍,波形如附图 14.11 所示。

若输入信号的幅值不变,而频率减小为原来的一半,则输出波形如附图 14.12 所示。

5) 实验报告要求

①定性画出附图 14.2 电路的 u_i 和 u_o 的波形图。

②自拟全部实验步骤与记录表格。

③总结波形变换电路的特点。

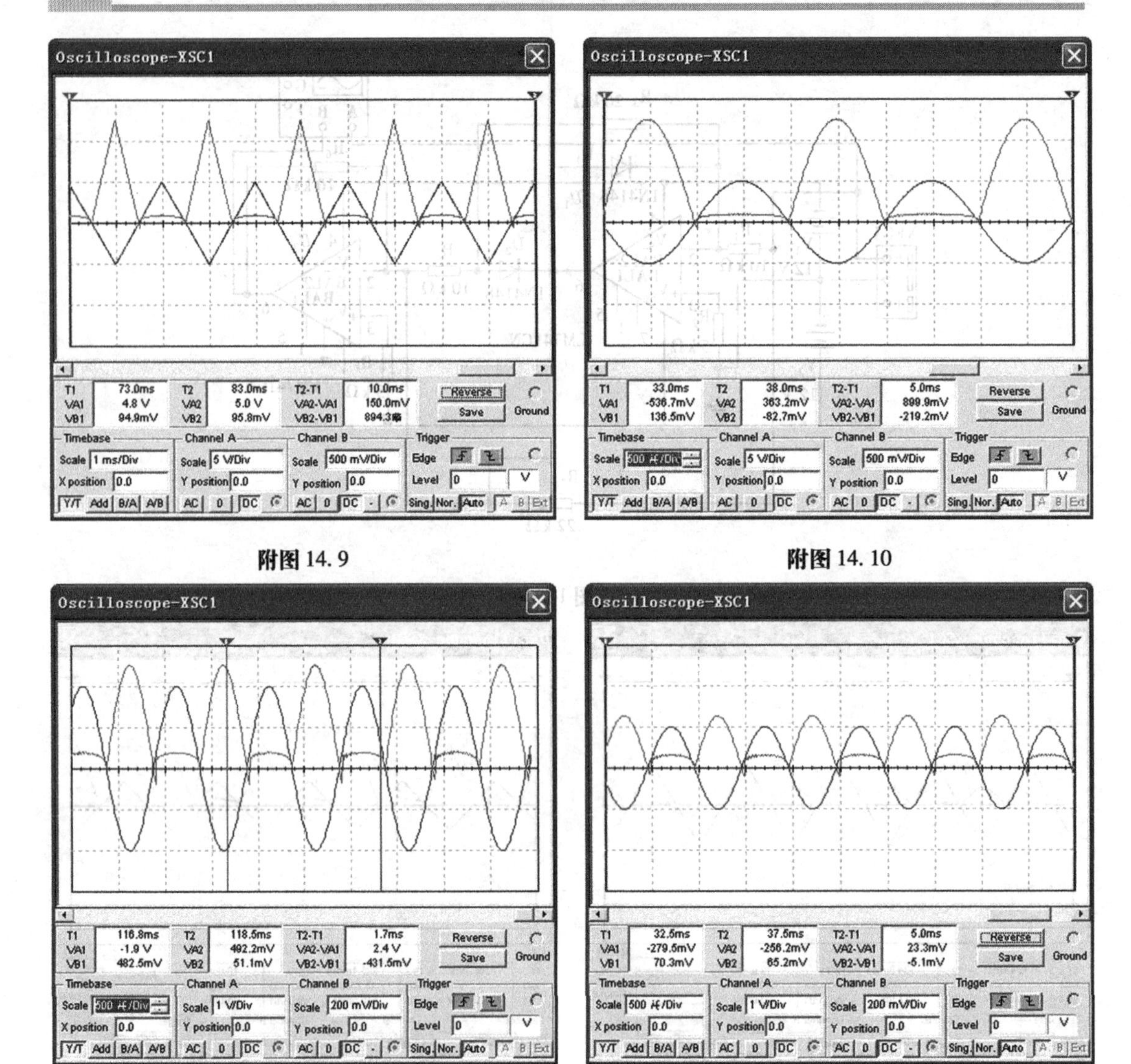

附图 14.9

附图 14.10

附图 14.11

附图 14.12

自我检测题与习题参考答案

第1章　自我检测题与习题参考答案

一、单选题

1. B;2. C;3. C;4. B;5. C;6. B;7. D;8. D;9. C;10. A;11. A;12. D;13. C;14. B;15. C;16. C

二、判断题

1. 错误;2. 错误;3. 错误;4. 错误;5. 正确;6. 错误;7. 正确;8. 错误;9. 正确;10. 正确;11. 错误;12 正确;13. 错误;14. 错误;15. 正确

三、填空题

1. 增大、增大、下;2. 电、光、正向;3. 正偏、反偏、单向导电性;4. 本征半导体、杂质半导体;5. N、自由电子、空穴;6. 限流电阻;7. 减小、增大;8. 电击穿、热击穿;9. 高、低、单向导电;10. 反向击穿区、反向击穿区;11. 阻碍、促进;12. 浓度差异、电场;13. 正向电流、反向电流;14. 光、电、反向;15. 高于;16. 点接触、面接触;17. 自由电子、空穴、空穴、自由电子;18. 大、小;19. 五、三;20. 反向击穿

四、计算分析题

1. (a)$U_o = -6.7$ V;(b)$U_o = -6$ V;(c)$U_o = -0.7$ V;(d)$U_o = -8.3$ V

2. 波形图(略)

3. 波形图(略)

4. $U_A = 3.95$ V、$I_D = 1.63$ mA

5. $U_A = 6.7$ V、$I_D = 3.25$ mA

6. ①$U_V = 8.57$ V、$I_{A1} = I_{A2} = 4.29$ mA;②$U_V = 12$ V、$I_{A1} = 3.6$ mA、$I_{A2} = 0$ mA

7. 波形图(略)

第2章 自我检测题与习题参考答案

一、单选题

1. A;2. C;3. C;4. C;5. C;6. B;7. B;8. A;9. C;10. C;11. C;12. B;13. D;14. C

二、判断题

1. 错误;2. 错误;3. 错误;4. 错误;5. 正确;6. 正确;7. 正确;8. 错误;9. 错误;10. 错误
11. 错误;12. 错误;13. 错误;14. 错误;15. 错误;16. 正确;17. 错误;18. 错误

三、填空题

1. 基、发射、集电、发射、集电;2. 基、发射、集电;3. 共发射极、共集电极、共基极;4. 发射、集电;5. 电压增益、输入信号、输出信号、输入电阻、输出电阻;6. 顶;7. 越大、越小;8. 静、动;9. 直流、交流、大、小;10. ①565、3;② -120、0.3;11. ①2 V;②增大;③饱和失真;④R_c 减小

四、计算分析题

1. 晶体管三个极分别为上、中、下管脚,答案如下表所示:

管号	T_1	T_2	T_3	T_4	T_5	T_6
上	e	c	e	b	e	b
中	b	b	b	e	e	e
下	c	e	c	c	b	c
管型	PNP	NPN	NPN	PNP	PNP	NPN
材料	Si	Si	Si	Ge	Ge	Ge

2. (略)

3. (a)图缺少基极分压电阻 R_{B1},造成 $V_B = U_{CC}$太高而使信号进入饱和区发生失真,另外还缺少 R_E、C_E 负反馈环节,当温度发生变化时,易使放大信号产生失真;(b)图缺少集电极电阻 R_C,无法起电压放大作用,同时少 R_E、C_E 负反馈环节;(c)图中 C_1、C_2 的极性反了,不能正常隔直通交,而且也缺少 R_E、C_E 负反馈环节;(d)图的管子是 PNP 型,而电路则是按 NPN 型管子设置的,所以,只要把管子调换成 NPN 型管子即可

4. 空载时 -308、1.3 kΩ、5 kΩ;有载时 -115、1.3 kΩ、5 kΩ

5. ①565 kΩ;②1.5 kΩ

6. 饱和状态,截止状态,放大状态

7. ①40 μA、2.87 mA、11.2 V;②波形图(略)、-245、843 Ω、3.3 kΩ

8. ①1 mA、10 μA、5.7 V、 -7.7、3.7 kΩ、5 kΩ;②R_i增大、A_u 减小

9. ①32.3 μA、2.61 mA、7.17 V;② $R_L=\infty$ 时为0.996和110 kΩ; $R_L=3$ kΩ 时为0.992和76 kΩ;③37 Ω

第3章 自我检测题与习题参考答案

一、单选题

1. D;2. C;3. B

二、判断题

1. 错误;2. 正确;3. 错误;4. 错误;5. 错误;6. 正确

三、填空题

1. 栅源、漏极;2. 大(或答:高)、强;3. 电场;4. 耗尽、增强

四、计算分析题

1. (电路图、问答略)
2. ① -13.3;②5.1 MΩ;③20 kΩ
3. 图(a)和(b)不能,图(c)可以

第4章 自我检测题与习题参考答案

一、单选题

1. C;2. D;3. C;4. C;5. B;6. A;7. D;8. D;9. A

二、判断题

1. 正确;2. 正确;3. 错误;4. 正确;5. 正确;6. 正确;7. 正确;8. 正确;9. 错误;10. 正确

三、填空题

1. 下限、上限、通频带;2. 频率(或线性);3. 零点漂移(或答:零漂、温漂)、抑制;4. 射、互补对称;5. 对称、负反馈;6. 差模、共模;7. 0.02、1.99;8. 30 mV、20 mV、-2 015 mV;9. 对称、抑制、差、共;10. 共、差;11. 共模抑制比、无穷大;12. 0、30 mV、40 mV、20 mV、-20 mV;13. 无穷大、无穷大、0;14. 无穷大、0、同相端、反相端

四、计算分析题

1. ①(电路图略);② $A_u=u_o/u_i=-25.7$、$R_i=10.52$ kΩ、$R_o=67$ Ω;③ $A_{us}=-21.6$、$U_o=$

216 mV、$U_o=225$ mV

2. ①$U_{id}=10$ mV、$U_{ic}=60$ mV；②$A_{ud}=-20.3$

3. ①$A_{uc}=-40$ dB 或 0.01 倍；②$U_{od}=1$ V，$U_{oc}=0.1$ mV

4. ①$I_{C1}=I_{C2}=0.5$ mA、$U_{C1}=U_{C2}=10$ V、$\gamma_{be}=2.85$ kΩ、$A_{ud}=-20.75$；②$A_{ud1}=-15.7$；③$U_{o1}=-63.31$ mV

5. ①$I_{CQ1}=I_{CQ2}=0.57$ mA、$U_{CEQ1}=U_{CEQ2}=7$ V；②$A_{ud}=-208$；③$R_{id}=9.62$ kΩ、$R_o=20$ kΩ

6. 当 $R_E=10$ kΩ 时，双出：$R_{id}=41$ kΩ、$R_o=20$ kΩ、$A_{ud}=-60.7$；单出：$R_{id}=41$ kΩ、$R_o=10$ kΩ、$A_{ud2}=33.3$

7. 设计的电路图（略）

8. ①$U_O=-2$ V；②$U_O=-12$ V

9. $R_x=0.5$ MΩ

10. $u_o=-300$ mV

11. $u_o=1.5$ V

第5章 自我检测题与习题参考答案

一、单选题

1. B；2. B；3. A；4. C；5. A；6. A；7. B；8. A；9. D；10. D

二、判断题

1. 错误；2. 正确；3. 错误；4. 错误；5. 错误；6. 错误；7. 错误；8. 错误

三、填空题

1. 输出、引回到输入；2. 稳定静态工作点、提高放大器的动态性能；3. 开环（或答：基本）、闭环（或答：反馈）；4. 串联　负、电流　负；5. 输出、减小、增大；6. 10，0.009；7. 100；8. 正、负

四、计算分析题

1. (a)（R_f 引入）电压并联负反馈；(b)（R_1、R_2、R_3 引入）电流串联负反馈

2. (a)通过 R_4 引入级间负反馈，为电压并联负反馈；通过 R_5 引入本级负反馈，为电压串联负反馈；通过 R_3 引入本级直流负反馈；(b)通过 R_e 引入电压串联负反馈

3. (a)通过 R_2、R_3 引入电压串联负反馈；(b)通过 R_2、R_3 引入了电流并联负反馈

4. ①电流并联负反馈；②稳定输出电流；③$A_{uf}=-\frac{R_L}{R_1}\left(1+\frac{R_f}{R_2}\right)=-\frac{10\ \text{k}\Omega}{20\ \text{k}\Omega}\times(1+\frac{40\text{k}\Omega}{10\text{k}\Omega})=-2.5$

5. (a)电压并联负反馈　$A_{uf}=-\frac{R_F}{R_S}$；(b)电压并联负反馈　$A_{uf}=-\frac{R_4}{R_1}$

第6章 自我检测题与习题参考答案

一、单选题

1. A;2. A;3. D;4. A;5. B;6. C;7. D;8. B;9. C;10. D;11. C;12. C

二、判断题

1. 错误;2. 错误;3. 错误;4. 正确;5. 错误;6. 错误;7. 错误;8. 错误;9. 错误;10. 正确;11. 正确;12. 正确

三、填空题

1. 反相、同相;2. 反相、同相;3. 反相;4. 同相;5. 低通、高通、带通、带阻;6. 时间、3;7. 低通、高通;8. 带通、带阻;9. 开、正;10. 滞回、滞回;11. 输出、输入、0 V;12. +12、-12;13. 3 V、-1 V、4 V;14. 反、单、6 V;15. 高、低

四、计算分析题

1. (a)$U_O=-6$ V;(b)$U_O=2$ V;(c)$U_O=-6$ V;(d)$U_O=-10$ V
2. 关系式(略)
3. 关系式(略)
4. $U_O=7.5$ V ~ 10 V
5. ①$U_c=6$ V、$U_b=0$ V、$U_e=-0.7$ V;②$\beta=50$
6. ①$U_{O1}=-10.4$ V、$U_{O2}=-10$ V、$U_{O3}=0.4$ V;②$t=2$ s
7. $U_{O1}=0.5\text{ V}$、$U_{O2}=-\dfrac{40\text{ k}\Omega}{10\text{ k}\Omega}\times U_{O1}+\left(1+\dfrac{40\text{ k}\Omega}{10\text{ k}\Omega}\right)\times(-1\text{ V})=-7\text{ V}$、$U_{O3}=-6$ V
8. 输出限幅值为±6.7 V、$U_{TH1}=2.2$ V、$U_{TH2}=-2.2$ V
9. 4 V; -2 V;6 V
10. u_O 的最大值为+6 V,最小值为-6 V;u_C 的最大值为2.8 V,最小值为-2.8 V

第7章 自我检测题与习题参考答案

一、单选题

1. D;2. D;3. C;4. A;5. C;6. B;7. D;8. B

二、判断题

1. 正确;2. 错误;3. 错误;4. 错误;5. 错误;6. 正确;7. 正确;8. 正确;9. 错误

三、填空题

1. 电感、频率稳定度高；2. RC、低、LC 谐振回路、高；3. 正；4. 电感、电容；5. 纯电阻、振荡频率；6. $|\dot{A}\dot{F}|>1,\varphi_A+\varphi_F=\pm2n\pi(n=0、1、2、\cdots)$；7. 变压器、电容、电感

四、计算分析题

1. 将同名端标在次级线圈的下端，则满足振荡的相位平衡条件；$f_0=0.877$ MHz

2. ①电路对特定频率满足振荡的起振和平衡条件，因此能产生正弦波振荡；②振荡频率 $f_0=1.59$ kHz，为了能稳定输出幅度，热敏电阻应该负温度系数；③电路中存在有 R_1 和 R_2 所组成的负反馈，电路稳定输出时，其反馈系数为 $R_1/(R_1+R_2)=1/3$；还有 R、C 串并联网络所组成的正反馈，其反馈系数也为 1/3

3. ①连线图略；②热敏电阻用来稳幅，为负温度系数；③$f_0=15.9$ kHz

4. 为满足起振条件 $\dot{A}_u=1+R_F/R_1>3$，且稳定输出幅度，R_F 应选择阻值略大于 20 kΩ 的负温度系数热敏电阻；振荡频率 $f_0=1.94$ kHz

5. 图(a)不满足振荡相位条件，不能振荡；图(b)构成电感三点式 LC 振荡电路，其振荡频率 $f_0=4.24$ MHz

6. ①将 A 和 P 相连，将 B 和 N 相连；②$f_0=9.7$ Hz；③由 $A_u=1+\dfrac{R_F}{R_1}>3$，所以 $R_F>4$ kΩ

7. (a)、(b)、(c)都不能振荡；(d)、(e)、(f)能振荡

第 8 章　自我检测题与习题参考答案

一、单选题

1. A；2. C；3. D；4. C；5. B；6. C；7. D；8. C；9. C；10. D；11. A；12. B

二、判断题

1. 正确；2. 错误；3. 正确；4. 错误；5. 错误；6. 错误；7. 错误；8. 错误；9. 正确；10. 错误

三、填空题

1. 交越失真；2. 高、78.5%；3. 交越失真、效率；4. 48 V、3 A、7.2 W

四、分析计算题

1. ①$P_O=12.5$ W、$P_{DC}\approx22.5$ W、$P_C=10$ W、$\eta\approx55.6\%$

②$P_{OM}=25$ W、$P_{DC}\approx31.8$ W、$P_{C1}=P_{C2}=3.4$ W、$\eta\approx78.5\%$

2. ①因电路对称，V_1 与 V_2 的静态电流相等，所以静态($u_i=0$)时，流过 R_L 的电流等于零；

②R_1、R_2、V_3、V_4 构成功率管 V_1、V_2 的正向偏压电路，用以消除交越失真；③为保证输出波形不产生饱和失真，则要求输入信号最大振幅为 $U_{im} \approx U_{om} \approx V_{CC} = 12$ V；管耗最大时，输入电压的振幅为 $U_{im} = U_{om} \approx 0.6$，$V_{CC} = 7.2$ V；④$P_{OM} = 0.72$ W、$\eta \approx 78.5\%$

3. ①$P_{OM} = 4.5$ W；②$P_{c1m} \geqslant 0.9$ W；③$|U(BR)_{CEO}| \geqslant 24$ V

4. $P_{OM} = 8$ W，$\eta \approx 78.5\%$

第9章 自我检测题与习题参考答案

一、单选题

1. D；2. A；3. B；4. C；5. C；6. B；7. A；8. C；9. D

二、判断题

1. 错误；2. 错误；3. 错误；4. 正确；5. 正确；6. 错误；7. 正确

三、填空题

1. 直流、变压器　整流　滤波　稳压；2. $0.9u_2$；$1.2u_2$；3. 交流、直流；4. 电流不能突变、较大、很小；5. 效率、纹波

四、计算分析题

1. ①18 V；②9 V；③变压器副边被短路烧坏

2. $U_O = 6.36$ V、$I_D = 63.6$ mA、$U_{RM} = 20$ V

3. ①$U_O = 18$ V；②$I_D = 0.18$ A；③$U_{RM} = 21.2$ V；④C = 800 μF

4. ①电路组成部分：降压变压器 T_r、桥式整流电路 $V_1 \sim V_4$、滤波电容 C_1、三端集成稳压电路 C_2、C_3、CW7815、负载 R_L；②$U_I \approx 1.2U_2 = 1.2 \times 18 = 21.6$ V、$U_O = 15$ V

5. ①见题图 9.5；②$U_O = 1.2U_2 = 1.2 \times 20$ V $= 24$ V；③电容 C 开路时，$U_o = 0.9U_2 = 0.9 \times 20$ V $= 18$ V；④电阻 R_L 开路时，$U_o = \sqrt{2}U_2 = \sqrt{2} \times 20$ V ≈ 28.3 V；⑤见题图 9.6

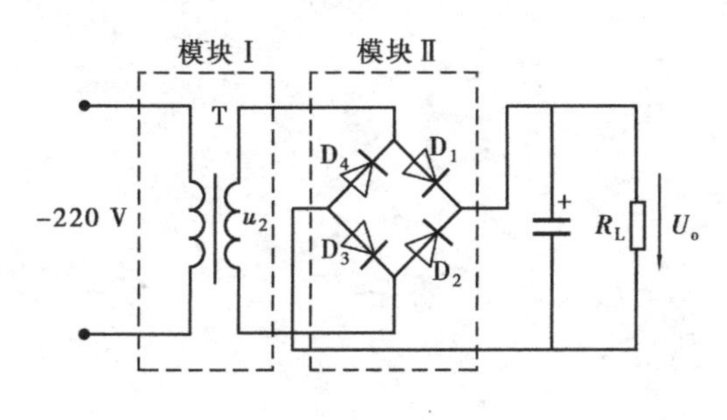

题图 9.5

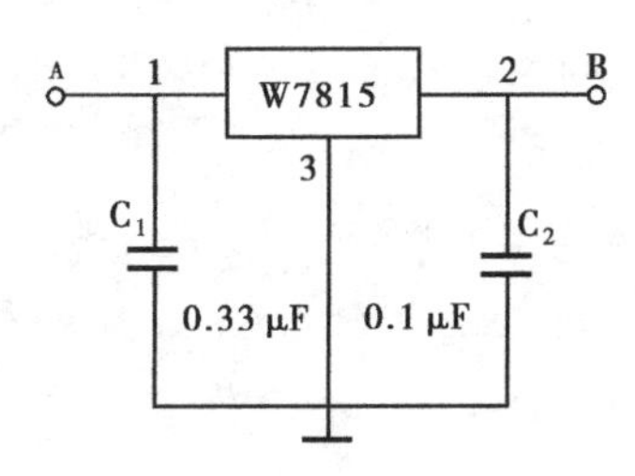

题图 9.6

主要参考文献

[1] 康华光. 电子技术基础(模拟部分)[M]. 北京:高等教育出版社,1999
[2] 童诗白,华成英. 模拟电子技术基础[M]. 北京:高等教育出版社,2001
[3] 胡宴如. 模拟电子技术[M]. 北京:高等教育出版社,2004
[4] 戴士弘. 模拟电子技术[M]. 北京:电子工业出版社. 1998
[5] 江晓安. 模拟电子技术[M]. 西安:电子科技大学出版社,1993
[6] 周良权,傅恩锡,李世磬. 模拟电子技术[M]. 北京. 高等教育出版社,2005
[7] 陈大钦. 电子技术基础(模拟部分)[M]. 北京:高等教育出版社,2000
[8] 翟钰,叶治政,译. 怎样使用运算放大器[M]. 北京:人民邮电出版社,1995
[9] 庄效桓,李燕民. 模拟电子技术[M]. 北京:机械工业出版社,1999
[10] 顾海远. 模拟电子技术[M]. 北京:科学出版社,2004
[11] 周　雪. 模拟电子技术[M]. 西安:电子科技大学出版社,2000